原子核の理論

現代物理学叢書

原子核の理論

市村宗武・坂田文彦・松柳研一著

岩波書店

現代物理学叢書について

小社は先年，物理学の全体像を把握し次世代への展望を拓くことを意図し，第一級の物理学者の絶大な協力のもとに，岩波講座「現代の物理学」(全21巻)を2度にわたって刊行いたしました．幸い，多くの読者の厚いご支持をいただき，その後も数多くの巻についてさらに再刊を望む声が寄せられています．そこで，このご要望にお応えするための新しいシリーズとして，「現代物理学叢書」を刊行いたします．このシリーズには，読者のご要望に応じながら，岩波講座「現代の物理学」の各巻を順次できるかぎり収めてまいります．装丁は新たにしましたが，内容は基本的に岩波講座の第2次刊行のものと同一です．本シリーズによって貴重な書物群が末永く読みつがれることを願ってやみません．

●執筆分担

第Ⅰ部　松柳研一
第Ⅱ部　坂田文彦
第Ⅲ部　市村宗武
補　章　市村宗武・松柳研一

まえがき

今日の「原子核物理」の特徴を一言で表現すれば「フロンティアの多様化」にあるといえよう．対象とする現象は極めて多岐にわたり，そのエネルギーはeV領域からTeVの世界にまで広がっている．従来，「原子核物理」の研究対象は，たかだか二百数十個の核子(陽子と中性子)のなす束縛系である「原子核」の，しかも自然に存在する諸元素周辺のごく限られた状態であった．そこで核子は「素粒子」であった．

しかし，核子はいまやグルーオンで結ばれたクォーク多体系(ハドロン)であるので，原子核物理はその1つの発展の方向として，核子の内部構造の研究にも踏み込んでいる．量子色力学に基づくハドロンおよびハドロン間力の研究は現代原子核物理の最前線の1つである．また，高エネルギー実験の発展にともない，原子核は核子多体系からハドロン多体系へと拡大した．ハイペロン(ストレンジネスをもつハドロン)を含むハイパー核をはじめ，色々なメソンや核子の励起状態の関与する現象も，現代原子核物理の主要テーマである．これらの課題は，あまり適切な言葉ではないが「中間エネルギー核物理」とよばれ，大きな研究分野を形成している．

最近の特記すべき発展は，安定な原子核から大きくずれた陽子と中性子の組み合せからなる「原子核」も実験の対象となってきたことである．かくして原子核の存在領域は飛躍的に拡大し，それとともに多くの新しい存在様式が知られるようになってきた．「不安定核物理」の誕生である．これはまた宇宙での元素合成や中性子星の構造等々を通じ，宇宙物理学と不可分な「天体核物理」の新たな発展をもたらしている．

一方，原子核は，本質的に有限個の構成要素からなる(近似的)束縛状態であることから，有限多体系あるいは小さな量子系の典型的研究対象である．したがって，原子・分子の構造論や反応論と共通の特徴をもち，最近急速に発展しているマイクロクラスターやメゾスコピック系の研究とも深い共通性をもっている．もちろん，量子多体系の物理として，物性物理の各分野とさまざまな接点をもっている．

伝統的な原子核物理からはじめて，このような現代核物理の現状をすべて紹介することは，本講座のサイズの本では不可能である．また，本講座の主旨からしても適切とは思われない．そこで，本巻では思い切って題材を絞り，その対象を，基本的には陽子と中性子を構成要素とする有限多体系の示す，比較的低エネルギー(GeV 以下)の現象に限定した．そして基本的な性質，概念をできるだけ現代的な観点から一貫した筋書きで提示することを試みた．

すなわち，本書でわれわれは，有限量子多体系の物理の中に核構造論・核反応論を位置づけ，有限個の核子集団のダイナミックスを中心課題とする．そして，「秩序運動とカオス的運動の統一的理解」という目標を掲げて，この観点から豊富な原子核現象を整理し位置づけることを試みた．いうまでもなく，「秩序とカオス」は量子多体系の物理に普遍的に現われる命題である．

よく知られているように，通常の物性物理では，10^{23} 個もの膨大な構成要素からなる多体系を対象とし，日常的スケールの巨視的な物理系に対して温度やエントロピーといった巨視的変数の概念が導入される．そして，さまざまな異なる多体系に共通する法則性を論じる学問として統計物理や非線形物理が発展している．本書では，わずか $10^1 \sim 10^2$ 程度の構成要素からなる多体系である原子核においても，巨視的変数ないしは集団運動の変数なる概念が有効であること，またそれらと微視的自由度との係わりを明らかにすることを1つの重要な目的とした．さらに，秩序運動とカオス的運動の共存あるいは移行の仕組みの理解が新たな課題となっていることを紹介したい．

このように核子多体系という伝統的な核構造論・核反応論に限っても，その対象は極めて多様であり，かつ，研究のフロンティアは急速に拡大している．したがって，本書で触れたテーマはその中の極めて限られた一部に過ぎないことを予めお断りしておかなければならない．殻模型の発展的展開(色々な対称性を生かした模型，配位混合等々)，軽い核のクラスター構造，有効相互作用の理論，核に現われる電磁および弱い相互作用等々，あまりにも多くの重要な事項を落とさざるを得なかったことをお詫びしておく．また，何を基本概念とするかについてもさまざまな視点が考えられ，ここに呈示するものは著者たちの偏った観点から試みた1つの序論であり，原子核物理への入り方は他にも色々あることをお断りしておく．

第Ⅰ部原子核の構造は松柳研一，第Ⅱ部集団運動の微視的理論は坂田文彦，第Ⅲ部原子核反応は市村宗武が責任執筆した．なお，第Ⅰ部については丸森寿夫，清水良文氏をはじめ多くの方々に原稿に目を通していただき，有益なコメントを頂いた．第Ⅲ部については吉田思郎氏に多くの貴重なコメントを頂いた．ここに深く感謝の意を表したい．

最後に，本書の出版にあたりたいへんお世話になった岩波書店編集部に心から感謝する．

1993年8月

市村宗武
坂田文彦
松柳研一

目次

I

原子核の構造

原子核は1～250個の核子が強い相互作用で結合した量子多体系である．この系はサイズが10^{-12} cm程度と小さく，また，構成要素(核子)の個数が少ないという意味でも小さい量子系である．

核子の集団である原子核の内部で，個々の核子はどのように運動するだろうか．これまでの研究によって，核子どうしの強い相関にもかかわらず，第1近似として，相互作用の効果を平均ポテンシャルで表わし，その中を個々の核子があたかも独立に運動していると見なす1粒子運動の描像が成立していることがわかった．ここで大切な点は，平均ポテンシャルの形は時間とともに変化するということである．この平均ポテンシャルは核子多体系が自ら作りだしたものであるから，その時間変化は実は，核子集団がコヒーレントに運動する集団運動に対応している．したがって，平均ポテンシャルの表面の形などを表わすパラメータを集団運動を記述する巨視的力学変数とみなすことができる．このようにして，集団運動を表わす巨視的変数と，時間変化するポテンシャルの中を運動する個々の核子の微視的自由度との絡み合いが，原子核構造論の基本テーマのひとつになる．

1粒子運動と集団運動は核子多体系の規則的な運動様式であり，秩序運動とよばれる．他方，原子核は平均ポテンシャルでは記述できない無秩序運動，あるいはカオス的な運動様式も示す．励起エネルギーの増大につれて，原子核という小さい量子系に対しても，エントロピーや温度などの統計力学的概念が有効になる．そして，高励起状態での準位分布の統計的ゆらぎに見える法則性は，核子多体系の運動様式のカオス的性質を示唆している．

有限自由度の小さい量子系としての原子核における秩序運動と無秩序運動の統一的理解は，これからの核物理学の基本的課題のひとつと考えられている．この観点から，第I部の終わり(第5章)では「秩序運動と無秩序運動の共存の形態」および「両者の移行のメカニズム」にかかわる2,3のテーマについて簡単に紹介する．

1 核子多体系の存在領域

原子核は有限個の**核子**(陽子と中性子)から構成される量子多体系であると考えられているが，この量子多体系が示す驚くほど多様な存在形態と豊富な運動様式については，必ずしもよく知られていない．また，これまでによく調べられてきたのは，この核子多体系の近似的に安定な状態の近傍の，ごく限られた性質にすぎない．今後の研究によって未知の新しい存在形態や運動様式が発見されてゆくと期待されている．

核構造論は原子核の静的性質を主な研究対象としていたが，今日では，多様な励起構造が研究の対象となり，これらの(時間に依存する)動的性質に対する興味が高まっている．現代の核構造論では静的性質はもとより，核子多体系の近似的な束縛状態のダイナミックスが重要な課題となっているのである．本章では，第2章以下で原子核の構造を論じるための準備をする．

1-1 原子核の大きさと結合エネルギー

原子核の構成要素である核子は，強い相互作用をするハドロンの仲間である．核子が有限個(1～250個)集まって(近似的な)束縛状態を形成した孤立系が原子核である．この系を記述するハミルトニアンは回転不変性および(「弱い相互作用」を無視すると)空間反転不変性を満足するので，この量子系は角運動量 I およびパリティ π の固有状態になっている．

原子核の内部を運動する核子の運動エネルギーは(後述するように)，平均すると約 22 MeV であり，原子核から 1 個の核子を分離するのに必要な**分離エネルギー**(separation energy)は 5～10 MeV である．これらは核子自身の静止エネルギー($mc^2 \cong 940$ MeV)と比べて十分小さいので，通常，原子核は核子が比較的弱く結合した非相対論的量子力学系とみなせる．核子はスピン 1/2 をもつ Fermi 粒子であるから，原子核は Fermi 系であり，低エネルギーの原子核現象において Pauli 原理がきわめて重要な役割を果たす．

電子や陽子と原子核との散乱実験によって，原子核内の核子の密度分布 $\rho(r)$ が調べられる(r は原子核の重心から測った距離)．電子散乱では電磁相互作用により電荷分布 $\rho_c(r)$ が，陽子散乱では強い相互作用によって(陽子と中性子の寄与の和である)密度分布が調べられる．図 1-1 に電荷分布の実験データを示す．これから，原子核の体積は(第 0 近似としては)構成核子の個数 A に比例すること，中心部の密度 $\rho(0)$ は A によらずほぼ一定値 $\rho(0) \cong 0.17$ fm^{-3} であること(1 fm$=10^{-13}$ cm)，**表面の厚さ**(密度分布が $\rho(0)$ の 90% から 10% に減少する距離として定義)は 2～3 fm であること等が明らかになった．

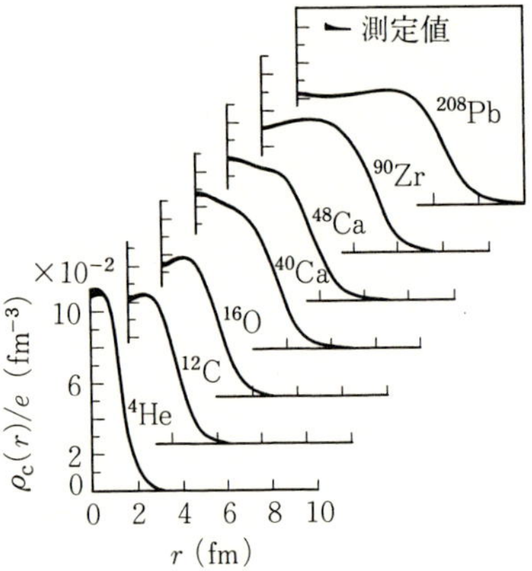

図 1-1　電子散乱によって測定した原子核の電荷分布．(B. Frois and C. N. Papanicolas: Ann. Rev. Nucl. Part. Sci. **37**(1987)133 による．)

これを**密度の飽和性**という．A が小さい軽い核を除けば，表面の厚さが原子核全体の広がりに比べて小さいので，$\rho(r)$ が $\rho(0)$ の 1/2 となる距離を**核半径** R_0 と定義すると

$$R_0 = r_0 A^{1/3} \qquad (\text{ただし } r_0 \cong 1.1\,\mathrm{fm}) \tag{1.1}$$

という関係がよい近似で成り立っている．

基底状態（最低エネルギー状態）の近傍にある原子核の中では，Pauli 原理により核子-核子衝突が抑制される．なぜなら，衝突後の状態が Pauli 原理で許されない場合，その衝突は起こらないからである．そのため，核子の**平均自由行程**（mean free path）は核半径よりも長くなる．したがって，核子-核子相互作用の効果を「他の核子が作る平均ポテンシャル中を独立粒子運動する核子」という描像で取り扱う**平均場近似**（mean field approximation）を導入することができる．この近似の極端な場合として，体積 Ω の箱の中に閉じ込められた **Fermi ガス**として原子核を取り扱おう（これを **Fermi ガス模型**という）．すると，Fermi 波数 k_F は陽子 p，中性子 n に対して，それぞれ

$$k_\mathrm{F}^{(\mathrm{p})} = (3\pi^2 Z/\Omega)^{1/3}, \qquad k_\mathrm{F}^{(\mathrm{n})} = (3\pi^2 N/\Omega)^{1/3} \tag{1.2}$$

と書ける．Z は陽子数，N は中性子数である．$Z=N=A/2$ の場合，密度 $\rho(0)$ の実験値を用いると $k_\mathrm{F} \cong 1.36\,\mathrm{fm}^{-1}$ となる．対応する Fermi エネルギーは

$$e_\mathrm{F} = (\hbar k_\mathrm{F})^2/2m \cong 37\,\mathrm{MeV} \tag{1.3}$$

平均運動エネルギー $\bar{e}=(3/5)e_\mathrm{F}$ は約 22 MeV である．

中性子と陽子を統一的に記述するため，核子を**アイソスピン**（isospin）1/2 の粒子と考え，中性子と陽子をそれぞれアイソスピンの z 成分が $+1/2$ および $-1/2$ の状態とみなす．N 個の中性子と Z 個の陽子からなる原子核の全アイソスピンの大きさを T，その z 成分を M_T とすると，明らかに $M_T=(N-Z)/2$ であるが，T の値は $(N+Z)/2$ から $|N-Z|/2$ までの値をとりうる．しかし，Fermi ガス模型では基底状態は $T=M_T=|N-Z|/2$ をもち，他の T は励起状態に対応することを容易に証明できる*．強い相互作用はアイソスピン空間の

* $N=Z$ で N も Z も奇数のときは例外で，$T=0$ と $T=1$ が縮退する．

回転に対して不変であるから，T を用いて原子核のさまざまな励起状態を分類できる．実際，この対称性を破る Coulomb 力の存在にも拘わらず，アイソスピンは近似的にはよい量子数である．ある状態に M_T の昇降演算子を作用させて得られる状態をその状態の**アイソバリックアナログ**(isobaric analogue)**状態**とよぶ．昇降演算子はアイソスピンの大きさ T を変えないから，両者は同じ T をもち，M_T のみ異なる．

中性子数 N，陽子数 Z の原子核の基底状態の質量を $M(N,Z)$，中性子と陽子の質量を $m_{\rm n}, m_{\rm p}$ とすると，**結合エネルギー** $B(N,Z)$ は

$$B(N,Z) = Nm_{\rm n}c^2 + Zm_{\rm p}c^2 - M(N,Z)c^2 \tag{1.4}$$

で定義される．図 1-2 に実験データを示す．$B(N,Z)$ を N や Z とともに滑らかに変化する**巨視的項** $B_{\rm macro}$ と，ゆらぎを表わす**微視的項** $B_{\rm micro}$ に分けて

$$B(N,Z) = B_{\rm macro}(N,Z) + B_{\rm micro}(N,Z) \tag{1.5}$$

と書こう．「巨視的」とは構成粒子数 $A=10^1\sim10^2$ 程度の有限系の平均的性質あるいは集団的性質を指す．$B_{\rm macro}$ は($A\lesssim10$ の軽い核を除いて)，近似的に

$$B_{\rm macro}(N,Z) = b_{\rm vol}A - b_{\rm surf}A^{2/3} - \frac{1}{2}b_{\rm sym}\frac{(N-Z)^2}{A} - \frac{3}{5}\frac{(Ze)^2}{R_{\rm c}} \tag{1.6}$$

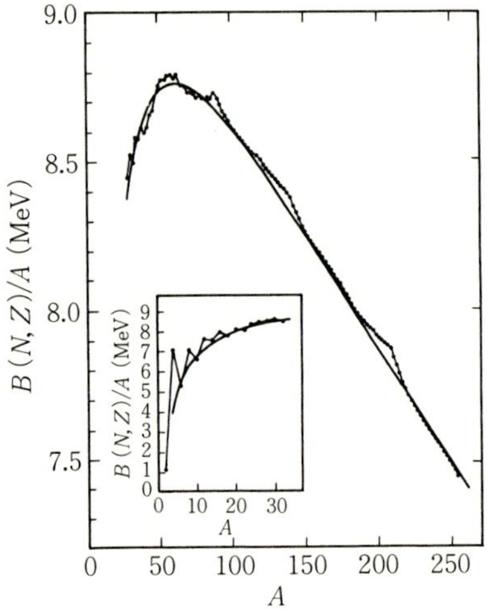

図 1-2 1 核子当たりの結合エネルギー．滑らかな曲線は式(1.5)の $B_{\rm micro}$ を無視したもの．(巻末文献[I-1]による．)

で与えられる．右辺の各項の係数はおよそ $b_{\rm vol} \cong 16\,{\rm MeV}$，$b_{\rm surf} \cong 17\,{\rm MeV}$，$b_{\rm sym} \cong 50\,{\rm MeV}$ である．

第 1 項は**体積エネルギー**と呼ばれ，結合エネルギーの主要項である．これが A に比例することは原子核の中心部の密度 $\rho(0)$ が A によらずにほぼ一定であり，体積が A に比例することと密接な関係にある．このことは**結合エネルギーの飽和性**とよばれ，密度の飽和性と合わせて，原子核のきわめて重要な性質である．第 2 項は表面積に比例するので**表面エネルギー**，第 3 項は N と Z を等しくしようとするので**対称エネルギー**とよばれる．第 4 項は **Coulomb エネルギー**を表わし，$R_{\rm c} \cong 1.2A^{1/3}\,{\rm fm}$ である．

一方，$B_{\rm micro}$ の大きさは 15 MeV 以下で，$B_{\rm macro}$ に比べて小さい量であるが，核構造の理解にとっては同等に重要である．この項は 2 つの部分からなる．

$$B_{\rm micro}(N,Z) = B_{\rm pair}(N,Z) + B_{\rm shell}(N,Z) \tag{1.7}$$

右辺の第 1 項は**対エネルギー**(pairing energy)とよばれ，

$$B_{\rm pair}(N,Z) \cong \begin{cases} 12A^{-1/2} & (N\text{ も }Z\text{ も偶数の場合}) \\ 0 & (A\text{ が奇数の場合}) \\ -12A^{-1/2} & (N\text{ も }Z\text{ も奇数の場合}) \end{cases} \tag{1.8}$$

で与えられる(単位 MeV)．第 2 章で説明するように，この項は核内の核子が(互いの間に働く引力によって)互いに対を組もうとする**対相関**(pairing correlation)に起源をもつ．他方，第 2 項は**殻構造**(shell structure)に起源をもつ**殻構造エネルギー** $E_{\rm shell}$ に対応する(符号は逆，$B_{\rm shell} = -E_{\rm shell}$)．図 1-3 はさ

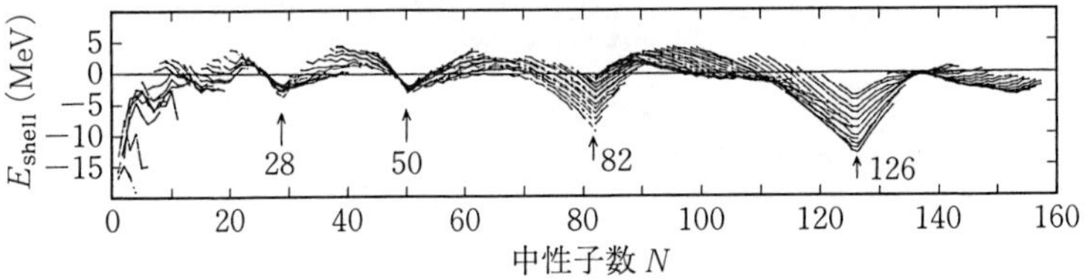

図 1-3 殻構造エネルギー $E_{\rm shell}$ の N 依存性．折れ線は個々のアイソトープを示す．(W. D. Myers and W. J. Swiatecki: Ann. Rev. Nucl. Part. Sci. **32**(1982) 309 による．)

まざまな Z に対する $E_{\text{shell}}(N, Z)$ の値を N の関数として描いたものである．E_{shell} は N の関数として特徴的な振動パターンを示している．E_{shell} が極小となる N の値を**魔法数**（magic number）という（2-1 節参照）．同様の性質は B_{shell} の Z 依存性についても見られる．

なお，(1.5)を $B(N, Z) = B_{\text{liquid}}(N, Z) + B_{\text{shell}}(N, Z)$ と書き直せば，B_{liquid} は原子核を電荷をもつ非圧縮性液滴とみなす**液滴モデル**（liquid drop model）の結合エネルギーに対応する（$B_{\text{liquid}} = B_{\text{macro}} + B_{\text{pair}}$）．

図 1-4 は（近似的）束縛状態として存在可能と予想される原子核を (N, Z) 平面上で示したものである．黒丸は自然に存在する安定な原子核を表わし，その周辺の原子核は β 崩壊でより安定な原子核に転移する．β 崩壊に対する安定性

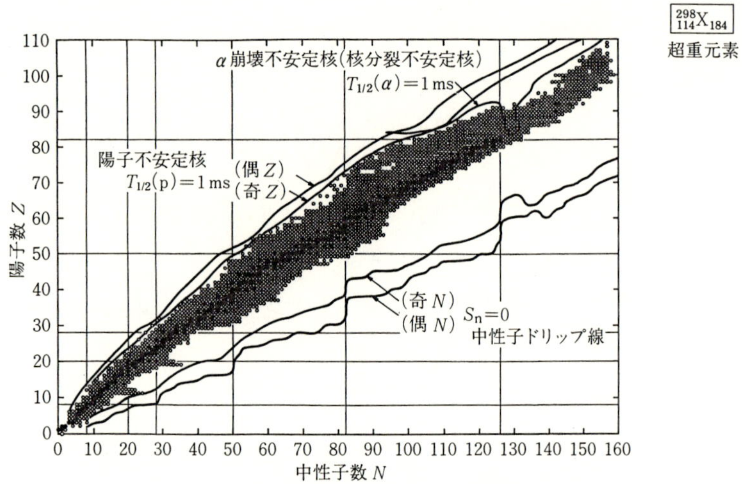

図 1-4 (N, Z) 平面での原子核の存在領域．黒丸が安定核，白丸がこれまでに知られている不安定核を示す．中性子ドリップ線（$S_n = 0$）および陽子放出の半減期 $T_{1/2}(\text{p})$ が 1 ms となる境界線が示されている．参考までに，理論的に予想される超重元素 $^{298}_{114}X_{184}$ も示されている．（Y. Yoshizawa, T. Horiguchi and M. Yamada: Chart of The Nuclides 1984,（Japanese Nuclear Data Committee and Nuclear Data Center (JAERI), 1984）に基づく．）

は，核子数が一定のもとで結合エネルギーが極大となる条件

$$\left.\frac{\partial B(N,Z)}{\partial N}\right|_{A=\text{一定}} = 0 \qquad (1.9)$$

から決定できる．B_{micro}を無視しB_{macro}のみを考慮すると，上式の解として関係式$N-Z \cong 6\times10^{-3}A^{5/3}$を得る．この曲線を**β 安定線**（β-stability line）とよぶ．ここでβ崩壊とは，電子を放出する**β^-崩壊**，陽電子を放出する**β^+崩壊**，原子軌道の電子を原子核が吸収する**電子捕獲**（electron capture）の総称である．

有限個の核子の束縛状態としての原子核の存在限界を知るためには，β崩壊だけでなく，さまざまな崩壊モードに対する安定性を調べなければならない．例えば，中性子あるいは陽子の放出に対する安定性はこれらの分離エネルギーSがゼロになる条件

$$\begin{aligned} S_{\text{n}}(N,Z) &= B(N,Z)-B(N-1,Z) \cong 0 \\ S_{\text{p}}(N,Z) &= B(N,Z)-B(N,Z-1) \cong 0 \end{aligned} \qquad (1.10)$$

から決まる．$S_{\text{n}}\cong0$となる境界線を**中性子ドリップ線**（neutron drip line）とよぶ．同様に$S_{\text{p}}\cong0$の境界線を**陽子ドリップ線**という*.

β安定線から遠く離れた原子核は**不安定核**または**エキゾチック**（exotic）**核**とよばれ，通常の原子核には見られない性質をもつと期待される．例えば，中性子ドリップ線近傍の^{11}Liは，過剰な中性子の結合エネルギーが非常に小さいため，中性子密度分布が異常に広がっている（巻末文献[I-35]）．

重い核ではα崩壊や核分裂（fission）に対する安定性によって存在限界が決まる．また，α崩壊と核分裂の中間的な崩壊様式として，重い核から^{14}C, ^{24}Ne, ^{28}Mgなどの軽い核が放出される現象も観測されている．これを**クラスター崩壊**（cluster decay）とよぶ．いろいろな崩壊様式を考慮したうえで半減期が10^{-3}秒以上と予想される原子核は約4800個で，そのうち約2000個が現在までに実験で同定されている（巻末文献[I-33]）．図1-4には，大きい魔法数（$Z=114$，$N=184$）近傍に存在が理論的に予想されている（自然に存在しない）**超**

* 一般に，ドリップ線の計算にβ安定線近傍での実験から得られた(1.6)式を外挿して使用することは疑問であることに注意.

重元素(superheavy elements)も示されている．

1-2 核力の性質

核子の間に働く**核力ポテンシャル**は，図 1-5 に示すように，核子間距離 $\boldsymbol{r}$ によって 3 つの領域に分けられる．$r \gtrsim 2$ fm の遠距離(領域 I)では 1 個の π 中間子(パイオン)の交換によるポテンシャル OPEP(one pion exchange potential)

$$V_{\mathrm{OPEP}} = \frac{1}{3}\frac{f^2}{\hbar c}m_\pi c^2(\boldsymbol{\tau}_1\cdot\boldsymbol{\tau}_2)\left\{(\boldsymbol{\sigma}_1\cdot\boldsymbol{\sigma}_2)+\left(1+\frac{3}{\mu r}+\frac{3}{(\mu r)^2}\right)S_{12}\right\}\frac{e^{-\mu r}}{\mu r} \quad (1.11)$$

により，よく記述できる．ここで $\boldsymbol{\sigma}$ と $\boldsymbol{\tau}$ は Pauli 行列で，核子の固有スピン $\boldsymbol{s}$, アイソスピン $\boldsymbol{t}$ と $\boldsymbol{\sigma}=2\boldsymbol{s}/\hbar$, $\boldsymbol{\tau}=2\boldsymbol{t}$ の関係にある．添字 1, 2 は核子の番号を示す．S_{12} は

$$S_{12} = 3\frac{(\boldsymbol{\sigma}_1\cdot\boldsymbol{r})(\boldsymbol{\sigma}_2\cdot\boldsymbol{r})}{r^2}-\boldsymbol{\sigma}_1\cdot\boldsymbol{\sigma}_2 \quad (1.12)$$

で定義される**テンソル演算子**(tensor operator)であり，これを含む項を**テンソル力**(tensor force)という．m_π は π 中間子の質量($m_\pi c^2 \cong 140$ MeV)，μ は π 中間子の Compton 波長 $\hbar/m_\pi c \cong 1.4$ fm の逆数である．また，f は π 中間子と核子の結合定数で，π 中間子の核子による散乱実験から $f^2/\hbar c \cong 0.08$ である．

図 1-5 の中間領域(領域 II，$1 \text{ fm} \lesssim r \lesssim 2$ fm)の性質は主に 2 個の π 中間子を交換する過程により決まるが，(ρ, ω などの)重い中間子交換の効果も無視でき

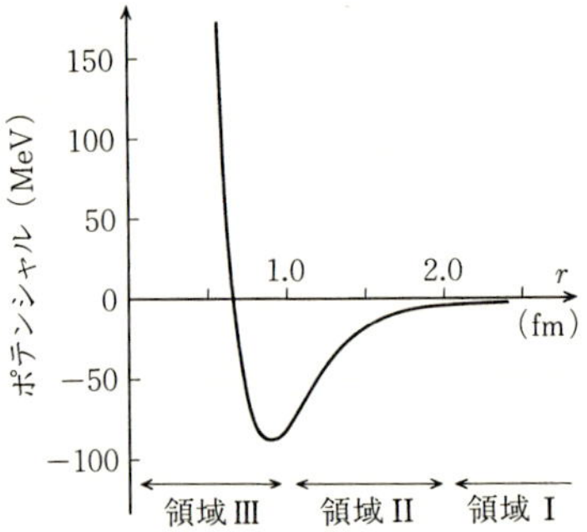

図 1-5 核力ポテンシャルの概念図．2 核子の相対角運動量 $L=0$，合成スピン $S=0$ の状態に対するもの．

ない．近距離(領域Ⅲ，$r \lesssim 1$ fm)の核力の性質は，核子の内部構造の問題と密接に関連している．特に，$r \lesssim 0.5$ fm には非常に強い斥力ポテンシャルが存在する．これを**斥力芯**(hard core)という．この斥力芯とテンソル力が原子核の飽和性に重要な役割を果たしていることが分かっている．V_{OPEP} の形から分かるように，核力は相互作用している2核子の波動関数がどのようなスピン・アイソスピン状態にあるかに依存する．また，相対運動の軌道角運動量にも強く依存する．このような「強い状態依存性」は核力の重要な特徴である．

斥力芯の半径 $c \lesssim 0.5$ fm は(密度 $\rho(0)$ から計算した)核子間の平均距離 $\bar{r} \cong 1.8$ fm と比べてかなり小さい．このことは，斥力芯の存在にもかかわらず，核内での核子の運動に対して独立粒子描像が成立する可能性を示唆している(原子核の飽和性や，独立粒子描像が成立する根拠については巻末文献[I-27]参照)．

原子核という多体系の中での核力は，さまざまな多体効果のために，2核子系での核力と異なる．これを核内での**有効相互作用**(effective interaction)という．核力の強い状態依存性を反映して，有効相互作用の性質は複雑となる．1960年代以降，核力と核構造の関連についてさまざまな研究がつみ重ねられ，有効相互作用の性質についてかなりの知見が得られた．しかし，今なお多くの未解決の問題を残している(巻末文献[I-29～32]参照)．

1-3　核子多体系の存在領域の広がり

これまで原子核の基底状態について述べてきた．次に励起状態について考えよう．

図1-6には励起エネルギー E の増加につれて励起状態の**準位密度** $\rho(E)$ (level density，単位エネルギー間隔に存在する準位の個数)が指数関数的に増大する様子が示されている．これは1936年 Niels Bohr が**複合核モデル**を提唱した論文で使用した有名な図である．

$\rho(E)$ は近似的に

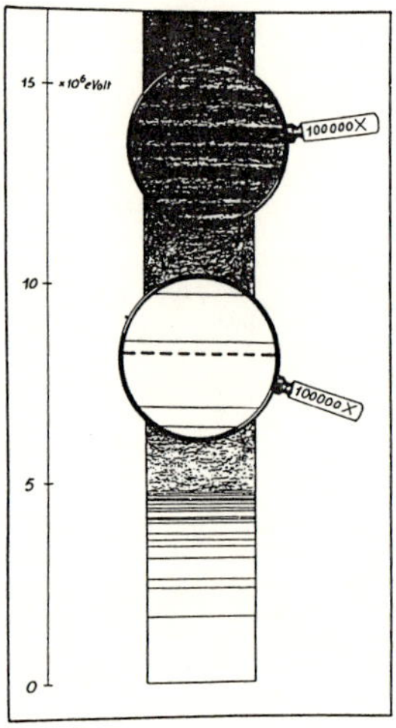

図 1-6 励起準位の分布. エネルギーの単位は 10^6 eV＝MeV. Niels Bohr の講演で使われたもの. (Nature **137** (1936) 351 による.)

$$\rho(E) \cong C \exp(2\sqrt{aE}) \tag{1.13}$$

と表わせる. ここで C, a は定数で, 実験によると a は核子数 A に比例し, $a \cong A/8(\mathrm{MeV})^{-1}$ である. 例えば, ^{233}Th の $E \cong 5$ MeV 領域で $\rho \cong 6\times10^4(\mathrm{MeV})^{-1}$, **平均準位間隔** $D=\rho^{-1}$ は約 16 eV である. こうした場合には, 温度やエントロピーという熱力学的概念が原子核に対しても有効になる.

エネルギー領域 $(E, E+\Delta E)$ にある準位の総数を $\rho(E)\Delta E$ とすると, エントロピーは $S=\log(\rho(E)\Delta E)$ で定義される(条件 $D \ll \Delta E \ll E$ の下で S は ΔE の選び方にあまり依存しない). 温度 T を

$$\frac{1}{T} = \frac{\partial S}{\partial E} = \frac{1}{\rho}\frac{\partial \rho}{\partial E} \tag{1.14}$$

で導入すると, ρ が(1.13)式で近似できる場合, $E=aT^2$ の関係を得る. この T は熱力学での kT に対応し, エネルギーの次元をもつ.

孤立系としての原子核の励起状態は角運動量 I とパリティ π をよい量子数としてもつから, I と π が指定された場合の準位密度を Fermi ガス模型で計算すると, $N=Z=A/2$ の場合

$$\rho(A,E,I,\pi) \propto \exp 2\sqrt{a\left(E-\frac{\hbar^2}{2\mathscr{I}_{\rm rig}}I(I+1)\right)} \qquad (1.15)$$

となる(4-4 節参照). この式で $\mathscr{I}_{\rm rig}$ は密度分布 $\rho(r)$ を用いて

$$\mathscr{I}_{\rm rig}=\frac{2}{3}\int\rho(r)r^2d^3\boldsymbol{r} \qquad (1.16)$$

で定義され, 原子核を剛体とみなしたときの慣性モーメントに相当する. Fermi ガスと剛体の描像は一見矛盾するが, これについては第3章で考察する. さて, (1.15)式は「剛体の回転エネルギー」$I(I+1)\hbar^2/2\mathscr{I}_{\rm rig}$ 以下のエネルギー領域に指定された I,π をもつ準位が存在しないことを示している. 励起状態の存在可能領域を (E,I) 平面で示すと, 図1-7のようになる. ある I の値に対して E が最小の状態を結んだ曲線を**イラスト線**(yrast line)とよぶ. (1.15)式からわかるように, イラスト線の近傍では準位密度が小さい. つまり, 励起エネルギーは高くても温度でいえば超低温である. この領域では個々の励起準位を分離し, そのスペクトルから核構造を研究できる. 大きな角運動量をもつ超低温の原子核の研究は**高スピン・イラスト分光学**(high-spin, yrast spectroscopy)といわれる. 他方, 励起エネルギーの上限は何によって決まるのであろうか. 図1-7では, 核分裂に対する不安定性を**回転液滴モデル**(rotating liquid drop model)を用いて評価し, この上限を予測している. このモデルでは原子核がもちうる角運動量の上限は($A\cong160$ 領域で) $I\cong100$ と予測している. これらの上限は実験的に検証されていない.

1970年代以降, 重イオン核反応などの新しい実験方法が開発され, いろい

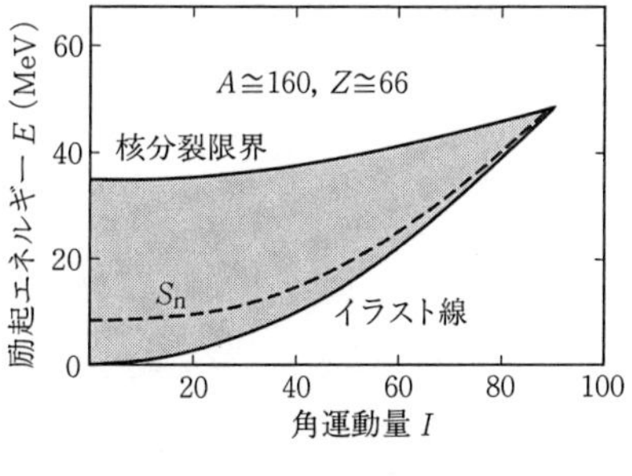

図1-7 (E,I) 平面での原子核の存在領域. $A\cong160$, $Z\cong66$ の原子核に対する回転液滴モデルによる理論計算. 破線は中性子放出が可能となる境界を示す. (S. Cohen, F. Plasil and W. J. Swiatecki: Ann. of Phys. **82**(1974)557 に基づく.)

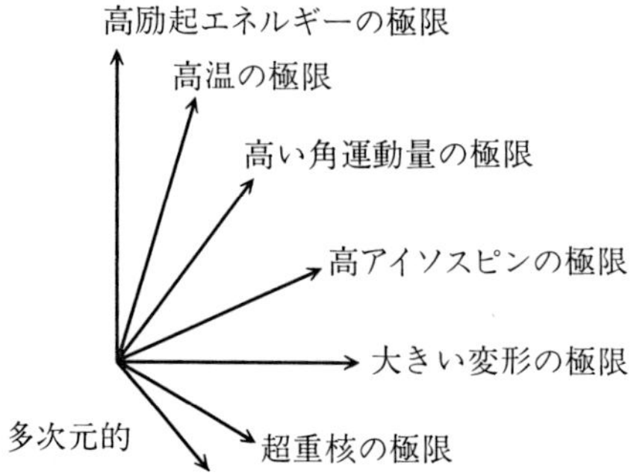

図 1-8 原子核研究の多次元性.

ろな意味で安定領域から遠く離れた原子核を作り，それらの構造を研究することが可能になった．近年，多元的な極限状況にある原子核を作り，核子多体系の未知の存在形態を探る研究が活発に行なわれている．このことを図 1-8 に象徴的に示す．また，π 中間子・Δ 粒子・核子からなる**ハドロン多体系**，ストレンジネス量子数をもつハドロン系としての**ハイパー核**，**クォーク・グルーオン多体系**を研究する方向にも核物理学は広がってきている．原子核研究のフロンティアはこのように多次元的に発展しつつある．このような観点からみると，原子核に関するこれまでの知見は，核子多体系に限っても，可能な存在形態や運動様式のうちのごく限られた部分にすぎず，広大な領域が未開拓のまま残されていることがわかる．

2

1粒子運動と殻構造

原子核内の核子の運動に対して**1粒子運動**の概念が有効である．つまり，他の核子からの相互作用を平均ポテンシャルで近似し，個々の核子がこの平均ポテンシャル内で独立に運動しているという描像が成り立つ．核構造に対するこの種のモデルの出発点は2-1節で述べるj-j結合殻モデルである．この拡張として2-2節では平均ポテンシャルが球対称性を破るNilssonモデルを取り扱う．2-3節では1粒子運動をさらに拡張して，Bogoliubov準粒子の概念を導入する．2-4節では平均ポテンシャルが回転している場合の準粒子について述べる．

1粒子運動の概念が拡張されるに伴って，平均ポテンシャルがもっていたさまざまな対称性が次々と破られてゆく．本章では平均ポテンシャルを現象論的に導入するが，これらは第II部で述べるHartree-Fock-Bogoliubov理論により核子間相互作用から導出される**自己無撞着ポテンシャル**(self-consistent potential)に対する近似として位置づけられる．つまり，平均ポテンシャルの**対称性の破れ**(symmetry breaking)は核子多体系が**自発的**(spontaneous)に作りだすものである．対称性の破れに関連して**変形**(deformation)の概念が導入される．変形が発生すると，**回転運動**が起こる．このように，対称性の破れを伴う1粒子運動の概念と回転運動の概念は表裏の関係にあり，切り離せない．

このことは，固体における Jahn-Teller 効果や，場の理論における南部-Goldstone ボソンの出現に対応している．回転運動に代表される集団運動については第3章で議論する．

2-5 節では1粒子運動の準位分布に特徴あるパターンが形成される条件を考察し，殻構造の現代的な概念を与える．この概念は，原子核はなぜ変形するのか，平衡変形は何によって決まるか，等の疑問に答えるための基礎となる．

2-1 *j-j* 結合殻モデル

Z または N が 2, 8, 20, 28, 50, 82, 126 の原子核は(1核子当たりの)結合エネルギーが大きく，特別な安定性を示すことは古くから知られており，これらは**魔法数**とよばれていた．魔法数の存在は原子内の電子軌道の閉殻効果と類似している．そこで，原子の周期律の場合と同様に，原子核内の核子の運動にも平均ポテンシャルの描像が成り立つと仮定し，閉殻の形成に伴う結合エネルギーの増大によって魔法数を説明することが試みられた．しかし，どのような形の平均ポテンシャル $U(r)$ を用いても，実験をきれいに説明することはできなかった．1949年，Mayer と Jansen らは，平均ポテンシャルが強い**スピン-軌道相互作用**(spin-orbit interaction)を含むとすれば魔法数を説明できることを発見し，*j-j* 結合殻モデル*を提案した．

このモデルでは，核子に対する Schrödinger 方程式は，

$$\left\{-\frac{\hbar^2}{2m}\nabla^2+U(r)+U_{ls}(r)\boldsymbol{l}\cdot\boldsymbol{s}\right\}\psi_{nljm} = e_{nlj}\psi_{nljm} \qquad (2.1)$$

で与えられる．m は核子の質量(m_{p} または m_{n})，$U(r)$ は球対称とする．$U(r)$ の動径座標 r への依存性は密度分布 $\rho(r)$ のそれと近似的に対応すると考え，次の **Woods-Saxon** ポテンシャル

$$U(r) = U_0 f(r-R_0), \qquad f(x) \equiv \{1+\exp(x/a)\}^{-1} \qquad (2.2)$$

* 殻モデル(shell model)．殻模型ともいう．

がよく用いられる*．U_0 はポテンシャルの深さ，R_0 は核半径，a は表面のぼやけ(diffuseness)を表わす．(2.1)式で軌道角運動量 $\boldsymbol{l}$ と固有スピン $\boldsymbol{s}$ の内積 $\boldsymbol{l}\cdot\boldsymbol{s}$ に比例する項が**スピン-軌道結合**ポテンシャルである．この項は核子の $\boldsymbol{s}$ と運動量 $\boldsymbol{p}$ の間の角度に依存する力の存在を示している．ところで，核内での核子の運動方向は，媒質の密度変化の方向 $\nabla\rho(r)$ との相対的な関係のみが物理的意味をもつ．$\nabla\rho(r), \boldsymbol{p}, \boldsymbol{s}$ から作られるスカラー量は，$\boldsymbol{p}$ の1次までの近似で

$$(\nabla\rho(r)\times\boldsymbol{p})\cdot\boldsymbol{s} = (\boldsymbol{l}\cdot\boldsymbol{s})\frac{1}{r}\frac{\partial\rho(r)}{\partial r} \qquad (2.3)$$

である．ここで $\rho(r)$ と $U(r)$ が比例すると仮定すれば

$$U_{ls}(r) = U_{ls}{}^{0}\frac{1}{r}\frac{d}{dr}f(r-R_0) \qquad (2.4)$$

となる．固有値 e_{nlj} が近似的に実験を再現するように決められたパラメータは，$U_0 \cong -50$ MeV，$a=0.5\sim0.7$ fm，$U_{ls}{}^{0}\cong 30$ MeV$\cdot$fm$^2/\hbar^2$ である．

スピン-軌道結合のために $\boldsymbol{l}$ の z 成分 m_l も $\boldsymbol{s}$ の z 成分 m_s もよい量子数ではなくなるが，$\boldsymbol{j}=\boldsymbol{l}+\boldsymbol{s}$ の大きさ j とその z 成分 m はよい量子数である．したがって，(2.1)の固有関数は動径波動関数 $R_{nlj}(r)$，球面調和関数 $Y_{lm}(\theta,\varphi)$，スピン波動関数 χ_{m_s} の積として

$$\psi_{nljm}(\boldsymbol{r}) = R_{nlj}(r)\sum_{m_l m_s}\langle lm_l\tfrac{1}{2}m_s|jm\rangle i^l Y_{lm_l}(\theta,\varphi)\chi_{m_s} \qquad (2.5)$$

と書ける．ここで $\langle lm_l\frac{1}{2}m_s|jm\rangle$ は Clebsch-Gordan 係数である．(また，第Ⅱ，Ⅲ部での便宜のため，位相因子 i^l をつけた.) (2.5)を j-j 結合の波動関数という．

簡単のため $U(r)$ を調和振動子ポテンシャル

$$U_{\rm HO}(r) = \frac{1}{2}m\omega_0{}^2(r^2-R_0{}^2) \qquad (2.6)$$

---

* 第Ⅱ部で述べる Hartree-Fock ポテンシャルは一般には座標 $\boldsymbol{r}$ のみで表現できない**非局所**(nonlocal)ポテンシャルとなる．$U(r)$ はこれを**局所近似**したものと位置づけられる．

で置き換えた場合には $U_{ls}(r)$ は負の定数 C_{ls} となり，（定数 $-\frac{1}{2}m\omega_0{}^2R_0{}^2$ を別にして）固有エネルギーは

$$e_{nlj}=\hbar\omega_0\left(N_{\rm osc}+\frac{3}{2}\right)+\frac{1}{2}C_{ls}\left\{j(j+1)-l(l+1)-\frac{3}{4}\right\} \qquad (2.7)$$

で与えられる．ここで $N_{\rm osc}=n_x+n_y+n_z$ である（n_x, n_y, n_z は x, y, z 方向の振動量子数）．強いスピン-軌道結合のため，$l\neq0$ のとき $j=l+\frac{1}{2}$ と $j=l-\frac{1}{2}$ の軌道のあいだに大きいエネルギー分岐 $\Delta e_{ls}=(l+1/2)|C_{ls}|$ が生じる．その結果，l が大きく，$\boldsymbol{l}$ と $\boldsymbol{s}$ が平行な $f_{7/2}, g_{9/2}, h_{11/2}, i_{13/2}$ 軌道はエネルギーが下がり，$N_{\rm osc}$ が1つ小さい軌道群の中に侵入する．これらは周辺の軌道と異なるパリティをもち，**侵入**（intruder）**軌道**，**特異パリティ**（unique-parity）**軌道**，あるいはhigh-j 軌道とよばれる．現実の平均ポテンシャルは $U_{\rm HO}(r)$ と比較して表面付近でより引力的なので，一般に，（表面で確率密度の高い）大きい l をもつ準位のエネルギーは同じ $N_{\rm osc}$ の準位群の中で低くなる．こうして図2-1のような固有値スペクトルが得られる*.

図2-2(a)のようにエネルギーの低い準位から順番に，Pauli原理にしたがって核子を詰めていけば原子核全体としての最低エネルギー配位ができる．これを**基底状態配位**（ground state configuration）という．これを基準にして，非占有準位からなる1粒子状態空間を**粒子空間**（particle space），占有準位からなる空間を**空孔空間**（hole space）と定義する．基底状態配位は場の理論での真空（vacuum）に対応し，粒子も空孔も存在しない状態とみなせる．他方，励起状態は図2-2(b)のように粒子-空孔ペアーが何個か生成された**多粒子-多空孔状態**（many particle-many hole state）として記述できる．j-j 結合殻モデルに基づくアプローチでは，中性子も陽子も魔法数である**2重閉殻**（doubly closed shell）核に対して中性子の真空と陽子の真空を定義し，これらの状態の積として原子核全体の真空を定義する．こうして，原子核の励起スペクトルを量子多体論（quantum many-body theory）により取り扱う舞台が準備される．

---

* より現実的な計算によると，陽子に対して $Z=114$ が魔法数となる．また，$N=184$ も魔法数となる．このことから超重元素 ${}^{298}_{114}{\rm X}_{184}$ の存在が期待される．

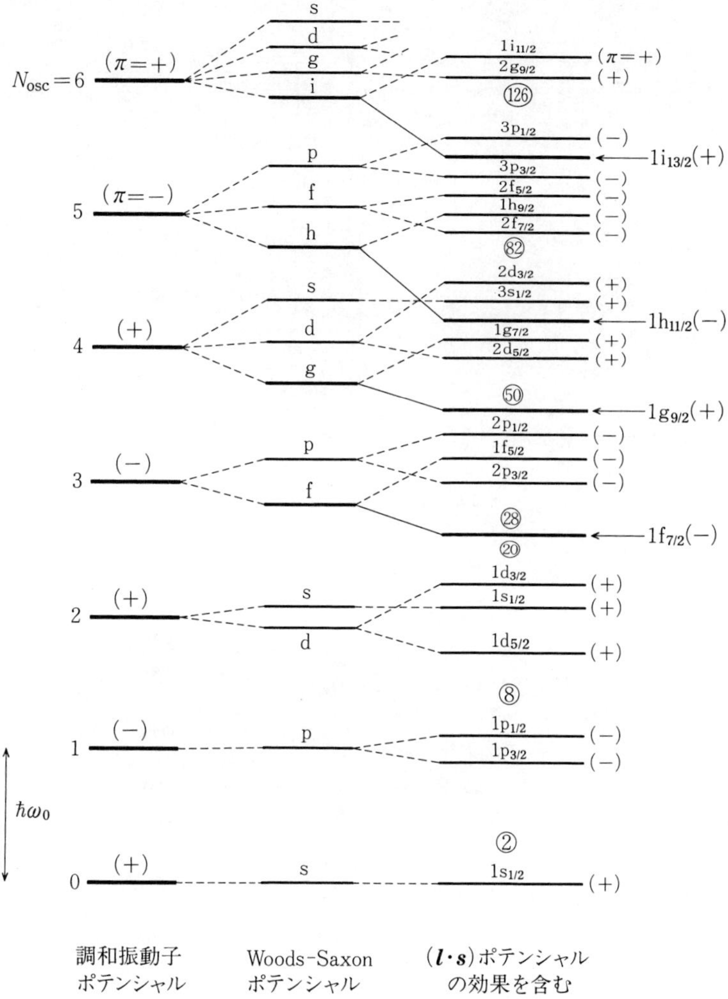

図 2-1 *j-j* 結合殻モデルの1粒子エネルギー準位(概念図). Woods-Saxon ポテンシャルに $(\boldsymbol{l}\cdot\boldsymbol{s})$ 項がつけ加わって，魔法数 2, 8, 20, 28, 50, 82, 126 が得られる. 記号 s, p, d, f, g, h, i は $l=0, 1, 2, 3, 4, 5, 6$ を示し，例えば $1h_{11/2}$ は $n=1$, $l=5$, $j=11/2$ を表わす. これらの準位を下から詰めたときの核子の累計数は，各準位の縮退度 $2j+1$ から計算できる.

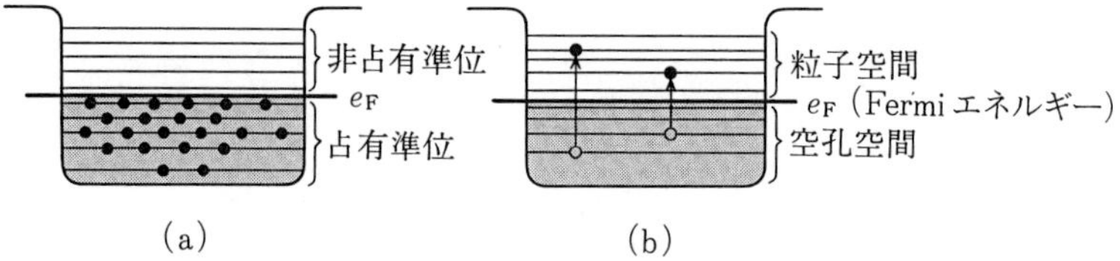

図 2-2 殻モデルにおける粒子-空孔励起(概念図).

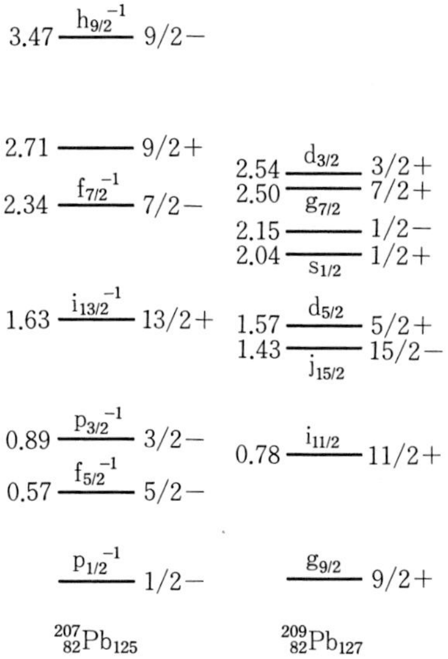

図 2-3 ^{207}Pb と ^{209}Pb の低励起スペクトル. 各準位の右側に角運動量とパリティ, 左側に励起エネルギー(MeV)が示されている. $p_{1/2}{}^{-1}$, $g_{9/2}$ などの記号は, j-j 結合殻モデルでの解釈を示す.

図 2-3 に ^{207}Pb と ^{209}Pb の励起スペクトルを示す. これらの励起状態の角運動量とパリティは, 典型的な 2 重閉殻核 ^{208}Pb($Z=82, N=126$)につけ加わった 1 個の空孔あるいは粒子によって担われているとして, 図 2-1 から予測される値とよく一致している.

第Ⅲ部で述べるように, 1 個の核子を標的核と入射核のあいだでやりとりする**1 核子移行反応**は 1 粒子運動の性質を調べる有力な方法である.

2-2 変形殻モデル

次に，平均ポテンシャルの球対称性が破れる場合を考えよう．このとき，U は角度 θ', φ' にも依存し，

$$U(r, \theta', \varphi') = U_0 f(r - R(\theta', \varphi')) \tag{2.8}$$

と書ける．$R(\theta', \varphi')$ は重心から表面までの距離を表わし，球面調和関数 $Y_{\lambda\mu}(\theta', \varphi')$ を用いて

$$R(\theta', \varphi') = R_0 \left(1 + \sum_{\lambda\mu} a_{\lambda\mu}{}^* Y_{\lambda\mu}(\theta', \varphi')\right) \tag{2.9}$$

と表現できる．ここで，角度 θ', φ' は原子核に固定された座標系の z' 軸に関して定義される．この座標系を**物体固定座標系**(body-fixed frame)または**固有座標系**(intrinsic frame)という．これと空間固定座標系(space-fixed frame)の関係については3-2節で議論する．(2.9)式の複素数 $a_{\lambda\mu}$ は**変形パラメータ**で，$R(\theta', \varphi')$ の実数条件から $a_{\lambda\mu}{}^* = (-1)^\mu a_{\lambda-\mu}$ の関係を満たす*．$a_{\lambda\mu}$ の $\mu \neq 0$ 成分がすべてゼロの場合(ただし $a_{\lambda 0} \neq 0$)，U は角度 φ' に依存せず，z' 軸まわりの回転に対して不変となる．この場合を**軸対称変形**とよび，他の場合を**非軸対称変形**という．また，奇数 λ の $a_{\lambda\mu}$ がすべてゼロの場合，U は固有座標系の反転に対して不変である．他方，奇数 λ の $a_{\lambda\mu}$ が有限の値をもつ場合，平均ポテンシャルは**空間反転対称性**を破っているという．

古くからよく調べられているのは，a_{20} だけがゼロでない**軸対称4重極変形**である．この場合の1粒子エネルギー準位を a_{20} の関数として計算した1例を図2-4に示す．軸対称変形ポテンシャルの固有状態では U が回転不変性を破っているために(j-j 結合殻モデルと異なり)，j はよい量子数とならない．しかし，角運動量の z' 軸成分 Ω とパリティはよい量子数である(ハミルトニアンの

---

* 球面調和関数の性質 $Y_{\lambda\mu}{}^*(\theta', \varphi') = (-1)^\mu Y_{\lambda-\mu}(\theta', \varphi')$ に注意．なお，a_{00} と $a_{1\mu}$ は変形パラメータとみなせない．(飽和性のため)変形しても体積は変わらないという**体積保存条件**から a_{00} が，また，変形しても重心がズレないという**重心固定条件**から $a_{1\mu}$ が $\lambda \geqq 2$ の $a_{\lambda\mu}$ の関数として決まる．

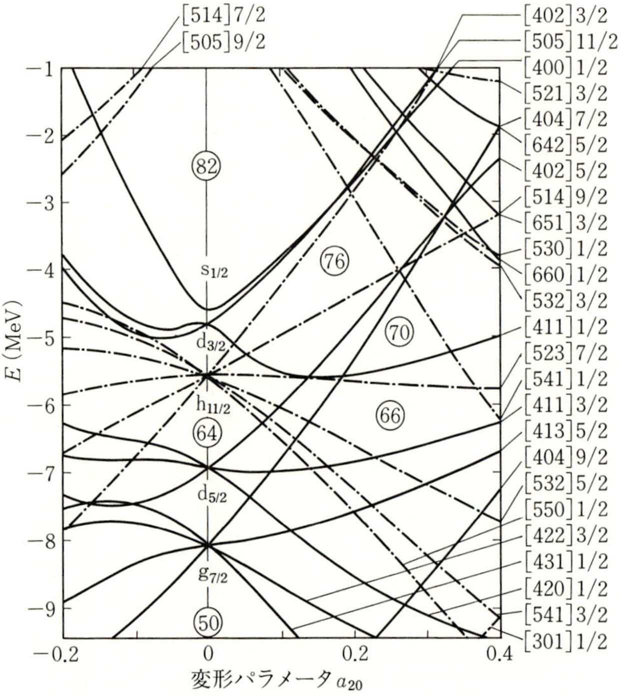

図 2-4 変形殻モデルの1粒子エネルギー準位．50<Z<82 領域の陽子に対する計算例．実線は偶パリティ，一点鎖線は奇パリティの準位，各準位につけられた数字の組は漸近量子数 $[N_{\mathrm{osc}}, n_3, \Lambda]\Omega$ を示す．(W. Nazarewicz, M. A. Riley and J. D. Garrett: Nucl. Phys. **A512**(1990)61 による.)

時間反転不変性により $+\Omega$ と $-\Omega$ の状態は縮退する)．

図 2-4 で $h_{11/2}$ 軌道に関連した準位は簡単な変形依存性を示している．一般に，特異パリティ軌道に関連する準位は，近傍に同じパリティをもつ準位がないために，(回転不変性の破れによる) j の混合が起こりにくく，j が近似的な量子数として意味をもつ．この近似の下では固有エネルギーの変形依存項は $\{3\Omega^2/j(j+1)-1\}$ に比例する．(この因子は Y_{20} の行列要素から得られる.)

簡便さのために，変形 Woods-Saxon ポテンシャル $U(r, \theta', \varphi'=0)$ の代わり

に **Nilsson ポテンシャル**

$$U_{\mathrm{Nil}} = \frac{1}{2}m\omega_\perp{}^2(x'^2+y'^2)+\frac{1}{2}m\omega_3{}^2z'^2+C\boldsymbol{l}\cdot\boldsymbol{s}+D(\boldsymbol{l}^2-\langle\boldsymbol{l}^2\rangle_N) \qquad (2.10)$$

がよく用いられる(x', y', z' は固有座標系での座標). 右辺の最後の項は固有値スペクトルを変形 Woods-Saxon ポテンシャルのものに近づけるために便宜的に導入したもので, l の大きいエネルギー準位を下げるようにパラメータ D を決める. ここで $\langle\boldsymbol{l}^2\rangle_N$ は $\boldsymbol{l}^2$ の期待値の同じ N_{osc} をもつ準位に関する平均を表わす. 変形パラメータ δ は非等方調和振動子ポテンシャルの振動数 $\omega_\perp, \omega_3$ を用いて

$$\omega_\perp = \omega_0(\delta)\left(1+\frac{1}{3}\delta\right), \qquad \omega_3 = \omega_0(\delta)\left(1-\frac{2}{3}\delta\right) \qquad (2.11)$$

で定義される. ここで $\omega_0(\delta)$ の δ 依存性は**体積保存条件**

$$\omega_\perp{}^2\omega_3 = \omega_0{}^3(\delta=0) \qquad (2.12)$$

から決める. この条件を通じて Nilsson ポテンシャルは変形パラメータ δ に関して非線形になっている. なお, $\delta>0$ の場合 $\omega_\perp>\omega_3$ であり, 等ポテンシャル面からわかるように, **プロレート**(prolate, レモン型), $\delta<0$ の場合は $\omega_\perp<\omega_3$ で**オブレート**(oblate, みかん型)に変形している.

なお, 軌道角運動量の z' 軸成分を Λ, x', y', z' 軸方向の量子数を n_1, n_2, n_3 と書き, $N_{\mathrm{osc}}=n_1+n_2+n_3$ とおくと, $[N_{\mathrm{osc}}, n_3, \Lambda, \Omega]$ の組は δ の大きい極限でよい量子数となるので, **漸近量子数**とよばれる.

N と Z がともに j-j 結合殻モデルの魔法数から離れている原子核の基底状態が, 多くの場合, プロレート変形していることはよく知られているが, なぜプロレート変形がオブレート変形より起こりやすいのか, その理由はよくわかっていない.

1980 年代になって空間反転対称性を破った($a_{30}\neq0$)平均ポテンシャルをもつ原子核が Ra-Th 領域に系統的に存在することがわかった. この場合, 1 粒子運動はパリティ混合(parity mixing)を起こす. しかし, 空間反転 P と y' 軸まわりの 180° 回転 R_2 を組み合わせた変換 $S=PR_2{}^{-1}$ に関する対称性が残ってい

る．これに伴う量子数 s をシンプレックス(symplex)とよぶ．

2-3 Bogoliubov 準粒子

原子核の基底状態近傍では強い**対相関**(pairing correlation)が存在する．この相関は互いに時間反転の関係にある1粒子エネルギー準位，例えば $(nljm)$ と $(nlj-m)$ にある2つの核子の間に働く強い引力によって起こる．これは超伝導のBCS理論におけるCooper対(Cooper pair)と類似している．ただし，原子核では運動量でなく角運動量の空間での相関である．対相関が十分に強い場合，BCS理論と同様に，原子核の基底状態を核子の**対**が凝縮した状態とみなし，**Bogoliubov 準粒子**(quasiparticle)の概念を導入できる．実際，軽い核や閉殻近傍を除いて，多くの原子核に対してこのアプローチが有効である．

核子の生成・消滅演算子を $c_i^\dagger, c_i$ とすると，準粒子の生成・消滅演算子 $a_i^\dagger$, a_i は

$$\begin{aligned} a_i^\dagger &= u_i c_i^\dagger - v_i c_{\bar{i}} \\ a_{\bar{i}} &= v_i c_i^\dagger + u_i c_{\bar{i}} \end{aligned} \tag{2.13}$$

で定義される．ただし，$u_i^2 + v_i^2 = 1$ である．この変換を**Bogoliubov 変換**という．ここで i は1粒子状態の量子数の組を，$\bar{i}$ はその時間反転状態(波動関数(2.5)の場合，m の符号が逆の状態，ただし適当な位相がつく．6-1節参照)を表わす．基底状態 $|\phi_{\mathrm{BCS}}\rangle$ は準粒子に対する真空条件

$$a_i|\phi_{\mathrm{BCS}}\rangle = a_{\bar{i}}|\phi_{\mathrm{BCS}}\rangle = 0 \tag{2.14}$$

を満足するように決定する．(2.13)を $c_i^\dagger, c_{\bar{i}}$ に関して逆に解き，(2.14)を用いると $\langle\phi_{\mathrm{BCS}}|c_i^\dagger c_i|\phi_{\mathrm{BCS}}\rangle = v_i^2$ を得る．すなわち，基底状態では確率 v_i^2 で準位 i が占有されている(図2-5)．励起状態は，図2-2の多粒子-多空孔状態に代わって，準粒子が何個か励起された**多準粒子状態**として記述される．

Bogoliubov 準粒子は1粒子ハミルトニアン

$$h = \sum_{i>0}(e_i - \lambda)(c_i^\dagger c_i + c_{\bar{i}}^\dagger c_{\bar{i}}) - \Delta \sum_{i>0}(c_i^\dagger c_{\bar{i}}^\dagger + c_{\bar{i}} c_i) \tag{2.15}$$

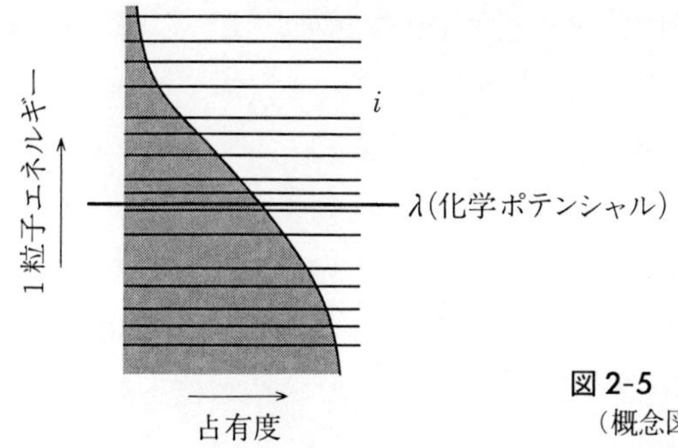

図 2-5　準粒子に対する真空（概念図）.

の固有モードと見なせる．ここで $\sum_{i>0}$ は1粒子状態の対 $(i, \bar{i})$ に関する和，e_i は1粒子エネルギー，λ は化学ポテンシャルを表わす．第2項の Δ は**対ギャップ**(pairing gap)とよばれ，対相関に伴う秩序変数(order parameter)である．右辺第2項は拡張された「平均ポテンシャル」と見なせ，**対ポテンシャル**とよばれる．この項のため，h は核子数保存則を破っている．Bogoliubov 変換(2.13)により h が

$$h = 定数 + \sum_{i>0} E_i(a_i^\dagger a_i + a_{\bar{i}}^\dagger a_{\bar{i}}) \tag{2.16}$$

と対角化されるように u_i, v_i を定める．E_i は準粒子エネルギーで

$$E_i = \sqrt{(e_i-\lambda)^2+\Delta^2} \tag{2.17}$$

となる．強い対相関の下では，1粒子エネルギー e_i は実験データと直接対応せず，E_i を通じて間接的に反映されることに注意しよう．

2-4　回転ポテンシャルでの準粒子モード

平均ポテンシャルが変形している場合には，空間固定座標系に対するポテンシャルの方向を定義することが可能になるので，回転運動の自由度が発生する．つまり，2-2節の固有座標系は空間固定座標系に対して回転する．回転の角速度 $\omega_{\rm rot}$ が時間的に一定の場合，これを**一様回転**(uniform rotation)とよび，回転するポテンシャルに固定された座標系からみた1粒子運動は，以下でみるよ

うに定常状態として記述できる．このように一様回転している固有座標系のことを**回転座標系**(rotating coordinate frame)とよぶ．

一様回転している状態 $|\phi(\theta,I)\rangle$ を(時間に依存する)ユニタリ変換 $U(\theta,I)$ を用いて

$$|\phi(\theta,I)\rangle = U(\theta,I)|\phi_0\rangle \tag{2.18}$$

と書く．ここで θ は回転角度，I は角運動量，$|\phi_0\rangle$ は $\omega_{\rm rot}=0$ での状態を表わす．回転軸を x 軸と定義する(図2-6)．$U(\theta,I)$ は時間に依存する変分原理

$$\delta\langle\phi(\theta,I)|i\hbar\frac{\partial}{\partial t}-H|\phi(\theta,I)\rangle = 0 \tag{2.19}$$

により決める．一様回転であるから

$$U(\theta,I) = e^{-i\theta J_x/\hbar}U(I) = e^{-i\omega_{\rm rot}tJ_x/\hbar}U(I) \tag{2.20}$$

とおけば，(θ,I) は正準運動方程式

$$\begin{aligned}\omega_{\rm rot} &= \dot{\theta} = \frac{1}{\hbar}\frac{\partial}{\partial I}E_{\rm rot}(I) \\ \dot{I} &= -\frac{1}{\hbar}\frac{\partial}{\partial\theta}E_{\rm rot}(I) = 0\end{aligned} \tag{2.21}$$

を満足する．ここで J_x は角運動量演算子の x 成分で，回転エネルギーは

$$E_{\rm rot}(I) = \langle\phi(\theta,I)|H|\phi(\theta,I)\rangle-\langle\phi_0|H|\phi_0\rangle \tag{2.22}$$

で定義される．(2.20)を(2.19)に代入すると，(2.19)は時間に依存しない変分原理

$$\delta\langle\phi_0|U^{-1}(I)(H-\omega_{\rm rot}J_x)U(I)|\phi_0\rangle = 0 \tag{2.23}$$

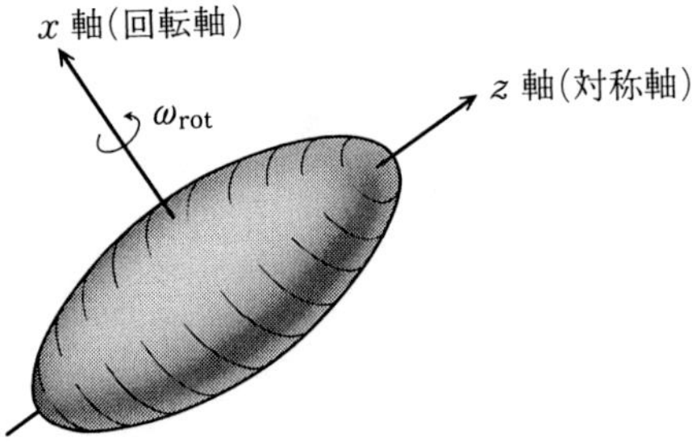

図2-6　プロレート変形核の一様回転(概念図)．

に帰着する．したがって，$H'=H-\omega_{\rm rot}J_x$ を回転座標系でのハミルトニアンとみなして，H' に対する定常解 $|\phi(I)\rangle=U(I)|\phi_0\rangle$ を求めればよい．ここで，$-\omega_{\rm rot}J_x$ が回転座標系で現われる Coriolis 力と遠心力を表わしている．

ハミルトニアン H を1体場近似でのハミルトニアン h (2.15)に置き換えて，$h'=h-\omega_{\rm rot}J_x$ に対する準粒子モードの性質を調べよう．h' は**クランキングハミルトニアン**(cranking Hamiltonian)とよばれる．この場合 $|\phi_0\rangle$ は $|\phi_{\rm BCS}\rangle$ に一致する．h' は x 軸まわりの 180° 回転に関して不変であるから，この対称性を利用するために1粒子状態 i とその時間反転状態 $\bar{i}$ の1次結合

$$\begin{aligned} d_i{}^\dagger &= (c_{\bar{i}}{}^\dagger + c_i{}^\dagger)/\sqrt{2} \\ d_{\bar{i}}{}^\dagger &= (c_{\bar{i}}{}^\dagger - c_i{}^\dagger)/\sqrt{2} \end{aligned} \tag{2.24}$$

を定義すると，これらは

$$e^{-i\pi J_x/\hbar}\begin{pmatrix} d_i{}^\dagger \\ d_{\bar{i}}{}^\dagger \end{pmatrix} e^{i\pi J_x/\hbar} = \mp i \begin{pmatrix} d_i{}^\dagger \\ d_{\bar{i}}{}^\dagger \end{pmatrix} \tag{2.25}$$

の関係を満足する．次に，一般化された Bogoliubov 変換

$$\begin{aligned} a_\mu{}^\dagger &= \sum_{i>0} (U_{\mu i} d_i{}^\dagger + V_{\mu i} d_{\bar{i}}) \\ a_{\bar{\mu}}{}^\dagger &= \sum_{i>0} (\bar{U}_{\mu i} d_{\bar{i}}{}^\dagger + \bar{V}_{\mu i} d_i) \end{aligned} \tag{2.26}$$

(およびこれらの Hermite 共役)

を行なうと，h' を対角化できて

$$h' = 定数 + \sum_{\mu} E'_\mu a_\mu{}^\dagger a_\mu + \sum_{\bar{\mu}} E'_{\bar{\mu}} a_{\bar{\mu}}{}^\dagger a_{\bar{\mu}} \tag{2.27}$$

となる．準粒子 $(a_\mu{}^\dagger, a_{\bar{\mu}}{}^\dagger)$ は，x 軸まわりの 180° 回転に対して，(2.25)と同じ関係を満足している．この変換に関する量子数 $r=\mp i$ (あるいは，$r=e^{-i\pi\alpha}$ の関係で定義された $\alpha=\pm 1/2$)のことを**シグネチャー**(signature)という．

準粒子のエネルギー $(E_\mu, E_{\bar{\mu}})$ および「波動関数」$(U_{\mu i}, V_{\mu i})$, $(\bar{U}_{\mu i}, \bar{V}_{\mu i})$ を決定する固有値方程式は

$$\sum_{i'>0} \begin{pmatrix} h_{ii'} & -\Delta\delta_{ii'} \\ -\Delta\delta_{ii'} & -h_{\bar{i}\bar{i}'} \end{pmatrix} \begin{pmatrix} U_{\mu i'} \\ V_{\mu i'} \end{pmatrix} = E'_\mu \begin{pmatrix} U_{\mu i} \\ V_{\mu i} \end{pmatrix} \tag{2.28}$$

$$\sum_{i'>0}\begin{pmatrix} h_{ii'} & -\Delta\delta_{ii'} \\ -\Delta\delta_{ii'} & -h_{\bar{i}\bar{i}'} \end{pmatrix}\begin{pmatrix} \bar{V}_{\mu i'} \\ \bar{U}_{\mu i'} \end{pmatrix} = -E'_{\bar{\mu}}\begin{pmatrix} \bar{V}_{\mu i} \\ \bar{U}_{\mu i} \end{pmatrix} \tag{2.29}$$

となる．ここで

$$h_{ii'} = (e_i-\lambda)\delta_{ii'} - \omega_{\mathrm{rot}}(i|J_x|i') \tag{2.30}$$

$$h_{\bar{i}\bar{i}'} = (e_{\bar{i}}-\lambda)\delta_{\bar{i}\bar{i}'} - \omega_{\mathrm{rot}}(\bar{i}|J_x|\bar{i}') \tag{2.31}$$

$(i|J_x|i')$, $(\bar{i}|J_x|\bar{i}')$ は(2.24)で定義された1粒子状態 $(d_i^\dagger, d_{\bar{i}}^\dagger)$ に関する行列要素である．(2.28)と(2.29)を比較すると $(E'_{\bar{\mu}}, \bar{U}_{\mu i}, \bar{V}_{\mu i})$ と $(-E'_\mu, V_{\mu i}, U_{\mu i})$ が同じ固有値方程式を満足することがわかる．この対称性のおかげで，$\alpha=1/2$ に対する(2.28)を解けば自動的に $\alpha=-1/2$ に対する(2.29)の解が得られる．

準粒子エネルギー $(E'_\mu, E'_{\bar{\mu}})$ を角速度 ω_{rot} の関数として描いたダイヤグラムの1例を図2-7に示す．この図で，実線は $\alpha=-1/2$，破線は $\alpha=1/2$ の準粒子

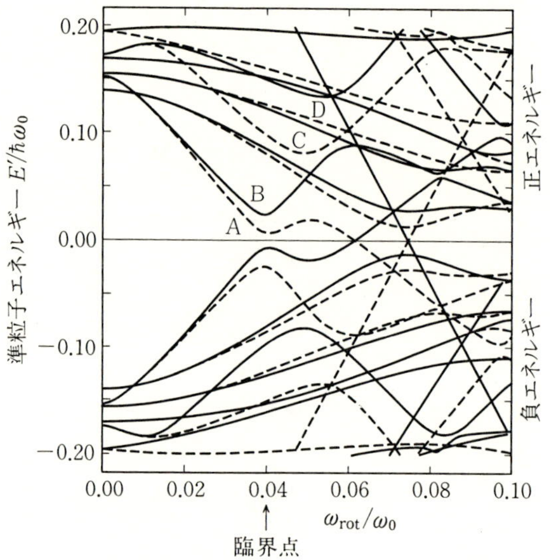

図 2-7 回転座標系での準粒子スペクトルの角速度依存性．Nilsson ポテンシャル($\delta=0.27$)，$\Delta=1.0$ MeV を用いた ^{164}Er に対する計算値．記号 A, B, C, D は中性子の $i_{13/2}$ 軌道に関係する準粒子状態を示す．準粒子エネルギーは $\hbar\omega_0$，角速度は $\omega_0(\delta=0)$ を単位として描かれている．

状態を表わす．正エネルギー解と負エネルギー解は，上に述べたように $E'_\mu = -E'_{\bar{\mu}}$ の関係にある．ある角速度 $\omega_{\rm rot}$ での準粒子 $(a_\mu{}^\dagger, a_{\bar{\mu}}{}^\dagger)$ に対する真空 $|\phi_0(\omega_{\rm rot})\rangle$ を負エネルギー状態がすべて占有された状態として定義すると，物理的に意味のある励起は正エネルギーをもつ準粒子モードのみとなり，これらの消滅演算子 $(a_\mu, a_{\bar{\mu}})$ に対して $|\phi_0(\omega_{\rm rot})\rangle$ は真空条件

$$a_\mu|\phi_0(\omega_{\rm rot})\rangle = 0, \qquad a_{\bar{\mu}}|\phi_0(\omega_{\rm rot})\rangle = 0 \tag{2.32}$$

を満足する．

図 2-7 を見ると，$\omega_{\rm rot}$ の増大につれてエネルギーが急激に下がってくる解があることに気づく．これらは特異パリティ軌道 $i_{13/2}$ に関連する準位であり，(近似的な角運動量として)大きい j をもつため，Coriolis 力の効果を強く受けているのである．角速度 $\omega_{\rm rot}$ がある臨界値に近づくと，記号 A の状態のエネルギーはゼロに近づき，負エネルギー解と**準位交差**(level crossing)を起こす．実際には，両者の相互作用のために準位間に反発があり**擬準位交差**(pseudo-

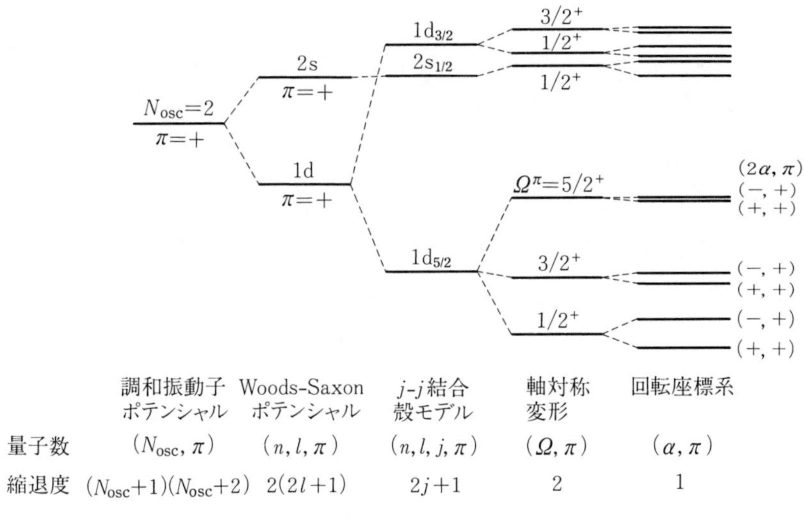

図 2-8 異なる平均ポテンシャルに対するエネルギー準位の比較(概念図)．Ω は角運動量の対称軸成分，α はシグネチャー量子数を表わす．

level crossing)となるが，臨界角速度 ω_{cr} の前後で真空 $|\phi_0(\omega_{rot})\rangle$ の内部構造に質的な変化が起こる点が重要である．このことが3-4節で述べる高スピン状態でのバンド交差現象の原因となる．

本節を終わるにあたって，さまざまな平均ポテンシャルに対する1粒子準位の特徴を比較しておく．図2-8に示した例では，調和振動子ポテンシャルでのs軌道とd軌道の縮退がWoods-Saxonポテンシャルでは解け，さらにスピン-軌道結合により $d_{5/2}$ と $d_{3/2}$ のエネルギー分岐が起こる．軸対称変形するとエネルギーは角運動量の z 成分 Ω に依存するようになり，さらに回転運動の効果のためにシグネチャー量子数 α に関する縮退が解ける．このように，平均ポテンシャルが一般化されるに伴って縮退度が減少することがわかる．

2-5 殻構造の半古典論

本節では1粒子運動の準位分布の性質を考察し，殻構造の概念を一般的に定義する．

まず，かなり特殊であるが初等的な例として，軸対称変形した調和振動子ポテンシャル((2.10)で $C=D=0$)の場合を考えよう(図2-9)．(x', y', z') 軸方向の振動数を $(\omega_1, \omega_2, \omega_3)$ と書き，$\omega_1=\omega_2\equiv\omega_\perp$ とすると，固有エネルギーは

$$e(n_1, n_2, n_3) = \hbar\omega_\perp(n_1+n_2+1)+\hbar\omega_3(n_3+1/2) \qquad (2.33)$$

である．球対称($\delta=0$)のときは，同じ $N_{osc}=n_1+n_2+n_3$ を与える異なる (n_1, n_2, n_3) の組が縮退し，閉殻を作る粒子数40, 70, 112などが魔法数となる．変形によりこの縮退は解けるが，$\omega_\perp$ と ω_3 の比が2：1となる変形度($\delta=0.6$)でふたたび顕著な縮退が起こる．これは，同じ $2(n_1+n_2)+n_3$ の値をもつ異なる (n_1, n_2, n_3) の組合せが可能となるためである．この閉殻に対応する粒子数60, 80, 110, … を $\omega_\perp/\omega_3=2$ での**変形魔法数**(deformed magic number)とよぶ(同様な縮退は $\omega_3/\omega_\perp=2$ の場合にも起こる)．以上から魔法数が準位の縮退と関係していることがわかる．

次に，上に見た準位の縮退の概念が，一般の平均ポテンシャルに対してどの

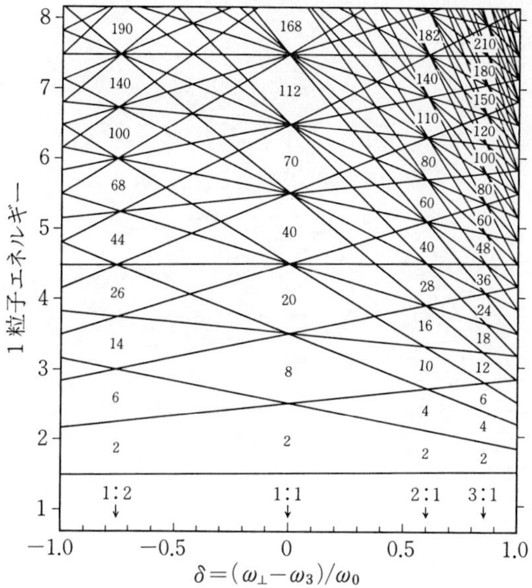

図 2-9 軸対称調和振動子ポテンシャルの1粒子エネルギー準位．エネルギーは $\hbar\omega_0(\delta)$ を単位として，変形度 $\delta=(\omega_\perp-\omega_3)/\omega_0$ の関数として描かれている．図中の矢印は $\omega_\perp:\omega_3$ が整数比となる変形度を示す．変形魔法数が示されている(固有スピンに関する縮退度2を数えている)．(巻末文献[I-42]による．)

ように拡張できるかを考えよう．エネルギー間隔 $(e, e+de)$ に含まれる固有状態数を $g(e)de$ と書き，$g(e)$ を**1粒子準位密度**とよぶ．固有値を e_i とすれば

$$g(e) = \sum_i \delta(e-e_i) \tag{2.34}$$

である．A 個の核子が Fermi エネルギー λ までこれらの準位を満たしていると

$$A = \int_{-\infty}^{\lambda} g(e)de \tag{2.35}$$

であり，1粒子エネルギーの総和は

$$E = \int_{-\infty}^{\lambda} eg(e)de \tag{2.36}$$

と書ける．一般の平均ポテンシャルでは準位数 $g(e)de$ の多い領域と少ない領域があり，固有値分布に粗密ができる．そこで，この粗密が規則的なパターンを示すとき，これを「1粒子準位の殻構造」とよぼう．図2-10に示すように，準位数 $g(e)de$ がエネルギー e とともに振動するとき，準位が密に集まった領域は準位が「近似的な縮退」を起こしているとみなせる．

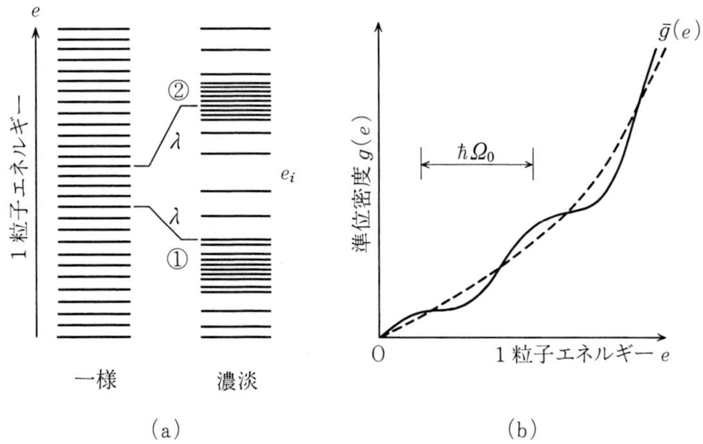

図2-10 殻構造の概念図.

そこで，殻構造が A 核子系のエネルギーに与える効果を調べよう．適当なエネルギー平均を行ない，$g(e)$ の振動部分を消し，**滑らかな準位密度** $\bar{g}(e)$ を導入する．これを用いて，平均 Fermi エネルギー $\bar{\lambda}$ を

$$A = \int_{-\infty}^{\bar{\lambda}} \bar{g}(e)de \tag{2.37}$$

で，**滑らかなエネルギー**を

$$\bar{E} = \int_{-\infty}^{\bar{\lambda}} e\bar{g}(e)de \tag{2.38}$$

で定義する．E と $\bar{E}$ の差

$$E_{\text{shell}} = E - \bar{E} \tag{2.39}$$

が殻構造によるエネルギーを表わし，**殻構造エネルギー**とよばれる．E_{shell} は核子数 A の振動関数で，λ が準位の密な領域の上端(図 2-10(a)の位置①)にあるとき極小，中心付近(位置②)で極大となる．$\bar{g}(e)$ を定義するには Strutinsky の処方がよく使われている(巻末文献[I-41]参照)．

図 2-11 に A をある値に固定したときの E_{shell} の振舞いを，プロレート変形ポテンシャルの変形度 δ の関数として示す．このように E_{shell} は(A だけでなく) δ に関しても振動関数となる．極小点は図 2-9 の $\delta=0.6$ に対応する．

6～8 ページの議論によって，E_{shell} と液滴モデルのエネルギー E_{liquid} (＝$-B_{\text{liquid}}$) の和

$$E_{\text{total}}(\delta) = E_{\text{liquid}}(\delta) + E_{\text{shell}}(\delta) \tag{2.40}$$

が原子核の全エネルギーを表わす．図 2-11 は $E_{\text{liquid}}(\delta)$ の極大付近で $E_{\text{shell}}(\delta)$ が極小となり，両者の和 $E_{\text{total}}(\delta)$ もこの付近で極小となることを示している．この極小に伴う準安定な量子状態が，第 5 章で述べる核分裂アイソマーである．

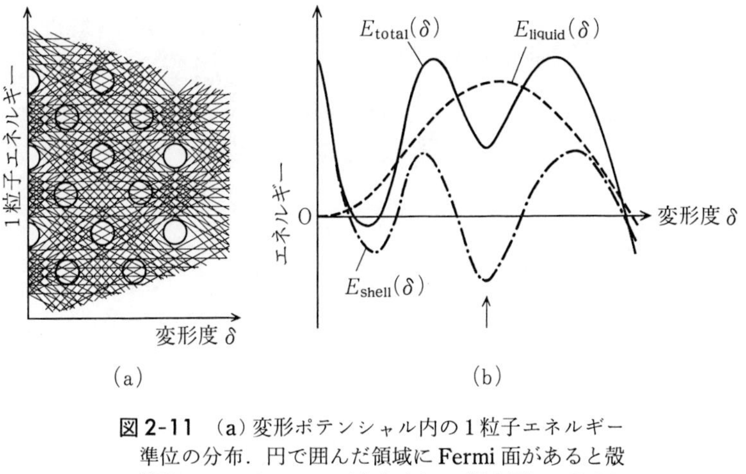

図 2-11 (a) 変形ポテンシャル内の 1 粒子エネルギー準位の分布．円で囲んだ領域に Fermi 面があると殻構造エネルギー E_{shell} が大きくなる(概念図)．(V. M. Strutinsky: Nucl. Phys. **A122**(1968)1 による.)
(b) $E_{\text{shell}}, E_{\text{liquid}}$ および全エネルギー E_{total} の変形度 δ 依存性(概念図)．

ここで(2.38)式で定義した$\bar{E}$はE_{shell}を求めるための道具だてにすぎず，全エネルギーE_{total}の計算には$\bar{E}$でなくE_{liquid}が使われることに注意しよう．1粒子エネルギーの総和は全エネルギーと異なる量だから，$\bar{E}$は巨視的エネルギー$E_{\mathrm{macro}}(=-B_{\mathrm{macro}})$の評価には使えない．$E_{\mathrm{macro}}$の計算にはより進んだ多体理論が必要だが，それは容易でない．そこでE_{macro}の性質を現象論的に記述する液滴モデルを用いる．このような半現象論的アプローチ(macroscopic-microscopic アプローチともよばれる)によって結合エネルギーの変形依存性を精度よく計算することができる．

殻構造エネルギーは平均ポテンシャルの表面の形の変化に応じて敏感に変化し，特定の形で顕著な殻構造が形成される．したがって，殻構造エネルギー極小の実現が平衡変形を決定する主な要因となる．

それでは，顕著な殻構造が形成される物理的条件は何であろうか．この問題は非可積分系(non-integrable system)に対する半古典量子化の問題と密接な関係がある．1粒子運動のハミルトニアンをH_{sp}とすると，準位密度$g(e)$はGreen 関数$G(\boldsymbol{r},\boldsymbol{r}';e)$を用いて

$$
\begin{aligned}
g(e) &= \mathrm{Tr}\,\delta(e-H_{\mathrm{sp}}) \\
&= -\frac{1}{\pi}\lim_{\eta\to 0}\mathrm{Im}\,\mathrm{Tr}\left(\frac{1}{e+i\eta-H_{\mathrm{sp}}}\right) \\
&= -\frac{1}{\pi}\mathrm{Im}\int d\boldsymbol{r}G(\boldsymbol{r},\boldsymbol{r};e)
\end{aligned}
\tag{2.41}
$$

と書ける．ここでGreen 関数は位置の固有ケット$|\boldsymbol{r}\rangle$を用いて

$$
G(\boldsymbol{r},\boldsymbol{r}';e) = \langle\boldsymbol{r}|\frac{1}{e+i\eta-H_{\mathrm{sp}}}|\boldsymbol{r}'\rangle
\tag{2.42}
$$

と書けることを用いた．$G(\boldsymbol{r},\boldsymbol{r}';e)$をFeynman 経路積分で表現し，これを停留位相近似で評価すれば，$g(e)$は2つの部分の和として

$$
g(e) = \bar{g}(e)+\sum_r A_r\cos\left(\frac{S_r}{\hbar}+\alpha_r\right)
\tag{2.43}
$$

と書けることがわかっている(巻末文献[I-44,45,94,95])．右辺の第1項はエ

ネルギーの滑らかな関数である．第2項は古典力学的に可能なすべての**周期軌道**(periodic orbit)の寄与の総和である(繰り返しも独立に数える)．S_rは周期軌道rに沿っての作用積分，α_rは周期軌道の幾何学的性質によって決まる位相，A_rは振幅である*．ハミルトニアンH_{sp}に対応する古典力学系は一般には積分不可能であり**，(2.43)を用いて個々の量子準位を計算することはきわめて難しい．

しかしわれわれが興味をもっているのは，適度にエネルギー粗視化することによって明らかになる固有値分布の濃淡のパターンである．この場合には，すべての周期軌道に関する総和は必要でない．エネルギーと時間の不確定性関係から予想できるように，Δeの精度で見た準位密度の振動のパターン(準位の長距離相関)は，周期Tが$\hbar/\Delta e$以下の周期軌道によって決まる．1つの周期軌道は(近似的に縮退した)量子準位の束に対応し，殻構造はこの周期軌道に対する**半古典量子化**(semiclassical quantization)の結果と考えられる．(図2-9の調和振動子ポテンシャルは可積分系であり，量子準位の束が例えば$\omega_\perp/\omega_3=2$で完全に縮退している．これは特殊な例である.) ところで，周期軌道の性質は表面の形にきわめて敏感である．このことが殻構造エネルギーが原子核の形を決定する主な原因となる理由である．

原子核の基底状態でオブレート変形よりもプロレート変形が実現しやすい理由についても，このような観点から説明が試みられている(巻末文献[I-45])．

＊ エネルギーも作用積分も同じ値をもち，互いに連続的に変換可能な周期軌道の集合が存在する場合，(2.43)式のrは(1個の孤立した周期軌道ではなく)この集合を表わす．

＊＊ 球対称ポテンシャルの場合は可積分であるが，変形すると一般には独立な保存量(運動の積分)の数が系の自由度より少なく(積分不可能に)なる．

3 集団励起とモード-モード結合

原子核の励起モードは第2章で述べた1粒子運動モードと，本章で議論する振動モードおよび回転モードに大別できる．さらに，振動モードは高励起状態に現われる巨大共鳴と低励起状態での振動モードに分類できる．1970年代以降，さまざまな型の新しい巨大共鳴が発見された．これについては3-1節で述べる．3-2節で議論する低励起振動モードは非線形性が強く，多くの場合，回転モードと明確に分離できず，両者の中間的運動も広く存在する．3-3節および3-4節では1粒子運動モードと振動・回転モードの相互作用を議論する．

3-1 巨大共鳴

a) さまざまな振動モード

数MeV以上の高励起状態に現われ，後で述べる和則値の主要部分を担っている集団的振動モードを**巨大共鳴**(giant resonance)といい，多様な粒子を用いた非弾性散乱や荷電交換反応などにより励起される(第III部参照)．実験データの1例を図3-1に示す．励起断面積σのエネルギー依存性は，ごく粗い近似ではBreit-Wigner型

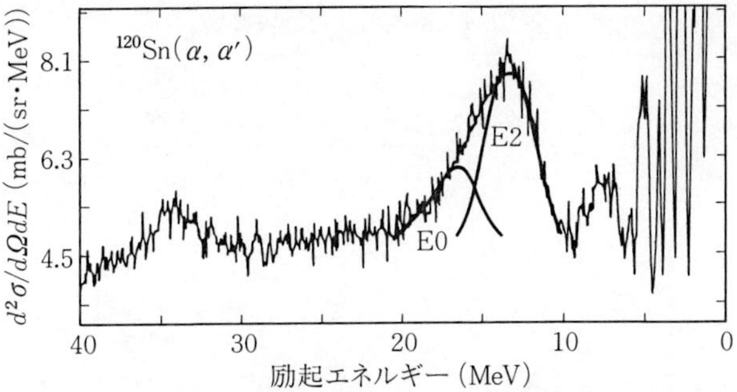

図 3-1 α 粒子の非弾性散乱による ^{120}Sn の巨大共鳴励起の微分断面積．励起エネルギー 13 MeV 近傍のピークがアイソスカラー型 4 重極振動モードの励起に対応する．(F. E. Bertrand *et al*.: Phys. Rev. **C22** (1980) 1832 による.)

$$\sigma(E) \propto \frac{1}{(E-E_{\mathrm{res}})^2+(\Gamma/2)^2} \tag{3.1}$$

で記述できる．ここで E_{res} は**共鳴エネルギー**，Γ は**共鳴幅**(resonance width) とよばれ，共鳴の寿命 τ と $\tau \approx \hbar/\Gamma$ の関係にある．

巨大共鳴が励起されるエネルギー領域は，粒子放出のしきい値を越えた連続状態であり，粒子放出のため寿命は有限となる．しかし，この他にも幅 Γ が生じる重要なメカニズムがある．これについては第 5 章で議論する．第 4 章で説明するように，このエネルギーでの励起状態の準位密度は極めて高い．したがって，図 3-1 のような実験データが示しているのは，個々の量子準位ではなく，5-1 節で詳しく述べる強度関数である．通常の実験条件ではエネルギー分解能の制限のために意識しなくても適当なエネルギー粗視化が行なわれているが，このことによりかえって巨大共鳴の大局的性質がよく見えているのである．

巨大共鳴は励起モードのもつ軌道角運動量，スピン，アイソスピン，全角運動量などにより分類できる．$A>40$ の原子核で現在わかっている主な巨大共鳴を表 3-1 にまとめた．

表 3-1 でアイソベクトル型の**巨大双極共鳴**(giant dipole resonance, GDR) は古くから知られており，陽子集団と中性子集団が逆位相で振動するという古

表 3-1　観測された巨大共鳴

スピン・アイソスピン依存性	多重極度 λ	角運動量・パリティ(I^π)	平均励起エネルギー† (MeV)	演算子の型
アイソスカラー型 ($T=0$)	単極型 ($\lambda=0$)	0^+	$80A^{-1/3}$	$f_0(r)$
	4 重極型 ($\lambda=2$)	2^+	$65A^{-1/3}$	$f_2(r)Y_{2\mu}$
	8 重極型 ($\lambda=3$)	3^-	$30A^{-1/3}, 120A^{-1/3}$ (2 種類)	$f_3(r)Y_{3\mu}$
アイソベクトル型 ($T=1$)	単極型 ($\lambda=0$)	0^+	$60A^{-1/6}$	$\tau_\pm f_0(r)$
	双極子型 ($\lambda=1$)	1^-	$31A^{-1/3}+21A^{-1/6}$	$\tau_z f_1(r)Y_{1\mu}$
	4 重極型 ($\lambda=2$)	2^+	$130A^{-1/3}$	$\tau_z f_2(r)Y_{2\mu}$
スピン振動 (アイソベクトル型 $T_z=0$)	単極型 ($\lambda=0$)	1^+	$40A^{-1/3}$	$\tau_z \sigma f_0(r)$
Gamow-Teller 型	単極型 ($\lambda=0$)	1^+	$E_{IAS}+7-30(N-Z)/A$	$\tau_\pm \boldsymbol{\sigma} f_0(r)$
スピン・アイソスピン振動($T_z=\pm1$)	双極子型 ($\lambda=1$)	$0^-, 1^-, 2^-$	$E_{IAS}+14-33(N-Z)/A$	$\tau_\pm f_1(r)(\boldsymbol{\sigma}\times Y_1)_I$

† $A>60$ の原子核に対するおおまかな表式．E_{IAS} はアイソバリックアナログ状態の励起エネルギーを表わす．巻末文献[I-55]および D. J. Horen *et al.*: Phys. Lett. **99B**(1981) 385 参照．

典的描像に対応する．アイソスカラー型の**巨大 4 重極共鳴**(giant quadrupole resonance, GQR)は 1970 年代のはじめ，電子，陽子，α 粒子の非弾性散乱により発見され，後に述べるように，原子核の振動運動の性格について新しい認識をもたらした．また，**巨大単極共鳴**(giant monopole resonance, GMR)は形を変えない膨張・収縮に対応し，核物質の**圧縮率**(compressibility)に関する情報を与える(巻末文献[I-50])*．**巨大 Gamow-Teller**(GT)**共鳴**は中性子を陽子に変化させると同時に，固有スピン σ の向きを反転させることにより励起されるスピン・アイソスピン振動モードであり，(p, n) 反応などの**荷電交換反応**により発見された．実験データの 1 例を図 3-2 に示す．

* 核物質の圧縮率は中高エネルギー重イオン反応や**超新星爆発**(supernova explosion)の性質を決定するうえで重要である(12-6 節および巻末文献[I-51])．

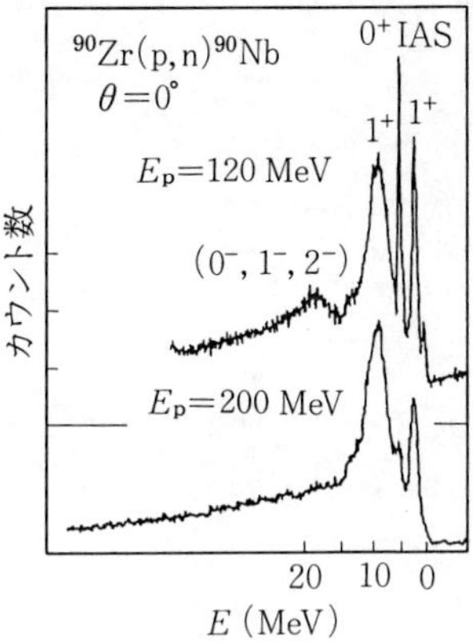

図 3-2 120 MeV および 200 MeV の陽子を用いた ^{90}Zr(p, n)^{90}Nb 反応による中性子のスペクトル．横軸は ^{90}Nb の励起エネルギー E を示す．$E \cong 10$ MeV のピークが巨大 GT 共鳴．双極子型スピン・アイソスピン振動による $I^{\pi}=0^-, 1^-, 2^-$ 状態は 120 MeV 陽子の場合にのみ見えている．記号 IAS はアイソバリックアナログ状態を表わす．(C. Gaarde: Nucl. Phys. **A396** (1983) 127c による．)

以上の他にも，励起演算子を一般に $f_\lambda(\boldsymbol{r})Y_{\lambda\mu}$, $f_\lambda(\boldsymbol{r})(\boldsymbol{\sigma}\times Y_\lambda)_I$, $\boldsymbol{\tau}f_\lambda(\boldsymbol{r})Y_{\lambda\mu}$, $\boldsymbol{\tau}f_\lambda(\boldsymbol{r})(\boldsymbol{\sigma}\times Y_\lambda)_I$ と書いたとき，さまざまな λ, I に対応する巨大共鳴が存在すると予想される．

b）和則

巨大共鳴状態の特徴は，**和則**(sum rule)値の大部分を担っていることである．基底状態を $|0\rangle$，任意の励起状態を $|n\rangle$，任意の 1 体 Hermite 演算子を F と書けば，F に関する強度関数 $S_F(\omega)$ は

$$S_F(\omega)=\sum_n |\langle n|F|0\rangle|^2\delta(\omega-\omega_n) \tag{3.2}$$

で定義される．ただし $\hbar=c=1$ とおき，励起エネルギーを $\omega_n=E_n-E_0$ と書いた．$S_F(\omega)$ の **p 次のモーメント** m_p を

$$m_p = \int_0^\infty S_F(\omega)\omega^p d\omega = \sum_n |\langle n|F|0\rangle|^2 \omega_n{}^p \tag{3.3}$$

で定義する．p が奇数のモーメントは**偏極伝播関数**(polarization propagator)

$$\begin{aligned} R_F(\omega) &= \sum_n |\langle n|F|0\rangle|^2 \left\{\frac{1}{\omega-\omega_n+i\eta}-\frac{1}{\omega+\omega_n-i\eta}\right\} \\ &= \int_{-\infty}^{\infty} d\omega' S_F(\omega')\left\{\frac{1}{\omega-\omega'+i\eta}-\frac{1}{\omega+\omega'-i\eta}\right\} \end{aligned} \tag{3.4}$$

の実数部分と密接な関係がある．外場の振動数 ω が小さい場合には，$\mathrm{Re}\, R_F(\omega)$ を ω でベキ展開すると

$$\mathrm{Re}\, R_F(\omega) = -2\{m_{-1}+\omega^2 m_{-3}+\omega^4 \omega_{-5}+\cdots\} \tag{3.5}$$

であり，逆に ω が大きいときは $1/\omega$ に関してベキ展開すると

$$\mathrm{Re}\, R_F(\omega) = 2\{m_1/\omega^2+m_3/\omega^4+\cdots\} \tag{3.6}$$

となる．

p が正の奇数の場合，モーメント m_p は F とハミルトニアン H の交換関係を用いて書ける．例えば，$p=1,3$ に対して

$$m_1 = \frac{1}{2}\langle 0|[F,[H,F]]|0\rangle \tag{3.7}$$

$$m_3 = \frac{1}{2}\langle 0|[[F,H],[H,[H,F]]]|0\rangle \tag{3.8}$$

したがって，個々の励起状態 $|n\rangle$ に関する知識がなくても，2重交換子 $[F,[H,F]]$ などの基底状態期待値がわかれば m_p が求まる．

$F=\sum_{i=1}^{A} f(\boldsymbol{r}_i)$ で $f(\boldsymbol{r})$ が $\boldsymbol{r}$ のみの関数であり，有効相互作用の運動量依存性が無視できる場合，(3.7)式で H の運動エネルギー部分しか交換関係に寄与しないから

$$m_1 = \frac{\hbar^2}{2m}\langle 0|\sum_{i=1}^{A}(\nabla f)_i{}^2|0\rangle \tag{3.9}$$

となる．$f(\boldsymbol{r})$ が多重極演算子 $r^\lambda Y_{\lambda 0}(\theta)$ で $\lambda \neq 0$ の場合，部分積分し $\nabla^2 r^\lambda Y_{\lambda 0}=0$ を用いて，

$$m_1 = \frac{\hbar^2}{2m}\frac{\lambda(2\lambda+1)}{4\pi}\langle 0|\sum_{i=1}^{A} r_i{}^{2\lambda-2}|0\rangle \tag{3.10}$$

を得る．ただし，基底状態 $|0\rangle$ は角運動量 $I=0$ で密度分布は球対称と仮定した．一方，m_3 は

$$G \equiv -\frac{m}{2\hbar^2}[H,F] = \frac{1}{2}\sum_{i=1}^{A}((\nabla r^\lambda Y_{\lambda 0})\cdot\nabla)_i \tag{3.11}$$

$$E(\eta) \equiv \langle 0|e^{-\eta G} H e^{\eta G}|0\rangle \tag{3.12}$$

を導入すると，例えば$\lambda=2$の場合，上と同様に$|0\rangle$は$I=0$と仮定して

$$\begin{aligned} m_3 &= -\frac{1}{2}\left(\frac{2\hbar^2}{m}\right)^2\langle 0|[G,[H,G]]|0\rangle \\ &= \frac{1}{2}\left(\frac{2\hbar^2}{m}\right)^2\frac{\partial^2}{\partial\eta^2}E(\eta)\Big|_{\eta=0} \\ &\approx \frac{1}{2}\left(\frac{2\hbar^2}{m}\right)^2\frac{5}{16\pi}\cdot 8\langle T\rangle \end{aligned} \tag{3.13}$$

と計算できる．ここで$\langle T\rangle$は運動エネルギーの基底状態での期待値である．(3.13)式の3行目の表式を得る際，有効相互作用が短距離力であることを考慮して，これをゼロレンジ力で近似し，また，$\exp(\eta G)$が波動関数$\phi(x_i,y_i,z_i)$を

$$e^{\eta G}\phi(x_i,y_i,z_i)=\phi(x_ie^{-\eta'},y_ie^{-\eta'},z_ie^{2\eta'}),\qquad \eta'\equiv\sqrt{\frac{5}{16\pi}}\eta \tag{3.14}$$

とスケール変換することを用いた．

巨大共鳴状態が和則値の大部分を担うと仮定すると，m_1とm_3を用いて励起エネルギーを見積ることができる．例えば，アイソスカラー型4重極共鳴$(I^\pi=2^+)$に対して

$$\hbar\omega_{2^+}\cong\sqrt{\frac{m_3}{m_1}}=\sqrt{\frac{\hbar^2}{m}\frac{4\langle T\rangle}{\langle\sum_i r_i^2\rangle}} \tag{3.15}$$

を得る．球対称調和振動子ポテンシャルの場合には$\langle T\rangle=\frac{1}{2}m\omega_0^2\langle\sum_i r_i^2\rangle$の関係があるから，$\omega_{2^+}\cong\sqrt{2}\,\omega_0$となる．

(3.12)式の$E(\eta)$は，状態$\exp(\eta G)|0\rangle$のエネルギーを変形パラメータηの関数として表わしているから，振動運動のポテンシャルエネルギーであり，ηに関する2階微分に対応するm_3は振動の復元力パラメータに相当する．ところで，(3.13)式は復元力が(有効相互作用でなく)運動エネルギーに起源をもつことを示している．つまり，状態$\exp(\eta G)|0\rangle$における運動量分布は非等方的であり，このため，運動エネルギーの期待値が(基底状態$|0\rangle$での期待値と比べて)大きくなっている．このことが振動運動に対するポテンシャルエネルギーの起源になっているのである．

この結果は**局所熱平衡**(local thermal equilibrium)が成立している古典流体

の振動運動(空間の各点で運動量分布が等方的である)と対照的であり，巨大共鳴が古典的液滴モデルの表面振動と本質的に異なった運動であることを示している．核子の平均自由行程が核半径よりもはるかに大きい原子核における振動モードとしての巨大共鳴は，アナロジーをあげるとすれば，Fermi 液体論におけるゼロ音波(zero sound)と似た性格をもっているのである*(巻末文献[I-47,50,54])．ここで述べた和則の方法を拡張して，巨大共鳴の**流れ密度**(current density)など，さまざまな性質が調べられている(巻末文献[I-48,49])．

アイソベクトル型双極共鳴の励起演算子は

$$F = \sum_{i=1}^{A} t_3{}^{(i)}(z_i - R_z) \tag{3.16}$$

と書ける．ここで t_3 はアイソスピンの第3成分，R_z は原子核の重心座標 $\boldsymbol{R}$ の z 軸成分である．F と H の交換関係から m_1 を計算すると

$$m_1 = \frac{NZ}{2A}\frac{\hbar^2}{m}(1+K) \tag{3.17}$$

と書ける．括弧内の第1項は運動エネルギーからの寄与を表わし，第2項 K は相互作用部分からの寄与を表わす．相互作用が運動量に依存しなくてもアイソベクトル型の F の場合，$[F, H]$ の計算で H の相互作用部分からの寄与がある．$K>0$ であり，これには核内の中間子による**中間子交換電流**(meson exchange current)の効果も含まれる．光吸収反応での全断面積に対する和則は

$$\sigma_{\text{total}} = \frac{4\pi^2 e^2}{\hbar c}\sum_n (E_n - E_0)|\langle n|F|0\rangle|^2 = \frac{2\pi^2 e^2 \hbar}{mc}\frac{NZ}{A}(1+K) \tag{3.18}$$

で与えられる．ここで $K=0$ と近似したものは **Thomas-Reiche-Kuhn の和則**としてよく知られている．

---

* 巨大共鳴モードを微視的に見れば，多数の1粒子-1空孔励起のコヒーレントな重ね合わせであり，(共鳴幅を生じる機構を別にすれば)第7章で述べる乱雑位相近似(RPA)で記述できる．

3-2 低振動数の集団励起モード

a) 4重極相転移とソフトモード

2-3節で述べたように，多くの原子核は，強い対相関のため**対ギャップ** Δ をもつ．本節では N も Z も偶数の**偶々核**について主に考えよう．偶々核では1粒子運動による励起状態は n 準粒子状態($n=2, 4, \cdots$)で，励起エネルギーは $2\Delta \cong 2$ MeV以上となる．一方，約2 MeV以下に現われる低励起状態は，集団運動状態である．ここでは表面の形を4重極変形させる4重極集団モードが特に重要である．4重極集団モードは前節で述べた巨大4重極共鳴と本節で述べる低振動数モードに大別できるが，後者は対相関と殻構造の影響を強く反映した集団励起モードであり，4重極変形への相転移に関連した**ソフトモード**である．

図3-3は4重極集団運動に対するポテンシャル曲線の概念図である(変形度 β は(3.23)で定義され，2-2節の δ とほぼ等しい)．ポテンシャルが破線(a)の場合，球形のまわりの**非調和振動**が期待される．実線(c)の場合，$\beta \neq 0$ に極小があり4重極平衡変形が実現する．極小はプロレート側($\beta>0$)とオブレート側($\beta<0$)とにあるが，一般に β の正負に関し非対称である．この状況では2-4節で述べたように回転スペクトルが現われる．ポテンシャルが1点鎖線(b)の場合にも $\beta \neq 0$ に極小があるが，量子力学的零点振動の振幅 $\Delta\beta$ が平衡変形度 β_0 より大きい．この場合，系は4重極変形への**転移領域**(transitional region)にあるといい，4重極集団モードは極めて非線形性の強い振動，あるいは，振

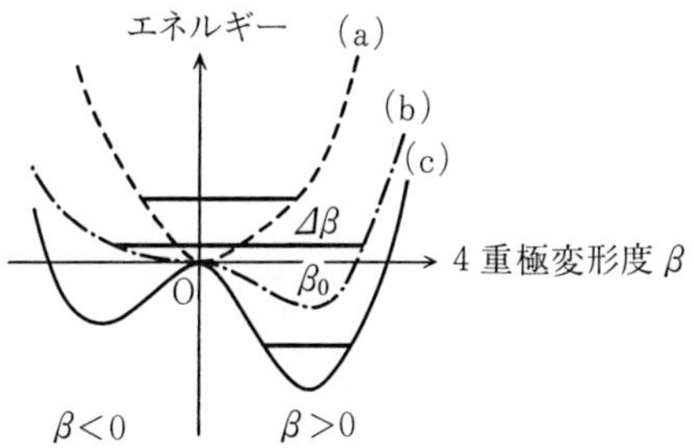

図3-3 4重極変形に対するポテンシャル曲線．(a)，(b)，(c)それぞれの場合に対する基底状態のエネルギー準位が示されている．これから零点振動の振幅 $\Delta\beta$ がわかる．

動と回転の中間的な性格を示す．

図 3-4 に Dy アイソトープの励起スペクトルが N とともに変化する様子を示す．^{152}Dy, ^{158}Dy がそれぞれ図 3-3 の(a), (c)に相当する．4^+ 状態と 2^+ 状態の励起エネルギーの比は，調和振動の場合（4^+ 状態は 2^+ 振動の量子が 2 個励起された状態と考えて）$R=E(4^+)/E(2^+)=2$，他方，回転運動では（角運動量 I の回転エネルギーが $I(I+1)$ に比例するとして）$R=(4\cdot5)/(2\cdot3)=10/3$ と期待される．実験値は $N=86$ で 2.06，$N=92$ で 3.20 である．一方，^{154}Dy, ^{156}Dy に対する R は 2.24，2.93 で(a), (c)の中間にあり，これらは図 3-3 の(b)に対応すると考えられる．

相転移の概念は通常は，膨大な構成粒子数をもつ巨視的系の（有限温度における）状態変化に対して用いられる．しかし，ここでは有限系の基底状態の構造が構成粒子数の増減に伴って質的に変化するという意味で用いていることに注意しよう．この質的変化の過程を，励起準位の構造変化を通じて追跡できる点に，低エネルギー分光学の魅力がある．基底状態の構造の質的変化は自己無

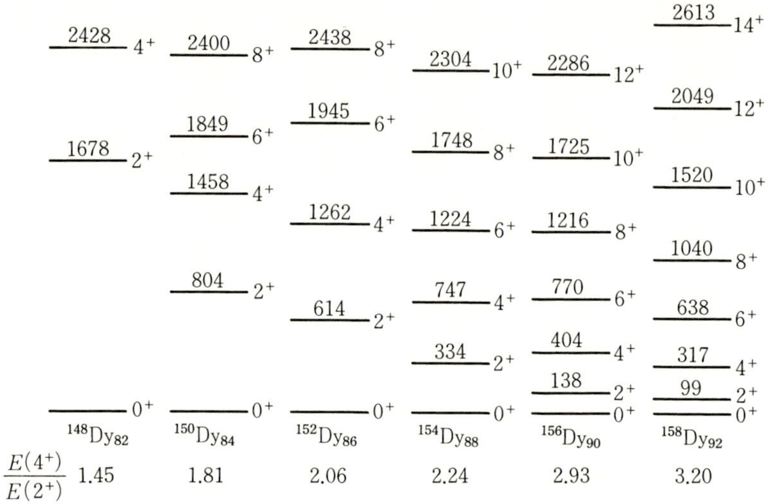

図 3-4 Dy アイソトープの低励起スペクトル．励起エネルギーの単位は keV.

撞着ポテンシャルの対称性の破れに伴うものであるが，原子核のような有限系では量子ゆらぎが極めて大きいので，転移は急激には起こらず，転移領域とよばれる中間領域が広汎に存在し，多様な励起スペクトルが実現される．

b）4 重極集団運動に対する現象論的ハミルトニアン

核表面を表わす(2.9)式の $R(\theta',\varphi')$ を，空間固定座標系で

$$R(\theta,\varphi) = R_0\Big(1+\sum_{\lambda\mu}\alpha_{\lambda\mu}{}^* Y_{\lambda\mu}(\theta,\varphi)\Big) \qquad (3.19)$$

と書こう．2 つの座標系での球面調和関数，$Y_{\lambda\mu}(\theta,\varphi)$ と $Y_{\lambda\nu}(\theta',\varphi')$ の関係は D 関数 $D^{\lambda}_{\mu\nu}(\theta_1,\theta_2,\theta_3)$ を用いて

$$Y_{\lambda\mu}(\theta,\varphi) = \sum_{\nu} D^{\lambda}_{\mu\nu}(\theta_1,\theta_2,\theta_3)\, Y_{\lambda\nu}(\theta',\varphi') \qquad (3.20)$$

で与えられる．$(\theta_1,\theta_2,\theta_3)$ は Euler 角である．核表面は座標系のとり方によらないから $R(\theta,\varphi)=R(\theta',\varphi')$ であり，(3.20)を用いて，変形パラメータ $\alpha_{\lambda\mu}$ と $a_{\lambda\nu}$ の関係

$$a_{\lambda\nu} = \sum_{\mu} D^{\lambda}_{\mu\nu}{}^*(\theta_1,\theta_2,\theta_3)\alpha_{\lambda\mu} \qquad (3.21)$$

を得る．

4 重極集団運動を記述する**集団座標**(collective coordinate)として $\lambda=2$ の $\alpha_{2\mu}$ を採用し，4 重極変形の主軸に一致するように固有座標系を定義すると

$$a_{21} = a_{2,-1} = 0, \qquad a_{22} = a_{2,-2} \qquad (3.22)$$

となる．この座標系は**主軸系**(principal axis frame)ともよばれる．次に

$$\begin{aligned} a_{20} &= \beta\cos\gamma \\ a_{22} &= a_{2,-2} = \frac{1}{\sqrt{2}}\beta\sin\gamma \end{aligned} \qquad (3.23)$$

により新しい変数 (β,γ) を導入する．5 個の集団座標 $\{\beta,\gamma,\theta_1,\theta_2,\theta_3\}$ は $\{\alpha_{2\mu}\}$ と等価であり，Euler 角 $(\theta_1,\theta_2,\theta_3)$ が空間固定座標系から見た主軸系の方向，(β,γ) が主軸系から見た表面の形を表わす．

$\beta,\gamma,\theta_1,\theta_2,\theta_3$ を時間とともに変化する力学変数とみなし，集団運動の速度が

小さいとの仮定の下に，$(\dot{\beta},\dot{\gamma},\dot{\theta}_1,\dot{\theta}_2,\dot{\theta}_3)$ に関する3次以上の項を無視すると4重極集団運動に対する現象論的ハミルトニアンは

$$H_{\mathrm{coll}}=\frac{1}{2}B_{\beta\beta}(\beta,\gamma)\dot{\beta}^2+B_{\beta\gamma}(\beta,\gamma)\dot{\beta}\dot{\gamma}+\frac{1}{2}B_{\gamma\gamma}(\beta,\gamma)\dot{\gamma}^2$$
$$+\frac{1}{2}\sum_{\kappa=1,2,3}\mathscr{I}_\kappa(\beta,\gamma)\omega_\kappa{}^2+V(\beta,\gamma) \tag{3.24}$$

と書ける．これは**Bohr-Mottelson の集団ハミルトニアン**とよばれる．ここで $(\dot{\beta},\dot{\gamma})$ は (β,γ) の時間微分であり，最初の3つの項が形状振動の運動エネルギー，第4項が回転エネルギー，最後の項がポテンシャルエネルギーを表わす．ω_κ は主軸系の κ 軸まわりの角速度で，Euler 角の時間微分 $(\dot{\theta}_1,\dot{\theta}_2,\dot{\theta}_3)$ と

$$\begin{aligned}\omega_1&=-\dot{\theta}_1\sin\theta_2\cos\theta_3+\dot{\theta}_2\sin\theta_3\\ \omega_2&=\dot{\theta}_1\sin\theta_2\sin\theta_3+\dot{\theta}_2\cos\theta_3\\ \omega_3&=\dot{\theta}_1\cos\theta_2+\dot{\theta}_3\end{aligned} \tag{3.25}$$

の関係にある．$B_{\beta\beta}, B_{\beta\gamma}, B_{\gamma\gamma}$ は振動運動の質量，$\mathscr{I}_\kappa$ は回転運動の慣性モーメントを表わす．これらは一般に (β,γ) に依存する．

図3-5に典型的なポテンシャル $V(\beta,\gamma)$ を模式的に示す．$V(\beta,\gamma)$ の極小点を (β_0,γ_0) と書き，**平衡変形**(equilibrium deformation)または**静的変形**(static deformation)とよぶ．これと対比して，平衡からずれた一般の (β,γ) での形を**動的変形**(dynamic deformation)という．後者は (β_0,γ_0) と異なり，時間とともに変化する．

平衡変形は図3-5(a)が球形，(b)はプロレート，(c)はオブレートである．(d)は極小点がなく，β が一定のポテンシャルの谷がある．このような状況を**γ 不安定**(γ-unstable)という．(e)は**非軸対称変形**(axially asymmetric deformation)とよばれる．(f)のように2つの極小点があるが，ポテンシャル障壁によってそれぞれの極小点に局在した波動関数が得られるとき，(異なる平衡変形が同じエネルギー領域に共存しているという意味で)これを**変形共存**(shape coexistence)とよぶ．例えば，j-j 結合殻モデルの典型的な閉殻核として知られる「球形核」Sn や Pb アイソトープでも，わずか1～2 MeV 励起さ

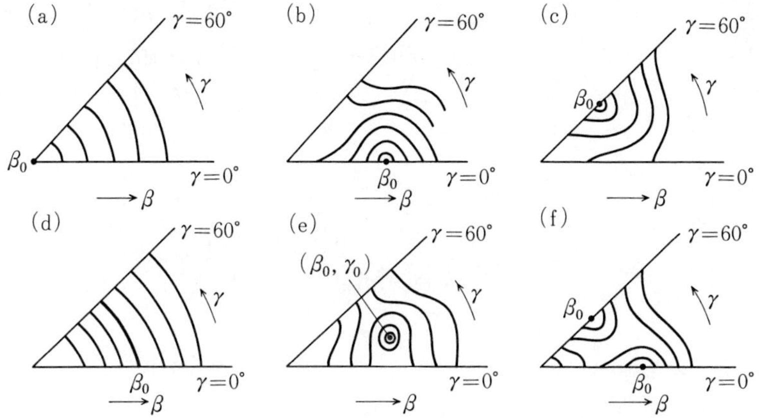

図 3-5 ポテンシャル $V(\beta,\gamma)$ の概念図．黒丸は極小点，実線は等ポテンシャル線を示す．ただし(d)の場合には極小点は存在せず，太い実線がポテンシャルの谷を表わしている．

せるだけで変形状態が系統的に見つかっている(巻末文献[I-56])．なお，図3-3 の $\beta>0$ は図 3-5 の $\gamma=0°$，$\beta<0$ は $\gamma=60°$ に対応する．

(3.24)は古典ハミルトニアンである．集団運動による励起スペクトルを求めるには，これを量子化しなければならない．量子化には Pauli の処方がよく用いられる．この処方によると，古典力学での運動エネルギーが一般化座標 ξ_i に関して $T=\dfrac{1}{2}\sum_{kl} g_{kl}(\xi)\dot{\xi}_k\dot{\xi}_l$ で与えられる場合，量子化した結果は

$$\hat{T} = -\frac{\hbar^2}{2}\sum_{kl}\frac{1}{\sqrt{g}}\frac{\partial}{\partial\xi_k}\sqrt{g}\,(g^{-1})_{kl}\frac{\partial}{\partial\xi_l} \tag{3.26}$$

となる．g は行列 (g_{kl}) の行列式，$(g^{-1})_{kl}$ は逆行列，体積要素は $d\tau=\sqrt{g}\prod_k d\xi_k$ である．この処方を(3.24)に適用した結果の式は長くなるので割愛する*(巻末

* 球形平衡点のまわりの微小振動の運動エネルギー $\dfrac{1}{2}B\sum_{\mu}|\dot{\alpha}_{2\mu}|^2$ (B は定数) を(3.21)式を用いて $(\dot{\beta},\dot{\gamma},\dot{\theta}_1,\dot{\theta}_2,\dot{\theta}_3)$ で表わし，Pauli 処方で量子化して得られる $\hat{T}$ の表式がよく紹介される．この場合の慣性モーメント $\mathcal{J}_\kappa$ $(\kappa=1,2,3)$ は $\beta^2\sin^2(\gamma-(2\pi/3)\kappa)$ に比例し，**渦なし流体値**とよばれる．これと，平衡変形をもつ一般的な 4 重極集団運動を取り扱う(3.24)を混同しないこと．

文献[I-58]参照).

量子化された集団ハミルトニアン $\hat{H}_{\text{coll}}$ に対する Schrödinger 方程式を解けば波動関数とエネルギースペクトルが得られる．集団運動の波動関数は

$$\Psi_{nIM}(\beta,\gamma,\theta_1,\theta_2,\theta_3) = \sqrt{\frac{2I+1}{8\pi^2}}\sum_{K=-I}^{I} g_{nIK}(\beta,\gamma)D^I_{MK}(\theta_1,\theta_2,\theta_3) \qquad (3.27)$$

と書ける．D 関数は角運動量演算子 $(\hat{\boldsymbol{I}}^2, \hat{I}_z, \hat{I}_3)$ の固有関数

$$\begin{aligned}\hat{\boldsymbol{I}}^2 D^I_{MK}(\theta_i) &= I(I+1)\hbar^2 D^I_{MK}(\theta_i)\\ \hat{I}_z D^I_{MK}(\theta_i) &= M\hbar D^I_{MK}(\theta_i)\\ \hat{I}_3 D^I_{MK}(\theta_i) &= K\hbar D^I_{MK}(\theta_i)\end{aligned} \qquad (3.28)$$

であり，回転運動の波動関数になっている．ここで，I は角運動量の大きさ，M は空間固定座標系 z 軸成分，K は主軸系第 3 軸成分を表わす(D 関数の性質については巻末文献[I-1]Vol. 1, Chap. 1, [I-6]Vol. 1, Chap. 5 など参照)．一方，$g_{nIK}(\beta,\gamma)$ は形状振動の波動関数で，n は同じ (I,K) をもつ固有状態を区別するラベルである．

空間固定座標系と主軸系は 1 対 1 に対応しない．条件(3.22)を満足する主軸系の $(1,2,3)$ 軸の選び方は 24 通りある．しかし，波動関数(3.27)を空間固定座標系での変数 $\{\alpha_{2\mu}\}$ で表わしたとき，波動関数 $\Psi_{nIM}(\alpha_{2\mu})$ は変数 $\{\alpha_{2\mu}\}$ に関して一意的に定まらなければならない．この要請から(3.27)の満たすべきさまざまな対称性が決まる(巻末文献[I-1]Vol. 2, [I-6]Vol. 1, [I-58])．同じ理由から，$\beta \geqq 0$, $0 \leqq \gamma \leqq 60°$ の範囲ですべての 4 重極変形を表現できることがわかる．例えば，$\beta>0$, $\gamma=60°$ は $\beta<0$, $\gamma=0°$ と同じ形を表わす．

c) プロレート変形に伴う振動・回転スペクトル

ポテンシャルが $\beta=\beta_0$, $\gamma=0°$ に深い極小をもつとき(図 3-5(b))，$V(\beta,\gamma)$ を $(\beta_0, 0)$ のまわりで Taylor 展開し，平衡変形からのずれに関して 2 次の項まで考慮する近似が用いられる．$\mathcal{I}_1, \mathcal{I}_2, B_{\beta\beta}, B_{\gamma\gamma}$ を平衡点での値に置き換え，さらに $B_{\beta\gamma}$ を無視できる場合には，4 重極集団運動は 3 つの部分に分離できる．すなわち，β 方向の振動モード(**β 振動**とよぶ)，ポテンシャルの対称軸(第 3 軸)に垂直な軸のまわりの回転運動(通常，回転軸を第 1 軸に選ぶ)，および γ 方向

の振動モード（**γ 振動**とよぶ）と第3軸まわりの回転運動の結合したモードに分離する．

第3軸まわりの回転運動は $\gamma=0°$ の極限で物理的意味を失うから $\mathscr{I}_3(\beta_0, 0)=0$ である．そこで $\mathscr{I}_3(\beta_0,\gamma)$ が $\gamma=0°$ の近傍で γ^2 に比例すると仮定すると，$\hat{H}_{\text{coll}}$ のエネルギー固有値は

$$E(I,K,n_\beta,n_\gamma) = \frac{\hbar^2}{2\mathscr{I}_0}\{I(I+1)-K^2\}+\hbar\omega_\beta\left(n_\beta+\frac{1}{2}\right)+\hbar\omega_\gamma(n_\gamma+1) \tag{3.29}$$

で与えられる．ただし $\mathscr{I}_0$ は平衡変形での慣性モーメント，$\omega_\beta, \omega_\gamma$ は β 振動，γ 振動の振動数で

$$n_\gamma = 2n_3+\frac{1}{2}|K| \qquad (n_\beta=0,1,2,\cdots;\ n_3=0,1,2,\cdots) \tag{3.30}$$

である．$K=0$，$n_\beta=n_\gamma=0$ の回転バンドを**基底回転バンド**（ground-state rotational band），これに β 振動の量子が1個励起した回転バンドを **β バンド**とよぶ*．また，$K=2$ で $n_\beta=0$，$n_\gamma=1$ の回転バンドを **γ バンド**とよぶ．(3.29) を導いた近似では，各バンドに属する準位の励起エネルギーは $I(I+1)$ に比例する．これを $I(I+1)$ 則という．実験データの1例を図3-6に示す．

なお，オブレート変形の場合にも同様な描像が成り立つ．

d）4重極遷移

4重極集団運動の励起準位を結びつける電気4重極（E2）遷移確率は **Weisskopf 単位** $B_{\text{W}}(\text{E}2)$** と比べて1桁～2桁大きい．しかも，行列要素の間に著しい規則性がある．これは多数の核子の集団運動によって生じる性質である．

核の電荷密度を $\rho_c(\boldsymbol{r})$ とすると，電気 2^λ 重極（Eλ）モーメントは

---

* 3-4節で述べる R 対称性から，基底回転バンドと β バンドでは奇数の I が禁止される．

** 1個の陽子の状態変化によるEλ 遷移確率の目安となる量で，

$$B_{\text{W}}(\text{E}\lambda) = \frac{e^2}{4\pi}\langle r^\lambda\rangle^2 = \frac{1}{4\pi}\left(\frac{3}{\lambda+3}\right)^2 R_0^{2\lambda} \qquad (e^2\,\text{fm}^{2\lambda})$$

で定義される．

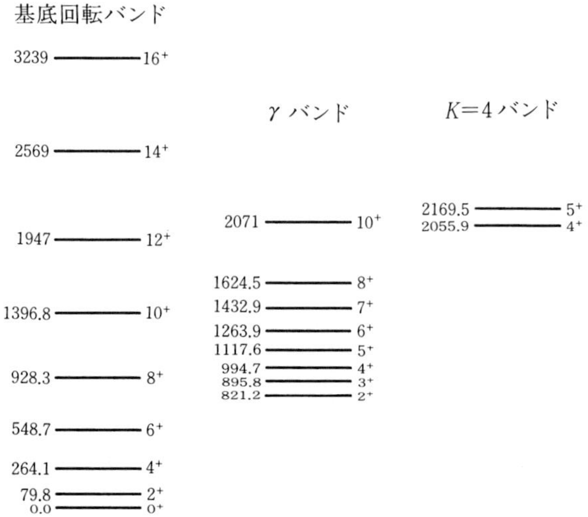

図 3-6 Coulomb 励起による ^{168}Er の低い励起スペクトル．各準位の角運動量とパリティ I^{π}，および励起エネルギー(keV)が示されている．$K=4$ バンドは γ 振動が 2 個励起された($n_{\gamma}=2$)回転バンドと推定されるが，(3.29)式では無視された非調和効果のため，その励起エネルギーは $2\hbar\omega_{\gamma}$ より高い．(M. Oshima *et al*. の実験および W. F. Davidson and W. R. Dixon: J. of Phys. **G17**(1991)1683 に基づく.)

$$Q_{\lambda\mu}^{(\mathrm{E})} = \int \rho_{\mathrm{c}}(\boldsymbol{r}) r^{\lambda} Y_{\lambda\mu}(\theta, \varphi) d^3\boldsymbol{r} \tag{3.31}$$

と書くことができる．ここで，$\rho_{\mathrm{c}}(\boldsymbol{r})$ が(3.19)で決まる表面 $R(\theta, \varphi)$ の内部で $\rho_{\mathrm{c}}=Ze/\left(\frac{4}{3}\pi R_0{}^3\right)$，外部でゼロと近似すると

$$\begin{aligned} Q_{\lambda\mu}^{(\mathrm{E})} &= \rho_{\mathrm{c}} \int d(\cos\theta) d\varphi\, Y_{\lambda\mu}(\theta, \varphi) \frac{1}{\lambda+3} R^{\lambda+3}(\theta, \varphi) \\ &= \frac{3Ze}{4\pi} R_0{}^{\lambda} \alpha_{\lambda\mu} + \cdots \end{aligned} \tag{3.32}$$

となる．これを集団変数 $\alpha_{\lambda\mu}$ に関する演算子とみなし，$\lambda=2$ の場合，集団波動関数(3.27)に関して行列要素を計算すれば E2 遷移を議論できる．この際，主

軸系での多重極演算子 $Q_{\lambda\nu}^{(\mathrm{in})}$ を

$$Q_{\lambda\mu}^{(\mathrm{E})} = \sum_{\nu} D_{\mu\nu}^{\lambda}(\theta_i) Q_{\lambda\nu}^{(\mathrm{in})}(\beta,\gamma) \tag{3.33}$$

で定義すると，行列要素は Euler 角 θ_i に関する積分と (β,γ) に関する積分の積で与えられる．

$V(\beta,\gamma)$ が $\gamma=0°$ または $60°$ に深い極小をもつ原子核(図 3-5(b),(c))の場合，β,γ の振動運動を無視し，(β,γ) を平衡値($\beta_0, \gamma_0=0°$ または $60°$)で代表させると(3.32),(3.23)式より

$$Q_{2\nu}^{(\mathrm{in})} = \begin{cases} \dfrac{3Ze}{4\pi}R_0{}^2\beta_0 \equiv \sqrt{\dfrac{5}{16\pi}}\,eQ_0 & (\nu=0) \\ 0 & (\nu\neq 0) \end{cases} \tag{3.34}$$

となる．eQ_0 は**固有 E2 モーメント**とよばれる．したがって，回転バンド内の角運動量 I_i から I_f の準位への換算 E2 遷移確率 $B(\mathrm{E2})$ は

$$\begin{aligned} B(\mathrm{E2}\,;KI_\mathrm{i}\rightarrow KI_\mathrm{f}) &= \frac{1}{2I_\mathrm{i}+1}\sum_{M_\mathrm{i}M_\mathrm{f}\mu}|\langle KI_\mathrm{f}M_\mathrm{f}|Q_{2\mu}^{(\mathrm{E})}|KI_\mathrm{i}M_\mathrm{i}\rangle|^2 \\ &= \frac{5}{16\pi}e^2Q_0{}^2\langle I_\mathrm{i}K20|I_\mathrm{f}K\rangle^2 \end{aligned} \tag{3.35}$$

と書ける．ここで D 関数の積分公式

$$\begin{aligned} &\int D_{M_\mathrm{i}K_\mathrm{i}}^{I_\mathrm{i}}(\theta_i)D_{\mu\nu}^{\lambda}(\theta_i)D_{M_\mathrm{f}K_\mathrm{f}}^{I_\mathrm{f}*}(\theta_i)\sin\theta_2 d\theta_2 d\theta_1 d\theta_3 \\ &\quad = \frac{8\pi^2}{2I_\mathrm{f}+1}\langle I_\mathrm{i}M_\mathrm{i}\lambda\mu|I_\mathrm{f}M_\mathrm{f}\rangle\langle I_\mathrm{i}K_\mathrm{i}\lambda\nu|I_\mathrm{f}K_\mathrm{f}\rangle \end{aligned} \tag{3.36}$$

を用いた．(3.35)式は $B(\mathrm{E2})$ の $I_\mathrm{i}, I_\mathrm{f}, K$ への依存性が Clebsch-Gordan 係数 $\langle I_\mathrm{i}K20|I_\mathrm{f}K_\mathrm{f}\rangle$ だけで表現できることを示している．

電気 4 重極(E2)モーメントは演算子 $\int\rho_\mathrm{c}(\boldsymbol{r})(3z^2-r^2)d^3\boldsymbol{r}=\sqrt{16\pi/5}\,Q_{20}^{(\mathrm{E})}$ の状態 $|I,K,M=I\rangle$ に関する期待値として定義され，上と同じ近似の下で

$$Q = \frac{3K^2-I(I+1)}{(I+1)(2I+3)}Q_0 \tag{3.37}$$

となる．したがって，$K=0$ の回転バンドでは Q と Q_0 は逆符号である(ただし，$I=0$ では $Q_0 \neq 0$ でも $Q=0$)．Q_0 は固有座標系から見た電荷分布を特徴づける量であるが，観測量でない．観測されるのは，それを回転運動について平均した Q である．

回転バンド内の $B(\mathrm{E2})$ や Q の測定から，(3.34)～(3.37)式を用いて平衡変形 β_0 が求まる．

e) 慣性モーメント

軸対称4重極変形した偶々核の基底回転バンドについて考えよう．回転エネルギーは角運動量 I に関して

$$E_{\mathrm{rot}}(I) = AI(I+1)+BI^2(I+1)^2+\cdots \tag{3.38}$$

または，(2.21)で定義された角速度 ω_{rot} を用いて

$$E_{\mathrm{rot}}(\omega_{\mathrm{rot}}) = \alpha\omega_{\mathrm{rot}}{}^2+\beta\omega_{\mathrm{rot}}{}^4+\cdots \tag{3.39}$$

と展開できる(時間反転不変性により奇数次はない)．実験との比較によると，後者の方が収束性がよい．**慣性モーメント** $\mathscr{I}(\omega_{\mathrm{rot}})$ を

$$E_{\mathrm{rot}}(\omega_{\mathrm{rot}}) = \frac{1}{2}\mathscr{I}(\omega_{\mathrm{rot}})\omega_{\mathrm{rot}}{}^2 \tag{3.40}$$

で定義すると，$\mathscr{I}(\omega_{\mathrm{rot}})$ も

$$\mathscr{I}(\omega_{\mathrm{rot}}) = \mathscr{I}_0+\mathscr{I}_1\omega_{\mathrm{rot}}{}^2+\cdots \tag{3.41}$$

と書ける．実験から求めた $\mathscr{I}_0$ の値を図3-7に示す．これから，偶々核の $\mathscr{I}_0$ は剛体回転の慣性モーメント $\mathscr{I}_{\mathrm{rig}}=m\int\rho(\boldsymbol{r}')(y'^2+z'^2)d^3\boldsymbol{r}'$ の1/2～1/3，また，奇 A 核(A が奇数の核)の $\mathscr{I}_0$ は偶々核より大きいことがわかる．

2-4節で用いた $h'=h-\omega_{\mathrm{rot}}J_x$ のなかのクランキング項 $\omega_{\mathrm{rot}}J_x$ を2次の摂動論で取り扱うと，$\mathscr{I}_0$ に対する表式として

$$\mathscr{I}_0 = 2\sum_n \frac{|\langle\phi_n|J_x|\phi_{\mathrm{BCS}}\rangle|^2}{E_n-E_0} \tag{3.42}$$

を得る．これを慣性モーメントに対する**クランキング公式**(cranking formula)という．E_0 はBCS基底状態 $|\phi_{\mathrm{BCS}}\rangle$，$E_n$ は2準粒子状態のエネルギーを表わし，対ギャップ Δ が大きいほど，励起エネルギー E_n-E_0 が大きく，$\mathscr{I}_0$ の

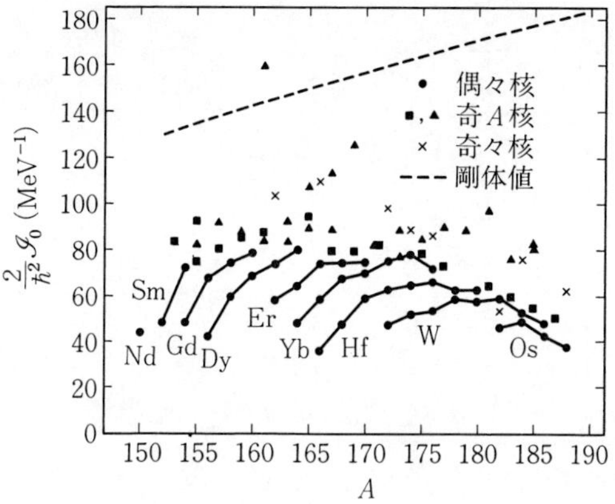

図 3-7 150≲A≲190 領域の基底回転バンドの慣性モーメント $\mathscr{I}_0$.（巻末文献[I-1]による.）

値は小さくなる．奇 A 核の場合には 1 個の準粒子が Pauli 原理により対相関をさまたげるので，Δ が偶々核より小さくなる．これを**ブロッキング効果**（blocking effect）という．こうして，奇 A 核の $\mathscr{I}_0$ が偶々核より大きくなることが説明できる．

非等方調和振動子ポテンシャルの場合には，平衡変形での $\mathscr{I}_0$ が $\Delta=0$ の極限で剛体値 $\mathscr{I}_{\rm rig}$ と一致することが証明されている（巻末文献[I-1]Vol. 2, p. 77）．一般の変形ポテンシャルの場合には，殻効果のため $\mathscr{I}_0$ の値は $\Delta=0$ の極限でも $\mathscr{I}_{\rm rig}$ からずれる．しかし，$\mathscr{I}_0$ が $\mathscr{I}_{\rm rig}$ より著しく小さくなるのは，主に対相関のためであると考えられる．

$\mathscr{I}_0$ が $\mathscr{I}_{\rm rig}$ に近い値をとる場合でも，剛体の回転運動とのアナロジーには注意が必要である．原子核の回転運動の場合，回転しているのは平均ポテンシャルであって，構成要素である個々の核子自身は $\omega_{\rm rot}$ と比べて 1 桁以上大きい角速度で平均ポテンシャルの中を運動している．

f) 8 重極変形とパリティ 2 重項

集団ポテンシャル $V(a_{\lambda\mu})$ が 8 重極変形パラメータ $a_{30}\neq 0$ で極小となる原子核が系統的に見つかっている．図 3-8 に 1 例を示す．正パリティの回転バンド（$I^\pi=0^+, 2^+, 4^+, \cdots$）と負パリティの回転バンド（$I^\pi=1^-, 3^-, 5^-, \cdots$）を，パリ

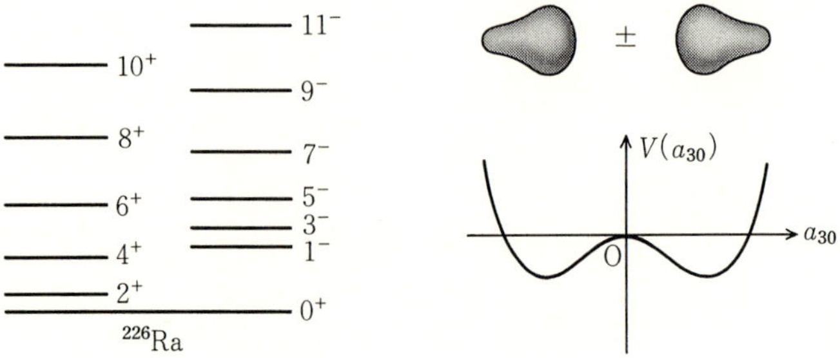

図 3-8 ^{226}Ra のパリティ 2 重項.

ティ 2 重項(parity doublet)とよぶ. $a_{30}>0$ と $a_{30}<0$ の 2 つの極小の間にあるポテンシャル障壁が高ければ，これらは近似的に縮退する．両者のエネルギー差はトンネル効果の目安となる．このパリティ 2 重項は 2-2 節で述べたシンプレックス量子数 $s=1$ をもつ． $s=-1$ をもつパリティ 2 重項 $(0^-, 2^-, 4^-, \cdots$ と $1^+, 3^+, 5^+, \cdots)$ の存在が予想されるが，まだ見つかっていない.

奇 A 核では $s=+i$ の 2 重項 $\left(\frac{1}{2}^+, \frac{5}{2}^+, \cdots \text{と} \frac{3}{2}^-, \frac{7}{2}^-, \cdots\right)$ と $s=-i$ の 2 重項 $\left(\frac{1}{2}^-, \frac{5}{2}^-, \cdots \text{と} \frac{3}{2}^+, \frac{7}{2}^+, \cdots\right)$ が考えられるが，1980 年代後半，^{223}Th で初めてこの 4 つ組が観測された.

パリティ 2 重項の間には(低励起状態間の遷移としては異常に強い) E1 遷移が観測されている．これは 8 重極変形に伴って，陽子の密度分布の重心と中性子のそれとが少しずれ，内部状態が電気双極モーメントをもつためと考えられる.

図 3-8 と同様なパリティ 2 重項は ^{20}Ne などでもよく知られている．^{20}Ne の場合，空間反転対称性の破れは(^{16}O と α 粒子を部分構造とする)**クラスター構造**(cluster structure)に由来する．軽い核ではクラスター構造が広汎に存在している(巻末文献[I-74～76]参照).

8 重極変形は 5-3 節で述べる非対称核分裂の起源とも密接な関連がある.

g) 対振動と対回転

低励起状態での集団運動としては，表面の形の変化による振動・回転の他に，対相関による対振動・対回転モードが重要である．j-j 結合殻モデルの閉殻の外の2粒子または閉殻内の2空孔が対を組むが，対の運動に伴って**対振動**(pairing vibration)とよばれる集団モードが存在することが，(p, t) 反応などの2核子移行反応によって調べられてきた．BCS状態はこれらの対振動モードが凝縮(condensate)した状態とみなせる．BCS状態では対ギャップ Δ が平衡値のまわりで時間的にゆらぐ(超伝導相での)対振動モードが現われる．(この対振動は，4重極変形とのアナロジーでは，平衡変形 β_0 のまわりでの β 振動に対応する.) 同時に，**対回転**(pairing rotation)も現われる．この励起モードはBCS近似によって破られた核子数保存則を回復する「一般化された回転運動」とみなせる．

3-3 粒子-振動結合

a) 1粒子モードと表面振動モードの相互作用

平均ポテンシャルが時間的に変化すると，内部を運動する核子はその影響を受ける．この項では，表面振動を例にとって，1粒子モードの性質がどのような変更を受けるかを考えよう．

低エネルギーの表面振動の場合，その振動数 ω_{vib} は0.3～1 MeV/$\hbar$ である．1粒子運動の振動数の目安として調和振動子ポテンシャルの $\omega_0=7\sim10$ MeV/$\hbar$ をとると，ω_{vib} は ω_0 より1桁小さい．つまり，平均ポテンシャルは粒子運動の時間スケールからみて非常にゆっくりと時間変化している．したがって，平衡変形 α^0 と異なる変形パラメータ α をもつ平均ポテンシャル $U(\boldsymbol{x},\alpha)$ の中の1粒子運動を考えることができる．

この描像に基づいて，表面振動と1粒子運動を統一的に記述するハミルトニアンが

$$\begin{aligned} H &= H_{\mathrm{coll}}(\pi,\alpha)+\sum_{i=1}^{A}\left(\frac{\boldsymbol{p}^2}{2m}+U(\boldsymbol{x},\alpha)\right)_i \\ &= H_{\mathrm{coll}}(\pi,\alpha)+H_{\mathrm{particle}}(\boldsymbol{p},\boldsymbol{x},\alpha^0)+H_{\mathrm{coupl}}(\boldsymbol{x},\alpha) \qquad (3.43) \end{aligned}$$

と書けると仮定しよう．ここで α^0 は平衡変形パラメータの組 $\{\alpha_{\lambda\mu}{}^0\}$ を表わし，

$$H_{\text{particle}}(\boldsymbol{p},\boldsymbol{x},\alpha^0) = \sum_{i=1}^{A}\left(\frac{\boldsymbol{p}^2}{2m}+U(\boldsymbol{x},\alpha^0)\right)_i \tag{3.44}$$

$$H_{\text{coupl}}(\boldsymbol{x},\alpha) = \sum_{i=1}^{A}(U(\boldsymbol{x},\alpha)-U(\boldsymbol{x},\alpha^0))_i \tag{3.45}$$

である．(3.43)で $\pi\equiv\{\pi_{\lambda\mu}\}$ は $\alpha\equiv\{\alpha_{\lambda\mu}\}$ の共役運動量で，(π,α) は古典力学的な力学変数とみなす．

H_{coupl} が粒子運動と振動運動の相互作用を表わすことは，以下のようにしてわかる．簡単のため，静的ポテンシャルは球対称($\alpha^0=0$)とし，$U(\boldsymbol{x},\alpha^0=0)\equiv U^{(0)}(r)$ とおく．$U(\boldsymbol{x},\alpha)$ が(2.8)で与えられる場合，(3.19)を用いてこれを空間固定座標系で書けば

$$U(r,\theta,\varphi,\alpha) = U_0 f\left(r-R_0\left(1+\sum_{\lambda\mu}\alpha_{\lambda\mu}{}^*Y_{\lambda\mu}(\theta,\varphi)\right)\right) \tag{3.46}$$

となる．右辺を $\alpha_{\lambda\mu}$ に関して Taylor 展開すれば

$$U(r,\theta,\varphi,\alpha) = U^{(0)}(r)-R_0\frac{\partial U^{(0)}}{\partial r}\sum_{\lambda\mu}Y_{\lambda\mu}(\theta,\varphi)\alpha_{\lambda\mu}{}^*+\cdots \tag{3.47}$$

したがって，α に関する 2 次以上の項を無視すれば

$$H_{\text{coupl}}(\boldsymbol{x},\alpha) \cong -\sum_{i=1}^{A}\sum_{\lambda\mu}(k_\lambda(r)Y_{\lambda\mu}(\theta,\varphi)\alpha_{\lambda\mu}{}^*)_i \tag{3.48}$$

$$k_\lambda(r) = R_0\frac{\partial U^{(0)}}{\partial r} \tag{3.49}$$

を得る．

(3.48)は粒子座標 (r,θ,φ) と集団座標 α の積で書かれており，両者の相互作用を表わしている．また，$k_\lambda(r)$ が $U^{(0)}$ の動径微分に比例することは，粒子-振動結合が表面効果であることを示している．

b）弱結合と多重項

粒子-振動結合が弱い場合には，両者が同時に励起した準位群が奇 A 核で観測される．その典型として，図 3-9 に ^{209}Bi の励起スペクトルを示す．$h_{9/2}$ 軌道の 1 粒子と 8 重極振動からなる準位群(多重項)が 2.5～2.7 MeV 領域に見えて

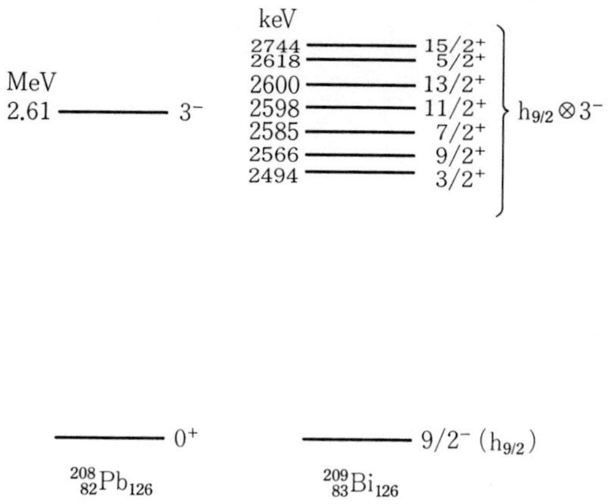

図 3-9　^{209}Bi の粒子-振動 7 重項．^{208}Pb の 8 重極振動と $h_{9/2}$ 軌道の陽子とからなる．振動の角運動量 $\lambda=3$ と陽子の角運動量 9/2 を合成すると，全角運動量・パリティ $I^{\pi}=3/2^{+}, 5/2^{+}, \cdots, 15/2^{+}$ の 7 重項ができる．粒子-振動結合がなければ，これらは縮退する．(7 重項のエネルギー分離は実際よりも大きく描かれている.)

いる．このようにエネルギー分離の小さい多重項が現われる場合を**弱結合**(weak coupling)とよぶ.

4 重極振動の場合は一般に粒子-振動結合が強く，多重項はあまり現われない．図 3-10 に示した ^{93}Nb のように弱結合の描像が近似的に成立する例もあるが，わずか 2 個の陽子がつけ加わった ^{95}Tc の励起スペクトルは両者の相互作用がかなり増大していることを示している．^{95}Tc にさらに陽子や中性子がつけ加わるにつれて，両者の結合はますます強くなる．それにつれて，4 重極振動の励起した $I^{\pi}=7/2^{+}$ 状態のエネルギーが下がり，ついに ^{103}Rh ではこの振動状態が基底状態となり，(j-j 結合殻モデルでは基底状態になるはずの，$g_{9/2}$ 軌道に伴う) $9/2^{+}$ 状態は励起状態となる．この逆転現象は 4 重極変形への相転移の前駆現象とみなせる(巻末文献[I-66])．これは奇 A 核の励起スペクトルの変化を通じて相転移の過程を追跡できる具体例である.

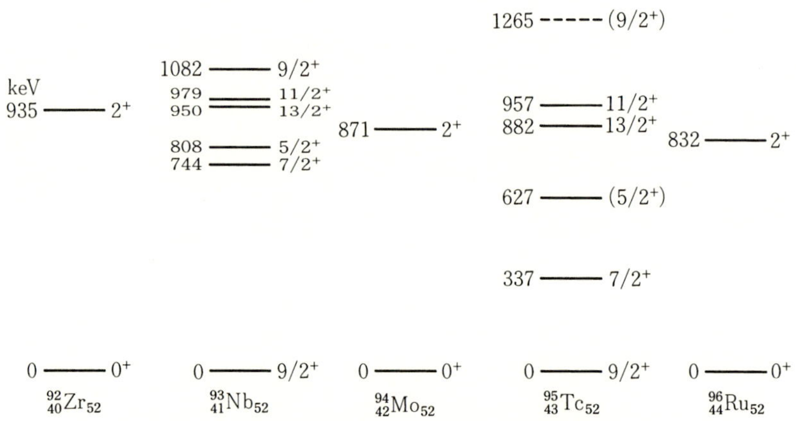

図 3-10　^{93}Nb と ^{95}Tc における準粒子-4 重極振動 5 重項．偶々核 ^{92}Zr, ^{94}Mo, ^{96}Ru の 4 重極振動($\lambda^{\pi}=2^{+}$)と $g_{9/2}$ 軌道の準粒子から奇 A 核の 5 重項($I^{\pi}=5/2^{+}$, $7/2^{+}, \cdots, 13/2^{+}$)がつくられる．(T. Shibata, T. Itahashi and T. Wakatsuki: Nucl. Phys. **A237** (1975) 382 による.)

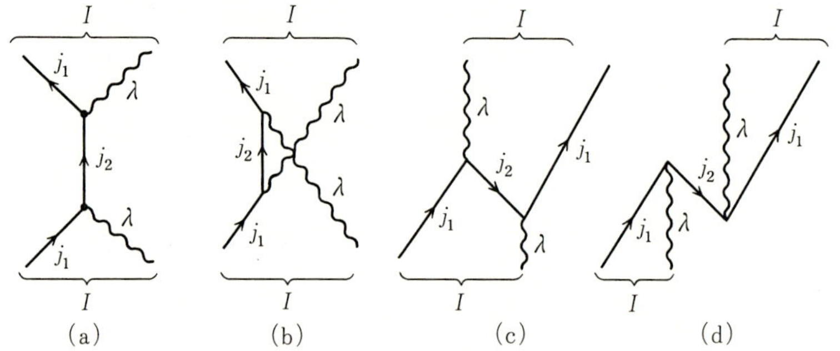

図 3-11　粒子-振動結合の 2 次のダイヤグラム．波線は表面振動モード(多重極度 λ)，上向き矢印つきの実線は粒子，下向き矢印つきの実線は空孔を表わす．粒子の角運動量 j_1 と振動の角運動量 λ を合成して全角運動量 I をつくる．

参考までに，多重項のエネルギー分離をもたらす，粒子-振動相互作用 H_{coupl} の2次の摂動項を図3-11にダイヤグラムで示す*(詳細は巻末文献[I-65]参照).

c) 多重極-多重極相互作用

粒子-振動結合(3.48)によってもたらされる(球対称な静的ポテンシャル内の)核子間に働く力は

$$H_{\mathrm{int}} = \frac{1}{2}\sum_{\lambda\mu}\kappa_\lambda \hat{F}_{\lambda\mu}{}^\dagger \hat{F}_{\lambda\mu} \tag{3.50}$$

と表現することができる．ここで $\hat{F}_{\lambda\mu}$ は

$$F_{\lambda\mu} = -\kappa_\lambda{}^{-1} k_\lambda(r) Y_{\lambda\mu}(\theta,\varphi) \tag{3.51}$$

を核子の生成・消滅演算子を用いて表わしたもの(一般に $\hat{F}_{\lambda\mu}=\sum_{ij}\langle i|F_{\lambda\mu}|j\rangle c_i{}^\dagger c_j$ と書ける)であり，結合定数 κ_λ は平衡状態での密度分布 $\rho_0(r)$ を用いて

$$\kappa_\lambda = \int R_0 \frac{\partial U^{(0)}}{\partial r} R_0 \frac{\partial \rho_0}{\partial r} r^2 dr \tag{3.52}$$

で与えられる．このことを以下で説明する．

第II部で述べる時間依存 Hartree 理論によれば，有効相互作用(3.50)から平均ポテンシャルの時間依存部分 δU が生じるが，これは近似的に

$$\delta U(\boldsymbol{r}) = \sum_{\lambda\mu}\kappa_\lambda \langle \hat{F}_{\lambda\mu}\rangle F_{\lambda\mu}{}^*(\boldsymbol{r}) \tag{3.53}$$

と書ける．ここで $\langle F_{\lambda\mu}\rangle$ は集団運動による密度分布 $\rho(\boldsymbol{r},\alpha)$ のゆらぎ $\delta\rho(\boldsymbol{r},\alpha)=\rho(\boldsymbol{r},\alpha)-\rho_0(r)$ を用いて

$$\langle \hat{F}_{\lambda\mu}\rangle = \int \delta\rho(\boldsymbol{r},\alpha) F_{\lambda\mu}(\boldsymbol{r}) d^3\boldsymbol{r} \tag{3.54}$$

で定義され，時間に依存する集団座標 $\alpha(t)$ だけの関数である．平均ポテンシャルのゆらぎ δU は密度分布のゆらぎ $\delta\rho$ により生じるから，両者が比例する

---

* 第II部で説明するように，微視的理論では振動モードは粒子・空孔(または2個の準粒子)からなる「複合粒子」とみなせる．例えば，ダイヤグラム(c)は振動モードを構成する粒子と1粒子モードの間の交換効果(exchange effect)を表わす．この効果は図3-10の5重項のエネルギー分離にも重要である．

と仮定すれば，(3.47)に対応して

$$\delta\rho(\boldsymbol{r},\alpha) \approx -R_0\frac{d\rho_0}{dr}\sum_{\lambda\mu} Y_{\lambda\mu}{}^*(\theta,\varphi)\alpha_{\lambda\mu} \tag{3.55}$$

と書ける．ここで，現象論的に導入した変形パラメータ $\alpha_{\lambda\mu}$ が $\hat{F}_{\lambda\mu}$ の期待値に対応していると考え，

$$\langle\hat{F}_{\lambda\mu}\rangle = \alpha_{\lambda\mu} \tag{3.56}$$

とおこう．上式に(3.51)と(3.55)を代入すると，結合定数 κ_λ に対する表式(3.52)を得る．また，$\alpha_{\lambda\mu}$ に関して 1 次の近似で δU は(3.48)の $H_{\rm coupl}$ と一致する．

簡単のため $k_\lambda(r)=r^\lambda$ とし，$F_{\lambda\mu}$ を多重極演算子 $r^\lambda Y_{\lambda\mu}$ で置き換える近似がよく用いられる．この場合の $H_{\rm int}$ を**多重極-多重極相互作用**(multipole-multipole interaction)とよぶ．

以上，密度分布 $\rho(\boldsymbol{r})$ と平均ポテンシャル $U(\boldsymbol{r})$ の自己無撞着性(self-consistency)に基づき，両者の形が各時刻で比例するとの考えを指針として議論をすすめてきた．この考え方は平衡変形 $\alpha^0 \neq 0$ の場合にも拡張できる(巻末文献[I-60])．

d) 異なる励起モード間の相互作用

粒子-振動結合の高次効果として，振動モードの非調和性(anharmonicity)や異なる励起モード間の相互作用が導かれる．参考までに，モード-モード結合の典型例を図 3-12 に示す．このような高次ダイヤグラムを摂動論的に取り扱う系統的な方法として，(1 粒子運動を表わすフェルミオンと振動運動を表わすボソン状態の直積でモデル空間を構成する)「Nuclear Field Theory」とよばれる方法がある(巻末文献[I-73]参照)．

e) 有効結合定数

粒子-振動結合により，1 粒子モードはさまざまな振動モードの着物を着る(図 3-13)．低エネルギースペクトルで見えるのは，このような「着物を着た(dressed)」1 粒子モードなのである．これまで a～d 項では低振動数の振動モードとの結合効果を議論してきたが，次に，高振動数の巨大共鳴との結合効果

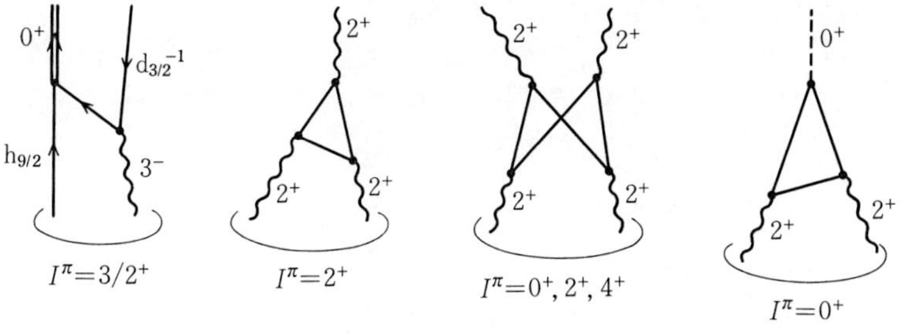

図 3-12 粒子-振動結合の高次のダイヤグラム．(a)図 3-9 の 7 重項の中の $3/2^+$ 状態が $\mathrm{d}_{3/2}$ 軌道の空孔と対振動モードに変化する過程．(b) 4 重極振動モードが 1 個励起された状態(1 フォノン状態)と 2 個励起された状態(2 フォノン状態)の混合．波線は 4 重極振動モード，実線は準粒子を表わす．(c) 4 重極振動の 2 フォノン状態における Pauli 原理に由来する非調和効果．振動モードの構成要素である準粒子が 2 つのモードの間で交換される．(d) $I^{\pi}=0^+$ の 2 フォノン状態と超伝導相での対振動モード(破線)の結合．

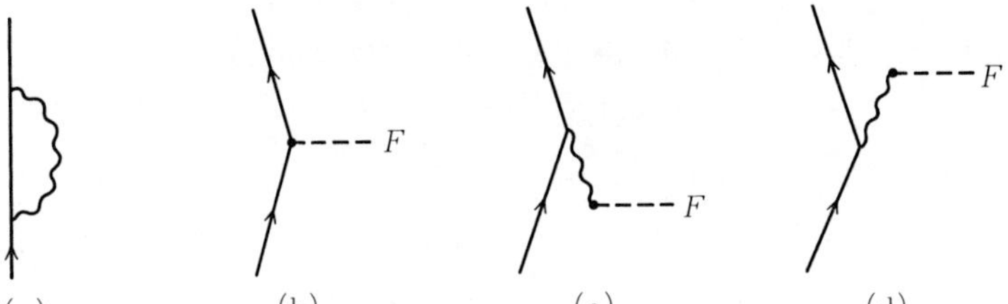

図 3-13 振動モードの着物を着た粒子(a)に対する外場 F の作用(b)〜(d)．

について考えよう．

ある 1 体演算子 F に対応する粒子-振動結合ハミルトニアン $H_{\mathrm{coupl}}=\kappa\alpha F$ が与えられたとき，摂動の 1 次で「着物を着た」1 粒子状態 $|\tilde{\nu}_1\rangle$ は

$$|\tilde{\nu}_1\rangle \cong |\nu_1\rangle - \sum_{\nu_2} \frac{\langle \nu_2, n=1|H_{\mathrm{coupl}}|\nu_1\rangle}{\Delta E_{21}+\hbar\omega}|\nu_2, n=1\rangle \tag{3.57}$$

と書ける．ここで，ΔE_{21} は殻モデルの 1 粒子状態 ν_1 と ν_2 のエネルギー差，$|\nu_2, n=1\rangle$ は振動モードが 1 個励起された状態，$\hbar\omega$ は振動モードの励起エネルギーを表わす．ここでは，F に関する遷移行列要素 $\langle n=1|F|0\rangle$ が特別に大きい値をもつ巨大共鳴のみを考慮し，他の振動モードを無視した．「着物を着た」1 粒子状態 $\tilde{\nu}_1, \tilde{\nu}_2$ に関して F の行列要素を計算すると

$$\langle\tilde{\nu}_2|F|\tilde{\nu}_1\rangle \equiv \langle\nu_2|\tilde{F}|\nu_1\rangle \approx (1+\chi_F)\langle\nu_2|F|\nu_1\rangle \tag{3.58}$$

となる．ただし

$$\chi_F = -2\kappa|\langle n=1|\alpha|0\rangle|^2\frac{\hbar\omega}{(\hbar\omega)^2-(\Delta E_{21})^2} \tag{3.59}$$

である．ΔE_{21} は $\hbar\omega$ と比べてはるかに小さいので，χ_F は状態 ν_1, ν_2 にそれほど依存しない．χ_F は κ と逆符号であり，引力($\kappa<0$)のとき正，斥力($\kappa>0$)のとき負であることがわかる．一般に，集団運動に伴う行列要素 $\langle n=1|F|0\rangle$ は 1 粒子状態間の行列要素 $\langle\nu_1|F|\nu_2\rangle$ よりはるかに大きいので，(3.57)の右辺第 2 項の振幅が 10^{-1} 程度であっても χ_F は 1 程度の量になる．

$$\frac{g^{(\mathrm{eff})}}{g} = \frac{\langle\tilde{\nu}_2|F|\tilde{\nu}_1\rangle}{\langle\nu_2|F|\nu_1\rangle} = \frac{\langle\nu_2|\tilde{F}|\nu_1\rangle}{\langle\nu_2|F|\nu_1\rangle} \tag{3.60}$$

の関係で**有効演算子** $\tilde{F}$，**有効結合定数**(effective coupling constant) $g^{(\mathrm{eff})}$ を定義すると，F が電気 4 重極(E2)演算子の場合，アイソスカラー型の巨大 4 重極共鳴との結合により，陽子の**有効電荷**(effective charge)は $e_{\mathrm{p}}^{(\mathrm{eff})}\cong(1+Z/A)e$，中性子の有効電荷は $e_{\mathrm{n}}^{(\mathrm{eff})}\cong(Z/A)e$ となる．ここで $e_{\mathrm{pol}}^{(\mathrm{E2})}\cong(Z/A)e$ を E2 遷移に関する**偏極電荷**(polarization charge)という．

F が磁気双極(M1)演算子の場合，$I^{\pi}=1^+$ の振動励起との結合により，1 粒子モードの g 因子は減少し重い核では $g_{\mathrm{s}}^{(\mathrm{eff})}=(0.5\sim0.8)g_{\mathrm{s}}$ となる．低励起状態間の電気双極(E1)遷移や Gamow-Teller 型 β 崩壊の行列要素も，巨大双極共鳴や巨大 GT 共鳴との結合効果のため，殻モデルの理論値より著しく小さくなる．

以上のような粒子-振動結合効果は一般に**芯偏極効果**(core polarization effect)とよばれる．一般に，スピン-アイソスピン依存巨大共鳴による芯偏極

効果は有効結合定数を減少させ，$g^{(\mathrm{eff})}/g=0.2\sim0.4$ と見積もられている（巻末文献[I-13]Chap. 5，[I-68]）．このように，芯偏極効果は強いので，1次の摂動論による(3.58)式では不十分である．また，さまざまな高次効果も無視できない（巻末文献[I-69]）．

f）有効質量

殻モデルの平均ポテンシャルは第Ⅱ部で述べるHartree-Fockポテンシャルの近似である．後者は一般に非局所的である．これを1核子の座標 $\boldsymbol{r}$ だけに依存する局所ポテンシャル U_{HF} で表現すると，U_{HF} は核子の運動量 $\boldsymbol{p}$ に依存する．他方，実験で見る1粒子モードはさまざまな振動モードの着物を着ており（例えば図3-13(a)），これによるエネルギーの補正 U_{pv} は1粒子エネルギー e に依存する．簡単のため U_{HF} が球対称とすると，1粒子エネルギー e は

$$e=\frac{\boldsymbol{p}^2}{2m}+U_{\mathrm{HF}}(r,p(r))+U_{\mathrm{pv}}(r,e) \qquad (3.61)$$

と書ける．ここで，着物を着た1粒子モードに対しても，自由粒子と同様なエネルギーと運動量の関係が成立するように，**有効質量**(effective mass) m^* を

$$\frac{de}{dp}=\frac{p}{m^*} \qquad (3.62)$$

で定義する．(3.61)を上式に代入すると，

$$\frac{m^*}{m}=\frac{m_k}{m}\frac{m_e}{m} \qquad (3.63)$$

$$m_k=m\left(1+\frac{m}{p}\frac{\partial U_{\mathrm{HF}}}{\partial p}\right)^{-1} \qquad (3.64)$$

$$m_e=m\left(1-\frac{\partial U_{\mathrm{pv}}}{\partial e}\right) \qquad (3.65)$$

を得る．運動量依存性に由来する m_k は **$\boldsymbol{k}$-質量**とよばれ，核の中心部で $m_k\approx 0.7m$ である．一方，粒子-振動結合効果を表わす m_e は **$\boldsymbol{e}$-質量**とよばれ，表面効果のため強い動径依存性を示し，表面で極大となる（図3-14(a)）．このため，m^* もFermi面付近で極大 $m^*\gtrsim m$ となる（図3-14(b)）（巻末文献[I-72]）．

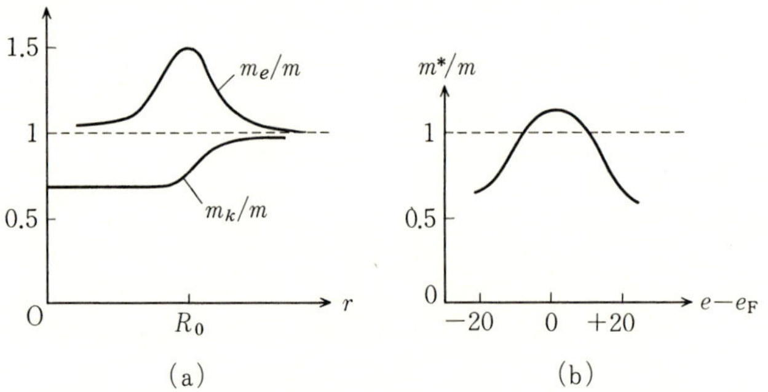

図 3-14 (a) 有効質量 m_k と m_e の動径依存性(概念図). R_0 は核半径. (b) 有効質量 m^* のエネルギー依存性(概念図). e_F は Fermi エネルギー.

以上から明らかなように，殻モデルでの $m^* \approx m$ という仮定は Fermi 面近傍の 1 粒子状態に対して有効な近似にすぎない．一般に，核内での 1 粒子波動関数 $\psi(\boldsymbol{r}, t)$ に対する Schrödinger 方程式を

$$i\hbar\frac{\partial}{\partial t}\psi(\boldsymbol{r}, t) = -\frac{\hbar^2}{2m}\nabla^2\psi(\boldsymbol{r}, t) + \iint d\boldsymbol{r}'dt'V(\boldsymbol{r}, \boldsymbol{r}', t-t')\psi(\boldsymbol{r}', t') \quad (3.66)$$

と書いたとき，他の核子との相互作用の効果を表わす $V(\boldsymbol{r}, \boldsymbol{r}', t-t')$ は空間的にも時間的にも非局所的なきわめて複雑な関数であって，何らかの物理的近似を導入せずに取り扱うことはほとんど不可能である．平均場近似では $V(\boldsymbol{r}, \boldsymbol{r}', t-t')$ が時間的にもエネルギーに関しても滑らかな関数となるような平均化が行なわれているのである(10-3 節参照).

3-4 粒子-回転結合

a) 強結合の波動関数

変形殻モデルの 1 粒子モードは固有座標系で定義されているから，この座標系の回転運動による Coriolis 力と遠心力を受ける．これを**粒子-回転結合**とよぶ．本節では簡単のため振動の自由度を無視して，この結合の性質を調べる．

回転運動のハミルトニアンが，回転角運動量演算子 $\hat{\boldsymbol{R}}$，固有座標系の k 軸

まわりの慣性モーメント $\mathcal{I}_k$ を用いて

$$H_{\mathrm{rot}} = \sum_{k=1,2,3} \frac{\hat{R}_k{}^2}{2\mathcal{I}_k} \tag{3.67}$$

と近似できるとする．変形ポテンシャル内の核子に対する角運動量演算子を $\hat{\boldsymbol{J}} = \sum_i (\hat{\boldsymbol{j}})_i$ とすると，原子核全体に対する角運動量演算子 $\hat{\boldsymbol{I}}$ は

$$\hat{\boldsymbol{I}} = \hat{\boldsymbol{R}} + \hat{\boldsymbol{J}} \tag{3.68}$$

と書ける．この関係を用いて H_{rot} から $\hat{\boldsymbol{R}}$ を消去すると

$$H_{\mathrm{rot}} = \sum_{k=1,2,3} \left(\frac{\hat{I}_k{}^2}{2\mathcal{I}_k} - \frac{\hat{I}_k \hat{J}_k}{\mathcal{I}_k} + \frac{\hat{J}_k{}^2}{2\mathcal{I}_k} \right) \tag{3.69}$$

となる．右辺の第2項を Coriolis 相互作用，第3項を**反跳項**(recoil term)とよぶ*.

以下では軸対称4重極変形ポテンシャル内の1核子の運動について考えよう．軸対称では対称軸(第3軸)まわりの回転運動は存在しないから，回転軸は(1, 2)平面内にあり，$\mathcal{I}_1 = \mathcal{I}_2 \equiv \mathcal{I}$ である．$\hat{\boldsymbol{J}}$ を1核子の $\hat{\boldsymbol{j}}$ に置き換えて，H_{rot} は

$$H_{\mathrm{rot}} = \frac{1}{2\mathcal{I}}(\hat{\boldsymbol{I}}^2 - \hat{I}_3{}^2) - \frac{1}{2\mathcal{I}}(\hat{I}_+ \hat{j}_- + \hat{I}_- \hat{j}_+) \tag{3.70}$$

となる．ただし，$\hat{I}_\pm = \hat{I}_1 \pm i\hat{I}_2$，$\hat{j}_\pm = \hat{j}_1 \pm i\hat{j}_2$ であり，簡単のため反跳項を省略した．右辺第1項の固有関数を，1粒子運動が変形ポテンシャルに強く束縛されているという意味で，**強結合**(strong coupling)の波動関数とよぶ(図3-15(a)参照)．軸対称4重極変形は対称軸に垂直な軸のまわりの180°回転に対して不変である．これを $\boldsymbol{R}$ **対称性**(R-symmetry)という．そこで垂直軸として第2軸を選び，変換

$$\mathcal{R} = e^{-i\pi\hat{R}_2/\hbar} = e^{i\pi\hat{j}_2/\hbar} e^{-i\pi\hat{I}_2/\hbar} \equiv \mathcal{R}_{\mathrm{i}}{}^{-1} \mathcal{R}_{\mathrm{e}} \tag{3.71}$$

に対する不変性を満たすように強結合の波動関数を書くと，

---

* 第1軸まわりの回転のみ考え，反跳項を無視し，$\hat{I}_1/\mathcal{I}_1$ を ω_{rot} に置き換えると，2-4節で述べたクランキングモデルを得る．しかし，両者の関係は厳密にはわかっていない(巻末文献[I-64])．

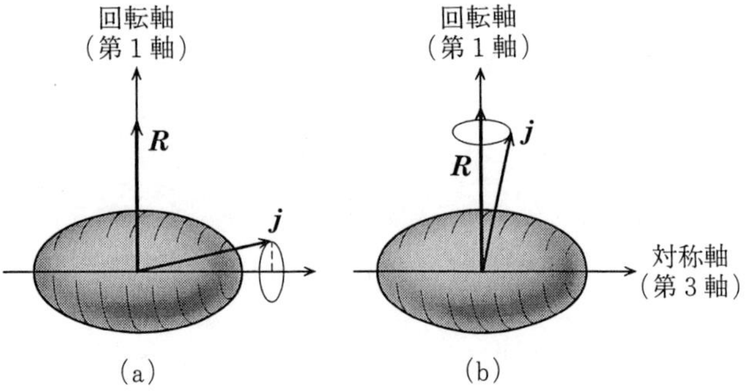

図 3-15 強結合(a)と回転整列(b)(固有座標系から見た概念図).

$$\Psi_{nKIM}=\sqrt{\frac{2I+1}{16\pi^2(1+\delta_{K0})}}\{\chi_{nK}D^I_{MK}+(-1)^{I+K}\chi_{\overline{nK}}D^I_{M,-K}\} \qquad (3.72)$$

となる．ここで χ_{nK} は変形ポテンシャル内の1粒子波動関数，$\chi_{\overline{nK}}\equiv\mathcal{R}_{\mathrm{i}}^{-1}\chi_{nK}$，回転運動の固有関数 D^I_{MK} は関係 $\mathcal{R}_{\mathrm{e}}D^I_{MK}=(-1)^{I+K}D^I_{M,-K}$ を満たす．また，$\boldsymbol{R}$ が(1,2)面内にあるから $R_3=0$ であり，$\hat{I}_3$ の固有値 K と $\hat{j}_3$ の固有値 Ω は一致する．((3.72)は一般に χ_{nK} が多粒子波動関数の場合にも成り立つ．特に $K=0$ の場合には，χ_{n0} は $\mathcal{R}_{\mathrm{i}}$ の固有状態で固有値 $r=\pm1$ をもつ．したがって，(3.72)から，関係 $(-1)^I=r$ を得る．詳しくは巻末文献[I-1]Vol. 2, Chap. 4 参照).

一般に，Coriolis 相互作用は K の値を ±1 変化させ，異なる K 量子数をもつ Ψ_{nKIM} を混合する．ただし，$K=1/2$ の場合には対角行列要素がある．これを摂動論の1次で考慮すると，回転エネルギーは

$$E_{nKI}=\frac{\hbar^2}{2\mathcal{I}}\left\{(I(I+1)-K^2)+a\left(I+\frac{1}{2}\right)(-1)^{I+1/2}\delta_{K,1/2}\right\} \qquad (3.73)$$

と書ける．ここで a は

$$a=-\langle\chi_{n,K=1/2}|\hat{j}_+|\chi_{\overline{n,K=1/2}}\rangle/\hbar \qquad (3.74)$$

で定義され，**デカップリングパラメータ**(decoupling parameter)とよばれる．(3.73)から，$K=1/2$ バンドの各準位の励起エネルギーは(K 混合を無視する近似でも)$K\neq1/2$ バンドの場合と異なり，$I(I+1)$ 則からずれることがわか

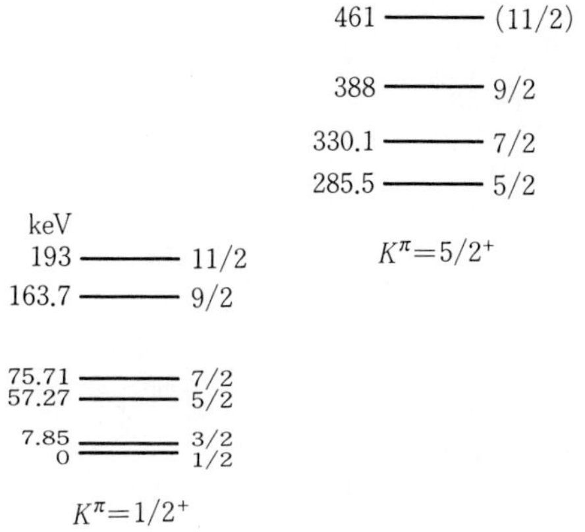

図 3-16 ^{239}Pu の $K^\pi=1/2^+$ および $K^\pi=5/2^+$ 回転バンド．各準位の右側に角運動量 I，左側に励起エネルギー(keV)を示す．$K^\pi=1/2^+$ 回転バンドの a は $a\approx-0.58$ である．

る．図 3-16 に実験データの 1 例を示す．

b）回転整列

角運動量 I が大きくなると，核子の角運動量ベクトル $\boldsymbol{j}$ は回転軸方向に整列してくる(図 3-15(b))．これを**回転整列**(rotation alignment)とよぶ．Coriolis 力が $\boldsymbol{I}$ と $\boldsymbol{j}$ の方向を揃えようとするためである．

奇 A 核で 1 個の準粒子が特異パリティの Nilsson 状態にあり，$|\Omega|\ll j$ の場合，準粒子の近似的角運動量 j が大きいので，I があまり大きくなくても Coriolis 効果が強く，容易に回転整列が起こる．回転整列すると，$I=(j+$偶数$)$ 準位と隣りの偶々核の基底回転準位($R=0,2,4,\cdots$)のエネルギーがほぼ等しくなる(図 3-17)．一方，$I=(j+$奇数$)$ 準位のエネルギーは高くなる．このことは(3.70)の行列要素の性質を調べ，Coriolis 項を対角化する表示を作ることにより理解できる(これはよい演習問題である)．

c）バンド交差

I が大きいと，粒子-回転結合に摂動論は使えない．そこで，これを平均場近似で取り扱うのが 2-4 節で述べた「回転座標系での殻モデル」である．このモデルでは回転する変形ポテンシャル内の準粒子モードを記述するクランキングハミルトニアン

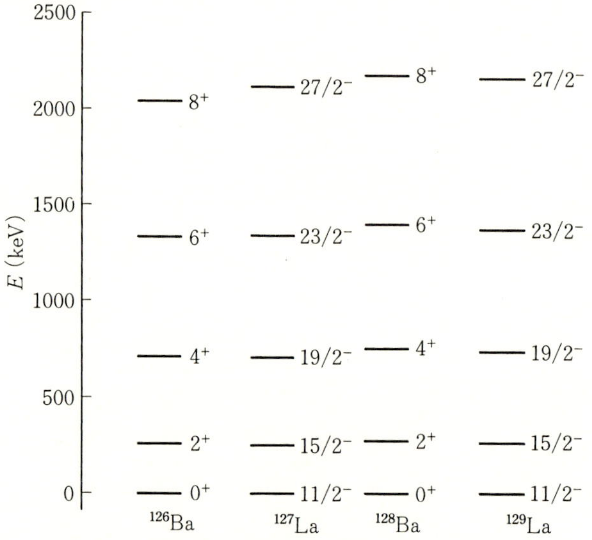

図 3-17 ^{127,129}La の回転整列バンド．(F. S. Stephens, R. M. Diamond, J. R. Leigh, T. Kammuri and K. Nakai: Phys. Rev. Lett. **29**(1972)438 に基づく．)

$$h' = \sum_{i>0}(e_i-\lambda)(c_i^\dagger c_i+c_{\bar{i}}^\dagger c_{\bar{i}})-\Delta\sum_{i>0}(c_i^\dagger c_{\bar{i}}^\dagger+c_{\bar{i}}c_i)-\omega_{\text{rot}}\hat{J}_1 \qquad (3.75)$$

から出発する．簡単のため，変形は軸対称とする．右辺の第 3 項が Coriolis 相互作用の平均場近似に対応する．この表式から，Coriolis 相互作用が回転整列をひき起こすことは明らかである．つまり，$\boldsymbol{j}$ が回転軸(第 1 軸)方向に整列すれば，h' の固有エネルギー E_μ' が低くなる．準粒子 $a_\mu^\dagger$ の角運動量の回転軸成分

$$i_\mu(\omega_{\text{rot}})\hbar = \langle\phi_0(\omega_{\text{rot}})|a_\mu\hat{J}_1a_\mu^\dagger|\phi_0(\omega_{\text{rot}})\rangle-\langle\phi_0(\omega_{\text{rot}})|\hat{J}_1|\phi_0(\omega_{\text{rot}})\rangle \qquad (3.76)$$

は**アラインメント**(alignment)とよばれる．これが関係式

$$i_\mu(\omega_{\text{rot}}) = -\frac{1}{\hbar}\frac{\partial E_\mu'}{\partial\omega_{\text{rot}}} \qquad (3.77)$$

を満足することは容易に証明できる．

回転整列が原因となり**バンド交差**(band crossing)現象が起こる．その典型

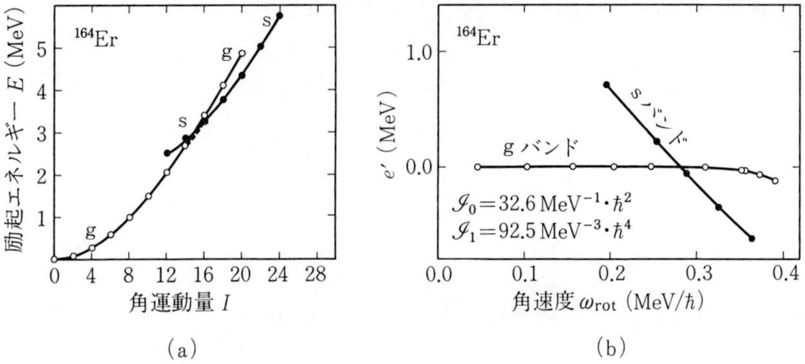

図 3-18 (a) ^{164}Er のイラストスペクトル．g バンドの準位を白丸，s バンドの準位を黒丸で示す．(b) 回転座標系での s バンドの励起エネルギー e_s' の角速度依存性．

例を図 3-18 に示す．基底回転バンド(g バンドと略記)は $I\approx 16$ で別の回転バンドと交差している．$I\gtrsim 16$ でイラスト線に出現するこのバンドはストックホルムのグループにより発見されたので **s バンド**とよばれる．このバンドはどのような内部構造をもっているであろうか．「回転座標系での殻モデル」を用いてこの問いに答えるために，実験データを回転座標系に変換して描いてみよう．

そのためには，まず，角速度 $\boldsymbol{\omega}_{\mathrm{rot}}$ の値を求めなければならないが，これは(2.21)式から

$$\hbar\omega_{\mathrm{rot}}(I) = \frac{\partial E_{\mathrm{rot}}}{\partial I} \cong \frac{1}{2}\{E_{\mathrm{rot}}(I+1)-E_{\mathrm{rot}}(I-1)\}$$

$$= \frac{1}{2}E_{\gamma}(I) \qquad (3.78)$$

だから，回転バンド内の E2 遷移ガンマ線のエネルギー $E_{\gamma}(I)$ から近似的に決定できる．$\boldsymbol{\omega}_{\mathrm{rot}}$ が決まれば，各 I ごとに，空間固定座標系でのエネルギー E から回転座標系でのエネルギー $E'=E-\hbar\boldsymbol{\omega}_{\mathrm{rot}}I$ が求まる．

E から E' への変換を g バンドと s バンドに対して行ない，(実際には離散

的な）E' を $\omega_{\rm rot}$ の連続関数とみなし，同じ $\omega_{\rm rot}$ での両者の相対的なエネルギー

$$e_{\rm s}'(\omega_{\rm rot}) = E_{\rm s}'(\omega_{\rm rot}) - E_{\rm g}'(\omega_{\rm rot}) \tag{3.79}$$

を描くと図 3-18(b)を得る．この図を見ると，$\hbar\omega_{\rm rot} \gtrsim 0.28\,{\rm MeV}$ で $e_{\rm s}'$ が負になっている．これは，s バンドがイラスト状態になることに対応している．上の $e_{\rm s}'(\omega_{\rm rot})$ を図 2-7 の準粒子エネルギーダイヤグラムと比較すると，よい近似で

$$e_{\rm s}'(\omega_{\rm rot}) \approx E_{\rm A}'(\omega_{\rm rot}) + E_{\rm B}'(\omega_{\rm rot}) \tag{3.80}$$

の関係が成立している．これから，s バンドが 2 準粒子励起状態

$$a_{\rm A}^\dagger(\omega_{\rm rot})a_{\rm B}^\dagger(\omega_{\rm rot})|\phi_{\rm g}(\omega_{\rm rot})\rangle \tag{3.81}$$

に対応していることが分かる．ここで $|\phi_{\rm g}(\omega_{\rm rot})\rangle$ は角速度 $\omega_{\rm rot}$ での g バンドを表わす．臨界角速度 $\omega_{\rm cr} \cong 0.28\,{\rm MeV}/\hbar$ を越えると，準粒子の真空 $|\phi_0\rangle$ の構造が $|\phi_{\rm g}\rangle$ から(3.81)の 2 準粒子状態に対応したものに変化する．つまり，イラスト状態の微視的内部構造の変化が，このモデルでは「真空の構造変化」として記述されるのである．臨界角速度 $\omega_{\rm cr}$ は図 3-18(a)で g バンドと s バンドの共通接線を描いたとき，その勾配に対応する．

図 3-19 に g バンドと s バンドの角運動量 I を $\omega_{\rm rot}$ の関数として示す．同じ $\omega_{\rm rot}$ での両者の相対的な角運動量

$$i_{\rm s}(\omega_{\rm rot}) = I_{\rm s}(\omega_{\rm rot}) - I_{\rm g}(\omega_{\rm rot}) \tag{3.82}$$

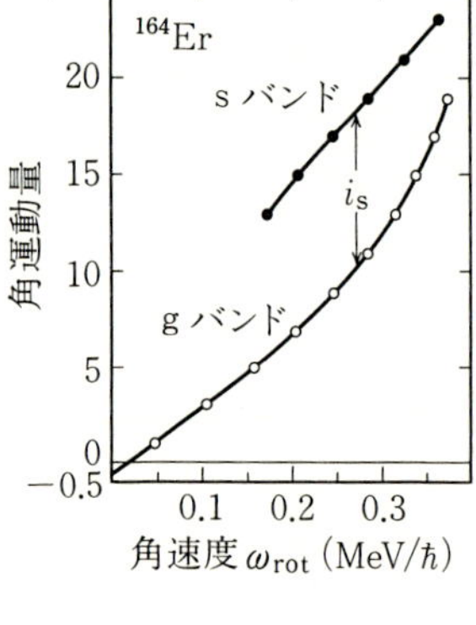

図 3-19 ^{164}Er の g バンドの角運動量(白丸)と s バンドの角運動量(黒丸)の $\omega_{\rm rot}$ 依存性.

に対しても，よい近似で

$$i_{\mathrm{s}}(\omega_{\mathrm{rot}}) \cong i_{\mathrm{A}}(\omega_{\mathrm{rot}}) + i_{\mathrm{B}}(\omega_{\mathrm{rot}}) \tag{3.83}$$

の関係が成り立つ．$i_{\mathrm{A}}, i_{\mathrm{B}}$ は図 2-7 の準粒子状態 A, B のアラインメントである．s バンドでは 2 準粒子の回転整列角運動量 i_{s} は約 8 という大きい値をもつ．

ここで紹介したバンド交差現象は 1970 年代はじめに発見され，「回転座標系での殻モデル」の契機になった．イラスト状態の慣性モーメント $\mathscr{I}$ を ω_{rot} の関数として図示すると S 字型の異常な振舞いをするので，この現象は**後方歪曲**(backbending)**現象**ともよばれる．

d）高スピンでの構造変化と対相関

g バンドと s バンドの交差現象は高速回転による原子核の内部構造の質的変化の第 1 段階とみなせる．角運動量の増大につれて，異なる微視的構造をもつ回転バンドの交差現象が次々に起こると考えられ，実際，第 2，第 3 のバンド交差が観測されている．図 3-20 はこの概念図である．

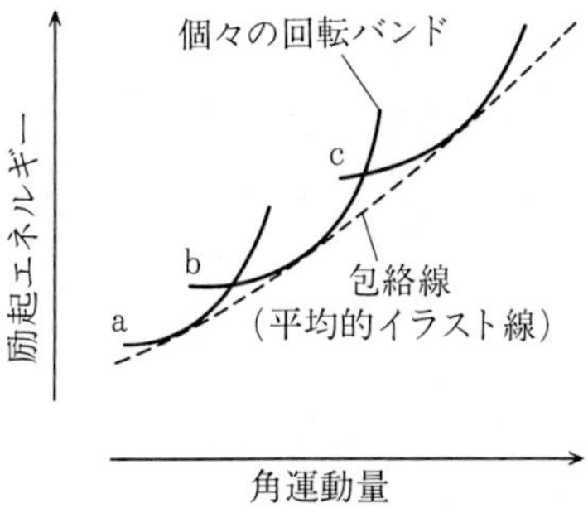

図 3-20 高スピンでの構造変化(概念図).

この描像によれば，平均的イラスト線は異なる回転バンドの包絡線に対応する．個々の回転バンドはそれぞれ固有の微視的構造，平衡変形，対ギャップ Δ をもつ．このうち，Δ は角運動量が増大すると，やがて消滅する．これを**対相転移**(pairing phase transition)とよぶ．これは Coriolis 力が超伝導体に対する磁場と同様の役割を果たすためであり，1960 年に Mottelson と Valatin が予言していたが，実験で確認されたのは 1980 年代後半である．この対相転移は $A \cong 150$ 領域では I が 30～40 で起こる．

対相転移の過程でΔは滑らかには減少せず，バンド交差に伴って階段状にゼロに近づく(例えば，図3-20のバンドaの$\Delta=0.6$ MeV，バンドbの$\Delta=0.4$ MeV，バンドcの$\Delta=0$というように)．また，平均場近似では無視された量子ゆらぎが転移領域で重要な役割を果たす．

対相転移の過程は殻構造を反映して異なる様相を示し複雑であるが，「有限量子系の相転移」の性格を調べるための貴重な機会を提供している．

e) 高スピンアイソマー

回転整列の極限として，原子核の角運動量Iがすべて，個々の核子の整列角運動量から形成されている状況が考えられる．この極限で，平均ポテンシャルの形は角運動量ベクトルの方向(x軸)に関して軸対称となる．整列した核子の古典軌道は赤道面付近に集中するので，これに引きずられて他の核子の密度分布も変形し，原子核の密度分布が全体としてオブレートになるからである．すると，平均ポテンシャル$U(\boldsymbol{r})$もオブレートとなる．この極限で，x軸まわりの集団的回転運動は消滅し，角運動量Iは1粒子モードの角運動量のx成分mの和で与えられる．つまり，$I=\sum_i m_i$である．(和は整列した核子に関してとればよい．また，x軸が対称軸だからmはよい量子数である．)

図3-21に^{152}Dyのイラストスペクトルを示す．この図の$17\lesssim I\lesssim 37$領域のイラスト状態では，上に述べた状況が実現している．この状況では個々のイラスト準位のエネルギーが不規則となり，ところどころに寿命が数ns～数十nsの**高スピンアイソマー**(high-spin isomer)が現われる．つまり，エネルギーの$I(I+1)$則やE2遷移確率の増大などの集団的回転運動に特有な性質が消失している．それにもかかわらず，個々の量子準位ではなく，イラスト線の大局的振舞いに注目すると，イラスト線の平均的励起エネルギーは$I(I+1)$に比例していることがわかる．この性質は，上に述べたモデルに基づく統計的方法を用いて理論的に導くことができる．つまり，イラスト準位の巨視的・統計的性質に関しては，原子核が対称軸まわりに一様回転しているという古典力学的描像をもちこむことが可能なのである．

上に述べた「回転運動」は，これまで議論してきた(対称性の自発的破れに

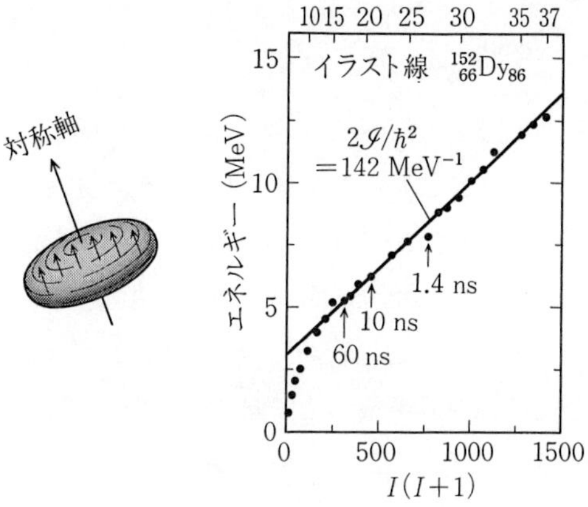

図 3-21 角運動量整列状態(概念図)と ^{152}Dy のイラストスペクトル．黒丸が実験値．矢印は高スピンアイソマーとその寿命を示す．実線は $I \gtrsim 17$ での平均的イラスト線．横軸は $I(I+1)$ であることに注意．(T.L. Khoo *et al.*: Phys. Rev. Lett. **41**(1978)1027 による.)

よる)量子力学的回転運動と本質的に異なる運動である．両者は高スピン状態の作られ方の「反対の極限」になっている．前者では1粒子モードだけから，後者では集団的回転だけから角運動量が構成されている．現実には，これらの両極端の中間にきわめて多様な構造が実現する．例えば，s バンドでは角運動量の約半分が準粒子モードにより，残りの半分が集団的回転によって作られている．

核子が互いの角運動量を整列させる傾向をもつことは，有効相互作用が短距離の引力であることから簡単に理解できる．2-1 節で述べた j-j 結合殻モデルで，閉殻の外の軌道 j_1 と j_2 にある 2 核子が合成角運動量 I に組んでいる状態

$$|j_1 j_2 IM\rangle = \frac{1}{\sqrt{1+\delta_{j_1 j_2}}} \sum_{m_1 m_2} \langle j_1 m_1 j_2 m_2 | IM\rangle c^{\dagger}_{j_1 m_1} c^{\dagger}_{j_2 m_2} |0\rangle \qquad (3.84)$$

を考えよう．ここで $|0\rangle$ は閉殻を表わす．図 3-22 は上の 2 核子状態に関する有効相互作用 V の行列要素 $\langle j_1 j_2 IM | V | j_1 j_2 IM\rangle$ を実験から求めたものである．角運動量ベクトル $\boldsymbol{j}_1, \boldsymbol{j}_2$ をもつ 2 核子の古典軌道の間の角度 θ_{12} は

$$\cos\theta_{12} = \frac{I(I+1)-j_1(j_1+1)-j_2(j_2+1)}{2\sqrt{j_1(j_1+1)j_2(j_2+1)}} \tag{3.85}$$

で I と対応する．この図から，いろいろな (j_1, j_2) の組に対する行列要素が θ_{12} の関数としてスケール変換できることがわかる．$\theta_{12}=0°$ または $180°$ に近づくにつれて行列要素(の絶対値)が大きくなるのは，2核子の波動関数の空間的重なりが大きくなり，短距離の引力を最も有効に利用できるからである．$\theta_{12}=0°$ が整列の極限であるが，同種粒子の場合には Pauli 原理のため $\theta_{12}\cong 0°$ は禁止される．このため，角運動量整列の傾向は中性子-陽子間で強い．他方，同種粒子間の $\theta_{12}=180°$ での強い引力が対相関の原因である．

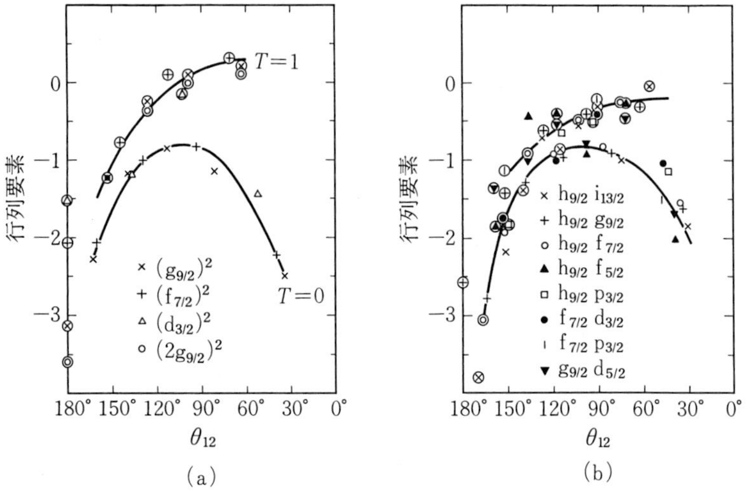

図 3-22 有効相互作用の行列要素 $\langle j_1 j_2 I | V | j_1 j_2 I\rangle$ の角度依存性．(a) $j_1=j_2$ の場合のアイソスピン T による分類，(b) $j_1 \neq j_2$ の中性子-陽子相互作用．上側(下側)の曲線は j_1+j_2-I が奇数(偶数)の行列要素の平均的振舞いを示す．(J. P. Schiffer and W. W. True: Rev. Mod. Phys. **48** (1976) 191 および N. Anantaraman and J. P. Schiffer: Phys. Lett. **37B** (1971) 229 による．)

4

高励起状態の統計的性質

励起エネルギーが高くなると，準位密度が指数関数的に増大する．このような高励起状態では，これらの準位の平均的性質や平均からのゆらぎに着目する統計力学的アプローチが有効である．本章では，近年，量子カオスの観点から見直されているランダム行列理論を中心として，高励起状態に対する考え方を簡単に紹介する．

4-1　高励起スペクトルのゆらぎ

a）複合核状態

極低エネルギーの中性子を ^{238}U に衝突させたときの共鳴断面積を図 4-1 に示す．数十 eV の間隔で幅の狭い共鳴が起こっている．**共鳴幅**（resonance width）Γ から共鳴状態の寿命は 10^{-15} s 程度と評価できる．この寿命は原子核を核子が横切る時間（横断時間，約 10^{-22} s）と比べて著しく長い．また，Γ は**平均準位間隔**（average level spacing，準位密度 $\rho(E)$ の逆数）D と比べても十分小さい．したがって，これらの共鳴は連続エネルギー領域に埋め込まれた準安定な束縛状態とみなせる．なぜ，このような長寿命が可能なのだろうか．

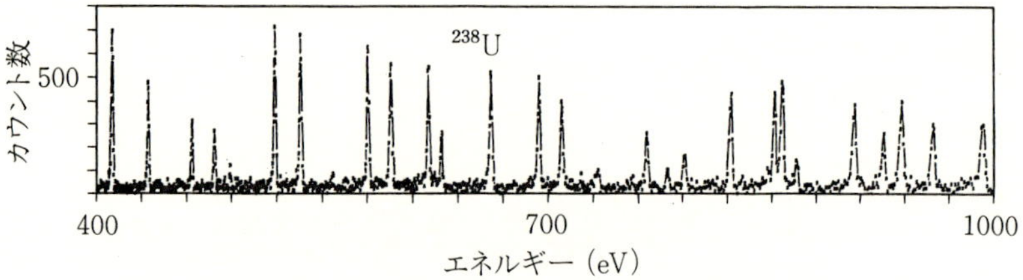

図 4-1 ^{238}U に対する中性子の共鳴準位．横軸は中性子の運動エネルギー(eV)を示す．(F. Rahn *et al*.: Phys. Rev. **C6**(1972)1854 による.)

この問いに対する考察から 1936 年，Niels Bohr は**複合核**(compound nucleus)モデルを提唱した．

図 4-1 の例では，^{238}U と 1 個の中性子からなる系は ^{239}U の中性子分離エネルギー(約 5 MeV)程度の高励起状態にある．N. Bohr は，原子核のさまざまな運動モード間の相互作用が非常に強く，励起エネルギーがあらゆる種類の運動の自由度に分配される結果，一種の熱平衡状態が実現されると考えた．このため，「初期条件の記憶」が失われ，熱的ゆらぎによって系がふたたび初期状態に戻る確率は極めて小さく，共鳴状態の寿命が長くなる．N. Bohr はビリアードの模型(図 4-2)を使ってこのアイディアを説明した．ポテンシャルのくぼみに閉じ込められた核子の集団に外から中性子が入射し，そのエネルギーがす

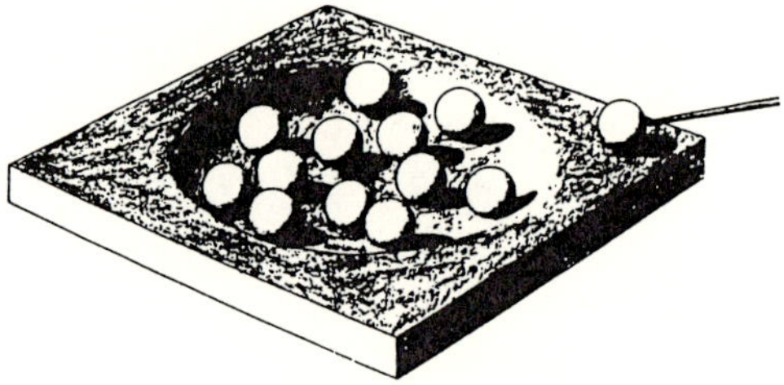

図 4-2 N. Bohr が複合核モデルのアイディアを説明するために用いたビリアードの模型．(N. Bohr: Nature **137** (1936)351 による.)

べての核子に分配されるのである*.

b）準位の統計

エネルギー領域（$E, E+\Delta E$）にある同じ I, π の準位の集合（$E_1, E_2, \cdots, E_N$）の統計的性質を調べよう．$\Delta E \gg D$，かつ，ΔE 内で D は一定とする．図 4-3(a) は図 4-1 と同様な実験データを 32 種の原子核から集め，約 1700 個の準位について，それらの**最近接準位間隔**（nearest neighbor level spacing）$S_i = E_{i+1} - E_i$ の分布を調べたものである．ただし，多くの原子核の異なった励起エネルギー領域のデータを重ね合わせるために，S を D で規格化し，$x = S/D$ に関する度数分布を示している．この図から，準位間隔が領域（$x, x+dx$）にある確率 $p(x)dx$ が

$$p(x) = \frac{\pi}{2} x e^{-\frac{\pi}{4}x^2} \tag{4.1}$$

でよく近似できることがわかる．この分布を **Wigner 分布**とよぶ．上式は x

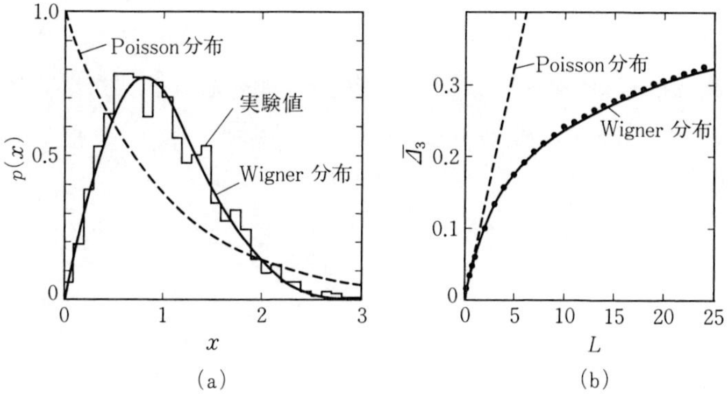

図 4-3　高励起状態の準位の統計．(a) 最近接準位間隔の分布．横軸は（平均準位間隔で規格化した）準位間隔．(b) Δ_3 統計．横軸は（平均準位間隔で規格化した）エネルギー幅 L．実験データは黒丸で示されている．（巻末文献[I-88]による.）

---

* このエネルギー領域で，核子の平均自由行程は核半径より長い．このことと複合核の存在は矛盾しない．核内に入った中性子は（その波動性のため）核表面で何度も反射され，核内滞在時間が長くなり，複合核を形成できる（巻末文献[I-22]p. 1 参照）.

≈0 で x に比例する，つまり，**準位反発**(level repulsion)が起こることを示している．これは準位どうしに強い相関があることを示唆している(何の相関もなければ間隔分布は $x=0$ に極大をもつ Poisson 分布 $p(x)=e^{-x}$ になる)．

準位の間隔分布は(エネルギーとともに滑らかに変化する)平均準位間隔 D からのゆらぎを表わしている．図 4-3(a)はゆらぎの性質が異なる原子核で共通であることを示している．さらに，原子核だけでなく，原子や分子の高励起スペクトルも Wigner 分布に従うことが確認されている．このことから，間隔分布に見るゆらぎの法則性は系の構成要素や相互作用の性質に依存しない普遍性をもつと考えられる．

間隔分布は準位間の**短距離相関**を表わす．次に，**長距離相関**(long-range correlation)を見るために

$$\Delta_3(L) = \min \frac{1}{L}\int_{E_0-L/2}^{E_0+L/2}(N(E)-AE-B)^2 dE \tag{4.2}$$

を定義する．ここで $N(E)$ はエネルギー E 以下の準位の総数，min は積分値を最小にするパラメータ A, B をさがすことを意味する(ただし，領域 L で D が一定となるように適当なスケール変換をする)．(4.2)をいろいろな E_0 について平均した $\bar{\Delta}_3$ を **Δ_3 統計**(Δ_3 statistics)とよぶ．これは一様分布からのゆらぎの起こりにくさ，つまり，**スペクトル硬度**(spectral rigidity)を表わす．図 4-3(b)は，(間隔分布だけでなく) Δ_3 統計も，次に述べるランダム行列理論とよく合うことを示している．

4-2 ランダム行列理論

準位分布の統計力学的研究は 1960 年ころ Wigner，Metha，Dyson，Porter らにより開始された(巻末文献[1-80, 82, 85])．この研究では，「ハミルトニアン行列のアンサンブル」という(通常の統計力学とは異なった)アイディアが導入されており，**ランダム行列**(random matrix)理論とよばれる．

話を具体的にするために，2-1 節で述べた j-j 結合殻モデルの多粒子-多空孔

励起状態 $|i\rangle$ を基底ベクトルとするモデル空間の中でハミルトニアンを対角化し，偶々核の高励起スペクトルを計算する場合を考えよう．ハミルトニアンが時間反転不変性および回転不変性を満足していれば，ハミルトニアン行列 (H_{ij}) が**実対称行列**になるように基底 $\{|i\rangle\}$ の位相を選べる（第 6 章参照）．また，角運動量 I とパリティ π はよい量子数であるから，行列 (H_{ij}) は I^{π} に関して対角行列とする*.

この行列の次元数 N は極めて大きい．例えば，^{238}U の励起エネルギー 5～6 MeV 領域の（同じ I^{π} をもつ）準位数は 10^5 (MeV)$^{-1}$ 程度，したがって $N\cong 10^5$ である．このような大次元行列を対角化して得られる固有値分布の詳細は原子核ごとに異なり，また，励起エネルギーとともに変化する．

しかし，固有値スペクトルの統計的性質に関しては，それらの詳細にかかわらない共通の法則性が存在すると仮定し，ハミルトニアン行列のアンサンブルを導入しよう．そして，特定の原子核の，特定のエネルギー領域の準位分布の統計的性質は，アンサンブル平均から大きくずれないものと期待する．

行列のアンサンブルを導入するには，まず，行列空間の体積要素 dV_H を定義しなければならない．N 次元実対称行列の場合，行列 H とその近傍の行列 $(H+dH)$ の間の距離 d^2s を

$$d^2s = \mathrm{Tr}(dH\cdot dH) = \sum_{i=1}^{N}(dH_{ii})^2+2\sum_{i<j}^{N}(dH_{ij})^2 \tag{4.3}$$

と与えれば，dV_H は

$$dV_H = 2^{N(N-1)/4}\prod_{i=1}^{N} dH_{ii}\prod_{i<j}^{N} dH_{ij} \tag{4.4}$$

となる**．d^2s と dV_H は直交変換に対して不変である．

次に，このアンサンブルの確率分布関数 $P(H)$ を決めよう．高励起状態で

---

* I^{π} 以外にも，アイソスピンのように近似的な量子数があるが，厳密な保存量でないので，ここでは考慮しない．しかし，近似的量子数の存在がスペクトルの統計的性質にどのような影響を与えるかは興味ある問題である．

** 独立変数 x_k に関する計量を g とすると，$ds^2=\sum_{k,l=1}^{M} g_{kl}\,dx_k\,dx_l$，$dV=(\det g)^{1/2}\prod_{k=1}^{M}dx_k$ だから，(4.3)から(4.4)を得る．

は大次元行列 H の詳細な性質はいらないから，H の満たすべき最小限の平均的性質のみ残し，他の情報はできるだけ消去したい(**情報の縮約**)．このように考えると，情報理論に基づいて $P(H)$ を導くことができる(巻末文献[I-81])．一般に，確率分布 $P(H)$ に対する**情報量**は

$$I\{P(H)\} = \int P(H)\log P(H)dV_H \tag{4.5}$$

で定義される．ここで，H の内積を一定にする条件

$$\int P(H)\,\mathrm{Tr}(H^2)dV_H = C(\text{定数}) \tag{4.6}$$

と，規格化条件

$$\int P(H)dV_H = 1 \tag{4.7}$$

を課す．2つの拘束条件(4.6)，(4.7)の下で情報量(4.5)を最小にするように $P(H)$ を決めると，結果は Lagrange 乗数 λ_1, λ_2 を用いて

$$P(H) = \exp\{\lambda_1 + \lambda_2\,\mathrm{Tr}(H^2)\} \tag{4.8}$$

と書ける．これを(4.6)，(4.7)に代入して λ_1, λ_2 を決めると

$$P(H) = 2^{-N/2}(2\pi v^2)^{-N(N+1)/4}\exp[-\mathrm{Tr}(H^2)/4v^2] \tag{4.9}$$

となる(v は定数)．確率分布が上式で指定された行列の集団を **Gauss 型直交アンサンブル**(Gaussian orthogonal ensemble，略して GOE)とよぶ．GOE の特徴は，

(1) 基底 $\{|i\rangle\}$ の選び方に依存しない($\mathrm{Tr}(H^2)$ は基底の直交変換に対して不変)，

(2) 行列要素 H_{ij} は独立な確率変数とみなせる

ことである．

この方法はもっと一般の拘束条件の場合にも容易に拡張できる．この観点からみると，$\mathrm{Tr}(H^3)$，$\mathrm{Tr}(H^4)$ などに対する高次の拘束がないことが GOE の特徴であり，行列要素 H_{ij} の統計独立性を保証していたことがわかる．拘束条件を一般化すると，H_{ij} の間に相関が生じるのである．

次に，行列 H を対角化して固有値の確率分布を求めよう．H を対角化する直交変換により，体積要素 dV_H は固有値 $(E_1, E_2, \cdots, E_N)$ と固有ベクトルを特徴づけるパラメータ $(\theta_1, \theta_2, \cdots, \theta_{M-N})$ を用いて

$$dV_H = J \prod_{n=1}^{N} dE_n \prod_{\nu=1}^{M-N} d\theta_\nu \tag{4.10}$$

と書ける．ここで $M=\frac{1}{2}N(N+1)$ は独立変数の個数である．変換のヤコビアン(Jacobian)

$$J = \frac{\partial(H_{11}, H_{22}, \cdots, H_{NN}, H_{12}, \cdots, H_{N-1,N})}{\partial(E_1, E_2, \cdots, E_N, \theta_1, \theta_2, \cdots, \theta_{M-N})} \tag{4.11}$$

は，固有値 E_n に関して $M-N$ 次の多項式となる．2 つの固有値が一致するとき，対応する固有ベクトルが一意的に決まらず $J=0$ となることに注意すると

$$J = \prod_{n>n'} |E_n - E_{n'}| \cdot \mu(\theta_1, \theta_2, \cdots, \theta_{M-N}) \tag{4.12}$$

と書ける．変数 θ_ν に関して積分すると，固有値スペクトルに対する確率分布関数

$$P(E_1, E_2, \cdots, E_N) = C \exp\left\{-\sum_n \frac{E_n{}^2}{4v^2}\right\} \prod_{n>n'}^{N} |E_n - E_{n'}| \tag{4.13}$$

を得る(C は定数)．$|E_n - E_{n'}|$ が準位反発の存在を示している．この分布関数から隣接準位間隔の分布関数 $P(s)$ が求まり，その結果は Wigner 分布とよい精度で一致する．また，GOE に対する Δ_3 統計は $N\to\infty$ の極限で $\log L$ に比例する．これらの GOE の予言は実験データとよく合っている(図 4-3)．

最後に，対角化して得られた波動関数の統計的性質を調べよう．(H_{ij}) の固有ベクトルを $(c_1, c_2, \cdots, c_N)$ とする．(H_{ij}) のアンサンブルは基底の直交変換に関して不変としているから，アンサンブルを構成する個々の固有ベクトルは N 次元の単位球を覆いつくす．したがって，成分の確率分布 $P(c_1, c_2, \cdots, c_N)$ は，規格化すると

$$P(c_1, c_2, \cdots, c_N) = \pi^{-N/2}\Gamma\left(\frac{N}{2}\right)\delta\left(\sum_{i=1}^{N} c_i{}^2 - 1\right) \tag{4.14}$$

で与えられる．i 番目の成分の分布は，$y=c_i^2$ とおいて

$$P(y) = \int \prod_{i'=1}^{N} dc_{i'}\delta(y-c_i^2)P(c_1, c_2, \cdots, c_N)$$
$$= \frac{1}{\sqrt{\pi}}\frac{\Gamma(N/2)}{\Gamma((N-1)/2)}\frac{(1-y)^{(N-3)/2}}{y^{1/2}} \tag{4.15}$$

y の平均値 $\bar{y}=N^{-1}$ を用い，$N\to\infty$ とすると

$$P(y) = (2\pi y\bar{y})^{-1/2}\exp(-y/2\bar{y}) \tag{4.16}$$

を得る．これを **Porter-Thomas 分布**とよぶ．この分布は複合核共鳴の幅の分布をよく記述する．

ここで述べたランダム行列理論は（ガラスやスピングラスなど）乱れた系や（マイクロクラスターなど）メゾスコピック系の研究にも広く用いられている．

4-3 スペクトルゆらぎの力学的基礎

前節では，外部からのランダムネスのない孤立系としての原子核でも，確率的統計的方法が有効であることを学んだ．その背景には，高励起状態の原子核は多数の自由度が強く結合した複雑な系とみなせるとの考えがあった．

ところが 1980 年代に，わずか 2 自由度の単純な系でも，古典力学的運動がカオス的になれば，その反映として量子スペクトルの準位間隔は Wigner 分布に従うことが明らかになった．1 例として，（カオス力学系の簡単な模型と

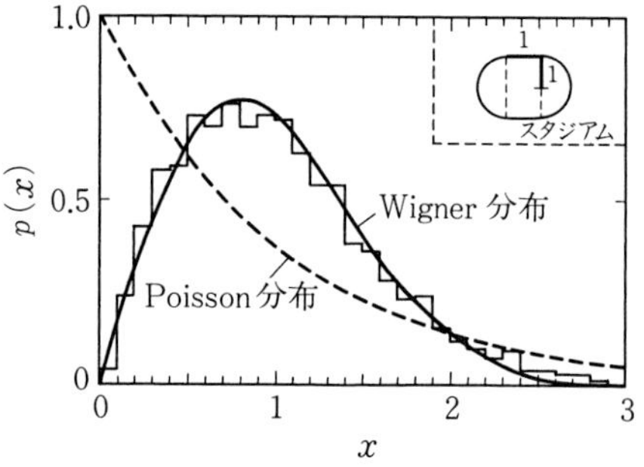

図 4-4 スタジアム型ビリアード模型における最近接準位間隔の分布．ヒストグラムは図中右上に示したスタジアム内に閉じ込められた 1 個の粒子に対する Schrödinger 方程式の固有値分布から求めたもの．（巻末文献[I-88]による．）

してよく知られている)スタジアム型ビリアード模型に対する結果を図4-4に示す．わずか2次元の1粒子問題である図4-4と，約200個の核子からなる複雑な系としての原子核に対する図4-3(a)はほとんど区別がつかない．こうして，ランダムネスの起源として多自由度の存在は必要条件でなく，運動のカオス性が本質的であるという新しい見方がでてきた．これは驚くべき結果であり，統計的概念の力学的基礎を問い直す必要性を示している．

2自由度のHamilton力学系に対する研究の結果，(ランダム行列理論の特徴である)準位反発が古典カオス系に対応する量子スペクトルの特徴であることがわかった．一方，古典可積分系に対応する量子スペクトルの間隔分布は，通常は($x=0$で極大となる)Poisson分布になる．そして，古典力学的運動様式が規則的運動から不規則的運動へと変化するに伴い，量子スペクトルの性質も変化し，準位間隔の分布はWigner分布に近づいてゆく．

第2章で述べた1粒子モードも，第3章で議論した集団励起モードも規則的運動である．これらのモードからなる低励起状態の性質は，本章で議論した高励起状態と著しく異なる．実際，図4-5に示すように，低励起準位の統計はWigner分布よりPoisson分布に近い．それでは，励起エネルギーの増大につれて，核子多体系の運動様式は規則的運動からカオス的運動へとどのように移り変ってゆくだろうか．この移行の過程は準位の統計にどのように反映されるだろうか．これは今後の興味ある研究テーマのひとつである．

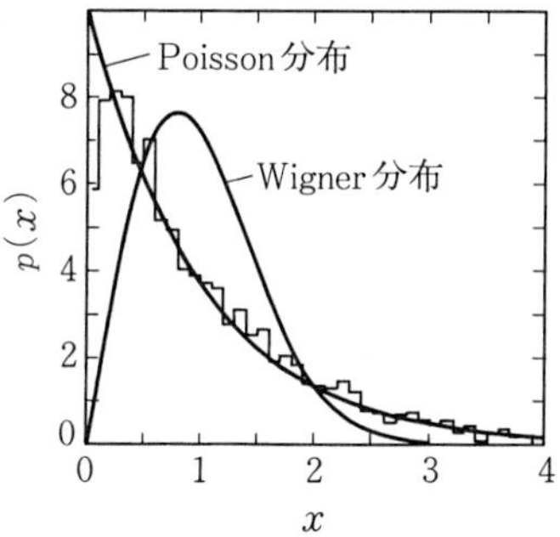

図4-5 $A=155\sim185$の原子核のイラスト線から1～2 MeVの励起エネルギー領域にある同じI^{π}をもつ準位2522個の間隔分布(ヒストグラム)．比較のためにWigner分布とPoisson分布の曲線が示されている．(J. D. Garrett *et al.*: AIP Conference Proceedings **259**(1992) p. 345による.)

4-4 準位密度

励起エネルギーの滑らかな関数として定義された準位密度は準位分布の大局的平均的性質を表わす重要な物理量である．

A 核子系の励起エネルギー E での**準位密度**は，固有エネルギー $E_n(A)$ を用いて

$$\hat{\rho}(E,A) = \sum_{A'}\sum_{n} \delta(A-A')\delta(E-E_n(A)) \tag{4.17}$$

で定義される．この $\hat{\rho}(E,A)$ は大分配関数 $Z(\alpha,\beta)$ と

$$Z(\alpha,\beta) = \int dE \int dA\, \hat{\rho}(E,A) e^{\alpha A-\beta E} \tag{4.18}$$

の関係にあるから，$Z(\alpha,\beta)$ を計算できれば逆 Laplace 変換により $\hat{\rho}(E,A)$ が得られる．

$$\hat{\rho}(E,A) = \frac{1}{(2\pi i)^2}\iint_{-i\infty}^{i\infty} Z(\alpha,\beta) e^{\beta E-\alpha A}\, d\alpha d\beta \tag{4.19}$$

この式の被積分関数の指数 $S(\alpha,\beta)=\beta E-\alpha A+\log Z(\alpha,\beta)$ はエントロピーに対応し，積分変数 α,β に関して急激に変化する関数である．そこで，$S(\alpha,\beta)$ を平衡点のまわりで展開し 2 次まで考慮する近似(鞍点法)を採用すると，E に関して離散的な準位密度 $\hat{\rho}(E,A)$ から，E とともに滑らかに変化する準位密度 $\rho(E,A)$ が得られる．つまり，

$$\hat{\rho}(E,A) \longrightarrow \rho(E,A) = \frac{1}{2\pi\sqrt{D(\alpha,\beta)}} e^{S(\alpha,\beta)} \tag{4.20}$$

となる．ただし，

$$D(\alpha,\beta) = \begin{vmatrix} \dfrac{\partial^2 \log Z}{\partial\beta^2} & \dfrac{\partial^2 \log Z}{\partial\alpha\partial\beta} \\[2ex] \dfrac{\partial^2 \log Z}{\partial\beta\partial\alpha} & \dfrac{\partial^2 \log Z}{\partial\alpha^2} \end{vmatrix} \tag{4.21}$$

である．ここで平衡点の (α, β) を単に (α, β) と書いた．

以上の一般論を Fermi ガス模型に適用し，角運動量 I，パリティ π をもつ準位の密度を計算すると，$N=Z=A/2$ の場合，

$$\rho(A, E, I, \pi)=\frac{2I+1}{24}a_{\mathrm{F}}{}^{1/2}\left(\frac{\hbar^2}{2\mathscr{I}_{\mathrm{rig}}}\right)^{3/2}\left(E-\frac{\hbar^2}{2\mathscr{I}_{\mathrm{rig}}}I(I+1)\right)^{-2}$$
$$\times\exp\left\{2\sqrt{a_{\mathrm{F}}\left(E-\frac{\hbar^2}{2\mathscr{I}_{\mathrm{rig}}}I(I+1)\right)}\right\} \qquad (4.22)$$

を得る*（巻末文献[I-1]Vol. 1, p. 155）．上の式では，1 粒子準位の密度 $g(e)=\sum_i \delta(e-e_i)$ が Fermi エネルギー e_{F} 近傍で一定と近似した．このとき，パラメータ a_{F} は

$$a_{\mathrm{F}}=\frac{\pi^2}{6}g(e_{\mathrm{F}})=\frac{\pi^2}{4}\frac{A}{e_{\mathrm{F}}}\cong\frac{A}{15} \quad (\mathrm{MeV})^{-1} \qquad (4.23)$$

で与えられる．この a_{F} は(1.13)式の実験値 $a\cong A/8$ の約 1/2 である．このことは，第 2 章で述べた殻構造や第 3 章で述べた集団励起など，核表面にかかわるさまざまな効果の重要性を示している．

ランダム行列理論でも，固有値分布をアンサンブル平均して準位密度 $\rho(E)=\int P(E, E_2, \cdots, E_N)dE_2\cdots dE_N$ を計算できる．しかし，確率分布として GOE の(4.9)式を用いた結果は，(1.13)式および実験データと矛盾する．つまり，準位密度を正しく記述するためには GOE では不充分である．

準位密度は原子核により，また，励起エネルギーとともに大きく変化するが，スペクトルゆらぎの性質は系の個性によらない普遍性を示している．この 2 種類の統計力学的性質は無関係であり，前者はハミルトニアンの特徴を反映し，後者は反映しないと考えられる．

---

* 各準位は角運動量 I の（空間固定座標系）z 軸成分 M の異なる $2I+1$ 個の状態からなる．(4.22)式ではこの縮退度は数えていない．

5
核構造における秩序と混沌

イラスト線から励起エネルギー約2 MeVまでは準位密度が低く，励起スペクトルは規則的なパターンを示す．これらは1粒子運動モード，多様な集団励起モード，それらの重ね合わせにより作られる．この領域では，個々の準位を分離し，それぞれの個性を明らかにするイラスト分光学が有効である．

他方，イラスト線から遠く離れ準位密度が高くなると，準位の集合の平均的性質に注目する統計力学的アプローチが有効である．第4章では，高励起状態の準位密度のゆらぎが，古典カオス力学系に対応する量子スペクトルに特有な性質を示すことを学んだ．

以上のように，核子多体系の運動様式は，1粒子運動や集団運動にみられる秩序運動と高励起・複合核状態にみられるカオス的運動に大別できる．それでは，両者はどのように共存するであろうか．また，イラスト領域から離れるにつれて，秩序運動からカオス的運動へどのように変化するであろうか．本章では，いくつかの具体例でこの問題を考察する．

5-1　強度関数と分散幅

秩序運動とカオス的運動の共存の形態は，両者の**混合**(mixing)が強い場合と弱い場合に分類できる．本節では強い場合を，次節では弱い場合を議論する．

図5-1のように，秩序運動による特別な状態$|r\rangle$が，個性のない状態群$\{|\alpha\rangle\}$の中に埋め込まれている状況を考えよう．例えば，$|r\rangle$は巨大共鳴状態，$|\alpha\rangle$は複合核状態である．全系のハミルトニアンは

$$H = H_0 + V \tag{5.1}$$

ただし

$$H_0|r\rangle = E_r|r\rangle, \qquad H_0|\alpha\rangle = E_\alpha|\alpha\rangle \tag{5.2}$$

Vが両者の混合を起こし，Hの固有状態は

$$|n\rangle = C_r{}^n|r\rangle + \sum_\alpha C_\alpha{}^n|\alpha\rangle \tag{5.3}$$

となる．固有エネルギーE_nを決める式は

$$E_r - E_n = \sum_\alpha \frac{V_{r\alpha}{}^2}{E_\alpha - E_n} \tag{5.4}$$

展開係数$C_r{}^n, C_\alpha{}^n$は

$$C_r{}^n = \left\{1 + \sum_\alpha \frac{V_{r\alpha}{}^2}{(E_n - E_\alpha)^2}\right\}^{-1/2}, \qquad C_\alpha{}^n = \frac{V_{r\alpha}}{E_n - E_\alpha} C_r{}^n \tag{5.5}$$

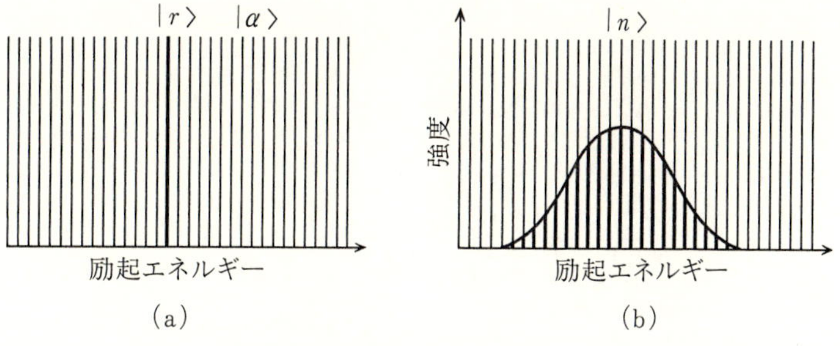

図5-1　強度関数の概念図．特別な状態$|r\rangle$が，個性のない状態群$\{|\alpha|\}$の中に埋め込まれている(a)．両者の結合により，強度は(b)のように分布する．

と書ける．ただし，$V_{r\alpha} \equiv \langle r|V|\alpha\rangle = \langle\alpha|V|r\rangle$ と書き，簡単のため $\langle r|V|r\rangle = \langle\alpha|V|\alpha\rangle = 0$ とした．

高励起状態では，個々の準位の詳細な性質よりも，準位集団の平均的性質に興味がある．そこで，秩序状態 $|r\rangle$ が固有状態 $|n\rangle$ の中に含まれている確率を表わす $|C_r{}^n|^2$ のエネルギー平均を行なう．エネルギー粗視化の幅を I とし，重み関数として

$$\rho_I(E, E') = \frac{1}{\pi}\frac{I/2}{(E-E')^2+(I/2)^2} \tag{5.6}$$

を採用すると，**強度関数**(strength function) $P_r(E)$ は次のように定義される．

$$P_r(E) = \sum_n \rho_I(E, E_n)|C_r{}^n|^2 \tag{5.7}$$

E を複素平面に拡張すると，この式は

$$P_r(E) = \frac{iI}{4\pi^2}\oint_{C_1}\frac{d\lambda}{(E-\lambda)^2+(I/2)^2}\frac{1}{E_r-\lambda-\sum_\alpha \dfrac{V_{r\alpha}{}^2}{E_\alpha-\lambda}} \tag{5.8}$$

と書ける(図 5-2)．この図で C_1 についての積分は C_2, C_3, C_4 からの積分で表わされる．C_2 に沿っての積分がゼロであることに注意して計算すると，

$$P_r(E) = \frac{1}{\pi}\frac{(\Gamma+I)/2}{(E_r+\Delta E_r-E)^2+((\Gamma+I)/2)^2} \tag{5.9}$$

となる．ただし

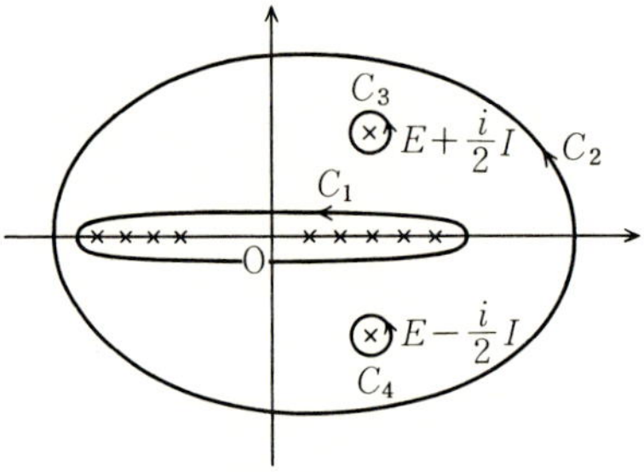

図 5-2 強度関数(5.8)の積分路．

$$\Gamma = I \sum_{\alpha} \frac{{V_{r\alpha}}^2}{(E-E_\alpha)^2+(I/2)^2} \tag{5.10}$$

$$\Delta E_r = \sum_{\alpha} \frac{(E-E_\alpha){V_{r\alpha}}^2}{(E-E_\alpha)^2+(I/2)^2} \tag{5.11}$$

である．

強度関数の物理的意味を理解するために，次のように単純な場合を考えよう．すなわち，E_α が等間隔

$$E_\alpha = \alpha D \qquad (\alpha=0, \pm 1, \pm 2, \cdots) \tag{5.12}$$

また，行列要素 $V_{r\alpha}$ も 定数 v とする．この場合，(5.5)は

$$C_r{}^n = \left\{1+\left(\frac{\pi v}{D}\right)^2+\left(\frac{E_r-E_n}{v}\right)^2\right\}^{-1/2} \tag{5.13}$$

となる．さらに，$v>D$ と仮定し，{ } 内の第 1 項を無視すると，強度関数は

$$P_r(E) \cong \frac{1}{D}|C_r(E_n \cong E)|^2 = \frac{1}{\pi}\frac{\Gamma/2}{(E_r-E)^2+(\Gamma/2)^2} \tag{5.14}$$

となる．これは **Breit-Wigner 型の強度関数**とよばれる．幅 Γ は

$$\Gamma = 2\pi\frac{v^2}{D} \tag{5.15}$$

で与えられる．

幅 Γ の物理的意味を考えよう．時刻 $t=0$ に状態 $|r\rangle$ にあった系が，後の時刻 t に同じ状態にとどまっている確率振幅は

$$A_r(t) = \langle r|e^{-iHt/\hbar}|r\rangle = \sum_n |C_r{}^n|^2 e^{-iE_nt/\hbar} \tag{5.16}$$

と書ける．上式に(5.13)を代入し，$v>D$ とすると

$$A_r(t) \cong \frac{\Gamma}{2\pi}\int dE \frac{e^{-iEt/\hbar}}{(E_r-E)^2+(\Gamma/2)^2} = e^{-\Gamma t/2\hbar}e^{-iE_rt/\hbar} \tag{5.17}$$

を得る．この式から，$\hbar/\Gamma$ が状態 $|r\rangle$ の**寿命**(life time)を表わすことがわかる．

上のようにして生じる巨大共鳴や 1 粒子励起状態の幅を**分散幅**(spreading

width)とよび，$\Gamma^{\downarrow}$ と書く．一方，これらが粒子放出の敷居エネルギー以上にあると，粒子放出による**逃散幅**(escape width) $\Gamma^{\uparrow}$ があり(11-6 節参照)，実験で観測される幅 Γ は両者の和となる($\Gamma=\Gamma^{\downarrow}+\Gamma^{\uparrow}$).

さて，多数の複合核準位 $\{|\alpha\rangle\}$ が Wigner 分布に従っているとすると，その中に特別な状態 $|r\rangle$ が混合した結果，固有値 $\{E_n\}$ の間隔分布が Wigner 分布からずれるとは考えられない．つまり，高励起準位の間隔分布を見ているかぎり，特別な状態 $|r\rangle$ の存在は見えないであろう．「木を見て森を見ず」では高励起領域での秩序運動の姿は見えないのである．適当なエネルギー粗視化を行なってはじめて，その姿が見えてくる．時間とエネルギーの不確定性関係から，幅 ΔE で粗視化することは，長時間($t \gtrsim \hbar/\Delta E$)の運動を無視し，短い時間スケールでの運動に注目することを意味する．逆に，ΔE を小さくした長時間スケールの極限では，カオス的な運動様式が支配的になる．このような意味で，巨大共鳴は「カオスの中に埋め込まれた秩序運動」といえる．

5-2 異なる内部構造の共存

前節では，秩序状態 $|r\rangle$ の強度が多数の複合核状態 $|\alpha\rangle$ に分散する状況について議論した．他方，同じエネルギー領域に角運動量 I もパリティ π も同じ複合核準位が多数存在するにもかかわらず，秩序状態 $|r\rangle$ が量子準位として個性を保つ現象もある．この典型として，本節では**超変形状態**(superdeformed state)をとりあげよう．

図 5-3 に $^{152}_{66}\mathrm{Dy}_{86}$ のイラスト領域の励起スペクトルを示す．$I^{\pi}=22^{+}$ から 60^{+} にわたってきれいに見えている回転スペクトルは 1986 年，イギリスのダレスベリー核構造研究所で発見され，**超変形回転バンド**とよばれている．これは長軸と短軸の比が約 2 : 1 の回転楕円体(変形度 $\beta\cong0.6$)の形をした原子核の高速回転状態に対応する．巨大変形のため，回転準位間 E2 遷移の B(E2) 値は Weisskopf 単位の 2660 倍にも達している．

ところで，この図の左側にも $I^{\pi}=46^{+}$ に達する規則的なスペクトルが見え

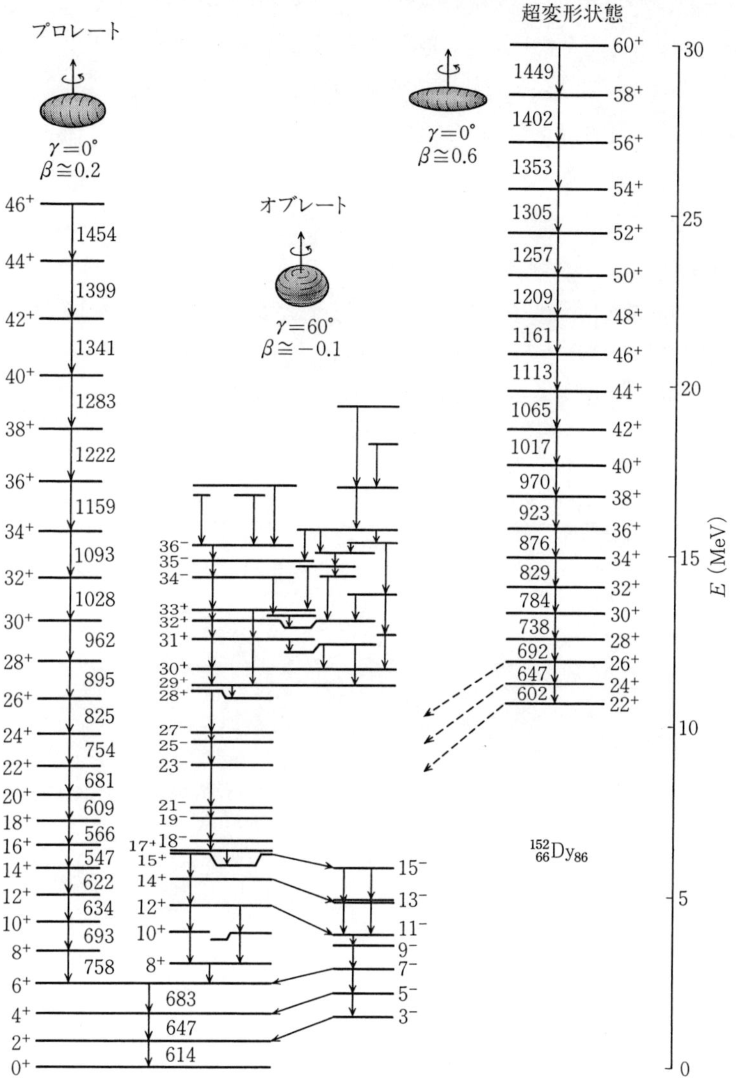

図 5-3 ^{152}Dy の励起スペクトル．矢印の横の数字はE 2遷移のガンマ線のエネルギー(keV)を示す．(J. F. Sharpey-Schafer: Prog. Part. Nucl. Phys. Vol. 28 (1992) p. 187 による.)

る．これは通常変形($\beta \cong 0.2$)の回転バンドである．ただし，$I \lesssim 14$ の低スピン状態は振動スペクトルを示しており，$I \cong 14$ 近傍で内部構造が変化している．他方，中央部分に見える $I^{\pi}=17^{+}\sim 36^{-}$ の準位群は3-4節e項で述べた角運動量整列状態に対応し，集団励起準位と異なりスペクトルは不規則である．

このように，1つの原子核の，同じエネルギー領域に，著しく異なった内部構造に対応する準位群が，それぞれの個性を保ちつつ共存している．これは異なった秩序構造の共存の典型例である．

図5-4にStrutinskyの処方を用いて計算した変形ポテンシャル曲面を示す．この図の3つの極小点が，上に述べた3種類の励起状態に対応する．

図5-3の励起スペクトルを角運動量の関数として描くと(図5-5)，超変形状

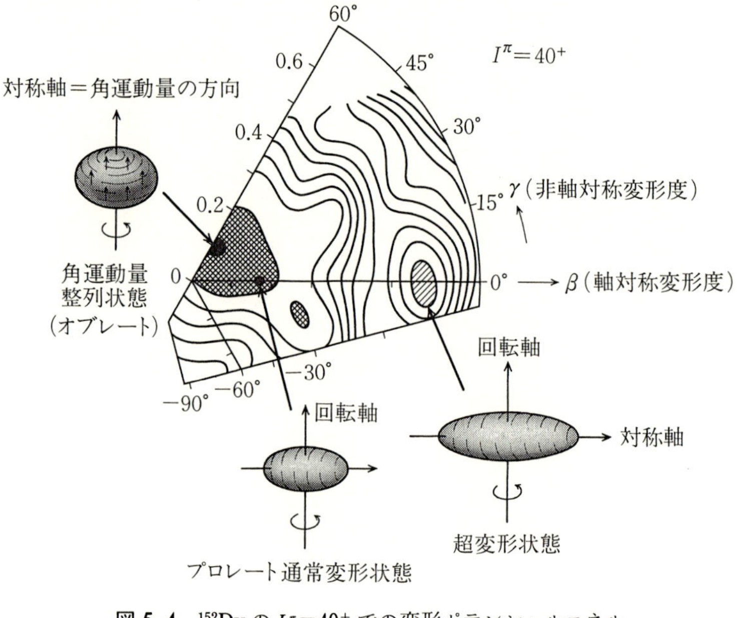

図5-4 ^{152}Dy の $I^{\pi}=40^{+}$ での変形ポテンシャルエネルギー曲面．($\beta \cong 0.6$, $\gamma=0°$)の極小点が超変形状態に，($\beta \cong 0.2$, $\gamma=0°$)がプロレート通常変形状態に，($\beta \cong 0.1$, $\gamma=60°$)が角運動量整列状態に，それぞれ対応する．(I. Ragnarsson and S. Åberg: Phys. Lett. **B180** (1986) 191の計算に基づく．)

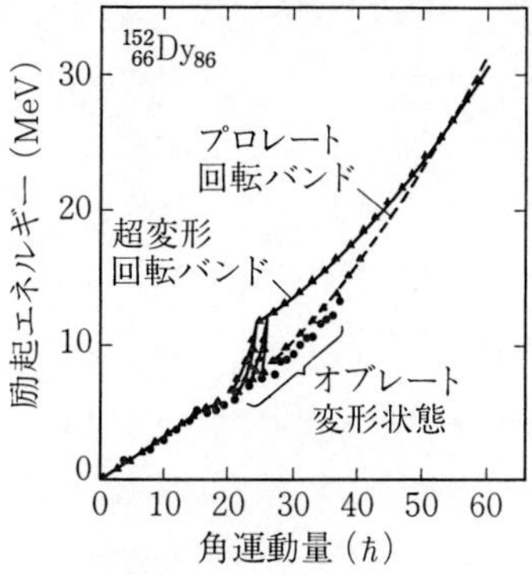

図 5-5 ^{152}Dy のイラスト近傍のスペクトル.(P. J. Twin *et al.*: Phys. Rev. Lett. 57 (1986) 811 による.)

態は $I \lesssim 40$ 領域ではイラストでないことがよくわかる.例えば,$I^{\pi}=22^{+}$ 準位はイラスト準位より約 4 MeV 上にある.このエネルギー領域で同じ I^{π} をもつ複合核準位の密度は $10^3 \sim 10^4 (\mathrm{MeV})^{-1}$ と非常に高い*.にもかかわらず,超変形状態はこれらの準位とほとんど混合していない.つまり,複合核状態の海の中に,秩序状態が個性を保ったまま存在している.

このような共存が可能である理由は図 5-6 から理解できる.つまり,$\beta \cong 0.2$ と $\beta \cong 0.6$ の間にある変形ポテンシャル障壁のために,($\beta \cong 0.6$ 付近に局在した波動関数をもつ)超変形状態が準安定状態として存在しうるのである.しかし,

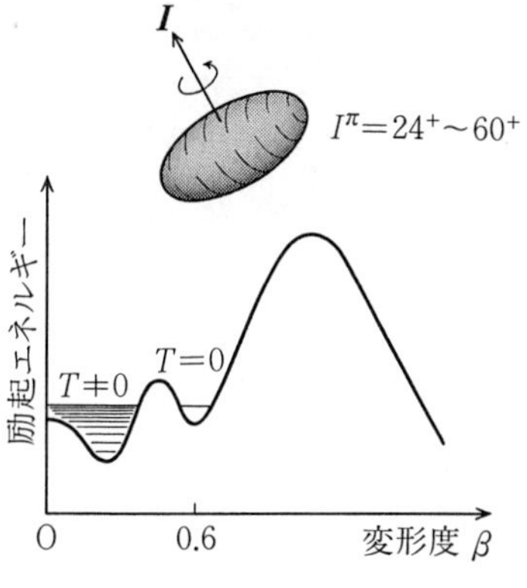

図 5-6 ^{152}Dy の変形ポテンシャルエネルギーの β 依存性(概念図).図 5-4 の β 軸に沿ってのポテンシャル曲線に対応する.

* 22^{+} 状態の崩壊によるガンマ線が観測されていないので,約 4 MeV は推定値である.このエネルギー領域には膨大な数の「見えていない準位」が存在すると考えられる.

$I\cong 22$ 以下で超変形状態は実験で見えなくなっている．これは，何らかの機構により $I\cong 22$ で超変形状態と（通常変形の）複合核状態の混合が強くなることを示唆している．

超変形状態の形は1960年代に超ウラン核で発見された**核分裂アイソマー**（fission isomer）と類似している．図5-7に核分裂に対するポテンシャルエネルギー曲線を示す．この図には，参考のため，液滴モデルのポテンシャル曲線も示されている．このモデルでは，原子核を球形に保とうとする表面エネルギーと，変形させようとするCoulombエネルギーが競争する結果，$\beta\cong 0.6$ でポテンシャルが極大となる．極大付近の，両者の効果がほぼ相殺する領域では（液滴モデルで無視された）殻構造エネルギーが決定的な役割を果たす．ところが，ちょうどこの領域で殻構造エネルギーは極小となるから，全体として $\beta\cong 0.6$ で第2極小が実現するのである．このポテンシャルの谷に捕まった準安定状態が核分裂アイソマーである．

$A\cong 150$ 領域の原子核では，Coulombエネルギーが超ウラン核ほど大きくない．したがって，超変形状態が実現するためには回転効果が必要である（回転運動は原子核を変形させようとする）．^{152}Dyの場合，高スピン状態になって

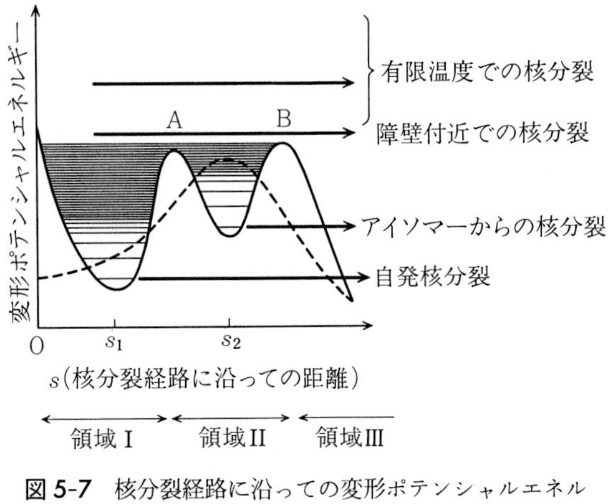

図5-7 核分裂経路に沿っての変形ポテンシャルエネルギー（概念図）．分離点はもっと右側にある．破線は液滴モデルのエネルギー．s_2 は第2極小点を示す．

はじめて超変形回転バンドがイラスト線に出現するのはこのためである.

5-3 核分裂のダイナミックス

核分裂アイソマーの発見が契機となって1960年代から1970年代にかけて殻効果を取り入れる計算法が開発された結果，核分裂のポテンシャルエネルギー曲面はかなり正確に計算できるようになった．他方，核分裂の動的過程は，大振幅集団運動の典型であり，原子核理論のなかで最も困難な課題のひとつである．本節では，自発核分裂と有限温度での核分裂に分けて，それぞれの特徴をごく簡単に述べる.

a） 自発核分裂

基底状態からの核分裂のことを**自発核分裂**(spontaneous fission)という．この半減期は Z^2/A の増大につれて，^{238}U の 10^{16} 年から ^{252}No の 10^{-5} 年へと20桁も急激に変化する.

自発核分裂は多次元変形パラメータ空間での量子力学的トンネル現象とみなせる．原子核の形を表わすパラメータの組 $q=(q_1, \cdots, q_n)$ を力学変数とみなし，核分裂過程を記述するハミルトニアンが次のように書けるとしよう.

$$H = \frac{1}{2}\sum_{kl} m_{kl}(q)\dot{q}_k\dot{q}_l + V_{\mathrm{coll}}(q) \tag{5.18}$$

$m_{kl}(q)$ は集団運動の質量，$V_{\mathrm{coll}}(q)$ はポテンシャルを表わす.

図5-7の領域Iの基底状態がポテンシャル障壁を透過して核分裂するとする．透過確率を計算するには，多次元空間 $(q_1, \cdots, q_n)$ における**核分裂経路**(fission path)を決定しなければならない．これは**作用積分**(action integral)

$$S = \frac{1}{\hbar}\int_a^b \sqrt{2M(s)(V_{\mathrm{coll}}(q(s))-E)}\,ds \tag{5.19}$$

を極小とするように決める．ここで

$$M(s) = \sum_{kl} m_{kl}(q)\frac{dq_k}{ds}\frac{dq_l}{ds} \tag{5.20}$$

s は核分裂経路に沿っての距離で，始点 a，終点 b で $E=V(q(a))=V(q(b))$ である．作用 S が求まれば，透過確率は

$$T = (1+e^{2S})^{-1} \approx e^{-2S} \tag{5.21}$$

で与えられる．ここで，領域 I での零点振動の振動数を ω とすると，単位時間に分裂障壁に $\omega/2\pi$ 回衝突するから，**核分裂幅**(fission width)は

$$\Gamma_{\mathrm{f}} = \frac{\hbar\omega}{2\pi}T \tag{5.22}$$

となる．

(5.19)式の作用 S を計算するためには，質量 $m_{kl}(q)$ が必要である．それには，**クランキング質量**(cranking mass)公式

$$m_{kl}(q) = 2\hbar^2 \sum_n \frac{\langle 0|\partial/\partial q_k|n\rangle\langle n|\partial/\partial q_l|0\rangle}{E_n-E_0} \tag{5.23}$$

がよく用いられる(8-2 節参照)．ここで E_0, E_n は変形座標 q での最低エネルギー状態 $|0\rangle$ および励起状態 $|n\rangle$ のエネルギーを表わす．

核分裂経路を求める計算の 1 例を図 5-8 に示す．この図から，最小作用を実現する経路は，ポテンシャルの谷に沿っていないことがわかる．これは質量 $m_{kl}(q)$ の q 依存性のためである．

実験によると，^{238}U より重い核の自発核分裂による**分裂片**(fission fragment)の質量分布は，液滴モデルの予想と異なり，常に非対称である(例えば ^{139}Ba と ^{97}Kr)．これは殻効果のため，ポテンシャルの極大点を越えたあたりから，8 重極変形など空間反転対称性を破る変形が成長するためと考えられる．図 5-8 では，簡単のため，この自由度を無視している．

ここで，集団運動の質量 $m_{kl}(q)$ の物理的意味を考察し，クランキング質量公式(5.23)の限界を指摘しておく．図 5-9 に示すように，変形パラメータ q の変化に伴って，1 粒子準位の交差が起こる．交差点で E_n-E_0 がゼロとなり，(5.23)式は発散する．この発散は，異なる配位の相互作用の重要性を示している．相互作用がなければ，系は新しい最低エネルギー配位に乗り移れない．質量 $m_{kl}(q)$ は平均ポテンシャルの時間変化 $V_{\mathrm{coll}}(q)\rightarrow V_{\mathrm{coll}}(q+dq)$ に追随して，

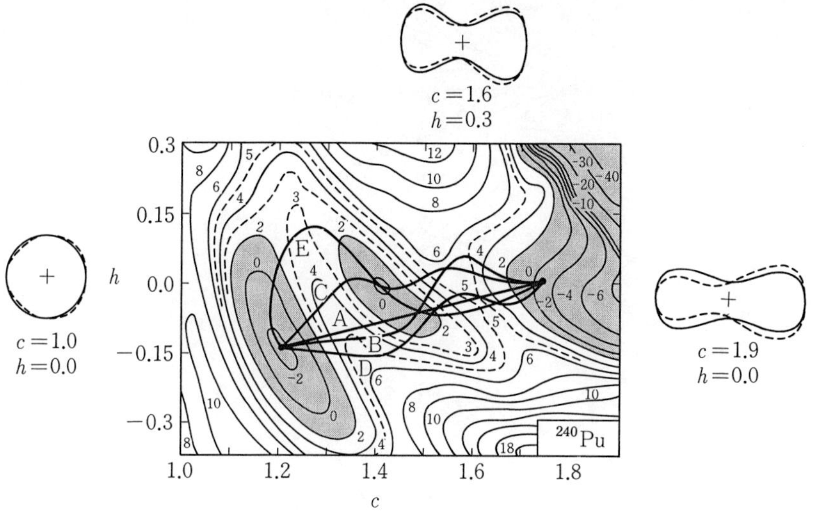

図 5-8 変形パラメータ (c, h) 空間における ^{240}Pu のポテンシャルエネルギー曲面．c は細長さ(elongation)，h はくびれの形(neck の厚さ)を表わすパラメータ．いくつかの (c, h) での形が実線で例示されている(参考として，これに空間反転非対称変形の自由度も考慮したときの形を破線で示す)．作用 S を最小にする経路は B，ポテンシャルの谷に沿う経路は E である．(巻末文献[I-41]による．)

系がその内部構造(配位)を変えることのできる能力を表わしている．追随しやすいほど質量は小さくなり，逆に，(元の配位にとどまったままで)全く追随できなければ質量は無限大になる．このように，異なる配位への遷移のメカニズムを明らかにすることは，集団運動の質量 $m_{kl}(q)$ の微視的起源の理解につながり，第 8 章の大振幅集団運動論の基本的課題のひとつである*．

異なる配位の混合には，**対相関**が特に重要な役割を果たす．超伝導状態では，

* 1 粒子準位 e_i の占有数を n_i ($n_i=0$ または 1) とすると，占有数の組 $\{n_i\}$ を**配位**(configuration)といい，配位を固定したときの変形ポテンシャルを**透熱**(diabatic)ポテンシャルとよぶ．これは，特定の配位での平衡変形のまわりの**弾性**(elastic)振動に対応する．この振幅が大きくなると，準位交差に出会う．ここでエネルギーの低い配位に乗り移れば，変形が成長しやすい．このような配位換えを繰り返すと，大きなスケールでの変形が実現する．こうして，準位交差は系に**塑性**(plasticity)をもたらす．

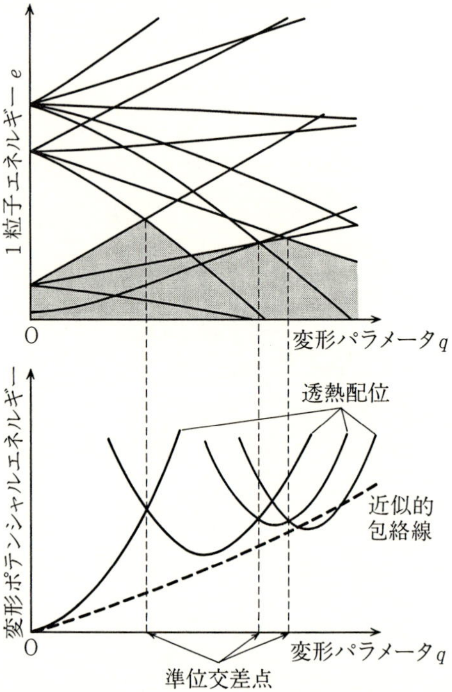

図 5-9 1粒子エネルギーの変形依存性と準位交差(概念図). 集団ポテンシャル $V_{\mathrm{coll}}(q)$ は各配位ごとに決まる透熱ポテンシャルの近似的包絡線に対応する.

$E_n - E_0$ は2準粒子エネルギーとなり, 準位交差点でもゼロにならない. 一般に, 対相関が質量 $m_{kl}(q)$ を小さくすることは, このことから理解できる.

b) 有限温度での核分裂

次に, 4-1節で議論した複合核状態からの核分裂過程について考えよう. 超ウラン核の障壁の高さ B_{f} は中性子分離エネルギー B_{n} と同程度である. したがって, 図5-7の領域Iで複合核状態がもっていた励起エネルギー E(5〜7 MeV)の大部分は, 極大点A, B近傍では, 変形ポテンシャルエネルギーに変換され, 原子核は「冷たく」(内部エネルギーが小さく)なる. E が B_{f} に十分近いと, 極大点での少数の量子準位が重要な役割を果たす. このような, 極大点近傍の中間状態を**遷移状態**(transition state)という. E が B_{f} より高くなり,遷移状態数が充分に増大すると，統計力学的方法が有効となる．1938年，Hahn と Strassmann が核分裂を発見するとただちに，N. Bohr と Wheeler は，原子核が変形ポテンシャルの極大点（鞍点）を通過する際に，核分裂自由度とその他のあらゆる内部自由度の間に統計平衡が達成されていると仮定し（図5-10参照），核分裂のダイナミックスを論じた（巻末文献[I-97]）．続いて Kramers は（Brown 運動とのアナロジーで）核分裂を拡散過程として記述し，Bohr-Wheeler の仮定は集団運動に伴う**摩擦**が強い極限と弱い極限で破れることを指摘した（巻末文献[I-98]）．この問題は1980年代以降，重イオン融合反応により作られた高励起複合核の核分裂という新しい研究分野が開けてきたことにより，非平衡統計力学の観点から見直されつつある．

複合核の励起エネルギーの増大につれて，核分裂過程のダイナミックスも質的に変化する．E が 40～50 MeV に達すると，本節 a 項で述べた分裂片の質量分布の非対称性は消え，分布は対称になる．このことは，この領域で殻構造が消滅することを示唆している．

核分裂は，エネルギーだけでなく，分裂過程の前半と後半でも異なった様相を示す．図5-7の極大点Bを越え，（核分裂片が形成される）**分離点**（scission point）に近づくと（領域Ⅲ），変形ポテンシャルが急激に減少するので，集団運

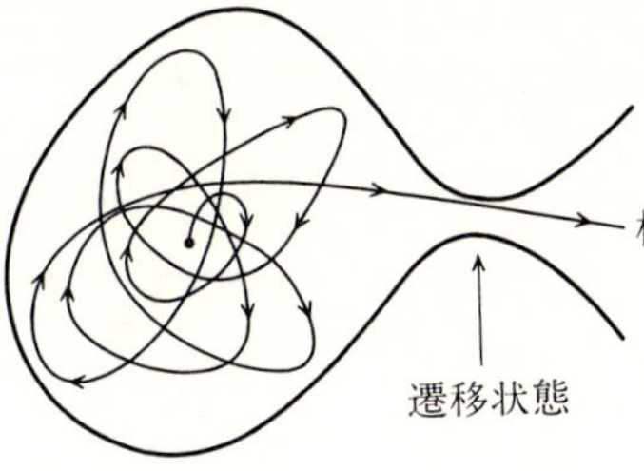

図 5-10 系の自由度を N とする．系の代表点は $2N$ 次元位相空間内でトラジェクトリーを描く．これを核分裂自由度 $(s, \dot{s})$ からなる2次元空間に射影したもの（概念図）．Bohr-Wheeler の理論では遷移状態の内側ですべての自由度のあいだに統計平衡が成立していると仮定する．トラジェクトリーが偶然，遷移状態を通過すると核分裂が起こる．

動の速度 $\dot{s}$ が著しく増大する．この領域では，集団運動のエネルギーが内部励起エネルギーに不可逆的に転換される**散逸**(dissipation)がきわめて重要になる．散逸のため核分裂片が高励起状態にあることは，核分裂片が中性子を放出することからもわかる．

散逸が起こると，核分裂過程を記述する集団変数 $(q, \dot{q})$ にも統計力学的ゆらぎが生じる．ゆらぎは分離点に近づくにつれ増幅され，分裂片の質量分布，電荷分布，運動エネルギー分布の分散に反映される．核分裂の**出口チャネル**(exit channel，終状態として原理的に区別可能な量子状態)の総数は容易に 10^{10} を越える．このように，分離点近傍のダイナミックスは，非平衡不可逆過程としての様相を呈する．

核分裂の研究は平衡から遠く離れた多自由度量子系の時間発展について豊かな情報を与えてくれると期待される．

5-4 非イラスト領域の核構造

巨大共鳴や，イラスト領域の集団励起モードは平均ポテンシャルの時間変化として記述され，1粒子運動の殻構造を強く反映する．それでは，イラスト線から離れ準位密度の高い**有限温度**(finite temperature)領域になると，これらの集団運動の性格はどのように変化するだろうか．

第3章では基底状態から励起された巨大共鳴について議論した．一方，殻モデルの多粒子-多空孔状態の上に形成された巨大共鳴が考えられるが，多粒子-多空孔状態の準位密度が高くなると，このような巨大共鳴の集団を統計力学的に取り扱うことができる．これが，有限温度での巨大共鳴である．近年，この種の双極共鳴(GDR)の崩壊によるガンマ線を観測できるようになり，双極振動モードの性質が温度や角運動量の関数としてどのように変化するか調べられつつある．実験データの1例を図5-11に示す．$E_\gamma \cong 15$ MeV に見えるピークが巨大双極共鳴によるものである．一方，低励起状態でよく知られた β, γ 振動，8重極振動，対振動モードなどが多粒子-多空孔状態の上にやはり形成さ

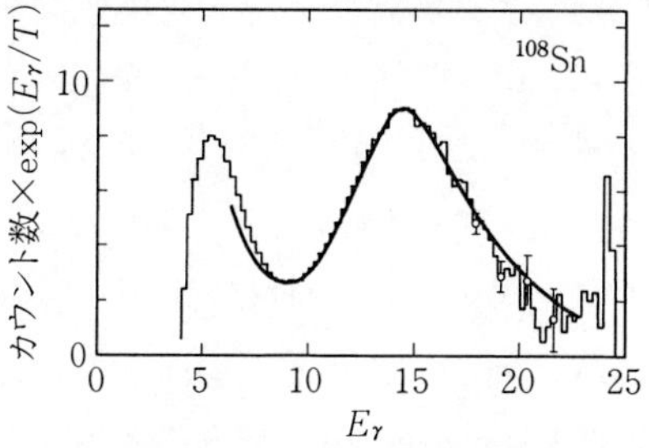

図 5-11 ^{16}O と ^{92}Mo の融合反応で作られた複合核 ^{108}Sn の励起状態($E\cong 60$ MeV)から放出されたガンマ線のスペクトル．横軸はガンマ線のエネルギー E_γ，縦軸はカウント数に熱力学的因子 exp(E_γ/T)，$T\cong$ 1.6 MeV を掛けたもの．$E_\gamma\cong 15$ MeV 付近のピークが巨大双極共鳴に対応する．(J. J. Gaardhøje *et al.*: Phys. Rev. Lett. **53**(1984)148 による.)

れているか否かについては，ほとんど何もわかっていない．

巨大共鳴と同様に，変形殻モデルのあらゆる多粒子-多空孔配位の上に回転バンドを形成できる．準位密度が高くなると，これらの多数の回転バンドは互いに混合し，個別の回転バンドとしての個性を失っていくと思われる．この状況では，これらの回転バンドの集団の平均的性質を統計力学的に取り扱うことができる．最近，有限温度領域での**回転運動の減衰**のメカニズムを解明しようとする研究が始められている．

温度の上昇につれて対相関が弱まり，やがて，超伝導状態から正常状態への対相転移が起こるだろう．また，殻効果が徐々に弱まるであろう．2-5 節で述べたように，(イラスト領域の)原子核の平衡変形は殻効果によって決まっている．したがって，殻構造が消滅してゆくにつれて，平衡変形がはっきりしなくなり，変形ポテンシャルが浅くなると考えられる．これに伴い，原子核の形の熱力学的ゆらぎ(thermal shape fluctuation)が重要になるだろう．このような高温状態では，そもそも(有限量子系としての)原子核の形をどう定義すればよいのか，そして，形の熱的ゆらぎと量子力学的ゆらぎをどう区別するかが問題となろう．

温度がさらに上がると，Pauli 原理による核内での核子-核子衝突の抑制効果が弱まり，核子の平均自由行程が短くなる．このような高温領域でも平均ポテンシャルの概念は持続するだろうか．平均ポテンシャルが消滅するとすれば，その時間変化としての振動・回転運動も消滅するのではないか．あるいは，超高温領域では，低温領域と全く異なった性格の振動・回転運動が起こるのだろうか．量子液体(quantum liquid)論からの類推で考えられる1つのシナリオは，(構成粒子の平均自由行程が長い極限である)無衝突領域(collisionless regime)でのゼロ音波(zero sound)に相当する集団運動から，(平均自由行程が短く局所熱平衡が実現している状況での)第1音波(first sound)に相当する古典流体的な集団運動への変化であろう．このような観点からみると，われわれはまだ，核子多体系に内在している集団運動の可能性のうち，きわめて限定された一面しか知らないといわざるを得ない．

さらに高温になると，いずれは(近似的)束縛状態として原子核が存在できる限界に達するであろう．その限界をきわめることも興味ある課題である．

以上，憶測ばかりを述べてきたが，これは非イラスト領域がほとんど未開拓である現状の反映である．今後，秩序運動とカオス的運動の統一的理解を目指して，非イラスト領域にも核構造研究のフロンティアが広がってゆくであろう．

II

集団運動の微視的理論

量子多体系が平衡点(真空，平衡1体場，熱力学的平衡状態)から遠く離れた大振幅領域で示す多様な振舞いと性質を記述しうる理論を展開することは，現代物理学の基本的課題の1つである．第I部で見た豊富な性質を示す原子核においても，その現代的課題は，外界から近似的に隔絶された自己束縛フェルミオン多体系の大振幅領域の力学を明らかにすることにある．

原子核は基底状態近傍の示す性質から，球形核，変形核およびその中間的振舞いを示す遷移領域核に大別されると考えられてきた．しかし近年の実験により，多様な励起状態がくわしく調べられるようになると，今日まで球形と考えられてきた原子核にも回転スペクトルが観測されたり，あるいは基底状態とは異なる変形度・形状をもつ励起状態が存在することが明らかになった．すなわち第I部で見たように，さまざまな殻モデルに付随した異なる性質をもつ秩序状態の共存が，広範な原子核で確立されてきた．また，統計的取扱いが可能な集団運動の存在や，個性を失ったカオス的状態群の存在も第I部で見た．したがって個性をもった秩序状態から，統計的記述が可能なカオス的状態までの間に介在する豊富な運動様式の存在とそれらの相互関係，相互転化の力学を明らかにしていくことが原子核物理の現代的課題と考えられる．

第II部では原子核で展開されてきた量子多体論の，上述の考えに沿ったまとめを試みる．すなわちここでは異なる秩序運動の相互関係，2つ以上の異なる殻構造の影響を受けるような大振幅領域の力学を理解していく基礎を与えると考えられる時間依存1体場理論を中心に据えて，集団運動の微視的理論について概観する．統計的取扱いが可能な領域での集団運動については枚数の制約上触れない．

6 独立粒子運動と平均1体場

本章では平均1体場理論について述べる．第I部で見たように，原子核にはさまざまな平衡1体場が実現されている．すなわち，すべての核子によって作られている平衡な1体ポテンシャルの中を核子が独立に運動しているという描像が近似的に成立している．A 個からなる原子核の中の核子は，他の $A-1$ 個の作る平均1体場内を運動しているが，この核子は同時に，他の核子の感じる平均1体場を作り出している．有限系に特有なこの自己無撞着性を満たす平衡な1体場の微視的基礎づけを与えるのが Hartree-Fock(HF)理論である．しかしHF 理論では，原子核の比較的低い励起状態で重要な対相関を取り扱えない．したがって HF 理論を拡張した HF-Bogoliubov(HFB)理論についても議論する．

HF(B)理論は，原子核の局所的な性質，いろいろな殻モデルの基礎づけを与える．しかし集団的状態が振動的なものから回転的なものへ変化していく機構，異なる性質を持った秩序状態が共存する機構，秩序状態がカオス的状態に変化していく様相等を問題とするには，異なる殻モデル相互の関係と原子核の大域的性質を取り扱いうる理論が必要となる．このための準備として拘束条件つき HF 理論(CHF 理論)について述べる．

第I部でみたようにイラスト領域にある原子核の集団運動は，第0近似として一般化された平均ポテンシャルの時間変化として記述できる．本章の最後では，集団運動の微視的ダイナミックスを議論するための出発点として，時間変化する平均場と核子間有効相互作用の関係を明らかにする時間依存HF理論(TDHF理論)を紹介する．

6-1 Hartree-Fock 理論

a) 時間反転状態と位相のとり方

いま，1核子状態のある完全系を$\{\varphi_\alpha(\boldsymbol{r})\}$とする．完全系としては何を用いてもよいが，ここでは球対称j-j結合殻模型の1核子状態を採用する．この際1核子状態の位相のとり方に任意性がある．第II部でも一貫して，(2.5)で導入した

$$\varphi_{nljm}(\boldsymbol{r}) = R_{nlj}(r)\sum_{m_s m_l}\langle lm_l \frac{1}{2} m_s | jm\rangle i^l Y_{lm_l}(\theta,\varphi)\chi_{m_s} \tag{6.1}$$

を採用する．この波動関数は，時間反転および回転対称性に対して以下のような利点をもっている．実空間部分の波動関数に関する時間反転は，座標表示をとれば複素共役をとる演算子$\hat{K}$で与えられ，固有スピン部分の波動関数に関しては固有スピンのz成分をよい量子数とする表示で$i\hat{\sigma}_y$で与えられる．したがって時間反転演算子$\mathcal{T}$は

$$\mathcal{T} \equiv i\hat{\sigma}_y\cdot\hat{K} \tag{6.2}$$

で与えられる．時間反転に対し軌道角運動量は符号を変える．またz軸を量子化軸にとった表示に対し，z軸と直交する軸(通常y軸をとる)に対する180°の空間座標の回転$\hat{R}_y(\pi)$に対しても軌道角運動量は符号を変える．したがって積演算子$\hat{R}_y(\pi)\cdot\hat{K}$と軌道角運動量とは可換となり，この両者を同時対角化する表示が採用できる．実際(6.1)の，軌道角運動量に関する部分の波動関数は

$$\hat{R}_y(\pi)\cdot\hat{K}i^l Y_{lm}(\theta,\varphi) = i^l Y_{lm}(\theta,\varphi) \tag{6.3}$$

を満たしている．したがって$\hat{K}=\hat{R}_y(-\pi)$となり，(6.2)は

$$\mathcal{T} = i\hat{\sigma}_y \cdot \hat{R}_y(-\pi) = \hat{\mathcal{R}}_y(-\pi) \tag{6.4}$$

と書ける．ここで $i\hat{\sigma}_y$ が y 軸まわりの 180° 回転の 2 次元表現であることに注意して，全角運動量に関する y 軸まわりの 180° 回転を $\hat{\mathcal{R}}_y(\pi)$ で表わした．ここで(6.1)の波動関数を $|nljm\rangle$ と記せば，軌道角運動量に対する関係(6.3)と同様な関係

$$\hat{\mathcal{R}}_y(\pi) \cdot \mathcal{T} |nljm\rangle = |nljm\rangle \tag{6.5}$$

が全角運動量に対しても成り立つことが分かる．時間反転状態を $\mathcal{T}|nljm\rangle \equiv |\widetilde{nljm}\rangle = (-1)^{j+m}|nlj-m\rangle$ で表わし，任意の演算子 $\hat{O}$ の時間反転演算子を $\hat{O}' = \mathcal{T}\hat{O}\mathcal{T}^{-1}$ と表わせば，関係 $\langle nljm|\hat{K}|n'l'j'm'\rangle = \langle \hat{K} \cdot nljm|n'l'j'm'\rangle^*$ を用いて，次の関係を得る．

$$\langle \widetilde{nljm}|\hat{O}'|\widetilde{n'l'j'm'}\rangle = \langle nljm|\hat{O}|n'l'j'm'\rangle^* \tag{6.6}$$

すなわち次の関係が一般に成り立つ．

$$\langle nljm|\hat{\mathcal{R}}_y(\pi)\mathcal{T}\hat{O}\mathcal{T}^{-1}\hat{\mathcal{R}}_y{}^{-1}(\pi)|n'l'j'm'\rangle = \langle nljm|\hat{O}|n'l'j'm'\rangle^* \tag{6.7}$$

したがって(6.1)の位相を採用したとき，$\hat{O}$ が $\hat{\mathcal{R}}_y(\pi) \cdot \mathcal{T}$ と可換な演算子であればその行列要素はすべて実数であり，反可換であればすべて純虚数となる．ハミルトニアンは時間反転不変，回転不変なので，ハミルトニアンに含まれる行列要素はすべて実数となる．以下 1 粒子状態を表わす量子数 α として

$$\alpha \equiv \{n, l, j, m, \text{荷電 } q\} \tag{6.8}$$

を用いる．また α に対し全角運動量の z 成分 m の符号だけが異なるものを $\bar{\alpha}$ で表わす．さらに状態 $|\alpha\rangle = |nljmq\rangle$ に対する時間反転状態 $\mathcal{T}|\alpha\rangle \equiv |\tilde{\alpha}\rangle$ を $|\tilde{\alpha}\rangle = (-1)^{j+m}|nlj-mq\rangle = (-1)^{j+m}|\bar{\alpha}\rangle$ で表わす．

b) 単一 Slater 行列式

完全系 $\{\psi_\alpha(\boldsymbol{r})\}$ に付随した核子の生成・消滅演算子を $\hat{c}_\alpha{}^\dagger, \hat{c}_\alpha$ とする．核子は Fermi 粒子なので，反交換関係

$$\{\hat{c}_\alpha, \hat{c}_\beta{}^\dagger\} = \delta_{\alpha\beta}, \qquad \{\hat{c}_\alpha, \hat{c}_\beta\} = 0 \tag{6.9}$$

を満たす．2 体以上の残留相互作用を無視すれば，球対称 j-j 結合殻模型の 1 粒子ハミルトニアンは

$$\hat{H}_{\rm sp}{}^{(\rm sph)} = \sum_{\alpha} \epsilon_\alpha \hat{c}_\alpha{}^\dagger \hat{c}_\alpha \tag{6.10}$$

で与えられる．N 粒子系の最もエネルギーの低い状態 $|\varphi_0\rangle$ は，1粒子エネルギー ϵ_α の低い順に核子を N 個詰めて得られる．(以下，中性子，陽子の区別を考えず，粒子数を N と書く．)

$$|\varphi_0\rangle \equiv \prod_{\alpha=1}^{N} \hat{c}_\alpha{}^\dagger|0\rangle \qquad (\text{ただし } |0\rangle \text{ は } \hat{c}_\alpha|0\rangle=0) \tag{6.11}$$

ここで α は(6.8)の量子数以外に ϵ_α のエネルギーの順序も指定するとした．$\{\psi_\alpha(\boldsymbol{r}) : \alpha=1,\cdots,N\}$ から作られる積波動関数は，核子が反交換関係を満たすFermi粒子のため $N\times N$ の行列式となり，単一Slater行列式とよばれる．$|\varphi_0\rangle$ はこの第2量子化表示である．N 粒子系のハミルトニアンが(6.10)で与えられ，その波動関数が(6.11)のような単一Slater行列式で記述されることが，独立粒子運動の描像を表現するものである．

完全系 $\{\psi_\alpha(\boldsymbol{r})\}$ を用いると，2体の相互作用を含む一般的なハミルトニアンは

$$\hat{H} = \hat{H}_2 + \hat{H}_4 \tag{6.12a}$$

$$\hat{H}_2 = \sum_{\alpha\beta} T_{\alpha\beta}\hat{c}_\alpha{}^\dagger\hat{c}_\beta, \qquad \hat{H}_4 = \frac{1}{4}\sum_{\alpha\beta\gamma\delta} V_{\alpha\beta,\gamma\delta}\hat{c}_\alpha{}^\dagger\hat{c}_\beta{}^\dagger\hat{c}_\delta\hat{c}_\gamma$$

と書ける．ここで $\hat{H}_2, \hat{H}_4$ の添字は，各項に含まれる核子演算子の個数を表わす．また相互作用 $V_{\alpha\beta,\gamma\delta}$ は次の対称性を満足する．

$$V_{\alpha\beta,\gamma\delta} = -V_{\alpha\beta,\delta\gamma} = -V_{\beta\alpha,\gamma\delta} = V_{\gamma\delta,\alpha\beta} \tag{6.12b}$$

ハミルトニアン(6.12a)で記述される，自己束縛な N 粒子系に対して独立粒子運動の描像を導入するには，次項で述べるHF条件を満たす平衡1体場内を運動する1粒子状態の完全系 $\{\varphi_\alpha(\boldsymbol{r})\}$ を求めればよい．

一般に，2つの完全系はユニタリ変換で結ばれているので，新しい完全系 $\{\varphi_\alpha(\boldsymbol{r})\}$ を定めるにはこのユニタリ変換を求めればよい．新しい完全系に付随する生成・消滅演算子を $\hat{d}_\alpha^\dagger(g_0), \hat{d}_\alpha(g_0)$ と表わす．ここで g_0 は2つの完全系を結ぶユニタリ変換を指定するHermite行列である．

一般に1粒子状態α, βを添字とする行列gを用いて，1体のHermite演算子

$$\hat{G}(g) \equiv \sum_{\alpha\beta} g_{\alpha\beta} \hat{c}_\alpha^\dagger \hat{c}_\beta \qquad (g^\dagger = g \text{ から } \hat{G}^\dagger(g) = \hat{G}(g)) \tag{6.13}$$

を導入すれば，$\{\hat{c}_\alpha^\dagger, \hat{c}_\alpha\}$とユニタリ変換$\exp\{i\hat{G}(g)\}$で結ばれる1粒子状態の完全系は

$$\begin{aligned} \hat{d}_\alpha^\dagger(g) &= e^{i\hat{G}(g)} \hat{c}_\alpha^\dagger e^{-i\hat{G}(g)} = \sum_\beta \hat{c}_\beta^\dagger D_{\beta\alpha}(g) \\ \hat{d}_\alpha(g) &= e^{i\hat{G}(g)} \hat{c}_\alpha e^{-i\hat{G}(g)} = \sum_\beta D_{\alpha\beta}^\dagger(g) \hat{c}_\beta \\ D_{\alpha\beta} &\equiv (e^{ig})_{\alpha\beta}, \qquad D_{\alpha\beta}^\dagger(g) \equiv (e^{-ig})_{\alpha\beta} \end{aligned} \tag{6.14}$$

で与えられる．変換(6.14)のユニタリ性を用いれば，(6.9)から$\hat{d}_\alpha^\dagger, \hat{d}_\alpha$も反交換関係を満たすことが導かれる．

任意のHermite行列$\{g\}$の中で，新しい完全系$\{\varphi_\alpha(\boldsymbol{r})\}$を指定する行列$g_0$を定めるには，ハミルトニアン(6.12)が(6.10)のような1粒子ハミルトニアン$\hat{H}_{\rm sp}$と，それ以外の残留相互作用$\hat{H}_{\rm res}$（その定義と具体的表現は後述）とにうまく分解されればよい．すなわち

$$\begin{aligned} \hat{H} &= \hat{H}_{\rm sp}(g_0) + \hat{H}_{\rm res}(g_0) + \text{const.} \\ \hat{H}_{\rm sp}(g_0) &= \sum_\alpha E_\alpha(g_0) \hat{d}_\alpha^\dagger(g_0) \hat{d}_\alpha(g_0) \end{aligned} \tag{6.15}$$

このとき，$\hat{H}_{\rm sp}(g_0)$に対する最もエネルギーの低いN粒子系の状態$|\boldsymbol{\Phi}_0\rangle$は，(6.11)と同様な単一Slater行列式

$$|\boldsymbol{\Phi}_0\rangle \equiv \prod_{\alpha=1}^N \hat{d}_\alpha^\dagger(g_0)|0\rangle = e^{i\hat{G}(g_0)}|\phi_0\rangle, \qquad |\phi_0\rangle = \prod_{\alpha=1}^N \hat{c}_\alpha^\dagger|0\rangle \tag{6.16}$$

で与えられる．(6.10),(6.11)と(6.15),(6.16)との比較から明らかなように，ユニタリ変換$\exp\{i\hat{G}(g_0)\}$を次のc項で述べる変分条件を満たすように定めれば，新しい平衡1体場$|\boldsymbol{\Phi}_0\rangle$に付随した独立粒子運動の描像を導入できることになる．(6.16)でαは1粒子エネルギー$E_\alpha(g_0)$のエネルギーの順序も示すものとした．この順序は(6.11)で指定されるϵ_αの順序とは必ずしも一致して

いない点に注意する(すなわち $|\phi_0\rangle \neq |\varphi_0\rangle$ であることに注意).

新しい完全系へのユニタリ変換は，結果として得られる状態 $|\Phi_0\rangle$ が単一 Slater 行列式であるという制限の下で求められるので，ここでこの行列式の満たす性質を議論する．まず $|\phi_0\rangle$ に対する粒子・空孔演算子を

$$\hat{c}_\alpha^\dagger = \begin{cases} \hat{a}_\mu^\dagger & (N+1 \leqq \alpha = \mu \leqq N+M, \ \hat{a}_\mu|\phi_0\rangle = 0) \\ \hat{b}_i & (1 \leqq \alpha = i \leqq N, \ \hat{b}_i|\phi_0\rangle = 0) \end{cases} \tag{6.17}$$

で導入する．N は空孔状態の数，M は粒子状態の数である．以下，空孔状態を表わす添字を $i, j, \cdots$ とし，粒子状態を表わす添字を $\mu, \nu, \cdots$ とする．また両者を区別しない場合には $\alpha, \beta, \cdots$ を用いる．(6.14)を用いれば，(6.16)の状態を任意の g に一般化した状態

$$|g\rangle = e^{i\hat{G}(g)}|\phi_0\rangle \qquad (\text{特に } |\Phi_0\rangle \equiv |g_0\rangle = e^{i\hat{G}(g_0)}|\phi_0\rangle) \tag{6.18}$$

に対しても粒子・空孔演算子が定義され，

$$\left.\begin{array}{l} \hat{\alpha}_\mu^\dagger(g) \\ \hat{\beta}_i(g) \end{array}\right\} = \hat{d}_\alpha^\dagger(g) = \begin{cases} e^{i\hat{G}(g)}\hat{a}_\mu^\dagger e^{-i\hat{G}(g)} & (N+1 \leqq \alpha \leqq N+M) \\ e^{i\hat{G}(g)}\hat{b}_i e^{-i\hat{G}(g)} & (1 \leqq i \leqq N) \end{cases}$$
$$\hat{\alpha}_\mu(g)|g\rangle = \hat{\beta}_i(g)|g\rangle = 0 \tag{6.19}$$

で表わす．

ここでは証明を与えないが，(6.17)で導入された $\hat{a}_\mu^\dagger, \hat{b}_i^\dagger$ を用いれば，単一 Slater 行列式 $|\phi_0\rangle$ とユニタリ変換で結ばれている一般の単一 Slater 行列式 $|g\rangle$ は，1体演算子 $\hat{G}(g)$ からただ1つ定まる $\hat{K}(k)$ を用いて

$$|g\rangle = e^{i\hat{G}(g)}|\phi_0\rangle \Rightarrow e^{i\hat{K}(k)}|\phi_0\rangle \equiv |k\rangle$$
$$\hat{K}(k) = \sum_{\mu, i}(\kappa_{\mu i}\hat{a}_\mu^\dagger \hat{b}_i^\dagger + \kappa_{\mu i}^* \hat{b}_i \hat{a}_\mu) \tag{6.20}$$

と表現できる．$\kappa_{\mu i}, \kappa_{\mu i}^*$ を**粒子-空孔振幅**という．ここで $\hat{K}(k)$ を特徴づける $(M+N)\times(M+N)$ 次元行列 k は $M\times N$ 次元の小行列 κ を用いて

$$k = \begin{pmatrix} 0 & \kappa \\ \kappa^\dagger & 0 \end{pmatrix} \begin{array}{l} \updownarrow M(\text{粒子空間}) \\ \updownarrow N(\text{空孔空間}) \end{array} \tag{6.21}$$
$$\quad\ \ \overset{\longleftrightarrow}{M}\ \overset{\longleftrightarrow}{N}$$

で表わされる．関係(6.20)が成り立つので，(6.14)に含まれる変換行列

$D_{\alpha\beta}(g)$ は一般性を失わずに行列 k で表わされて,

$$D(g) = e^{ig} \longleftrightarrow e^{ik} = D(k) \tag{6.22}$$

と書ける．すなわち g と k とは関係(6.20)の下で同一視できる．(6.21)の行列を用いれば，変換行列 $D(k)$ は

$$D(k) = \begin{pmatrix} \cos\sqrt{\kappa\kappa^\dagger} & i\dfrac{\sin\sqrt{\kappa\kappa^\dagger}}{\sqrt{\kappa\kappa^\dagger}}\kappa \\ i\kappa^\dagger\dfrac{\sin\sqrt{\kappa\kappa^\dagger}}{\sqrt{\kappa\kappa^\dagger}} & \cos\sqrt{\kappa^\dagger\kappa} \end{pmatrix} \tag{6.23}$$

と表わされる．

単一 Slater 行列式 $|k\rangle$ を特徴づけるのは $\hat{c}_\alpha^\dagger, \hat{c}_\alpha$ に関する 1 体密度行列であり，その成分は

$$\rho_{\alpha\beta}(k) \equiv \langle k|\hat{c}_\beta^\dagger\hat{c}_\alpha|k\rangle = \sum_{i=1}^{N} D_{\alpha i}(k)D_{i\beta}^\dagger(k) \tag{6.24}$$

で定義される．(6.24)に(6.23)を代入すれば

$$\begin{aligned} \rho(k) &= \begin{pmatrix} \langle k|\hat{a}_\mu^\dagger\hat{a}_\nu|k\rangle & \langle k|\hat{b}_j\hat{a}_\nu|k\rangle \\ \langle k|\hat{a}_\mu^\dagger\hat{b}_i^\dagger|k\rangle & \langle k|\hat{b}_j\hat{b}_i^\dagger|k\rangle \end{pmatrix} \\ &= \begin{pmatrix} (cc^\dagger)_{\nu\mu} & (\sqrt{1-cc^\dagger}c)_{\nu j} \\ (c^\dagger\sqrt{1-cc^\dagger})_{i\mu} & \delta_{ij}-(c^\dagger c)_{ij} \end{pmatrix} \end{aligned} \tag{6.25}$$

が得られる．ここで新しい変数 $c_{\mu i}, c_{\mu i}{}^*$ を

$$c^\dagger \equiv -i\kappa^\dagger\frac{\sin\sqrt{\kappa\kappa^\dagger}}{\sqrt{\kappa\kappa^\dagger}}, \qquad c \equiv i\frac{\sin\sqrt{\kappa\kappa^\dagger}}{\sqrt{\kappa\kappa^\dagger}}\kappa \tag{6.26}$$

で導入した．この変数は時間依存 HF 理論およびボソン展開法で重要な役割を担うが，ここでは $\kappa_{\mu i}, \kappa_{\mu i}{}^*$ と同様な変数と考えてよい．(6.24)の定義を用いて，密度行列が

$$\rho^2(k) = \rho(k) \tag{6.27}$$

を満たしていることが確かめられる．(6.27)は $|k\rangle$ が単一 Slater 行列式であることの必要十分条件である．(6.23),(6.26)を用いれば，(6.19)およびその逆変換が

$$\begin{aligned}
\hat{\alpha}_\mu^\dagger(k)(=\hat{\alpha}_\mu^\dagger(g)) &= \sum_\nu \hat{a}_\nu^\dagger(\sqrt{1-cc^\dagger})_{\nu\mu} - \sum_j \hat{b}_j c_{j\mu}^\dagger \\
\hat{\beta}_i(k)(=\hat{\beta}_i(g)) &= \sum_j \hat{b}_j(\sqrt{1-c^\dagger c})_{ji} - \sum_\nu \hat{a}_\nu^\dagger c_{\nu i} \\
\hat{a}_\mu^\dagger &= \sum_\nu \hat{\alpha}_\nu^\dagger(k)(\sqrt{1-cc^\dagger})_{\nu\mu} + \sum_j \hat{\beta}_j(k) c_{j\mu}^\dagger \\
\hat{b}_i &= \sum_j \hat{\beta}_j(k)(\sqrt{1-c^\dagger c})_{ji} + \sum_\nu \hat{\alpha}_\nu^\dagger(k) c_{\nu i}
\end{aligned} \tag{6.28}$$

で与えられることが示される．

c) Hartree-Fock 条件

(6.24)の密度行列を用いれば，Wick の定理から

$$\hat{c}_\alpha^\dagger \hat{c}_\beta = \rho_{\beta\alpha}(k) + :\hat{c}_\alpha^\dagger \hat{c}_\beta: \tag{6.29}$$

を得る．ここで記号：：は状態 $|k\rangle$ の粒子・空孔演算子 $\hat{\alpha}_\nu^\dagger(k), \hat{\beta}_i^\dagger(k)$ に対する N 積を意味する．(6.29)を用いて，ハミルトニアン(6.12a)は

$$\hat{H} = H_0(k) + \hat{H}_2(k) + \hat{H}_4(k) \tag{6.30}$$

$$\begin{aligned}
H_0(k) &= \langle k|\hat{H}|k\rangle = \sum_{\alpha\beta}\left\{T_{\alpha\beta} + \frac{1}{2}\Gamma_{\alpha\beta}(k)\right\}\rho_{\beta\alpha}(k) \\
\hat{H}_2(k) &= \sum_{\alpha\beta} W_{\alpha\beta}(k) :\hat{c}_\alpha^\dagger \hat{c}_\beta: \\
\hat{H}_4(k) &= \frac{1}{4}\sum_{\alpha\beta\gamma\delta} V_{\alpha\beta,\gamma\delta} :\hat{c}_\alpha^\dagger \hat{c}_\beta^\dagger \hat{c}_\delta \hat{c}_\gamma:
\end{aligned}$$

と書き換えられる．ここで

$$\Gamma_{\alpha\beta}(k) \equiv \sum_{\gamma\delta} V_{\alpha\gamma,\beta\delta}\rho_{\delta\gamma}(k), \quad W_{\alpha\beta}(k) \equiv T_{\alpha\beta} + \Gamma_{\alpha\beta}(k) \tag{6.31}$$

をそれぞれ **Hartree-Fock**(HF)ポテンシャル，**Hartree-Fock**(HF)ハミルトニアンとよぶ．

以上の準備を経て，Hartree-Fock 理論について述べる．この理論の核心は，$c_{\mu i}, c_{\mu i}^*$ の張るパラメータ空間の中に $H_0(k)$ が極小となる点 k_0（平衡点）を求めることにある．すなわち

$$\delta\langle k|\hat{H}|k\rangle\Big|_{k=k_0} = 0$$

したがって

$$\left.\frac{\partial H_0(k)}{\partial c_{\mu i}}\right|_{k=k_0} = \left.\frac{\partial H_0(k)}{\partial c_{\mu i}{}^*}\right|_{k=k_0} = 0 \tag{6.32}$$

これを **Hartree-Fock 条件**(以下，HF 条件と略記)とよぶ．この条件について考えるために，状態 $|k\rangle$ の微小変分を考えよう．変数 $c_{\mu i}, c_{\mu i}{}^*$ を用いれば，$|k\rangle$ のまわりの微小変分は，1 体演算子

$$\hat{O}_{\mu i}{}^\dagger(k) \equiv \frac{\partial e^{i\hat{K}(k)}}{\partial c_{\mu i}} e^{-i\hat{K}(k)}, \qquad \hat{O}_{\mu i}(k) \equiv -\frac{\partial e^{i\hat{K}(k)}}{\partial c_{\mu i}{}^*} e^{-i\hat{K}(k)} \tag{6.33}$$

を $|k\rangle$ に作用することによって与えられる．これらが 1 体演算子であることは，公式

$$\begin{aligned}\frac{\partial e^{i\hat{K}(k)}}{\partial c_{\mu i}} e^{-i\hat{K}(k)} = i\frac{\partial \hat{K}(k)}{\partial c_{\mu i}} + \frac{i^2}{2!}\left[\frac{\partial \hat{K}(k)}{\partial c_{\mu i}}, \hat{K}(k)\right] \\ + \frac{i^3}{3!}\left[\left[\frac{\partial \hat{K}(k)}{\partial c_{\mu i}}, \hat{K}(k)\right], \hat{K}(k)\right] + \cdots\end{aligned} \tag{6.34}$$

から明らかである．ここで(6.26)と公式(6.34)から

$$\begin{aligned}\langle k|\hat{O}_{\mu i}{}^\dagger(k)|k\rangle &= \frac{1}{2}\mathrm{Tr}\left\{\kappa^\dagger \frac{\sin^2\sqrt{\kappa\kappa^\dagger}}{\sqrt{\kappa\kappa^\dagger}}\frac{\partial \kappa}{\partial c_{\mu i}} - \frac{\partial \kappa^\dagger}{\partial c_{\mu i}}\frac{\sin^2\sqrt{\kappa\kappa^\dagger}}{\sqrt{\kappa\kappa^\dagger}}\kappa\right\} \\ &= \frac{1}{2}\sum_{\nu j}\left\{c_{j\nu}{}^\dagger \frac{\partial c_{\nu j}}{\partial c_{\mu i}} - \frac{\partial c_{j\nu}{}^\dagger}{\partial c_{\mu i}} c_{\nu j}\right\} = \frac{1}{2}c_{\mu i}{}^* \\ \langle k|\hat{O}_{\mu i}(k)|k\rangle &= \frac{1}{2}c_{\mu i}\end{aligned} \tag{6.35}$$

が導かれることに注意する．(6.35)の両辺を $c_{\nu j}, c_{\nu j}{}^*$ で微分し，得られた結果の和と差から，重要な関係

$$\begin{aligned}\langle k|[\hat{O}_{\mu i}(k), \hat{O}_{\nu j}{}^\dagger(k)]|k\rangle &= \delta_{\mu\nu}\delta_{ij} \\ \langle k|[\hat{O}_{\mu i}(k), \hat{O}_{\nu j}(k)]|k\rangle &= 0\end{aligned} \tag{6.36}$$

を得る．すなわち(6.33)で定義された 1 体演算子は，状態 $|k\rangle$ の近傍で(期待値として)ボソン的な交換関係を満たす，無限小変換を引き起こす演算子なのである．

HF 条件に現われる $H_0(k)$ の微分は，(6.30)を用いて

$$\frac{\partial H_0(k)}{\partial c_{\mu i}} = \sum_{\alpha\beta} T_{\alpha\beta}\frac{\partial \rho_{\beta\alpha}(k)}{\partial c_{\mu i}} + \frac{1}{2}\sum_{\alpha\beta\gamma\delta} V_{\alpha\beta,\gamma\delta}\left\{\rho_{\gamma\alpha}(k)\frac{\partial \rho_{\delta\beta}(k)}{\partial c_{\mu i}} + \frac{\partial \rho_{\gamma\alpha}(k)}{\partial c_{\mu i}}\rho_{\delta\beta}(k)\right\} \tag{6.37}$$

と計算される．ここに現われる密度行列の微分は，(6.33)の定義を用いて

$$\begin{aligned}\frac{\partial \rho_{\beta\alpha}(k)}{\partial c_{\mu i}} &= \langle k|[\hat{c}_\alpha{}^\dagger \hat{c}_\beta, \hat{O}_{\mu i}{}^\dagger(k)]|k\rangle \\ \frac{\partial \rho_{\beta\alpha}(k)}{\partial c_{\mu i}{}^*} &= \langle k|[\hat{O}_{\mu i}(k), \hat{c}_\alpha{}^\dagger \hat{c}_\beta]|k\rangle\end{aligned} \tag{6.38}$$

と表わされるから，(6.37)は

$$\begin{aligned}\frac{\partial H_0(k)}{\partial c_{\mu i}} &= \langle k|\left[\sum_{\alpha\beta}\{T_{\alpha\beta}+\Gamma_{\alpha\beta}(k)\}\hat{c}_\alpha{}^\dagger c_\beta, \hat{O}_{\mu i}{}^\dagger(k)\right]|k\rangle \\ &= \langle k|[\hat{H}_2(k), \hat{O}_{\mu i}(k)]|k\rangle\end{aligned} \tag{6.39}$$

を意味する．以上から HF 条件(6.32)は

$$\langle k|[\hat{H}_2(k), \hat{O}_{\mu i}{}^\dagger(k)]|k\rangle\Big|_{k=k_0} = \langle k|[\hat{H}_2(k), \hat{O}_{\mu i}(k)]|k\rangle\Big|_{k=k_0} = 0 \tag{6.40}$$

と等価であることが示された．$\hat{O}_{\mu i}{}^\dagger(k)$ が 1 体演算子であることに留意し，期待値の中での 1 体演算子の各成分同士の交換関係が

$$\langle k|[\hat{\alpha}_\mu^\dagger(k)\hat{\alpha}_\nu(k), \hat{\alpha}_\sigma^\dagger(k)\hat{\beta}_i^\dagger(k)]|k\rangle = 0$$
$$\langle k|[\hat{\alpha}_\mu^\dagger(k)\hat{\alpha}_\nu(k), \hat{\alpha}_\sigma^\dagger(k)\hat{\alpha}_\rho(k)]|k\rangle = 0$$

等を満たすことを利用すれば，(6.40)の交換関係で有効なのは $\hat{H}_2(k)$ の中の $\hat{\alpha}_\mu^\dagger(k)\hat{\beta}_i^\dagger(k)$, $\hat{\beta}_i(k)\hat{\alpha}_\mu(k)$ の項(dangerous term，**危険な項**とよばれる)だけであることが分かる．したがって $H_0(k)$ を定常とする条件は，$\hat{H}_2(k)$ に含まれる危険な項が消える条件と等価であることが証明された．

d) Hartree-Fock 方程式

(6.40)はあらゆる粒子-空孔対 (μ, i) に対して成り立つことを要請しているが，期待値の中での交換関係に効かない粒子-粒子対 (μ, ν)，空孔-空孔対 (i, j) を変分に含めても変分方程式には何の変更もないので，(6.40)は

$$\langle k|[\hat{H}_2(k), \hat{c}_\alpha^\dagger \hat{c}_\beta]|k\rangle\Big|_{k=k_0} = 0 \tag{6.41}$$

と書ける．$\hat{H}_2(k)$ と密度行列の具体的表現を用いれば，(6.41)は

$$0 = \langle k|[\hat{c}_\alpha^\dagger \hat{c}_\beta, \sum_{\gamma\delta} W_{\gamma\delta}(k):\hat{c}_\gamma^\dagger \hat{c}_\delta:]|k\rangle\Big|_{k=k_0} = [W(k), \rho(k)]_{\beta\alpha}\Big|_{k=k_0}$$

すなわち

$$[W(k_0), \rho(k_0)] = 0 \tag{6.42}$$

となる．したがってHF条件は，HFハミルトニアンと密度行列とが同時対角化される条件であるといいかえられる．

次にHF条件を満たす状態 $|k_0\rangle$ を定める方程式を導く．$|k_0\rangle$ を指定するには，ユニタリ変換行列 $D_{\alpha\beta}(k_0)$ を定めればよい．まず $W(k)$ と $\rho(k)$ とが $k=k_0$ で同時対角化されることから，$\hat{H}_2(k_0)$ は(6.15)の1粒子ハミルトニアン $\hat{H}_{\rm sp}$ と同じ構造をもつことに注目する．すなわち

$$\hat{H}_2(k_0) = \sum_\alpha E_\alpha(k_0)\hat{d}_\alpha^\dagger(k_0)\hat{d}_\alpha(k_0) \tag{6.43}$$

と書けるはずである．ここで $E_\alpha(k_0)$ はHF状態 $|\Phi_0\rangle=|k_0\rangle$ に対する1粒子状態のエネルギーである．(6.43)が成り立つような平衡点 k_0 を求めるには，交換関係 $[\hat{H}_2(k_0), \hat{d}_\alpha^\dagger(k_0)]$ の $\hat{H}_2(k_0)$ に(6.30)を代入したものから得られる関係

$$[\hat{H}_2(k_0), \hat{d}_\alpha^\dagger(k_0)] = \left[\sum_{\beta\gamma}\{T_{\beta\gamma}+\Gamma_{\beta\gamma}(k_0)\}\hat{c}_\beta^\dagger \hat{c}_\gamma, \hat{d}_\alpha^\dagger(k_0)\right]$$

および，(6.43)を利用して得られる関係

$$[\hat{H}_2(k_0), \hat{d}_\alpha^\dagger(k_0)] = E_\alpha(k_0)\hat{d}_\alpha^\dagger(k_0) = E_\alpha(k_0)\sum_\beta \hat{c}_\beta^\dagger D_{\beta\alpha}(k_0)$$

の右辺同士が等しいとして得られる関係

$$\left[\sum_{\beta\gamma}\{T_{\beta\gamma}+\Gamma_{\beta\gamma}(k_0)\}\hat{c}_\beta^\dagger \hat{c}_\gamma, \hat{d}_\alpha^\dagger(k_0)\right] = E_\alpha(k_0)\sum_\beta \hat{c}_\beta^\dagger D_{\beta\alpha}(k_0) \tag{6.44}$$

が満たされればよい．(6.44)を変換行列 $D_{\alpha\beta}(k_0)$ を求める式として表わせば，

(6.31)を用いて

$$\sum_{\beta} W_{\alpha\beta}(k_0) D_{\beta\gamma}(k_0) = E_{\gamma}(k_0) D_{\alpha\gamma}(k_0) \tag{6.45}$$

となる．(6.45)は固有値 $E_{\alpha}(k_0)$ と固有ベクトル $\{D_{\beta\alpha}(k_0) : \beta=1, \cdots, N+M\}$ を定める $(N+M)\times(N+M)$ 次元の固有値方程式であり，これを **Hartree-Fock**(HF)**方程式**とよぶ．HF方程式はHFポテンシャル $\Gamma_{\alpha\beta}(k_0)$ を含み，$\Gamma_{\alpha\beta}(k_0)$ は(6.45)を解いて得られる，いちばん低い N 個のエネルギー固有値 $\{E_i(k_0) : i=1, \cdots, N\}$ に対する固有ベクトルを用いて計算される密度行列

$$\rho_{\beta\alpha}(k_0) = \sum_{i=1}^{N} D_{i\beta}{}^{\dagger}(k_0) D_{\alpha i}(k_0) \tag{6.46}$$

を含んでいる．固有値方程式(6.45)を解いて得られる固有ベクトルを，それを解く前に知っていなければならないという非線形性は，核子が自ら作り出す平均ポテンシャル $\Gamma_{\alpha\beta}(k_0)$ の中を核子が運動しているという自己束縛・有限孤立量子多体系に特有の自己無撞着性の数学的表現であり，原子核の力学を考えていく上での最も基本的な性質である．

$D(k_0)$ のユニタリ性を用いれば，(6.46)から

$$\sum_{\beta} \rho_{\alpha\beta}(k_0) D_{\beta\gamma}(k_0) = \sum_{\beta} \sum_{j=1}^{N} D_{j\beta}{}^{\dagger}(k_0) D_{\alpha j}(k_0) D_{\beta\gamma}(k_0) = \sum_{j} \delta_{j\gamma} D_{\alpha j}(k_0) \tag{6.47}$$

の関係が得られる．すなわち $W(k_0)$ を対角化する(6.45)の解は同時に $\rho(k_0)$ も対角化する．その固有値は $1 \leqq \gamma = j$(空孔状態)$\leqq N$ のとき1で，$N+1 \leqq \gamma = \mu$(粒子状態)$\leqq N+M$ のとき0である．(6.47)はこのことを示している．以上のようにして得られたHF状態 $|k_0\rangle$ は，(6.16)で導入した $|\Phi_0\rangle$ を表わしており，(6.43)の $\hat{H}_2(k_0)$ が(6.15)の $\hat{H}_{\rm sp}(g_0)$ に，(6.30)の $\hat{H}_4(k_0)$ が(6.15)の $\hat{H}_{\rm res}(g_0)$ に各々対応している．

6-2 Hartree-Fock-Bogoliubov 理論

前節でわれわれはHF理論について見てきた．そこでは，(6.24)に現われる粒子-空孔相関 $\hat{c}_\beta^\dagger \hat{c}_\alpha$ を自己無撞着な場 $\Gamma_{\alpha\beta}(k_0)$ にできるだけ多く取りこむ方法が議論された．しかし原子核の低い励起状態で重要な相関の中には，1体の密度行列 $\rho_{\alpha\beta}(k)$ を用いた方法では平均1体場に取りこめない同種粒子間に働く対相関があることが知られている．いま，ある核子が状態 $\psi_\alpha(\boldsymbol{r})$ にあったとする．このとき同種粒子の別の核子は，状態 $\psi_\alpha(\boldsymbol{r})$ の波動関数と空間的にいちばん大きな重なりをもった状態を好む．このような相関を**対相関**という．$\psi_\alpha(\boldsymbol{r})$ といちばん大きな重なりをもつ状態とは，6-1節a項で議論した $\psi_\alpha(\boldsymbol{r})$ の時間反転状態 $\mathcal{T}\psi_\alpha(\boldsymbol{r})$ である．なぜなら $\mathcal{T}\psi_\alpha(\boldsymbol{r})$ の状態は，$\psi_\alpha(\boldsymbol{r})$ と同じ軌道を逆方向に運動している状態であると，古典的には解釈できるからである．このような対状態の z 成分に関する和は，Clebsch-Gordan 係数を用いて

$$\begin{aligned}\sum_{m_\alpha} \psi_\alpha(\boldsymbol{r})\mathcal{T}\psi_\alpha(\boldsymbol{r}) &= \sum_{m_\alpha} \psi_\alpha(\boldsymbol{r})(-1)^{j_a+m_\alpha}\psi_{\bar{\alpha}}(\boldsymbol{r}) \\ &= \sqrt{2j_a+1}\sum_{m_\alpha}\langle j_a m_\alpha j_a - m_\alpha | 00\rangle \psi_\alpha(\boldsymbol{r})\psi_{\bar{\alpha}}(\boldsymbol{r}) \end{aligned} \tag{6.48}$$

と表わされる．すなわち2つの核子が全角運動量 $J=0$ に組む(Cooper 対)ような相関が核内核子間に働いているのである．第2量子化表示で(6.48)を表わせば，粒子-粒子相関

$$\sum_{m_\alpha}(-1)^{j_a+m_\alpha}\hat{c}_\alpha^\dagger \hat{c}_{\bar{\alpha}}^\dagger \tag{6.49}$$

で与えられる．このような相関を平均1体場に取りこむには，平均1体場の概念と，(6.14)で与えられるユニタリ変換を拡張して得られる**準粒子**概念が重要である．これらは超伝導現象に対し Bardeen，Cooper と Schrieffer が展開したものであり(BCS 理論)，準粒子変換という定式化は Bogoliubov と Valatin によって与えられた．

しかし粒子-粒子相関と粒子-空孔相関とは，核子多体系のもつ2つの重要な

相関であり，それぞれが独立に存在するものではないので，ここでは両者を統一的に記述する **Hartree-Fock-Bogoliubov**(HFB)**理論**について述べる．

a) **準粒子変換**

HFB 理論は，(6.14)の変換の代わりにユニタリ変換

$$e^{\hat{z}}:\quad \hat{z} \equiv \sum_{\alpha\beta}\{z_{\alpha\beta}\hat{c}_\alpha{}^\dagger\hat{c}_\beta{}^\dagger - z_{\alpha\beta}{}^*\hat{c}_\beta\hat{c}_\alpha\},\qquad \hat{z}^\dagger = -\hat{z} \tag{6.50}$$

を用いて定式化される．ここで係数 $z_{\alpha\beta}$ を成分とする行列 z は $z^{\mathrm{T}}=-z$ を満たす歪対称(skew symmetric)行列である．(6.50)を用いて準粒子 $\hat{a}_\alpha{}^\dagger(z), \hat{a}_\alpha(z)$ が次のように定義される．

$$\begin{aligned}\hat{a}_\alpha{}^\dagger(z) &\equiv e^{\hat{z}}\hat{c}_\alpha{}^\dagger e^{-\hat{z}} = \sum_\beta(U_{\alpha\beta}\hat{c}_\beta{}^\dagger + V_{\alpha\beta}\hat{c}_\beta)\\ \hat{a}_\alpha(z) &\equiv e^{\hat{z}}\hat{c}_\alpha e^{-\hat{z}} = \sum_\beta(\hat{c}_\beta U_{\beta\alpha}{}^\dagger + \hat{c}_\beta{}^\dagger V_{\beta\alpha}{}^\dagger)\end{aligned} \tag{6.51}$$

(6.51)で特に $V=0$ の場合が，ちょうど(6.14)の与える変換に対応していることが分かる．この意味で HFB 理論は HF 理論の一般化になっている．ここで行列 U, V は(6.50)の行列 z を用いて

$$U \equiv \cos(2\sqrt{z^\dagger z}),\qquad V \equiv \frac{\sin(2\sqrt{z^\dagger z})}{\sqrt{z^\dagger z}}z^\dagger \tag{6.52}$$

で与えられる．z の歪対称性と，(6.52)を用いれば，関係

$$V^{\mathrm{T}} = -V,\qquad U^\dagger = U \tag{6.53}$$

が導かれる．定義により $e^{\hat{z}}$ はユニタリ変換なので，準粒子 $\hat{a}_\alpha{}^\dagger(z), \hat{a}_\alpha(z)$ が反交換関係を満たすことが示される．変換(6.51)のユニタリ性を，行列 U, V の満たす関係として与えれば

$$UU^\dagger + VV^\dagger = 1,\qquad UV^{\mathrm{T}} + VU^{\mathrm{T}} = 0 \tag{6.54}$$

を得る．また(6.51)の逆変換は

$$\begin{aligned}\hat{c}_\alpha{}^\dagger &= \sum_\beta\{U_{\alpha\beta}\hat{a}_\beta{}^\dagger(z) - V_{\alpha\beta}\hat{a}_\beta(z)\}\\ \hat{c}_\alpha &= \sum_\beta\{\hat{a}_\beta(z)U_{\beta\alpha}{}^\dagger - \hat{a}_\beta{}^\dagger(z)V_{\beta\alpha}{}^\dagger\}\end{aligned} \tag{6.55}$$

で与えられることも確かめられる．さらに準粒子(6.51)に対する真空は，

$$0 = e^{\hat{z}}\hat{c}_\alpha|0\rangle = \hat{a}_\alpha(z)|z\rangle, \qquad |z\rangle \equiv e^{\hat{z}}|0\rangle \tag{6.56}$$

が成り立つので，状態 $|z\rangle$ で与えられる．

次に HF 理論で導入した 1 体の無限小変換演算子(6.33)にならって，1 体演算子

$$\hat{O}_{\alpha\beta}{}^\dagger(z) \equiv \frac{\partial e^{\hat{z}}}{\partial V_{\alpha\beta}} e^{-\hat{z}}, \qquad \hat{O}_{\alpha\beta}(z) \equiv -\frac{\partial e^{\hat{z}}}{\partial V_{\alpha\beta}{}^*} e^{-\hat{z}} \tag{6.57}$$

を定義すれば，(6.35)と同じ処方で，関係

$$\langle z|\hat{O}_{\alpha\beta}{}^\dagger(z)|z\rangle = \frac{1}{4}V_{\alpha\beta}{}^*, \qquad \langle z|\hat{O}_{\alpha\beta}(z)|z\rangle = \frac{1}{4}V_{\alpha\beta} \tag{6.58}$$

が証明される．また(6.58)から

$$\begin{aligned} &\langle z|[\hat{O}_{\alpha\beta}(z), \hat{O}_{\gamma\delta}{}^\dagger(z)]|z\rangle = \frac{1}{2}\{\delta_{\alpha\gamma}\delta_{\beta\delta} - \delta_{\alpha\delta}\delta_{\beta\gamma}\} \\ &\langle z|[\hat{O}_{\alpha\beta}(z), \hat{O}_{\gamma\delta}(z)]|z\rangle = 0 \end{aligned} \tag{6.59}$$

が成り立つことも容易に示される．

b) Hartree-Fock-Bogoliubov 条件

次に $(N+M)\times(N+M)$ 次元の行列 $z_{\alpha\beta}, z_{\alpha\beta}{}^*$ の張るパラメータ空間の中に，ハミルトニアン $\hat{H}$ の状態 $|z\rangle$ に関する期待値が定常となる平衡点を求めよう．この定常点 z_0 に対応する状態 $|z_0\rangle$ が **Hartree-Fock-Bogoliubov**(HFB) **状態**とよばれる．考察するハミルトニアンは，最も一般的な(6.12a)である．

$\hat{H}$ は粒子数を保存する．すなわち $\hat{H}$ は粒子数演算子

$$\hat{N} \equiv \sum_\alpha \hat{c}_\alpha{}^\dagger \hat{c}_\alpha \tag{6.60}$$

と可換である．しかし(6.50)で導入した演算子 $\hat{z}$ は $\hat{N}$ と非可換で，状態 $|z\rangle$ は $\hat{N}$ の固有状態とはなっていない．このように，ハミルトニアンが満たす対称性が真空で破れている場合を，自発的に対称性が破れているという．対称性を破るという犠牲は，準粒子という簡明な独立粒子描像を得るための代償である．このような場合には，拘束条件つきの変分を考える．すなわち(6.12a)のハミルトニアンの代わりに Lagrange 乗数 λ を導入して，補助ハミルトニアン

$$\hat{H}' = \hat{H} - \lambda\hat{N} = \sum_{\alpha\beta}(T_{\alpha\beta} - \lambda\delta_{\alpha\beta})\hat{c}_\alpha^\dagger\hat{c}_\beta + \frac{1}{4}\sum_{\alpha\beta\gamma\delta}V_{\alpha\beta,\gamma\delta}\hat{c}_\alpha^\dagger\hat{c}_\beta^\dagger\hat{c}_\delta\hat{c}_\gamma \tag{6.61}$$

を考え，考察下の系の粒子数が期待値として N であるという拘束条件

$$\langle z_0|\hat{N}|z_0\rangle = N \tag{6.62}$$

の下で，変分方程式

$$\delta\langle z|\hat{H}'|z\rangle\Big|_{z=z_0} = 0 \tag{6.63}$$

を解けばよい．(6.63)を **Hartree-Fock-Bogoliubov**(HFB)**条件**とよぶ．

状態 $|z\rangle$ に関する $\hat{H}'$ の期待値を計算するために(6.61)に含まれる $\hat{c}_\alpha^\dagger, \hat{c}_\alpha$ を，(6.55)を用いて準粒子で表わそう．まず粒子-空孔密度行列 $\rho(z)$ と対テンソル $t(z)$ とを

$$\begin{aligned}\rho_{\alpha\beta}(z) &\equiv \langle z|\hat{c}_\beta^\dagger\hat{c}_\alpha|z\rangle = (V^\dagger V)_{\alpha\beta} \\ t_{\alpha\beta}(z) &\equiv \langle z|\hat{c}_\beta\hat{c}_\alpha|z\rangle = (V^\dagger U)_{\alpha\beta}\end{aligned} \tag{6.64}$$

で導入する．ρ は粒子-空孔相関を，t は粒子-粒子相関を平均1体場に取りこむのに基本的役割を果たすことが以下の議論から分かる．Wick の定理から

$$\hat{c}_\alpha^\dagger\hat{c}_\beta = \rho_{\beta\alpha}(z) + :\hat{c}_\alpha^\dagger\hat{c}_\beta:, \qquad \hat{c}_\alpha^\dagger\hat{c}_\beta^\dagger = t_{\beta\alpha}^\dagger(z) + :\hat{c}_\alpha^\dagger\hat{c}_\beta^\dagger: \tag{6.65}$$

を得る．ここで記号 : : は準粒子(6.51)に対する N 積である．(6.65)を用いれば補助ハミルトニアン $\hat{H}'$ は

$$\hat{H}' = H_0(z) + \hat{H}_2(z) + \hat{H}_4(z) \tag{6.66}$$

$$H_0(z) = \langle z|\hat{H}'|z\rangle = \sum_{\alpha\beta}\left\{T_{\alpha\beta} - \lambda\delta_{\alpha\beta} + \frac{1}{2}\Gamma_{\alpha\beta}(z)\right\}\rho_{\beta\alpha}(z) + \frac{1}{2}\sum_{\alpha\beta}\Delta_{\alpha\beta}(z)t_{\beta\alpha}^\dagger(z)$$

$$\hat{H}_2(z) = \sum_{\alpha\beta}\left\{(T_{\alpha\beta} - \lambda\delta_{\alpha\beta} + \Gamma_{\alpha\beta}(z)):\hat{c}_\alpha^\dagger\hat{c}_\beta: + \frac{1}{2}\Delta_{\alpha\beta}(z):\hat{c}_\alpha^\dagger\hat{c}_\beta^\dagger: + \frac{1}{2}\Delta_{\alpha\beta}^\dagger(z):\hat{c}_\alpha\hat{c}_\beta:\right\}$$

$$\hat{H}_4(z) = \frac{1}{4}\sum_{\alpha\beta\gamma\delta}V_{\alpha\beta,\gamma\delta}:\hat{c}_\alpha^\dagger\hat{c}_\beta^\dagger\hat{c}_\delta\hat{c}_\gamma:$$

で与えられる．ここで

$$\Gamma_{\alpha\beta}(z) \equiv \sum_{\gamma\delta}V_{\alpha\gamma,\beta\delta}\rho_{\delta\gamma}(z), \qquad \Delta_{\alpha\beta}(z) \equiv \frac{1}{2}\sum_{\gamma\delta}V_{\alpha\beta,\gamma\delta}t_{\gamma\delta}(z) \tag{6.67}$$

はそれぞれ **Hartree-Fock**(HF)ポテンシャル，対ポテンシャルとよばれ，2

体の相互作用 $V_{\alpha\beta,\delta\gamma}$ に含まれる粒子-空孔相関と粒子-粒子相関とを各々1体ポテンシャルとして取りこんだものである．

以上の準備を経て，HFB 条件(6.63)を考える．(6.66)の $H_0(z)$ を用いれば，

$$\frac{\partial H_0(z)}{\partial V_{\gamma\delta}{}^*} = \sum_{\alpha\beta}\{T_{\alpha\beta}-\lambda\delta_{\alpha\beta}\}\frac{\partial\rho_{\beta\alpha}(z)}{\partial V_{\gamma\delta}{}^*}+\frac{1}{2}\sum_{\alpha\beta}\left\{\frac{\partial\Gamma_{\alpha\beta}(z)}{\partial V_{\gamma\delta}{}^*}\rho_{\beta\alpha}(z)+\Gamma_{\alpha\beta}(z)\frac{\partial\rho_{\beta\alpha}(z)}{\partial V_{\gamma\delta}{}^*}\right\}$$
$$+\frac{1}{2}\sum_{\alpha\beta}\left\{\frac{\partial\Delta_{\alpha\beta}(z)}{\partial V_{\gamma\delta}{}^*}t_{\beta\alpha}{}^\dagger(z)+\Delta_{\alpha\beta}(z)\frac{\partial t_{\beta\alpha}{}^\dagger(z)}{\partial V_{\gamma\delta}{}^*}\right\} \tag{6.68}$$

を得る．(6.68)に現われる微分量は(6.64),(6.67)と(6.57)の定義式を用いて

$$\begin{aligned}
\frac{\partial\rho_{\beta\alpha}(z)}{\partial V_{\gamma\delta}{}^*} &= \langle z|[\hat{O}_{\gamma\delta}{}^\dagger(z), \hat{c}_\alpha{}^\dagger\hat{c}_\beta]|z\rangle \\
\frac{\partial t_{\beta\alpha}{}^\dagger(z)}{\partial V_{\gamma\delta}{}^*} &= \langle z|[\hat{O}_{\gamma\delta}{}^\dagger(z), \hat{c}_\alpha{}^\dagger\hat{c}_\beta{}^\dagger]|z\rangle \\
\frac{\partial\Gamma_{\alpha\beta}(z)}{\partial V_{\gamma\delta}{}^*} &= \sum_{\gamma'\delta'}V_{\alpha\gamma',\beta\delta'}\langle z|[\hat{O}_{\gamma\delta}{}^\dagger(z), \hat{c}_{\gamma'}{}^\dagger\hat{c}_{\delta'}{}^\dagger]|z\rangle \\
\frac{\partial\Delta_{\alpha\beta}(z)}{\partial V_{\gamma\delta}{}^*} &= \sum_{\gamma'\delta'}\frac{1}{2}V_{\alpha\beta,\gamma'\delta'}\langle z|[\hat{O}_{\gamma\delta}{}^\dagger(z), \hat{c}_{\delta'}\hat{c}_{\gamma'}]|z\rangle
\end{aligned} \tag{6.69}$$

で与えられる．(6.69)を用いれば，(6.68)は簡単な式

$$\frac{\partial H_0(z)}{\partial V_{\gamma\delta}{}^*} = \langle z|[\hat{O}_{\gamma\delta}{}^\dagger(z), \hat{H}_2(z)]|z\rangle \tag{6.70}$$

に帰着する．$\hat{O}_{\gamma\delta}{}^\dagger(z)$ が $\hat{a}_\alpha{}^\dagger(z)\hat{a}_\beta{}^\dagger(z)$，$\hat{a}_\alpha{}^\dagger(z)\hat{a}_\beta(z)$，$\hat{a}_\alpha(z)\hat{a}_\beta(z)$ と定数項しか含まないことに留意すれば，(6.70)の交換関係の中で有効なのは $\hat{H}_2(z)$ に含まれる $\hat{a}_\alpha{}^\dagger(z)\hat{a}_\beta{}^\dagger(z)$ と $\hat{a}_\alpha(z)\hat{a}_\beta(z)$ の項(危険な項)だけである．したがって，$H_0(z)$ が定常であるという HFB 条件，すなわち

$$\left.\frac{\partial H_0(z)}{\partial V_{\alpha\beta}{}^*}\right|_{z=z_0} = \left.\frac{\partial H_0(z)}{\partial V_{\alpha\beta}}\right|_{z=z_0} = 0 \tag{6.71}$$

は，$\hat{H}_2(z)$ が危険な項を含まない条件と等価であることが証明された．このことは，(6.51)で導入された準粒子 $\hat{a}_\alpha{}^\dagger(z_0), \hat{a}_\alpha(z_0)$ が，6-1 節 b 項で議論した独立粒子運動の描像を表現していることを示している．これはまた準粒子とその真空である HFB 状態 $|z_0\rangle$ とが HF 条件によって定義された独立粒子 $\hat{d}_\alpha{}^\dagger(k_0)$,

$\hat{d}_\alpha(k_0)$ と HF 状態 $|k_0\rangle$ の自然な拡張となっていることを示している．

c) Hartree-Fock-Bogoliubov 方程式

$\hat{H}_2(z)$ は HFB 条件を満たす点 z_0 で危険な項を含まない．したがって，HFB 状態を指定するユニタリ変換(6.50)は，HF 理論における(6.43)のように，$\hat{H}_2(z_0)$ が独立粒子運動の描像を実現しているもの，すなわち

$$\hat{H}_2(z_0) = \sum_\lambda E_\lambda(z_0)\hat{a}_\lambda^\dagger(z_0)\hat{a}_\lambda(z_0) \tag{6.72}$$

という構造をもつものとして定められる．ここで導入した $E_\lambda(z_0)$ は準粒子エネルギーと解釈される．(6.66)の $\hat{H}_2(z_0)$ を用いれば，

$$\begin{aligned}[\hat{H}_2(z_0), \hat{a}_\lambda^\dagger(z_0)] = &\sum_{\alpha\beta}(T_{\alpha\beta}-\lambda\delta_{\alpha\beta}+\Gamma_{\alpha\beta}(z_0))(U_{\beta\lambda}{}^*\hat{c}_\alpha{}^\dagger+V_{\alpha\lambda}\hat{c}_\beta)\\ &+\frac{1}{2}\sum_{\alpha\beta}\Delta_{\alpha\beta}(z_0)(V_{\alpha\lambda}\hat{c}_\beta{}^\dagger-V_{\beta\lambda}\hat{c}_\alpha{}^\dagger)\\ &+\frac{1}{2}\sum_{\alpha\beta}\Delta_{\alpha\beta}{}^\dagger(z_0)(U_{\beta\lambda}{}^*\hat{c}_\alpha-U_{\alpha\lambda}{}^*\hat{c}_\beta)\end{aligned} \tag{6.73}$$

を得，(6.72)を用いれば

$$[\hat{H}_2(z_0), \hat{a}_\lambda^\dagger(z_0)] = E_\lambda(z_0)\hat{a}_\lambda^\dagger(z_0) = E_\lambda(z_0)\sum_\lambda\{U_{\lambda\alpha}\hat{c}_\alpha{}^\dagger+V_{\lambda\alpha}\hat{c}_\alpha\} \tag{6.74}$$

を得る．(6.73),(6.74)の右辺が等しいとおけば，関係式

$$\begin{aligned}E_\lambda(z_0)U_{\lambda\alpha} &= \sum_\beta\{(T_{\alpha\beta}-\lambda\delta_{\alpha\beta}+\Gamma_{\alpha\beta}(z_0))U_{\lambda\beta}+\Delta_{\alpha\beta}(z_0)V_{\lambda\beta}\}\\ E_\lambda(z_0)V_{\lambda\alpha} &= -\sum_\beta\{(T_{\alpha\beta}{}^*-\lambda\delta_{\alpha\beta}+\Gamma_{\alpha\beta}{}^*(z_0))V_{\lambda\beta}+\Delta_{\alpha\beta}{}^*(z_0)U_{\lambda\beta}\}\end{aligned} \tag{6.75}$$

が導かれる．(6.75)は状態 $|z_0\rangle$ へのユニタリ変換の係数 U, V と準粒子エネルギー $E_\lambda(z_0)$ とを定める固有値方程式であり，**Hartree-Fock-Bogoliubov (HFB)方程式**とよばれる．(6.75)は，行列表示

$$\begin{aligned}K(z_0) \equiv &\begin{pmatrix}\mathscr{H}(z_0) & \Delta(z_0)\\ -\Delta^*(z_0) & -\mathscr{H}^*(z_0)\end{pmatrix}\begin{matrix}\updownarrow N+M\\ \updownarrow N+M\end{matrix}, \qquad \boldsymbol{X}_\lambda = \begin{pmatrix}\boldsymbol{U}_\lambda\\ \boldsymbol{V}_\lambda\end{pmatrix}\\ &\quad\overleftrightarrow{\;N+M\;}\;\;\overleftrightarrow{\;N+M\;}\\ \mathscr{H}_{\alpha\beta}(z_0) \equiv &\; T_{\alpha\beta}-\lambda\delta_{\alpha\beta}+\Gamma_{\alpha\beta}(z_0)\end{aligned} \tag{6.76}$$

を用いて，簡潔に

$$K(z_0)\boldsymbol{X}_\lambda = E_\lambda \boldsymbol{X}_\lambda \tag{6.77}$$

と書ける．(6.75)から明らかなように，HFB 方程式も HF 方程式と同様，結果として得られる固有ベクトル $\boldsymbol{X}_\lambda$ をHF ポテンシャル，対ポテンシャルが含んでいるという非線形な固有値問題となっており，実際には反復計算で数値的に解かれる．

次に HFB 方程式の解の性質について述べる．対ポテンシャルが $\Delta^{\mathrm{T}}(z) = -\Delta(z)$ を満たすので，$K(z)$ は Hermite であり，したがって固有値 E_λ は実である．また $K(z)$ は $2(N+M)\times 2(N+M)$ 次元行列なので，解の数は HF 方程式(6.45)の 2 倍となる．ここで HFB 方程式の解は $(E_\lambda, -E_\lambda)$ の対で現われることを示そう．(6.76)の表示で，行列

$$\sigma \equiv \begin{pmatrix} 0 & 1 \\ 1 & 0 \end{pmatrix} \qquad (\sigma^2 = 1) \tag{6.78}$$

を導入する．$K(z)$ のあらわな表現(6.76)を用いれば

$$\sigma K(z)\sigma = -K^*(z) \tag{6.79}$$

が示される．(6.77)を満たす 1 つの固有解 $(E_\lambda, \boldsymbol{X}_\lambda)$ を考える．(6.77)の複素共役をとり，E_λ が実であることと(6.79)とを用いれば

$$E_\lambda \boldsymbol{X}_\lambda^* = K^*(z_0)\boldsymbol{X}_\lambda^* = -\sigma K(z_0)\sigma \boldsymbol{X}_\lambda^* \tag{6.80}$$

を得る．これに左から σ を掛ければ

$$-E_\lambda \sigma \boldsymbol{X}_\lambda^* = K(z_0)\sigma \boldsymbol{X}_\lambda^* \tag{6.81}$$

となるので，$(-E_\lambda, \sigma \boldsymbol{X}_\lambda^*)$ も(6.77)の固有解であることが示された．

固有ベクトル $\boldsymbol{X}_\lambda$ の要素 $U_{\lambda\alpha}, V_{\lambda\alpha}$ を用いれば，(6.51)を用いてエネルギー E_λ をもつ準粒子生成演算子

$$\hat{a}_\lambda^\dagger = \sum_\alpha (U_{\lambda\alpha}\hat{c}_\alpha^\dagger + V_{\lambda\alpha}\hat{c}_\alpha) \tag{6.82}$$

を得る．また固有ベクトル $\sigma \boldsymbol{X}_\lambda^*$ の要素を用いて $-E_\lambda$ の準粒子生成演算子

$$\sum_\alpha (V_{\lambda\alpha}^*\hat{c}_\alpha^\dagger + U_{\lambda\alpha}^*\hat{c}_\alpha) \tag{6.83}$$

を得る．しかし(6.51)から明らかなように，(6.82)を生成演算子 $\hat{a}_\lambda^\dagger$ とみなせば，(6.83)は対応する消滅演算子 $\hat{a}_\lambda$ になっている．逆に(6.83)で生成演算子を定義すれば，(6.82)はそれの消滅演算子となっている．このように1対の解 $(E_\lambda, -E_\lambda)$ はそのいずれを準粒子生成演算子と考えてもよいが，通常のHFB理論では最もエネルギー的に低い状態 $|z_0\rangle$ を求めるので，$E_\lambda>0$ の解を準粒子生成演算子として採用する．

HF状態 $|k_0\rangle$ が密度行列 $\rho_{\alpha\beta}(k_0)$ で特徴づけられていたことに対応して，HFB状態 $|z_0\rangle$ に対して $2(N+M)\times 2(N+M)$ 次元の**一般化された密度行列** $\mathcal{R}(z_0)$ を導入する．ここでより一般的に任意の z に対して $\mathcal{R}(z)$ を

$$\mathcal{R}(z) \equiv \begin{pmatrix} \langle z|\hat{c}_\beta^\dagger \hat{c}_\alpha|z\rangle & \langle z|\hat{c}_\beta \hat{c}_\alpha|z\rangle \\ \langle z|\hat{c}_\beta^\dagger \hat{c}_\alpha^\dagger|z\rangle & \langle z|\hat{c}_\beta \hat{c}_\alpha^\dagger|z\rangle \end{pmatrix} \tag{6.84}$$

で定義する．$|0\rangle$ と $|z\rangle$ を特徴づける $\mathcal{R}(0)$ と $\mathcal{R}(z)$ は，(6.64)の定義を用いて

$$\mathcal{R}(0) = \begin{pmatrix} 0 & 0 \\ 0 & 1 \end{pmatrix}, \qquad \mathcal{R}(z) = \begin{pmatrix} \rho(z) & t(z) \\ t^\dagger(z) & 1-\rho^{\mathrm{T}}(z) \end{pmatrix} \tag{6.85}$$

で与えられる．この両者はユニタリ行列

$$w(z) \equiv \begin{pmatrix} U^* & V^* \\ V & U \end{pmatrix}, \qquad w^\dagger(z)w(z) = w(z)w^\dagger(z) = 1 \tag{6.86}$$

を用いて

$$\mathcal{R}(z) = w^\dagger(z)\mathcal{R}(0)w(z) \tag{6.87}$$

の関係で結ばれている．これは，$|0\rangle$ と $|z\rangle$ とがユニタリ変換 $e^{\hat{z}}$ で結ばれている関係(6.56)の行列表現である．

$w(z)$ のユニタリ性と(6.87)を確かめるには，(6.53), (6.54)を用いればよい．また同様に，関係

$$\begin{aligned} &\rho^2(z) = \rho(z) - t(z)t^\dagger(z), \qquad t(z) = -t^{\mathrm{T}}(z) \\ &\rho(z)t(z) - t(z)\rho^{\mathrm{T}}(z) = 0 \end{aligned} \tag{6.88}$$

が導かれるので，(6.27)の関係の一般化として

$$\mathcal{R}^2(z) = \mathcal{R}(z) \tag{6.89}$$

が成り立つことが証明される．$\mathcal{R}(z)$ が(6.89)を満たすので，その固有値は 0 と 1 である．また(6.85)，(6.87)から固有値 0 および 1 の解は，それぞれ $N+M$ 個ずつある．(6.53)，(6.54)を用いて，関係

$$\mathcal{R}(z)\boldsymbol{X}_\lambda = 0, \qquad \mathcal{R}(z)\sigma\boldsymbol{X}_\lambda{}^* = \sigma\boldsymbol{X}_\lambda{}^* \tag{6.90}$$

が示されるので，1 対の解 $(\boldsymbol{X}_\lambda, \sigma\boldsymbol{X}_\lambda{}^*)$ はそれぞれ $\mathcal{R}(z)$ の固有ベクトルになっている．すなわち固有値 0 の解が $E_\lambda>0$ の準粒子生成演算子，固有値 1 の解がその消滅演算子に対応している．

(6.77)，(6.90)から HFB 理論の重要な関係式

$$[K(z_0), \mathcal{R}(z_0)] = 0 \tag{6.91}$$

が導かれる．これは HF 理論の関係(6.42)の自然な拡張になっている．

最後に HFB 理論は，HF 理論でまず粒子-空孔相関を取りこみ，その後に BCS 理論で対相関を処理する 2 段階の処方とは異なることを指摘しておく．

6-3 拘束条件つき Hartree-Fock 理論

現在までわれわれは HF 空間 $\{c_{\mu i}, c_{\mu i}{}^*\}$，あるいは HFB 空間 $\{V_{\alpha\beta}, V_{\alpha\beta}{}^*\}$ の中に，ハミルトニアンの期待値が定常となる点を求める理論について見てきた．この節ではこの局所理論をすこし拡張して，系の大域的性質を議論する．

原子核をある方向に変形(その大きさを q とする)させたとき，原子核が得るポテンシャルエネルギー $V(q)$ を知ることができれば，その方向に原子核が励起されやすいか，あるいは別の変形度をもつ安定点が存在するかを調べることができる．

ここでは原子核の変形を記述する座標の例として，4 重極演算子

$$\hat{Q}_{2M} \equiv \sum_{\alpha\beta} q_{\alpha\beta}{}^{2M} \hat{c}_\alpha{}^\dagger \hat{c}_\beta, \qquad q_{\alpha\beta}{}^{2M} \equiv \int d^3\boldsymbol{r}\,\psi_\alpha{}^*(\boldsymbol{r}) r^2 Y_{2M}(\theta, \varphi)\psi_\beta(\boldsymbol{r}) \tag{6.92}$$

を考えよう．HF 理論で定まる球形の平衡点にある原子核が，軸対称 4 重極変形したときに得るポテンシャルは，系が $\hat{Q}_{20}$ 方向に q だけ変形したという拘束

条件の下で新しい1体場を定めることから得られる．このような1体場は，HFB理論で行なったように，Lagrange乗数λを導入して変分方程式

$$\delta\langle k(q)|\hat{H}'|k(q)\rangle\Big|_{k(q)=k_0(q)}=0, \qquad \hat{H}'\equiv\hat{H}-\lambda\hat{Q}_{20} \tag{6.93}$$

を拘束条件

$$q=\langle k_0(q)|\hat{Q}_{20}|k_0(q)\rangle \tag{6.94}$$

の下で求めればよい．ここで$|k(q)\rangle$は(6.20)の$|k\rangle$と同じであるが，kを$k(q)$と記したのは，与えられたqに依存して新しい1体場$|k_0(q)\rangle$が定まることを示すためである．(6.93), (6.94)が**拘束条件つき**(constrained, C-)**HF理論**の基礎方程式である．

(6.94)の両辺をqで微分すれば

$$\begin{aligned} i &= i\frac{d}{dq}\langle\phi_0|e^{-i\hat{K}(k(q))}\hat{Q}_{20}e^{i\hat{K}(k(q))}|\phi_0\rangle \\ &= \langle k(q)|[\hat{Q}_{20},\hat{P}(q)]|k(q)\rangle \end{aligned} \tag{6.95}$$

を得る．ここで新しい演算子$\hat{P}(q)$は次で与えられる．

$$\hat{P}(q)\equiv i\frac{de^{i\hat{K}(k(q))}}{dq}e^{-i\hat{K}(k(q))} \tag{6.96}$$

(6.95)から，$\hat{P}(q)$は$|k(q)\rangle$の近傍でのみ$\hat{Q}_{20}$に正準共役な関係にある局所的運動量を表わす1体演算子であることが分かる．$\hat{P}(q)$が(6.33)で定義された1体演算子を用いて

$$\hat{P}(q)=i\sum_{\nu j}\left\{\frac{\partial c_{\nu j}}{\partial q}\hat{O}_{\nu j}^{\dagger}(k(q))-\frac{\partial c_{\nu j}^{*}}{\partial q}\hat{O}_{\nu j}(k(q))\right\} \tag{6.97}$$

で表わされることに注意する．他方$\hat{Q}_{20}$は

$$\begin{aligned} \hat{Q}_{20}\doteqdot\sum_{\nu j}\{&\langle k(q)|[\hat{O}_{\nu j}(k(q)),\hat{Q}_{20}]|k(q)\rangle\hat{O}_{\nu j}^{\dagger}(k(q)) \\ &+\langle k(q)|[\hat{Q}_{20},\hat{O}_{\nu j}^{\dagger}(k(q))]|k(q)\rangle\hat{O}_{\nu j}(k(q))\} \end{aligned} \tag{6.98}$$

で表わされることが局所的直交関係(6.36)から導かれる．ここで記号$\doteqdot$は両辺の$\hat{a}_\mu^{\dagger}(k)\hat{b}_i^{\dagger}(k)$, $\hat{b}_i(k)\hat{a}_\mu(k)$成分が等しいことを意味する．平均1体場の変

形にかかわる自由度を記述する**集団演算子** $\hat{P}(q), \hat{Q}_{20}$ を(6.97), (6.98)のように表現すれば，これらと $|k(q)\rangle$ の近傍で直交する $2(MN-1)$ 個の**非集団演算子** $\{\hat{\delta}_\perp(k)\}$を導入できる．($\hat{O}_{\mu i}{}^\dagger, \hat{O}_{\mu i}$ 全体で $2MN$ 個の独立な演算子があることに注意.)

CHF 理論の基礎方程式(6.93)は

$$
\begin{aligned}
0 &= \langle k(q)|[\hat{H}', \hat{O}_{\mu\nu}{}^\dagger(k(q))]|k(q)\rangle\Big|_{k(q)=k_0(q)} \\
0 &= \langle k(q)|[\hat{H}', \hat{O}_{\mu\nu}(k(q))]|k(q)\rangle\Big|_{k(q)=k_0(q)}
\end{aligned}
\tag{6.99}
$$

と書けるが，これは上で導入された演算子を用いて

$$
\begin{aligned}
0 &= \langle k(q)|[\hat{H}', \hat{P}(q)]|k(q)\rangle\Big|_{k(q)=k_0(q)} \\
0 &= \langle k(q)|[\hat{H}', \hat{Q}_{20}]|k(q)\rangle\Big|_{k(q)=k_0(q)} \\
0 &= \langle k(q)|[\hat{H}', \hat{\delta}_\perp(k)]|k(q)\rangle\Big|_{k(q)=k_0(q)}
\end{aligned}
\tag{6.100}
$$

と等価である．この第 1 式は(6.95), (6.96)を用いて

$$
\lambda = \frac{d}{dq}\langle k(q)|\hat{H}|k(q)\rangle\Big|_{k(q)=k_0(q)} \tag{6.101}
$$

となる．他方第 2，第 3 式は非集団演算子 $\{\hat{\delta}_\perp(k)\}$ と $\hat{Q}_{20}$ とが $|k(q)\rangle$ の近傍で直交するので

$$
\begin{aligned}
0 &= \langle k(q)|[\hat{H}, \hat{Q}_{20}]|k(q)\rangle\Big|_{k(q)=k_0(q)} \\
0 &= \langle k(q)|[\hat{H}, \hat{\delta}_\perp(k)]|k(q)\rangle\Big|_{k(q)=k_0(q)}
\end{aligned}
\tag{6.102}
$$

となる．(6.102)から，CHF 理論は q 方向以外は HF 理論と同じ条件を与えていることが分かる．したがって(6.101), (6.102)を満たす CHF 状態 $|k_0(q)\rangle$ と，6-1 節で求めた HF 状態 $|k_0\rangle$ とのハミルトニアン $\hat{H}$ の期待値の差は，系が $\hat{Q}_{20}$ 方向に q だけ変形したときに系が得る集団運動に関するポテンシャルエネルギー $V(q)$ と考えてよい．

$$
V(q) \equiv \langle k_0(q)|\hat{H}|k_0(q)\rangle - \langle k_0|\hat{H}|k_0\rangle \tag{6.103}
$$

(6.103)を用いれば，(6.101)は $\lambda = dV(q)/dq$ となる．このことから CHF 状態

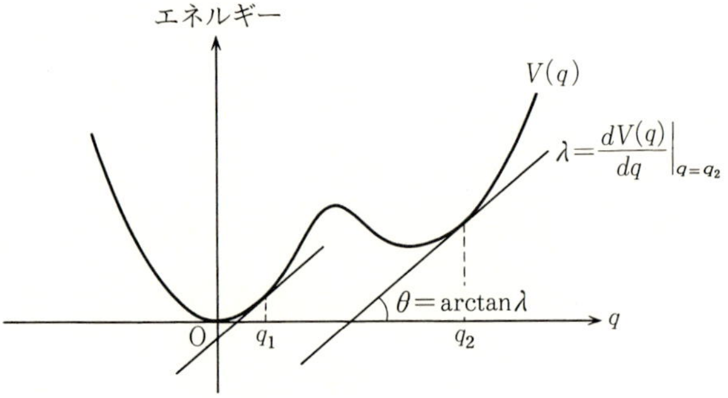

図6-1 CHF理論で得られるポテンシャルエネルギー $V(q)$ と Lagrange 乗数 λ との関係.

は q 方向に対しては $\langle k_0(q)|\hat{H}|k_0(q)\rangle$ の定常点とはなっていないが，拘束条件を用いて $V(q)$ から q の1次依存性を引き去ることにより，各 q ごとに定まる $\hat{H}'$ に対しては(q の1次依存性をもたない)平衡点となっていることが保証されている(図6-1参照).

ここで拘束条件のとり方について補足しておく．図6-1で示したように，q が λ の1価関数でない場合には，異なった2つ以上の q に対し同じ $\hat{H}'$ を取り扱うことになる．CHF理論は $\hat{H}'$ のいちばん低いエネルギー状態を求めるので，CHF理論の解がある領域(例えば図6-1の q_1 と q_2 との間)で求められない場合がある．このような場合には(6.93)の $\hat{H}'$ が含んでいる $\hat{Q}$ に関する1次の拘束項を拡張して，$\hat{Q}$ に関する2次の拘束項を付加した

$$\langle k(q)|\hat{H}''|k(q)\rangle = \langle k(q)|\hat{H}|k(q)\rangle + \frac{\gamma}{2}\{\langle k(q)|\hat{Q}_{20}|k(q)\rangle - \lambda\}^2 \tag{6.104}$$

を用いればよい.

CHF方程式(6.93),(6.94)は，(6.45)を導いたのと同じ処方を用いて，ユニタリ変換(6.14)の係数 $D_{\alpha\beta}(q)$ $(\equiv D_{\alpha\beta}(k_0(q)))$ およびCHF状態 $|k_0(q)\rangle$ に対する1粒子状態のエネルギー $E_\alpha(q)$ を定める固有値方程式

$$\sum_\beta \{T_{\alpha\beta} + \Gamma_{\alpha\beta}(k_0(q)) - \lambda q_{\alpha\beta}{}^{20}\} D_{\beta\gamma}(q) = E_\gamma(q) D_{\alpha\gamma}(q) \tag{6.105}$$

に帰着する．ただしHFポテンシャルが

$$\Gamma_{\alpha\beta}(k_0(q)) \equiv \sum_{\gamma\delta} \sum_{i=1}^{N} V_{\alpha\gamma,\beta\delta} D_{\gamma i}{}^{\dagger}(q) D_{\delta i}(q) \tag{6.106}$$

で与えられるという自己無撞着性の条件と，拘束条件

$$q = \sum_{i=1}^{N} q_{\alpha\beta}{}^{20} D_{\alpha i}{}^{\dagger}(q) D_{\beta i}(q) \tag{6.107}$$

とが満足されるように反復計算を繰り返して数値的に解かねばならない非線形固有値方程式である．

(6.105)～(6.107)で求められた係数 $D(q), D^{\dagger}(q)$ を用いれば，CHF 状態 $|k_0(q)\rangle$ に対する粒子・空孔演算子は(6.14), (6.19)を用いて

$$\left.\begin{array}{l} \hat{\alpha}_{\mu}{}^{\dagger}(q) \\ \hat{\beta}_i(q) \end{array}\right\} \equiv \hat{d}_{\alpha}^{\dagger}(q) \equiv \sum_{\beta} \hat{c}_{\beta}{}^{\dagger}(e^{ik_0(q)})_{\beta\alpha} = \sum_{\beta} \hat{c}_{\beta}{}^{\dagger} D_{\beta\alpha}(q) \quad \begin{array}{l} (N+1 \leqq \mu = \alpha \leqq N+M) \\ (1 \leqq i = \alpha \leqq N) \end{array} \tag{6.108}$$

で与えられる．$|k_0(q)\rangle$ は $\hat{H}$ に対する HF 状態ではないが，$\hat{H}'=\hat{H}-\lambda\hat{Q}_{20}$ に対する HF 状態とみなせるので

$$\begin{aligned} \hat{H}' &= \langle k_0(q)|\hat{H}'|k_0(q)\rangle + \sum_{\mu} E_{\mu}(q)\hat{\alpha}_{\mu}^{\dagger}(q)\hat{\alpha}_{\mu}(q) - \sum_{i} E_i(q)\hat{\beta}_i^{\dagger}(q)\hat{\beta}_i(q) \\ &\quad + \frac{1}{4}\sum_{\alpha\beta\gamma\delta} V_{\alpha\beta,\gamma\delta} : \hat{c}_{\alpha}{}^{\dagger}\hat{c}_{\beta}{}^{\dagger}\hat{c}_{\delta}\hat{c}_{\gamma} : \\ \langle k_0(q)|\hat{H}'|k_0(q)\rangle &= H_0(k_0(q=0)) + V(q) - \lambda q \end{aligned} \tag{6.109}$$

を得る．ここで，記号：：は $\hat{\alpha}_{\mu}^{\dagger}(q), \hat{\beta}_i^{\dagger}(q)$ に対する N 積である．(6.109)は $\hat{\alpha}_{\mu}^{\dagger}(q), \hat{\beta}_{\mu}^{\dagger}(q)$ に対する危険な項を含まないので，$|k_0(q)\rangle$ は $\hat{H}'$ に対する平衡 1 体場としての意味をもち，$E_{\mu}(q)$ と $E_i(q)$ は原子核が変形 q をもつときの 1 粒子エネルギーとしての意味をもつ．

CHF(B)方程式は，核内での有効核力を表わすものとして導入された，比較的取扱いの簡単な Skyrme 力や Gogny 力を用いて数値的に解かれており，Nilsson 模型や Nilsson-Strutinsky 法の微視的基礎づけを与えている．このような計算では拘束演算子として $\hat{Q}_{20}$ だけでなく $\hat{Q}_{2,\pm2}$ や $\hat{Q}_{30}$ なども考慮され，図 5-4 に与えられているような(6.103)を一般化した多次元空間のポテンシャルエネルギー面 $V(q_1, q_2, \cdots)$ を与える．このような計算で得られるポテンシャ

ルの極小点がハミルトニアン $\hat{H}$ ($\hat{H}'$ ではない)に対する HF 条件，あるいは HFB 条件を満たす平衡1体場になっている．

最後に図 2-4，図 2-9 に見られるような1粒子エネルギー $E_\alpha(q)$ の強い q 依存性は，集団運動と独立粒子運動との間の非線形依存性を示唆しているが，この点については第8章でくわしく議論する．

6-4 時間依存 Hartree-Fock 理論

本章では原子核に実現されているさまざまな平均ポテンシャルの基礎づけを与える自己無撞着平衡1体場の理論について見てきた．この1体場に付随する1粒子状態を用いて多粒子-多空孔状態を作れば，多フェルミオン系の完全系を張ることができる．したがって原子核の励起状態を記述するには，その系に最適な平衡1体場を1つ採用すれば十分であると考えられてきた．

しかし近年の核分光実験の発展は1つの原子核の中にいくつもの平均ポテンシャルが共存していることを明らかにした．すなわち系の基底状態を近似的に記述する平衡1体場だけでなく，特定の励起状態を記述するのに，別の平衡1体場が有効であることが示された．それぞれの平衡1体場の近傍だけを局所的に取り扱っているかぎり，平衡1体場をいくつ導入してもよいが，超変形状態から通常の変形状態への遷移が実験的に観測されはじめつつある現状では，いくつもの平衡1体場の間の相互関係を明らかにし，量子多体系の状態空間の中にいろいろな平衡1体場がいかに埋めこまれているかを明らかにすることが重要な課題となってきている．この目的のためにも時間依存(time-dependent, TD-)HF 理論が1つの有望な理論と考えられている．

第I部で述べたように，イラスト領域の集団運動モードは一般化された平均ポテンシャルの時間変化として理解できる．TDHF 理論はこの描像に微視的基礎を与えるだけでなく，現在まで原子核の集団運動に対して展開されてきたさまざまな量子多体論を系統的に述べるにも有効なので，ここで TDHF 理論について概観する．

TDHF 理論の基礎方程式は

$$\delta\langle k|\left\{i\frac{d}{dt}-\hat{H}\right\}|k\rangle = 0 \tag{6.110}$$

で与えられる．(以下 $\hbar=1$ の単位系を用いる.) ここで状態 $|k\rangle$ は(6.20)と同じであるが，TDHF 理論では $k_{\mu i}, k_{\mu i}{}^*$ を時間に依存する複素変数と考える．ここで証明は省略するが $k_{\mu i}, k_{\mu i}{}^*$ のパラメータ空間を動く状態 $|k\rangle$ は，N 粒子フェルミオン系のすべての状態空間をおおうことを注意しておく．TDHF 理論では(6.20)の状態 $|\phi_0\rangle$ として，HF 条件

$$\delta\langle\phi_0|\hat{H}|\phi_0\rangle = 0 \tag{6.111}$$ *

を満たすものをとる．(6.32)から(6.41)が導かれたように，(6.110)は一般性を失うことなく

$$\langle k|\left[\hat{c}_\alpha^\dagger\hat{c}_\beta, i\frac{de^{\hat{K}(k)}}{dt}e^{-\hat{K}(k)}-\hat{H}\right]|k\rangle = 0 \tag{6.112}$$

と書ける．ここで密度行列(6.24)の時間微分が

$$i\frac{d}{dt}\rho_{\beta\alpha}(k) = \langle k|\left[\hat{c}_\alpha^\dagger\hat{c}_\beta, i\frac{de^{\hat{K}(k)}}{dt}e^{-\hat{K}(k)}\right]|k\rangle \tag{6.113}$$

で与えられ，また(6.112)の中の $\hat{H}$ は $\hat{H}_2(k)$ に置き換えてよいことを用いれば，最終的に(6.42)を拡張した式

$$i\frac{d}{dt}\rho_{\beta\alpha}(k) = [W(k), \rho(k)]_{\beta\alpha} \tag{6.114}$$

を得る．(6.114)を **TDHF 方程式**とよぶ．

次に TDHF 方程式を別の形で表わそう．TDHF 理論では，(6.26)で導入された変数 $c_{\mu i}, c_{\mu i}{}^*$ を時間依存変数と考えるので，(6.33)で定義された 1 体演算子を用いて，(6.110)を

* 本章の流れからいえば，TDHF 方程式は(6.110)ではなく単一 Slater 行列式 $|f\rangle\equiv e^{\hat{F}}|k_0\rangle$，$\hat{F}\equiv\sum_{\mu i}\{f_{\mu i}\hat{\alpha}_\mu^\dagger\hat{\beta}_i^\dagger+\text{h.c.}\}$ を用いて $0=\delta\langle f|\hat{H}-i\dfrac{d}{dt}|f\rangle$ と表わされなければならない．なぜなら HF 条件を満たしているのは $|\phi_0\rangle$ ではなく，$|k_0\rangle$ だからである．しかし $|k_0\rangle$ から出発すると記号が煩雑になるので，本章では以降 $|\phi_0\rangle$ が HF 条件(6.111)を満たすものとして定式化し，必要に応じて註釈をつけることにする．

$$\delta\langle k|\left\{i\sum_{\mu i}(\dot{c}_{\mu i}\hat{O}_{\mu i}{}^{\dagger}(k)-\dot{c}_{\mu i}{}^{*}\hat{O}_{\mu i}(k))-\hat{H}\right\}|k\rangle=0 \tag{6.115}$$

と書いてよい．また(6.30)の $H_0(k)$ が

$$\frac{\partial H_0(k)}{\partial c_{\mu i}}=\langle k|[\hat{H},\hat{O}_{\mu i}{}^{\dagger}(k)]|k\rangle,\qquad \frac{\partial H_0(k)}{\partial c_{\mu i}{}^{*}}=\langle k|[\hat{O}_{\mu i}(k),\hat{H}]|k\rangle \tag{6.116}$$

を満たすことと，(6.36)を用いれば，(6.115)式は

$$i\dot{c}_{\mu i}=\{c_{\mu i},H_0(k)\}_{\mathrm{P.B.}},\qquad i\dot{c}_{\mu i}{}^{*}=\{c_{\mu i}{}^{*},H_0(k)\}_{\mathrm{P.B.}} \tag{6.117}$$

に帰着する．ここで記号 $\{\ \}_{\mathrm{P.B.}}$ は Poisson 括弧式

$$\{A,B\}_{\mathrm{P.B.}}\equiv\sum_{\mu i}\left(\frac{\partial A}{\partial c_{\mu i}}\frac{\partial B}{\partial c_{\mu i}{}^{*}}-\frac{\partial B}{\partial c_{\mu i}}\frac{\partial A}{\partial c_{\mu i}{}^{*}}\right) \tag{6.118}$$

を意味する．以上から TDHF 方程式は形式的に(これは量子系が古典極限 $\hbar\to 0$ で古典系に帰着することとは異なることに注意．ここでは $\hbar=1$ の単位系を採用しているが，TDHF 理論では $\hbar$ が残っている)古典力学の正準運動方程式と同じであり，TDHF パラメータ空間 $\{c_{\mu i},c_{\mu i}{}^{*}\}$ は古典位相空間と同じシンプレクティック多様体であること，また(6.26)で定義された変数 $c_{\mu i},c_{\mu i}{}^{*}$ は正準変数であることが示された．したがって時間依存平均場理論で原子核の動的性質を議論することは，古典多自由度系の非線形力学を取り扱うのと等価であることが分かる．

また TDHF 理論は，量子力学の経路積分法に停留位相近似を施しても得られることが知られている．したがって TDHF 理論は多体系の量子状態の性質を理解する上で重要な指針を与えている．

TDHF 方程式は，Skyrme 力や Gogny 力など簡単な有効核力に対しては数値計算が可能となり，重イオン深部非弾性散乱，核融合反応などの記述に用いられている(12-6 節参照)．今後はこのような大規模計算を用いて，TDHF 多様体の構造を細かく調べていくことがますます重要になるであろう．

7

乱雑位相近似とボソン展開法

本章では，第6章で求められた平衡1体場を基礎に，原子核の示す動的性質，集団的励起状態を記述する微視的理論について議論する．まず平衡点近傍の局所的性質を取り扱う理論を概観し，さらに自発的に破られた対称性を回復するために発生する集団運動について述べる．また局所理論を基礎に大域的効果を系統的に評価していくボソン展開法についても述べる．

7-1 平衡点のまわりでの平均場の微小振動

a) RPA方程式

平衡1体場近傍の局所的運動を取り扱う方法の中で最も簡明で物理的にも理解しやすい取扱いは，平均1体場が平衡点のまわりで微小な集団的振動をしているという描像に基づくものである．TDHF理論では，(6.20)の時間依存係数 $\kappa_{\mu i}, \kappa_{\mu i}{}^*$ が，状態 $|k\rangle$ の平衡点 $|\phi_0\rangle$ からの変化を記述している*．状態 $|k\rangle$ が $|\phi_0\rangle$ のまわりでの微小振動状態を記述していると考えれば，$\kappa_{\mu i}, \kappa_{\mu i}{}^*$ は微小量

* ここでも6-4節に従って $|\phi_0\rangle$ をHF条件(6.111)を満たす状態とする．

とみなせる．したがって(6.25)の密度行列はこの微小量に対して展開できて

$$\rho(k) = \rho^{(0)} + \rho^{(1)}(k) + \rho^{(2)}(k) + \cdots \tag{7.1}$$

$$\rho^{(0)} = \begin{pmatrix} 0 & 0 \\ 0 & 1 \end{pmatrix},\quad \rho^{(1)}(k) = \begin{pmatrix} 0 & i\kappa \\ -i\kappa^\dagger & 0 \end{pmatrix},\quad \rho^{(2)}(k) = \begin{pmatrix} \kappa\kappa^\dagger & 0 \\ 0 & \kappa^\dagger\kappa \end{pmatrix},\quad \cdots$$

となる．同様に HF ハミルトニアン(6.31)も展開できて

$$W_{\alpha\beta}(k) = W_{\alpha\beta}{}^{(0)} + W_{\alpha\beta}{}^{(1)}(k) + W_{\alpha\beta}{}^{(2)}(k) + \cdots \tag{7.2}$$

$$W_{\alpha\beta}{}^{(0)} = T_{\alpha\beta} + \sum_{i=1}^{N} V_{\alpha i,\beta i}$$

$$W_{\alpha\beta}{}^{(1)}(k) = i\sum_{\mu i}\{V_{\alpha i,\beta\mu}\kappa_{\mu i} - V_{\alpha\mu,\beta i}\kappa_{\mu i}{}^*\}$$

$$W_{\alpha\beta}{}^{(2)}(k) = \sum_{\mu\nu} V_{\alpha\nu,\beta\mu}(\kappa\kappa^\dagger)_{\mu\nu} - \sum_{ij} V_{\alpha j,\beta i}(\kappa^\dagger\kappa)_{ij},\quad \cdots$$

を得る．ここで TDHF 方程式(6.114)が κ の各次数で成り立つとすれば，第 0 次と第 1 次に対して

$$i\dot{\rho}^{(0)} = [W^{(0)}, \rho^{(0)}] \tag{7.3a}$$

$$i\dot{\rho}^{(1)}(k) = [W^{(0)}, \rho^{(1)}(k)] + [W^{(1)}(k), \rho^{(0)}] \tag{7.3b}$$

を得る．ただし $\dot{\kappa}_{\mu i}, \dot{\kappa}_{\mu i}{}^*$ は $\kappa_{\mu i}, \kappa_{\mu i}{}^*$ と同程度の微小量であるとした．

まず第 0 次方程式(7.3a)を考える．(7.1)から明らかなように，$\rho^{(0)}$ は時間依存変数 $\kappa_{\mu i}, \kappa_{\mu i}{}^*$ を含まず，したがって(7.3a)は左辺が 0 となり，HF 条件(6.42)に帰着する．これは TDHF 方程式(6.110)において，状態 $|\phi_0\rangle$ が HF 条件(6.111)を満たすと仮定したことの当然の帰結である．したがって $\rho^{(0)}$ と $W^{(0)}$ とは同時対角化可能であり，(7.1)の $\rho^{(0)}$ を対角化する表示で $W^{(0)}$ は

$$\left.\begin{aligned} W_{\mu\nu}{}^{(0)} &= T_{\mu\nu} + \sum_{i=1}^{N} V_{\mu i,\nu i} = E_\mu\delta_{\mu\nu} \\ W_{kl}{}^{(0)} &= T_{kl} + \sum_{i=1}^{N} V_{ki,li} = E_l\delta_{kl} \end{aligned}\right. \tag{7.4a}$$

$$W_{\mu j}{}^{(0)} = T_{\mu j} + \sum_{i=1}^{N} V_{\mu i, ji} = 0$$
$$W_{j\mu}{}^{(0)} = T_{j\mu} + \sum_{i=1}^{N} V_{ji, \mu i} = 0 \tag{7.4b}$$

と書ける*.

次に(7.3b)について考える.(7.4)を用いれば,(7.3b)は

$$-\dot{\kappa}_{\mu i} = i(E_\mu - E_i)\kappa_{\mu i} + i\sum_{\nu j}(V_{\mu j, i\nu}\kappa_{\nu j} - V_{\mu\nu, ij}\kappa_{\nu j}{}^*)$$
$$\dot{\kappa}_{\mu i}{}^* = i(E_\mu - E_i)\kappa_{\mu i}{}^* - i\sum_{\nu j}(V_{ij, \mu\nu}\kappa_{\nu j} - V_{i\nu, \mu j}\kappa_{\nu j}{}^*) \tag{7.5}$$

となる.ここで(7.5)で記述される系はM(粒子状態の数)$\times N$(空孔状態の数)個の基準振動(その固有振動数をω_λ: $\lambda=1, \cdots, MN$とし,また$\omega_\lambda{}^2>0$と仮定する)をもっているとする.このとき$\kappa_{\mu i}, \kappa_{\mu i}{}^*$の時間依存性は,系の基準振動を用いて展開可能で

$$\kappa_{\mu i} = \sum_\lambda \{X_{\mu i}{}^\lambda e^{-i\omega_\lambda t} + Y_{\mu i}{}^\lambda e^{i\omega_\lambda t}\} \tag{7.6}$$

とおける.これを(7.5)に代入すれば,基準振動の固有振動数ω_λと固有ベクトル$(X_{\mu i}, Y_{\mu i})$を定める方程式

$$\omega_\lambda X_{\mu i}{}^\lambda = (E_\mu - E_i)X_{\mu i}{}^\lambda + \sum_{\nu j}(V_{\mu j, i\nu}X_{\nu j}{}^\lambda - V_{\mu\nu, ij}Y_{\nu j}{}^\lambda)$$
$$\omega_\lambda Y_{\mu i}{}^\lambda = -(E_\mu - E_i)Y_{\mu i}{}^\lambda - \sum_{\nu j}(V_{\mu j, i\nu}Y_{\nu j}{}^\lambda - V_{ij, \mu\nu}X_{\nu j}{}^\lambda) \tag{7.7}$$

を得る.これはよく知られた**乱雑位相近似**(random phase approximation, RPA)**方程式**である.以上の導出から明らかなように,RPA方程式は平均1体場が平衡点$|\phi_0\rangle$のまわりに振動数ω_λで微小振動している様子を記述しており,原子核の低い集団的振動状態や巨大共鳴状態の微視的記述に広く用いられ

---

* (6.20)では$|\phi_0\rangle$はHF条件を満たす状態ではなかったが,6-4節のTDHF理論では$|\phi_0\rangle$をHF条件を満たすものと仮定した.このためHF条件は,相互作用に対する条件(7.4)として表わされる.このような条件を相互作用につけたくなければ,TDHF理論をHF条件を満たす状態$|k_0\rangle$に対して定式化すればよいが,記号が煩雑になるので本章では$|\phi_0\rangle$を出発点とした.

ている．

b） RPA 方程式の性質

ここで RPA 方程式のもつ諸性質についてまとめておく．まず $2MN\times 2MN$ 次元の行列 $\mathscr{S}$ および $\mathscr{T}$ を，$MN\times MN$ 次元の小行列を用いて

$$\mathscr{S}\equiv\begin{pmatrix}A_{\mu i,\nu j} & B_{\mu i,\nu j}\\ B_{\mu i,\nu j} & A_{\mu i,\nu j}\end{pmatrix},\qquad \mathscr{T}\equiv\begin{pmatrix}1 & 0\\ 0 & -1\end{pmatrix}\tag{7.8}$$

$$A_{\mu i,\nu j}\equiv(E_\mu-E_i)\delta_{\mu\nu}\delta_{ij}+V_{\mu j,i\nu},\qquad B_{\mu i,\nu j}\equiv-V_{\mu\nu,ij}$$

で導入する．また $2MN$ の要素からなる縦ベクトル $\boldsymbol{X}_\lambda$ を

$$\boldsymbol{X}_\lambda\equiv\begin{pmatrix}X_{\mu i}{}^\lambda\\ Y_{\mu i}{}^\lambda\end{pmatrix}\tag{7.9}$$

で定義すれば，RPA 方程式(7.7)は簡明に

$$\omega_\lambda\boldsymbol{X}_\lambda=\mathscr{T}\mathscr{S}\boldsymbol{X}_\lambda\tag{7.10}$$

と書ける．いま(7.10)を満たす固有ベクトル $\boldsymbol{X}_\lambda$ の要素を用いて新たなベクトル

$$\boldsymbol{Y}_\lambda\equiv\begin{pmatrix}Y_{\mu i}{}^{\lambda *}\\ X_{\mu i}{}^{\lambda *}\end{pmatrix}\tag{7.11}$$

を作れば，行列 $\mathscr{S}$ の Hermite 性を用いて

$$-\omega_\lambda\boldsymbol{Y}_\lambda=\mathscr{T}\mathscr{S}\boldsymbol{Y}_\lambda\tag{7.12}$$

が導かれる．すなわち RPA 方程式の解は必ず $\pm\omega_\lambda$ の対で現われ，その固有ベクトルは(7.9)，(7.11)の関係で相互に結びついている．

正規直交性　$c_{\mu i}, c_{\mu i}{}^*$ は正準運動方程式(6.117)を満たす正準変数である．$\kappa_{\mu i}, \kappa_{\mu i}{}^*$ は(6.26)で $c_{\mu i}, c_{\mu i}{}^*$ と結びついているので，$\kappa_{\mu i}, \kappa_{\mu i}{}^*$ が微小量とみなせる HF 状態 $|\phi_0\rangle$ の近傍で，これらは正準変数と考えてよい．他方 RPA 方程式の固有振動数 ω_λ に対して

$$c_\lambda\equiv e^{-i\omega_\lambda t},\qquad c_\lambda{}^*\equiv e^{i\omega_\lambda t}\tag{7.13}$$

と時間的に変化する $2MN$ 個の座標 $(c_\lambda, c_\lambda{}^*)$ を導入すると，これらは調和振動を記述する正準座標としての意味をもっている．したがって $\kappa_{\mu i}, \kappa_{\mu i}{}^*$ と $c_\lambda, c_\lambda{}^*$ とは正準変換で結ばれているはずである．解析力学の一般論によれば，この正

準変換は

$$c_\lambda{}^* = \sum_{\mu i}\left\{\kappa_{\mu i}{}^*\frac{\partial \kappa_{\mu i}}{\partial c_\lambda} - \kappa_{\mu i}\frac{\partial \kappa_{\mu i}{}^*}{\partial c_\lambda}\right\} + 2i\frac{\partial S}{\partial c_\lambda} \tag{7.14}$$

で表わされる．ここで S は正準変換の母関数である．(7.14)とその複素共役をとって得られる関係を，それぞれ $c_\sigma{}^*, c_\sigma$ で微分し，結果の和と差から RPA の固有ベクトルが満たすべき正規直交関係

$$\begin{aligned} \delta_{\lambda\sigma} &= \sum_{\mu i}\{X_{\mu i}{}^{\lambda *}X_{\mu i}{}^{\sigma} - Y_{\mu i}{}^{\lambda *}Y_{\mu i}{}^{\sigma}\} \\ 0 &= \sum_{\mu i}\{Y_{\mu i}{}^{\lambda}X_{\mu i}{}^{\sigma} - X_{\mu i}{}^{\lambda}Y_{\mu i}{}^{\sigma}\} \end{aligned} \tag{7.15}$$

を得る．ここで(7.6), (7.13)から得られる関係

$$\frac{\partial \kappa_{\mu i}}{\partial c_\lambda} = X_{\mu i}{}^*, \qquad \frac{\partial \kappa_{\mu i}}{\partial c_\lambda{}^*} = Y_{\mu i}{}^{\lambda *} \tag{7.16}$$

を用いた．行列 $\mathcal{T}$ とベクトル $\boldsymbol{X}_\lambda, \boldsymbol{Y}_\lambda$ を用いれば，(7.15)は

$$\boldsymbol{X}_\lambda{}^\dagger\mathcal{T}\boldsymbol{X}_\sigma = \delta_{\lambda\sigma}, \qquad \boldsymbol{Y}_\lambda{}^\dagger\mathcal{T}\boldsymbol{Y}_\sigma = -\delta_{\lambda\sigma}, \qquad \boldsymbol{Y}_\lambda{}^\dagger\mathcal{T}\boldsymbol{X}_\sigma = 0 \tag{7.17}$$

と表わされる．さらに，$2MN$ 個の縦ベクトル $\boldsymbol{X}_\lambda, \boldsymbol{Y}_\lambda$ を横に並べて，$2MN\times 2MN$ 次元行列 $\mathcal{X}$ を

$$\mathcal{X} \equiv (\boldsymbol{X}_{\lambda_1}, \boldsymbol{X}_{\lambda_2}, \cdots, \boldsymbol{X}_{\lambda_{MN}}, \boldsymbol{Y}_{\lambda_1}, \boldsymbol{Y}_{\lambda_2}, \cdots, \boldsymbol{Y}_{\lambda_{MN}}) \tag{7.18}$$

で定義すれば，RPA 解の正規直交性は，簡明に

$$\mathcal{X}^\dagger\mathcal{T}\mathcal{X} = \mathcal{T} \tag{7.19}$$

と書ける．

完備性　RPA 解が完全性を満たすと仮定する．このとき $\det(\mathcal{X})\neq 0$ であり，$\mathcal{X}$ の逆行列 $\mathcal{X}^{-1}$ が存在する．また $\mathcal{T}^2=1$ の関係を用いれば，(7.19)から完備性の関係

$$\mathcal{X}\mathcal{T}\mathcal{X}^\dagger = \mathcal{T} \tag{7.20}$$

を得る．

c) HF 状態の安定性

HF 条件(6.111)は，$|\phi_0\rangle$ のエネルギー期待値 $\langle\phi_0|\hat{H}|\phi_0\rangle$ が，$|\phi_0\rangle$ のあらゆる微小変化 $|\delta\phi_0\rangle$ に対して定常であることを要請しているが，必ずしも安定であ

ることを保証しない．HF 状態が安定かどうかを考察するには，(6.111)(すなわち(7.4))を満す状態 $|\phi_0\rangle$ を出発点として生成される単一 Slater 行列式 $|k\rangle = e^{\hat{K}(k)}|\phi_0\rangle$ に関するハミルトニアンの期待値を考え，$\kappa_{\mu i}, \kappa_{\mu i}{}^*$ に対する期待値の変化を調べればよい．このために(6.30)の $H_0(k)$ を $\kappa_{\mu i}, \kappa_{\mu i}{}^*$ に関して 2 次まで展開し，$|\phi_0\rangle$ が HF 条件(7.4)を満していることを用いて書き換えれば

$$H_0(k) = \sum_{i=1}^{N} E_i - \frac{1}{2}\sum_{ij} V_{ji,ji} + \frac{1}{2}\sum_{ij\mu\nu} (\kappa_{\nu j}{}^*, \kappa_{\nu j}) \begin{pmatrix} A_{\mu i,\nu j} & B_{\mu i,\nu j} \\ B_{\mu i,\nu j} & A_{\mu i,\nu j} \end{pmatrix} \begin{pmatrix} \kappa_{\mu i} \\ \kappa_{\mu i}{}^* \end{pmatrix} + O(\kappa^3) \tag{7.21}$$

を得る．ここで $H_0(k)$ が κ の 1 次を含んでいないのは，$|\phi_0\rangle$ が HF 条件を満たしているからである．(7.21)の 2 次の項は RPA 方程式に現われた行列 $\mathcal{S}$ を含んでいる．$\mathcal{S}$ は Hermite なので，その固有値はすべて実数である．もし $\mathcal{S}$ の固有値がすべて正であれば，$|\phi_0\rangle$ はエネルギーの極小点であり，安定である．なぜなら系を $|\phi_0\rangle$ からどの方向に動かしても必ずエネルギーが増大するからである．しかし $\mathcal{S}$ の固有値の中に 1 つでも負のものがあれば，その方向に対して $|\phi_0\rangle$ はエネルギーの極大点になっていて，不安定となる．このように行列 $\mathcal{S}$ は HF 状態の安定性を調べるのに重要な役割を果たすので **stability matrix**(安定性の行列)とよばれる．

ここで RPA 方程式(7.10)は Hermite 性を満たさない行列 $\mathcal{T}\mathcal{S}$ を含んでいるので，その固有値 ω_λ は必ずしも実数とはならない．しかし $\mathcal{S}$ の固有値がすべて正であれば，RPA 解はすべて実数となることが一般的に示される．

残留相互作用の引力効果が大きくなると，$\mathcal{S}$ は負の固有値をもつようになる．このとき $|\phi_0\rangle$ は不安定となり，$|\phi_0\rangle$ とは別な 1 体場(真空)が安定化することになるので，**相転移**(phase transition)が発生したといわれる．しかし原子核のような有限系では 2 つの平衡点は一般に直交していないし，またそれぞれのもつ零点振動の振幅より 2 つの平衡点が大きく離れていないと，区別がつきにくいという問題がある．したがって有限系では，相転移現象は緩慢に発生する．それゆえ原子核は量子的励起状態の性質の変化を調べることにより，相転移の力学を詳細に調べられる可能性をもった特別な系であるといえる．

7-2 ボソン展開法

a) ボソン展開法と平均場理論

原子核の低励起振動モードを記述するためには，$\kappa_{\mu i}, \kappa_{\mu i}^*$ に関する展開の1次までしか考慮しないRPA方程式の記述では不十分で，もっと高次の効果まで取り扱う必要がある．特に有限系での相転移の機構を明らかにするには，$|\phi_0\rangle$ 近傍の局所的性質だけでなく，大域的な性質を系統的に評価する方法，すなわちRPA方程式を第0次とするような摂動法の確立が必要となる．この目的のためにRPAに含まれる近似について考えてみる．

HF状態 $|\phi_0\rangle$ に関する生成・消滅演算子のN積で表示されたハミルトニアンは，条件(7.4)を用いて(6.12)を書き換えることにより

$$\hat{H} = H_0(k=0) + \hat{H}_2(k=0) + \hat{H}_4(k=0) \tag{7.22}$$

$$H_0(k=0) = \langle\phi_0|\hat{H}|\phi_0\rangle = \sum_{i=1}^{N} E_i - \frac{1}{2}\sum_{ij} V_{ji,ji}$$

$$\hat{H}_2(k=0) = \sum_{\mu} E_\mu \hat{a}_\mu{}^\dagger \hat{a}_\mu - \sum E_i \hat{b}_i{}^\dagger \hat{b}_i$$

$$\begin{aligned}\hat{H}_4(k=0) = {} & \frac{1}{4}\sum_{\mu\nu\sigma\tau} V_{\mu\nu,\sigma\tau}\hat{a}_\mu{}^\dagger \hat{a}_\nu{}^\dagger \hat{a}_\tau \hat{a}_\sigma + \frac{1}{4}\sum_{ijkl} V_{ij,kl}\hat{b}_l{}^\dagger \hat{b}_k{}^\dagger \hat{b}_i \hat{b}_j \\ & + \sum_{\mu\nu ij}\left\{\left(\frac{1}{4}V_{\mu\nu,ij}\hat{a}_\mu{}^\dagger \hat{a}_\nu{}^\dagger \hat{b}_j{}^\dagger \hat{b}_i{}^\dagger + \mathrm{h.c.}\right) + V_{\mu i,\nu j}\hat{a}_\mu{}^\dagger \hat{b}_j{}^\dagger \hat{a}_\nu \hat{b}_i\right\} \\ & + \frac{1}{2}\sum_{\mu\nu\sigma i} V_{\mu\nu,\sigma i}(\hat{a}_\mu{}^\dagger \hat{a}_\nu{}^\dagger \hat{b}_i{}^\dagger \hat{a}_\sigma + \mathrm{h.c.}) \\ & + \frac{1}{2}\sum_{\mu ijk} V_{\mu i,jk}(\hat{b}_k{}^\dagger \hat{b}_j{}^\dagger \hat{a}_\mu{}^\dagger \hat{b}_i + \mathrm{h.c.})\end{aligned}$$

で与えられる．$|\phi_0\rangle$ のまわりの集団的励起状態が，運動モード

$$\hat{X}_\lambda{}^\dagger = \sum_{\mu i}(X_{\mu i}{}^\lambda \hat{a}_\mu{}^\dagger \hat{b}_i{}^\dagger + Y_{\mu i}{}^\lambda \hat{b}_i \hat{a}_\mu) \tag{7.23}$$

を用いて

$$|\lambda\rangle = \hat{X}_\lambda{}^\dagger|\Phi_{\mathrm{RPA}}\rangle \tag{7.24}$$

で記述されると考えよう．(この段階では，(7.23)で用いられた $X_{\mu i}{}^{\lambda}, Y_{\mu i}{}^{\lambda}$ は(7.6)の $X_{\mu i}{}^{\lambda}, Y_{\mu i}{}^{\lambda}$ とは別のものと考えておく.) ここで $|\boldsymbol{\Phi}_{\mathrm{RPA}}\rangle$ は運動モード $\hat{X}_{\lambda}{}^{\dagger}$ に対する基底状態で

$$\hat{X}_{\lambda}|\boldsymbol{\Phi}_{\mathrm{RPA}}\rangle = 0 \tag{7.25}$$

を満すように定められる．状態 $|\lambda\rangle$ の励起エネルギー ω_{λ} と，運動モード $\hat{X}_{\lambda}{}^{\dagger}$ に含まれる係数 $X_{\mu i}{}^{\lambda}, Y_{\mu i}{}^{\lambda}$ は，状態 $|\lambda\rangle$ が規格直交条件を満しているという式

$$\delta_{\lambda_1\lambda_2} = \langle\lambda_1|\lambda_2\rangle = \langle\boldsymbol{\Phi}_{\mathrm{RPA}}|[\hat{X}_{\lambda_1}, \hat{X}_{\lambda_2}{}^{\dagger}]|\boldsymbol{\Phi}_{\mathrm{RPA}}\rangle \tag{7.26}$$

と，運動方程式

$$\langle\boldsymbol{\Phi}_{\mathrm{RPA}}|[\hat{X}_{\lambda_1}, [\hat{H}, \hat{X}_{\lambda_2}{}^{\dagger}]]|\boldsymbol{\Phi}_{\mathrm{RPA}}\rangle = \omega_{\lambda_1}\delta_{\lambda_1\lambda_2} \tag{7.27}$$

を用いて定められる．

次に(7.26),(7.27)の与える式が RPA 方程式に一致する条件を考える．まず(7.26)の右辺をフェルミオン演算子の満たす反交換関係を用いて計算すれば

$$\begin{aligned}\delta_{\lambda_1\lambda_2} = & \sum_{\mu i}(X_{\mu i}{}^{\lambda_1 *}X_{\mu i}{}^{\lambda_2} - Y_{\mu i}{}^{\lambda_1 *}Y_{\mu i}{}^{\lambda_2}) \\ & -\sum_{\mu ij}(X_{\mu j}{}^{\lambda_1 *}X_{\mu j}{}^{\lambda_2} - Y_{\mu j}{}^{\lambda_1 *}Y_{\mu j}{}^{\lambda_2})\langle\boldsymbol{\Phi}_{\mathrm{RPA}}|\hat{b}_i{}^{\dagger}\hat{b}_j|\boldsymbol{\Phi}_{\mathrm{RPA}}\rangle \\ & -\sum_{\mu\nu i}(X_{\nu i}{}^{\lambda_1 *}X_{\mu i}{}^{\lambda_2} - Y_{\nu i}{}^{\lambda_1 *}Y_{\mu i}{}^{\lambda_2})\langle\boldsymbol{\Phi}_{\mathrm{RPA}}|\hat{a}_{\mu}{}^{\dagger}\hat{a}_{\nu}|\boldsymbol{\Phi}_{\mathrm{RPA}}\rangle\end{aligned} \tag{7.28}$$

を得る．(7.15)と(7.28)が一致するためには $\hat{a}_{\mu}{}^{\dagger}\hat{a}_{\nu}, \hat{b}_i{}^{\dagger}\hat{b}_j$ の $|\boldsymbol{\Phi}_{\mathrm{RPA}}\rangle$ による期待値が 0 でなければならない．条件 $\langle\boldsymbol{\Phi}_{\mathrm{RPA}}|\hat{a}_{\mu}{}^{\dagger}\hat{a}_{\nu}|\boldsymbol{\Phi}_{\mathrm{RPA}}\rangle=0$ 等が厳密に満たされるのは HF 状態 $|\phi_0\rangle$ に対してであるから，$|\boldsymbol{\Phi}_{\mathrm{RPA}}\rangle$ は $|\phi_0\rangle$ にきわめて近い場合に RPA はよい近似であるといえる．次に(7.27)について考える．$|\boldsymbol{\Phi}_{\mathrm{RPA}}\rangle$ が $|\phi_0\rangle$ にきわめて近い場合，(7.27)の交換関係 $[\hat{H}, \hat{X}_{\lambda}{}^{\dagger}]$ の中で重要な効果はフェルミオン演算子に関する 2 次の項であり，4 次の項(非調和項とよばれる)は無視できる．非調和効果を無視した(7.27)の左辺は，(7.26)の右辺に現われる交換関係と同じ構造をしているので，(7.26)に対する議論がそのまま適用する．

議論をもう 1 歩進めると，RPA で採用した近似は次のようなものである．運動モード $\hat{X}_{\lambda}{}^{\dagger}$ の基本演算子は $\hat{a}_{\mu}{}^{\dagger}\hat{b}_i{}^{\dagger}, \hat{b}_i\hat{a}_{\mu}$ であり，これらは交換関係

$$[\hat{b}_i\hat{a}_{\mu}, \hat{a}_{\nu}{}^{\dagger}\hat{b}_j{}^{\dagger}] = \delta_{\mu\nu}\delta_{ij} - \delta_{\mu\nu}\hat{b}_j{}^{\dagger}\hat{b}_i - \delta_{ij}\hat{a}_{\nu}{}^{\dagger}\hat{a}_{\mu} \tag{7.29}$$

を満たす．(7.28)が(7.15)に帰着するには，(7.29)右辺の第1項だけが評価されればよい．このことを2つの添字をもったボソン演算子

$$[\boldsymbol{B}_{\mu i}, \boldsymbol{B}_{\nu j}{}^{\dagger}] = \delta_{\mu\nu}\delta_{ij}, \qquad [\boldsymbol{B}_{\mu i}, \boldsymbol{B}_{\nu j}] = 0 \tag{7.30}$$

を用いて表現すれば，フェルミオン対演算子(双1次演算子)を，対応関係

$$\hat{a}_{\mu}{}^{\dagger}\hat{b}_{i}{}^{\dagger} \to \boldsymbol{B}_{\mu i}{}^{\dagger}, \qquad \hat{b}_{i}\hat{a}_{\mu} \to \boldsymbol{B}_{\mu i} \tag{7.31}$$

でボソン演算子に置き換えることに相当する．すなわち基底状態 $|\boldsymbol{\Phi}_{\mathrm{RPA}}\rangle$ の期待値の中に含まれるフェルミオン対演算子の交換関係を，対応関係

$$\langle \boldsymbol{\Phi}_{\mathrm{RPA}}|[\hat{b}_i\hat{a}_{\mu}, \hat{a}_{\nu}{}^{\dagger}\hat{b}_j{}^{\dagger}]|\boldsymbol{\Phi}_{\mathrm{RPA}}\rangle \to (0|[\boldsymbol{B}_{\mu i}, \boldsymbol{B}_{\nu j}{}^{\dagger}]|0) \qquad (\boldsymbol{B}_{\mu i}|0) = 0) \tag{7.32}$$

で置き換えればよい．近似(7.32)を**準ボソン近似**という．以上からRPAで採用された近似は，非調和効果を無視し，さらにPauli排他律に起因する効果を無視する近似であることが分かる．この近似の下で，運動方程式(7.27)はRPA方程式(7.10)に一致し，(7.23)の $X_{\mu i}{}^{\lambda}, Y_{\mu i}{}^{\lambda}$ は(7.6)の $X_{\mu i}{}^{\lambda}, Y_{\mu i}{}^{\lambda}$ と同一視できる．

RPAを第0近似とし，この近似で落とされた効果を摂動的に評価していくためには，(7.30)で導入されたボソン演算子を用いて，(7.29)の右辺第2，第3項を表現する方法が確立されればよい．ここでフェルミオン対演算子 $\hat{a}_{\mu}{}^{\dagger}\hat{b}_{i}{}^{\dagger}$, $\hat{b}_{i}\hat{a}_{\mu}$ (以上を粒子-空孔(ph)型，hp型と呼ぶ)，$\hat{a}_{\mu}{}^{\dagger}\hat{a}_{\nu}$, $\hat{b}_{i}{}^{\dagger}\hat{b}_{j}$ (以上を粒子-粒子(pp)型，空孔-空孔(hh)型と呼ぶ)がLie群を作っていることに注目しよう．すなわち代数関係(7.29)と

$$\begin{aligned}
&[\hat{b}_i\hat{a}_{\mu}, \hat{a}_{\nu}{}^{\dagger}\hat{a}_{\sigma}] = \delta_{\mu\nu}\hat{b}_i\hat{a}_{\sigma}, \qquad [\hat{a}_{\mu}{}^{\dagger}\hat{a}_{\nu}, \hat{a}_{\sigma}{}^{\dagger}\hat{a}_{\tau}] = \delta_{\nu\sigma}\hat{a}_{\mu}{}^{\dagger}\hat{a}_{\tau} - \delta_{\mu\tau}\hat{a}_{\sigma}{}^{\dagger}\hat{a}_{\nu} \\
&[\hat{b}_i\hat{a}_{\mu}, \hat{b}_j{}^{\dagger}\hat{b}_k] = \delta_{ij}\hat{b}_k\hat{a}_{\mu}, \qquad [\hat{b}_i{}^{\dagger}\hat{b}_j, \hat{b}_k{}^{\dagger}\hat{b}_l] = \delta_{jk}\hat{b}_i{}^{\dagger}\hat{b}_l - \delta_{il}\hat{b}_k{}^{\dagger}\hat{b}_j
\end{aligned} \tag{7.33}$$

とは4種類の対演算子の中で閉じている．このことから，対演算子のみを用いて記述できる偶数個の中性子と陽子から成る系は，フェルミオン代数まで戻らなくても対演算子で記述できることが分かる．したがって(7.29),(7.33)の代数関係を満たすような対演算子のボソン表現が得られるならば，フェルミオン多体系はボソン多体系として記述されることになる(**ボソンマッピング**)．

ボソンマッピングの中でHolstein-Primakoff(HP)型ボソン展開法(フェルミオン対演算子のボソン表現は一般にボソン演算子による展開で表わされるの

で，ボソン展開とよばれる)がよく知られている．これはフェルミオン対演算子の満たす代数関係(7.29),(7.33)が，それのボソン表現の展開の各次数で満たされるように展開係数を定めたものである．ここではpp型，hh型対演算子がボソン演算子の2次で与えられる表示

$$(\hat{a}_\mu{}^\dagger \hat{a}_\nu)_\mathrm{B} = \sum_j \boldsymbol{B}_{\mu j}{}^\dagger \boldsymbol{B}_{\nu j} (\equiv \boldsymbol{A}_{\nu\mu}), \qquad (\hat{b}_k{}^\dagger \hat{b}_l)_\mathrm{B} \equiv \sum_\mu \boldsymbol{B}_{\mu k}{}^\dagger \boldsymbol{B}_{\mu l} \tag{7.34a}$$

を採用する．このときph型対演算子は

$$(\hat{b}_i \hat{a}_\mu)_\mathrm{B} = (\sqrt{1-\boldsymbol{A}}\boldsymbol{B})_{\mu i}, \qquad (\hat{a}_\mu{}^\dagger \hat{b}_i{}^\dagger)_\mathrm{B} = (\hat{b}_i \hat{a}_\mu)_\mathrm{B}{}^\dagger \tag{7.34b}$$

で与えられる．(7.34b)の平方根を展開すれば，展開の各次数で交換関係(7.29),(7.33)が満たされていることが，数学的帰納法を用いて証明できる．またこの展開の最低次が(7.31)に対応していることも明らかである．以上によりRPAで落とされた効果を系統的に評価する方法が得られたことになる．

(7.34)と(6.25)とを比較すると，正準変数 $c_{\mu i}, c_{\mu i}{}^*$ とボソン演算子 $\boldsymbol{B}_{\mu i}, \boldsymbol{B}_{\mu i}{}^\dagger$ の間に対応関係

$$c_{\mu i} \longleftrightarrow \boldsymbol{B}_{\mu i}, \qquad c_{\mu i}{}^* \longleftrightarrow \boldsymbol{B}_{\mu i}{}^\dagger \tag{7.35}$$

をおけば，正準変数表示の密度行列(6.25)から直接HP型ボソン展開が得られることが分かる．さらに(6.25)で与えられる密度行列の各成分が，(6.118)のPoisson括弧式の下で，代数関係

$$\begin{aligned}
&\{\langle k|\hat{b}_i \hat{a}_\mu|k\rangle, \langle k|\hat{a}_\nu{}^\dagger \hat{b}_j{}^\dagger|k\rangle\}_\mathrm{P.B.} = \delta_{\mu\nu}\delta_{ij} - \delta_{\mu\nu}\langle k|\hat{b}_j{}^\dagger \hat{b}_i|k\rangle - \delta_{ij}\langle k|\hat{a}_\nu{}^\dagger \hat{a}_\mu{}^\dagger|k\rangle \\
&\{\langle k|\hat{b}_i \hat{a}_\mu|k\rangle, \langle k|\hat{a}_\nu{}^\dagger \hat{a}_\sigma|k\rangle\}_\mathrm{P.B.} = \delta_{\mu\nu}\langle k|\hat{b}_i \hat{a}_\sigma|k\rangle, \ \text{etc.}
\end{aligned} \tag{7.36}$$

を満たすことが数学的帰納法を用いて示される．代数関係(7.36)は，対演算子の満たす関係(7.29),(7.33)と同じであり，したがって正準変数表示のTDHF理論は，対演算子の満たすLie群の1つの表現を与えている．

対相関を含むTDHFB理論に対しても，(6.52)で導入された $V_{\alpha\beta}, V_{\alpha\beta}{}^*$ の正準変数表示を採用し，これに(7.35)に対応するボソン演算子への置き換えを行なえば，古典的平均場で記述された対相関のある系を，完全な量子系であるボソン多体系へと移行させうることが知られている．

以上の議論をまとめれば，次のような関係を得る．

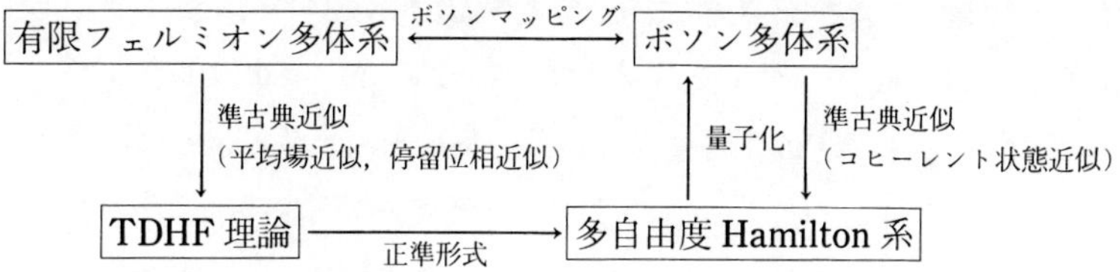

b）いろいろなボソン展開法

ボソン展開法，あるいはボソンマッピング法には，HP 型だけでなくさまざまな方法が提唱され，RPA で落とされた非線形効果の分析や，集団的励起状態の記述に適用されてきた．これらの方法は，フェルミオン対演算子の満たす代数関係を再現するようにボソン系へのマッピングを定める方法と，フェルミオン空間の状態ベクトルとボソン空間の状態ベクトルとを 1 対 1 に対応させ，それぞれの空間の中での物理量の行列要素が等しくなるように定める方法とに大別される．前者には HP 型の他に Schwinger 型，Dyson 型があり，後者は一般に丸森型とよばれている．

HP 型はフェルミオン対演算子のボソン表現が，ボソン演算子の N 積で与えられていない点と，展開が有限で切れない点が特徴である．他方 Schwinger 型，Dyson 型はともに展開が有限で切れるという特徴をもっているが，Schwinger 型は物理的意味の明確でないボソンを導入するという問題がある．また Dyson 型は Hermite 性を保存しない表現になっているので，固有状態を求めるには不都合だと考えられてきた．しかしこの困難を解決する処方が開発され，具体的な問題に応用されている．

フェルミオン空間の状態とボソン空間の状態とを 1 対 1 に対応させる方法では，それぞれの空間の準備の仕方に柔軟性がある．最も一般的なフェルミオン空間は n 個の ph 型対演算子によって作られる状態

$$|n\rangle \equiv \hat{a}_{\mu_1}{}^{\dagger}\hat{b}_{j_1}{}^{\dagger}\cdots\hat{a}_{\mu_n}{}^{\dagger}\hat{b}_{j_n}{}^{\dagger}|\phi_0\rangle \tag{7.37}$$

で張られる．この状態に対応するボソン状態は

$$|n) \equiv \frac{1}{\sqrt{n!}}\sum_{P}(-1)^{P}\boldsymbol{B}_{\mu_1 j_1}{}^{\dagger}\cdots\boldsymbol{B}_{\mu_n j_n}{}^{\dagger}|0) \tag{7.38}$$

で与えられる．ここで記号 P は任意の2つの粒子状態 (μ_l, μ_m) および2つの空孔状態 (j_l, j_m) を入れ替える演算子で，符号 $(-1)^P$ は状態 $|n)$ がフェルミオン状態 $|n\rangle$ のもつPauli原理による反対称性を満足するように導入されている．(7.38)の和は全体で $n!$ 個だけあり，状態 $|n\rangle$ と状態 $|n)$ とは規格化定数まで含めて1対1に対応している．ボソン演算子 $\boldsymbol{B}_{\mu j}{}^\dagger$ によって作られるボソン空間は，(7.38)の状態 $\{|n)\}$ が張る部分空間(これはフェルミオン空間と同一視できるので**物理的ボソン空間**とよばれる)と，これの直交補空間(非物理的ボソン空間)に分解される．

フェルミオン状態 $|n\rangle$ とボソン状態 $|n)$ とは

$$|n) = \left(\frac{1}{\sqrt{n!}}\langle\phi_0|\exp\left\{\sum_{\mu j}\boldsymbol{B}_{\mu j}{}^\dagger\hat{b}_j\hat{a}_\mu\right\}|n\rangle\right)|0) \tag{7.39}$$

で結ばれている．また状態 $|n)$ は反対称化ボソン演算子

$$\tilde{\boldsymbol{B}}_{\mu j}{}^\dagger \equiv \boldsymbol{B}_{\mu j}{}^\dagger - \sum_{\nu i}\boldsymbol{B}_{\mu i}{}^\dagger\boldsymbol{B}_{\nu j}{}^\dagger\boldsymbol{B}_{\nu i} \tag{7.40}$$

を用いれば，簡明に

$$|n) = \frac{1}{\sqrt{n!}}\tilde{\boldsymbol{B}}_{\mu_1 j_1}{}^\dagger\cdots\tilde{\boldsymbol{B}}_{\mu_n j_n}{}^\dagger|0) \tag{7.41}$$

と書ける．これらを用いれば，物理的ボソン空間への射影演算子 $\boldsymbol{P}$ は

$$\boldsymbol{P} \equiv \sum|n)(n| = \sum_n\left(\frac{1}{n!}\right)^3\sum_{\substack{\mu_1\cdots\mu_n\\ j_1\cdots j_n}}\tilde{\boldsymbol{B}}_{\mu_1 j_1}{}^\dagger\cdots\tilde{\boldsymbol{B}}_{\mu_n j_n}{}^\dagger|0)(0|\tilde{\boldsymbol{B}}_{\mu_n j_n}\cdots\tilde{\boldsymbol{B}}_{\mu_1 j_1} \tag{7.42}$$

で与えられる．

フェルミオン空間の情報を物理的ボソン空間に正確に移すには，ユニタリマッピング演算子

$$U \equiv \sum_n|n)\langle n| = \frac{1}{\sqrt{\boldsymbol{N}!}}\langle\phi_0|\exp\left\{\sum_{\mu j}\boldsymbol{B}_{\mu j}{}^\dagger\hat{b}_j\hat{a}_\mu\right\}|0), \qquad \boldsymbol{N} \equiv \sum_{\mu i}\boldsymbol{B}_{\mu i}{}^\dagger\boldsymbol{B}_{\mu i} \tag{7.43}$$

を用いればよい．この演算子を用いると，フェルミオン対演算子は

$$
\begin{aligned}
U\hat{b}_i\hat{a}_\mu U^\dagger &= \boldsymbol{P}(\sqrt{1-\boldsymbol{A}\boldsymbol{B}})_{\mu i}\boldsymbol{P} \\
U\hat{a}_\mu{}^\dagger\hat{a}_\nu U^\dagger &= \boldsymbol{P}\boldsymbol{A}_{\nu\mu}\boldsymbol{P} \\
U\hat{b}_k{}^\dagger\hat{b}_l U^\dagger &= \boldsymbol{P}\sum_\mu \boldsymbol{B}_{\mu k}{}^\dagger\boldsymbol{B}_{\mu l}\boldsymbol{P}
\end{aligned}
\tag{7.44}
$$

によって物理的ボソン空間の演算子にマップされる．

HP 型展開(7.34)と丸森型展開(7.44)とは，前者に左右から射影演算子 $\boldsymbol{P}$ を掛けたものが後者になるという関係にある．したがって HP 型展開を用いる際には演算子だけを展開するのではなく，状態についても Pauli 原理を考慮して慎重に取り扱わねばならないことが分かる．

フェルミオン空間の用意の仕方としては，(7.37)のようにすべてのフェルミオン状態を採用する代わりに，集団的対演算子(例えば RPA 運動モードに含まれる $X_{\mu i}{}^\lambda$ を用いて作られる $\sum_{\mu i} X_{\mu i}{}^\lambda \hat{a}_\mu{}^\dagger\hat{b}_i{}^\dagger$)から作られる状態群のみを考えることもできる．こうして得られた集団的部分空間をボソン空間にマッピングすれば，対応する物理的ボソン空間の次元が小さく押えられるので，現実の原子核の励起状態の計算に適しているだけでなく，展開の収束性が著しくよくなることも知られている．このような取扱いは，改良丸森展開とよばれている．

ここではボソン展開法について，粒子-空孔相関を表わす対演算子($\hat{a}_\mu{}^\dagger\hat{b}_i{}^\dagger$ 型)を例にその定式化を述べてきた．この他に粒子-粒子相関を表わす対演算子($\hat{a}_\mu{}^\dagger\hat{a}_\nu{}^\dagger$，$\hat{b}_j{}^\dagger\hat{b}_i{}^\dagger$ 型)のボソンマッピングや，対演算子の満たす代数関係を制限したいろいろな「代数的模型」も展開されているが，本書では触れないことにする．特に粒子対をボソンに対応させる定式化では，ボソン数の保存を要求するのが特徴であり，「相互作用するボソン模型」として原子核の集団励起状態の記述に多く用いられている．

7-3 自発的対称性の破れと集団運動の発生

7-1 節でわれわれは RPA 方程式が $\omega_\lambda{}^2>0$ の解のみをもつとした．ここでは RPA 方程式が $\omega_\lambda{}^2\leqq 0$ の解をもつ場合を考える．7-1 節の最後で述べたように残留相互作用の効果が大きくなり，RPA 方程式が実数解をもたなくなると，出発点にとった単一 Slater 行列式は不安定になる．このような場合，残留相互作用の効果を取りこんだ新たな HF 状態を求めることが可能になる．しかしこのような残留相互作用は，新たな平衡 1 体場がハミルトニアンの満たしている対称性を破らないと取りこめない．例えば対相関，4 重極相関が強くなれば粒子数保存則を破った BCS 状態，角運動量保存則を破った単一 Slater 行列式を各々導入しなければならない．

この際重要なことは，「新たな平衡 1 体場が自発的に対称性を破っている場合，その対称性を回復するために集団運動が現われる」という点にある．例として，軸対称変形した平衡 1 体場 $|k_0\rangle$（6-3 節の CHF 理論で求められた解の中で，ポテンシャルエネルギー $V(q)$ の極小点に対応する解）を考えよう．この平衡 1 体場が対称軸に垂直なある軸のまわりに回転しているとし，この軸を x 軸とする．全角運動量の x 軸成分を $\hat{J}_x$ とすれば，ハミルトニアンは全角運動量を保存するから

$$[\hat{H}, \hat{J}_x] = 0, \qquad \hat{J}_x = \sum_{\alpha\beta} J_{\alpha\beta}{}^x \hat{c}_\alpha{}^\dagger \hat{c}_\beta \tag{7.45}$$

が成り立つ．ここで Hermite 演算子 $\hat{J}_x$ を用いて作られる単一 Slater 行列式 $|k_0'\rangle = \exp\{i\hat{J}_x\}|k_0\rangle$ を考えれば，$|k_0\rangle$ は角運動量保存則を破っているので $\hat{J}_x$ の固有状態ではなく，したがって $|k_0'\rangle \neq |k_0\rangle$ である．ここで(7.45)を用いれば $\langle k_0'|\hat{H}|k_0'\rangle = \langle k_0|\hat{H}|k_0\rangle$ が示される．すなわち期待値としては $|k_0'\rangle$ と $|k_0\rangle$ は同一のエネルギーをもち，**見せかけの縮退**が発生することになる．他方(7.45)を(7.27)に代入すれば，$\hat{J}_x$ はちょうど $\omega_\lambda = 0$ の RPA 解(**南部-Goldstone モード**とよばれる)に対応していることがわかる．このことは近似的基底状態 $|k_0\rangle$ は角運動量の良い固有状態ではないが，$|k_0\rangle$ 近傍の励起モードを記述する RPA 方程式はハミルトニアンの満たす対称性を回復するように相互作用の効果を(近似的にうまく)取りこんでいることを示している．すなわち平衡 1 体場が自発的に対称性を破っている場合，RPA 方程式はハミルトニアンの満たす対称性に付随する集団運動モード，原子核の集団的回転運動の存在を

$\omega_\lambda=0$ の解として顕在化する．上述したような，対称性を破った平衡1体場の示す見せかけの縮退と，RPA 方程式に現われる南部-Goldstone モードとの不可分な関係は，1体場近似に付随する集団運動の発生機構を示しており，原子核における独立粒子運動と集団運動との相互関係を表わしているといえる．

ここで RPA 方程式が南部-Goldstone モードを含んでいる場合の集団運動の取扱いを議論する．もともと RPA は平衡1体場のまわりの微小振動を記述する理論であり，x 軸のまわりの大域的な集団的回転運動を記述できるはずはないが，平衡1体場を無限小回転させて何が得られるかを見てみよう．この問題の本質だけを簡明に抽出するために，ボソンハミルトニアン

$$\boldsymbol{H} = \sum_{\mu i\nu j} A_{\mu i,\nu j}\boldsymbol{B}_{\mu i}{}^{\dagger}\boldsymbol{B}_{\nu j}-\frac{1}{2}\sum_{\mu i\nu j} B_{\mu i,\nu j}(\boldsymbol{B}_{\mu i}{}^{\dagger}\boldsymbol{B}_{\nu j}{}^{\dagger}+\mathrm{h.c.}) \tag{7.46}$$

とボソン運動モード

$$\boldsymbol{X}_\lambda{}^{\dagger} = \sum_{\mu i}\{X_{\mu i}{}^{\lambda}\boldsymbol{B}_{\mu i}{}^{\dagger}+Y_{\mu i}{}^{\lambda}\boldsymbol{B}_{\mu i}\} \tag{7.47}$$

を導入する．ここで運動方程式

$$\omega_\lambda\boldsymbol{X}_\lambda{}^{\dagger} = [\boldsymbol{H},\boldsymbol{X}_\lambda{}^{\dagger}] \tag{7.48}$$

を要請すれば RPA 方程式(7.10)が得られ，正規直交性(7.19)は

$$\delta_{\lambda_1\lambda_2} = [\boldsymbol{X}_{\lambda_1},\boldsymbol{X}_{\lambda_2}{}^{\dagger}],\qquad 0 = [\boldsymbol{X}_{\lambda_1},\boldsymbol{X}_{\lambda_2}] \tag{7.49}$$

から得られる．したがって(7.46)～(7.49)は RPA 方程式のボソンによる表現とみなすことができる．$\omega_\lambda\neq0$ の場合，運動モード $\boldsymbol{X}_\lambda{}^{\dagger}$ を用いれば，ハミルトニアン(7.46)は平衡点のまわりの微小振動を表わす調和振動子の集まりとして

$$\boldsymbol{H} = \sum_{\lambda}\omega_\lambda\boldsymbol{X}_\lambda{}^{\dagger}\boldsymbol{X}_\lambda+\mathrm{const.} \tag{7.50}$$

と書ける．

次に $\omega_\lambda=0$ の解について考える．$\hat{J}_x$ に対応するボソンの運動モードは

$$\boldsymbol{J}_x = \sum_{\mu i}\{J_{\mu i}{}^{x}\boldsymbol{B}_{\mu i}{}^{\dagger}+J_{\mu i}{}^{x*}\boldsymbol{B}_{\mu i}\} \tag{7.51}$$

で与えられ，(7.45)は

$$[\boldsymbol{H}, \boldsymbol{J}_x] = 0 \tag{7.52}$$

となる．ここで $\boldsymbol{J}_x$ を(7.49)の $\boldsymbol{X}_\lambda$ に代入すれば，角運動量演算子は Hermite なので $\boldsymbol{J}_x^\dagger = \boldsymbol{J}_x$ が成り立ち，したがって規格化条件(7.49)が成り立たないことが分かる．すなわち(7.19)の正規直交性と(7.20)の完備性が $\omega_\lambda=0$ の解が存在する場合には成り立たない．

この点を改良するために(7.48)～(7.50)の RPA 方程式を別の形で表現してみる．まず，運動モード $\boldsymbol{X}_\lambda^\dagger$, $\boldsymbol{X}_\lambda$ を用いて正準共役量

$$\boldsymbol{P}_\lambda \equiv i\sqrt{\frac{\omega_\lambda}{2}}(\boldsymbol{X}_\lambda^\dagger - \boldsymbol{X}_\lambda), \qquad \boldsymbol{Q}_\lambda \equiv \sqrt{\frac{1}{2\omega_\lambda}}(\boldsymbol{X}_\lambda^\dagger + \boldsymbol{X}_\lambda) \tag{7.53}$$

を定義する．このとき，(7.49)は

$$[\boldsymbol{Q}_{\lambda_1}, \boldsymbol{P}_{\lambda_2}] = i\delta_{\lambda_1\lambda_2}, \qquad [\boldsymbol{Q}_{\lambda_1}, \boldsymbol{Q}_{\lambda_2}] = 0, \qquad [\boldsymbol{P}_{\lambda_1}, \boldsymbol{P}_{\lambda_2}] = 0 \tag{7.54}$$

と表わされ，ハミルトニアン(7.50)と運動方程式(7.48)は

$$\boldsymbol{H} = \frac{1}{2}\sum_\lambda (\boldsymbol{P}_\lambda^2 + \omega_\lambda^2 \boldsymbol{Q}_\lambda^2) + \text{const.} \tag{7.55}$$

$$[\boldsymbol{H}, \boldsymbol{P}_\lambda] = i\omega_\lambda^2 \boldsymbol{Q}_\lambda, \qquad [\boldsymbol{H}, \boldsymbol{Q}_\lambda] = -i\boldsymbol{P}_\lambda \tag{7.56}$$

で与えられる．関係(7.54)～(7.56)は，$\omega_\lambda \neq 0$ の場合(7.48)～(7.50)と完全に等価である．

(7.56)の利点は，これが $\omega_\lambda=0$ の解に対しても成り立つ点である．$\omega_\lambda=0$ の場合(7.56)は

$$[\boldsymbol{H}, \boldsymbol{P}_\lambda] = 0, \qquad [\boldsymbol{H}, \boldsymbol{Q}_\lambda] = -i\boldsymbol{P}_\lambda \qquad (\omega_\lambda=0) \tag{7.57}$$

となり，ゼロ励起エネルギー解 $\boldsymbol{P}_\lambda$ が $\boldsymbol{J}_x$ を表わしていると考えれば，(7.57)の第 2 式は $\boldsymbol{J}_x$ に対する正準共役量 $\boldsymbol{\Theta}_x$ (回転角を表わす)

$$\boldsymbol{\Theta}_x = \sum_{\mu i} \{\theta_{\mu i} \boldsymbol{B}_{\mu i}^\dagger + \theta_{\mu i}^* \boldsymbol{B}_{\mu i}\} \tag{7.58}$$

の存在を示唆している．以上から，ハミルトニアンは $\omega_\lambda \neq 0$ の解に対しては表式(7.50)を，$\omega_\lambda=0$ の解に対しては表式(7.55)を用いればよいことが分かり，ゼロ励起エネルギー解 $\boldsymbol{J}_x$ がある場合には

$$\boldsymbol{H} = \sum_{\lambda(\omega_\lambda \neq 0)} \omega_\lambda \boldsymbol{X}_\lambda^\dagger \boldsymbol{X}_\lambda + \frac{\boldsymbol{J}_x{}^2}{2\mathscr{I}_x} + \text{const.} \tag{7.59}$$

と表わされることが理解される．ここで未知の慣性モーメント $\mathscr{I}_x$ を導入した．(7.59)を用いれば，(7.57)の第2式は

$$[\boldsymbol{H}, \boldsymbol{\Theta}_x] = -\frac{i}{\mathscr{I}_x}\boldsymbol{J}_x \tag{7.60}$$

となり，(7.54)は

$$[\boldsymbol{\Theta}_x, \boldsymbol{J}_x] = i, \qquad \text{etc.} \tag{7.61}$$

で与えられる．(7.60),(7.61)は上に導入した未知の量 $\boldsymbol{\Theta}_x$ および $\mathscr{I}_x$ を定める条件式を与える．われわれが採用している位相では，$\hat{J}_x$ は時間反転に対して符号を変えるので，$J_{\mu i}{}^x$ は純虚数であり，$\theta_{\mu i}$ は実数である．このことを用いて(7.60),(7.61)から得られる関係を書き換えると，慣性モーメントは

$$\mathscr{I}_x = 2\sum_{\mu i \nu j} J_{\nu j}{}^{x*}(A+B)_{\nu j, \mu i}{}^{-1} J_{\mu i}{}^x \tag{7.62}$$

で与えられることが導かれる．(7.62)で残留相互作用が無視できる場合には

$$\mathscr{I}_x{}^{\text{Inglis}} = 2\sum_{\mu i} \frac{J_{\mu i}{}^{x*} J_{\mu i}{}^x}{E_\mu - E_i} \tag{7.63}$$

となり，Inglis が与えた慣性モーメントに帰着する．また $\theta_{\mu i}$ は(7.62)を(7.60)の右辺に入れれば求められる．

(7.59)から明らかなように，平衡1体場が自発的に対称性を破っていると，この対称性を回復するための集団的回転運動が必ず発生する様子を，RPA 方程式は記述している．もちろん RPA は平衡点近傍でのみ意味をもつ．しかし無限小回転を系に与えた場合でも，系はそれ自身がもつ固有な慣性モーメント $\mathscr{I}_x$ で応答するので，(7.62)で得られた表式は大域的にも意味をもつであろう．このような立場から RPA を基礎にボソン展開法を用いて，大域的回転運動を量子論的に記述しようという，興味ある試みも展開されている．

8 大振幅集団運動論

われわれは1つの原子核に共存しているさまざまな平衡1体場の基礎づけを与える微視的理論と，それぞれの平衡1体場近傍の状態を微視的に記述する方法について概観してきた．しかし原子核の示す運動の中には，1つの平衡点近傍の運動としては理解できないものがある．低励起振動モードや核分裂のように，2つ以上の異なる平衡点の影響を受けた運動がそれで，これを大振幅集団運動とよぶ．原子核では，異なる相を特徴づけているさまざまな平衡1体場は互いに直交しておらず，この点で無限系とは異なっている．大振幅集団運動は，このような有限系に特有な事情を反映しているので，理論的にも多くの課題を含んでいる．本章では大振幅集団運動が含む理論的問題と，それを記述する試みについて概観する．

8-1 生成座標の方法と射影法

a) Hill-Wheeler 方程式

図2-4や図2-9から明らかなように，ある平衡1体場近傍の状態を，別の変形度をもった平衡1体場に付随する完全系で記述しようとすると，Fermi 準位

から遠く離れた粒子状態と空孔状態を多数考慮し，複雑な多粒子-多空孔状態を大量に用意しなければならない．逆に，さまざまな変形度をもった平衡1体場とその近傍の単純な多粒子-多空孔状態を考慮すれば，単一の平衡1体場に付随した完全系のかなり広い状態空間を「生成」できる．さまざまな変形度をもった平衡1体場を記述するSlater 行列式は非直交であるが，このような非直交基底を用いて量子状態を記述する方法に**生成座標の方法**(generator coordinate method)とよばれるものがある．

この理論の核心は**生成座標**とよばれるパラメータ $\boldsymbol{q}=\{q_1,\cdots,q_n\}$ を含む**生成関数** $|\phi(\boldsymbol{q})\rangle$ の連続的な重ね合わせとして，系の固有状態 $|\Psi\rangle$ を記述する点にある．$|\phi(\boldsymbol{q})\rangle$ としては，例えばCHF 理論で得られるCHF 状態 $|k_0(q)\rangle$ (および単純な1粒子-1空孔状態 $\hat{\alpha}_\mu{}^\dagger(q)\hat{\beta}_i{}^\dagger(q)|k_0(q)\rangle,\cdots$)を生成関数，$q$ を生成座標としてとればよい．このとき固有関数は，重み関数 $f(\boldsymbol{q})$ を導入して

$$|\Psi\rangle = \int d\boldsymbol{q} f(\boldsymbol{q})|\phi(\boldsymbol{q})\rangle \tag{8.1}$$

で記述されるとする．固有関数 $|\Psi\rangle$ を求める問題は重み関数 $f(\boldsymbol{q})$ を定める問題となる．重み関数は，変分方程式

$$\delta\frac{\langle\Psi|\hat{H}|\Psi\rangle}{\langle\Psi|\Psi\rangle} = 0 \tag{8.2}$$

が満たされるように定められる．(8.2)を $f^*(\boldsymbol{q})$ で変分すれば，$|\phi(\boldsymbol{q})\rangle$ が非直交基底であることを反映した **Hill-Wheeler の方程式**

$$\int d\boldsymbol{q}'\{\langle\phi(\boldsymbol{q})|\hat{H}|\phi(\boldsymbol{q}')\rangle - E\langle\phi(\boldsymbol{q})|\phi(\boldsymbol{q}')\rangle\}f(\boldsymbol{q}') = 0 \tag{8.3}$$

を得る．これが生成座標の方法の基礎方程式である．

(8.3)を数値的に解く場合，まず $\boldsymbol{q}$ を適当に $\boldsymbol{q}_1, \boldsymbol{q}_2, \cdots$ と離散化した後，ノルム行列

$$N_{nm} = \langle\phi(\boldsymbol{q}_n)|\phi(\boldsymbol{q}_m)\rangle \tag{8.4}$$

を対角化する1次独立基底を求め，次に得られた1次独立基底を用いて表現されたHamilton 行列を対角化する手法がよく採用されている．

生成関数の張る空間の中に，記述されるべき状態の重要な相関が含まれているなら，Hill-Wheeler 方程式は平衡1体場から遠く離れた大振幅領域の状態に対し，量子論的な1つの記述法を与える．しかし生成座標の方法には，考察下の状態に対する最適な生成座標と生成関数をいかに選ぶかという問題が残されている．

b）射影法と対称性の回復

生成座標の方法の応用として，自発的対称性の破れを回復させる方法としての**射影法**(projection method)がある．いまハミルトニアンと可換な系の対称性を特徴づける演算子 $\hat{F}$ を考え，また波動関数 $|\phi\rangle$ は $\hat{F}$ の固有状態ではないとする．$|\phi\rangle$ および $\hat{F}$ としては，BCS 状態と粒子数演算子とか4重極変形した CHF 状態 $|k_0(q)\rangle$ と全角運動量演算子の x 軸成分 $\hat{J}_x$ などが考えられる．まず $\hat{F}$ として粒子数演算子 $\hat{N}$ を例に考える．このとき，状態 $|\phi\rangle$ から，粒子数 n の状態を取り出す射影演算子が

$$\hat{P}_n \equiv \frac{1}{2\pi}\int_0^{2\pi} e^{i\theta(\hat{N}-n)}d\theta = \frac{1}{2\pi}\int_0^{2\pi} e^{-in\theta}\cdot e^{i\theta\hat{N}} \tag{8.5}$$

で与えられることをまず説明する．$\hat{N}$ を無限小変換演算子とするような変換

$$\hat{R}(\theta) = e^{i\theta\hat{N}} \tag{8.6}$$

は，$|\phi\rangle$ の中の異なる粒子数成分に異なった位相を付け加え，これに関数

$$f_n(\theta) = \frac{1}{2\pi}e^{-in\theta} \tag{8.7}$$

を掛けて θ で積分すれば，$\hat{R}(\theta)$ によって $e^{in\theta}$ の位相を付け加えられた成分，すなわち粒子数 n の成分だけが取り出される．

$|\phi\rangle$ に射影演算子 $\hat{P}_n$ を作用させて得られる状態 $|\Psi_n\rangle$ は，(8.6),(8.7)を用いて

$$\begin{aligned} |\Psi_n\rangle &= \hat{P}_n|\phi\rangle = \int d\theta f_n(\theta)\hat{R}(\theta)|\phi\rangle = \int d\theta f_n(\theta)|\phi(\theta)\rangle \\ |\phi(\theta)\rangle &\equiv \hat{R}(\theta)|\phi\rangle \end{aligned} \tag{8.8}$$

と書かれ，θ を生成座標，$|\phi(\theta)\rangle$ を生成関数と考えれば，(8.1)と同じ構造を

もった波動関数に対応していることが分かる.

上述の議論を角運動量の場合に拡張すれば，射影演算子は $\Omega\equiv(\theta_1,\theta_2,\theta_3)$ を Euler 角とすると，D 関数を用いて

$$\hat{P}_{MK}{}^{I}\equiv\frac{2I+1}{8\pi^2}\int d\Omega D_{MK}{}^{I*}(\Omega)R(\Omega),\qquad R(\Omega)\equiv e^{i\theta_1\hat{J}_z}e^{i\theta_2\hat{J}_y}e^{i\theta_3\hat{J}_z}\tag{8.9}$$

で与えられる．この射影演算子は任意の波動関数から量子数 I,M,K で指定される成分を抜き出す役割をもっている．回転対称性を破った状態 $|\phi\rangle$ から I, M をよい量子数とする状態を作れば

$$\begin{aligned}|\Psi_{IM}\rangle &= \int d\Omega f(\Omega)R(\Omega)|\phi\rangle\\ f(\Omega) &= \sum_K g_{MK}{}^{I}\frac{2I+1}{8\pi^2}D_{MK}{}^{I*}(\Omega)\end{aligned}\tag{8.10}$$

となり，(8.1)と同じ構造をした波動関数を得る．もし $|\phi\rangle$ が第3軸に対して対称であれば，K もよい量子数となる．この値を K_0 とすれば，(8.10)の K に関する和には K_0 だけが効き，$g_{MK_0}{}^{I}$ は規格化定数となる．一般的には K はよい量子数ではないので，(8.10)を(8.2)に代入し，$g_{KM}{}^{I}$ に関する変分式から $g_{KM}{}^{I}$ を定める．この方法ではまず対称性を破った状態 $|\phi\rangle$ を CHF 理論を用いた変分で求め，その後に対称性のよい状態を求めることになるので，**変分後の射影法**(projection after variation)とよばれる.

しかし(8.9)の射影演算子はどのような試行関数に作用しても，角運動量のよい状態を抜き出すので，CHF の変分条件を満たす $|\phi\rangle$ をもってくる必要はない．したがって，(8.10)を(8.2)に代入し，変分を $f(\Omega)$ と $|\phi\rangle$ 双方に対して行なうことが考えられる．このような方法を **2重変分法**(double variational method)あるいは**変分前の射影法**(projection before variation)とよぶ.

原子核は孤立有限系であり，角運動量はよい量子数である．したがってできるだけ角運動量をよい量子数とする状態を求め，かつできるだけ広い変分空間を考慮するために，変分前の射影法を用いた膨大な計算が行なわれている.

8-2 断熱的 TDHF 理論

a) 断熱的 TDHF 方程式

平衡1体場から遠く離れた大振幅領域の量子状態は，平衡1体場に付随する1粒子状態の完全系を用いて張られる大量な多粒子-多空孔状態の複雑な重ね合わせで書かれる．したがってそれを記述することも，(たとえ記述できたとしても)その波動関数の特徴を理解することも容易ではない．しかし TDHF 方程式は経路積分法の停留位相近似の下で得られることが知られており，また6-4節で述べたように TDHF 多様体が古典系の位相空間と形式的に同等であるので，複雑な構造をもつ大振幅領域の量子状態に対して TDHF 理論は簡明な理解を与えると期待される．平衡点から遠く離れた古典力学系の示す豊富な運動，規則的運動からカオス的運動への変化の機構は，近年の非線形力学のめざましい発展，位相幾何学的理解によってもたらされた．したがって大振幅領域の量子状態に対する簡明な準古典的理解が，TDHF 多様体のもつ位相幾何学的構造により得られると考えられる．

他方 TDHF 理論は，単純な単一 Slater 行列式で書かれる波束の運動についての量子力学的情報をもっている．したがって TDHF 理論は，大振幅集団運動の量子論的理解，例えば前節で述べた生成座標の方法で用いるべき生成関数，生成座標についての重要な手がかりを与えると期待される．このように平均場近似，準古典近似は，大振幅領域での多体系の量子力学を明らかにしていく上で，重要な役割を担っているといえよう．

以下本章では，平均場近似の下で，大振幅集団運動で重要な役割を演ずると考えられる機構について述べる．議論を簡明にするために，一貫して TDHF 理論を用いる．原子核の低い励起状態で重要な対相関の効果を評価するには TDHFB 理論を用いる必要があるが，この場合への議論の拡張は容易である．

平均1体場理論を用いると，大振幅領域で重要となるのは次のような問題である．平均1体場はそれを特徴づける集団変数の変化に伴い，その形状を大きく変化させる．このとき平均1体場内を動く独立粒子の波動関数は，平均1体場の形状変化に伴ってその性質を変える．他方平均1体場の形状を記述する集団演算子は，独立粒子演算子を用いて書かれているので，集団演算子は独立粒子波動関数の変化に従ってその構造を変化させることになる．この独立粒子運動と集団運動との強い相互関係は，自己束縛系に特有な問題であり，この相互関係を明らかにすることが大振幅領域の力学を明らかにする基本的課題となる．ここでは上記の基本的課題を具体的に説明するために，CHF 理論に基づいた断熱的(adiabatic，A-)TDHF 理論から議論を始める．

ATDHF 理論では，平均1体場の形状変化は，現象論的な推測に基づいて外から与えられる．ここでは例として 6-3 節で取り扱った軸対称4重極演算子 $\hat{Q}_{20}$ を採用しよう．ATDHF 理論では系の形状変形 q がゆっくり変化する運動のみを問題とする．このとき平均1体場内を動く独立粒子は，系がエネルギー的に最も安定な CHF 状態 $|k_0(q)\rangle$ をとるように十分速く順応すると仮定しよう(断熱仮定)．したがって平均1体場が微小な(q に共役な)運動量 p で動いている様子は，(6.95)の関係から明らかなように，単一 Slater 行列式

$$|p,q\rangle = e^{ip\hat{Q}_{20}}|k_0(q)\rangle \tag{8.11}$$

で記述される．この状態に対する TDHF 方程式は

$$0 = \delta\langle p,q|\hat{H}-i\frac{d}{dt}|p,q\rangle \tag{8.12}$$

で与えられるが，仮定により p は微小量なので，(8.12)は p に関して展開可能である．また(8.12)で時間に依存するのは集団変数 p,q だけなので，時間微分は関係

$$e^{-ip\hat{Q}_{20}}\frac{\partial}{\partial p}e^{ip\hat{Q}_{20}} = i\hat{Q}_{20} \tag{8.13}$$

と(6.96)で定義された1体演算子 $\hat{P}(q)$ を用いて書き換えられて，最終的に(8.12)は p の2次まで考慮した範囲で

$$0 = \delta\langle k_0(q)|\dot{q}\hat{P}(q)-\dot{p}\hat{Q}_{20}-\left\{\hat{H}+ip[\hat{H},\hat{Q}_{20}]+\frac{i^2}{2}p^2[[\hat{H},\hat{Q}_{20}],\hat{Q}_{20}]\right\}|k_0(q)\rangle \tag{8.14}$$

に帰着する．ここで(8.14)の変分を，6-3 節で議論した平均 1 体場の変形の自由度を記述する集団座標 (p,q) に対してとる．この変分は(8.14)右辺の期待値の中に含まれる量と，集団運動演算子 $\hat{P}(q)$ および $\hat{Q}_{20}$ の交換関係の期待値に等しい．(6.95)の関係と $\hat{H}$ の時間反転不変性を用いて，これらの変分方程式は

$$\begin{aligned} i\dot{p} &= \langle k_0(q)|\left[\hat{P}(q),\left\{\hat{H}-\frac{p^2}{2}[[\hat{H},\hat{Q}_{20}],\hat{Q}_{20}]\right\}\right]|k_0(q)\rangle \\ \dot{q} &= p\langle k_0(q)|[\hat{Q}_{20},[\hat{H},\hat{Q}_{20}]]|k_0(q)\rangle \end{aligned} \tag{8.15}$$

となる．これが CHF 理論を基礎とした **ATDHF 理論の基礎方程式**である．

集団座標 (p,q) を支配する古典ハミルトニアンを

$$\begin{aligned} \mathcal{H}(p,q) &\equiv \langle p,q|\hat{H}|p,q\rangle-\langle p=0,q=0|\hat{H}|p=0,q=0\rangle \\ &= \langle k_0(q)|\left\{\hat{H}-\frac{p^2}{2}[[\hat{H},\hat{Q}_{20}],\hat{Q}_{20}]\right\}|k_0(q)\rangle-H_0(k_0)+O(p^3) \end{aligned} \tag{8.16}$$

で導入する．ここで p の 1 次の項は(6.102)の第 1 式で消える．(8.16)は，(6.103)で定義されたポテンシャル $V(q)$ と

$$M^{-1}(q) \equiv \langle k_0(q)|[\hat{Q}_{20},[\hat{H},\hat{Q}_{20}]]|k_0(q)\rangle \tag{8.17}$$

で定義される質量パラメータを用いて

$$\mathcal{H}(p,q) = \frac{1}{2M(q)}p^2+V(q) \tag{8.18}$$

と表わされる．他方 $\mathcal{H}(p,q)$ の p および q に関する微分は，(8.16)の定義と(6.96),(8.13)の関係を用いて

$$\begin{aligned} \frac{\partial\mathcal{H}(p,q)}{\partial p} &= -p\langle k_0(q)|[[\hat{H},\hat{Q}_{20}],\hat{Q}_{20}]|k_0(q)\rangle \\ i\frac{\partial\mathcal{H}(p,q)}{\partial q} &= \langle k_0(q)|\left[\hat{P}(q),\left\{\hat{H}-\frac{p^2}{2}[[\hat{H},\hat{Q}_{20}],\hat{Q}_{20}]\right\}\right]|k_0(q)\rangle \end{aligned} \tag{8.19}$$

で与えられることが導かれる．(8.15),(8.19)から最終的に系の4重極変形の集団運動を記述する正準運動方程式

$$\dot{p} = -\frac{\partial \mathcal{H}(p,q)}{\partial q}, \qquad \dot{q} = \frac{\partial \mathcal{H}(p,q)}{\partial p} \tag{8.20}$$

を得る．以上のようにATDHF理論は現象論的に示唆される集団自由度に対する正準運動方程式を与えるとともに，集団運動を特徴づける $V(q)$ と $M(q)$ を，CHF理論が定める独立粒子運動の情報を取り入れて微視的に定める一般的処方を与えている．

b）独立粒子運動と集団運動との相互関係

以上でATDHF理論の本質的部分を述べたので，次に，この理論のもつ問題点と課題を議論し，平均場理論の中での大振幅集団運動の基本的課題について明らかにしよう．まず変分方程式(8.14)でわれわれは集団運動方向のみの変分を考え，ATDHF理論の基礎方程式(8.15)を得たことを想起しよう．この方向の変分だけを単独にとりあげることが許されるのは，(8.14)を非集団運動方向に対して要請したときに新たな条件が集団運動に付加されないという暗黙の仮定が成り立つ場合だけである．この仮定の妥当性をみるために，非集団運動方向に対する(8.14)の変分が，6-3節で用いた記号 $\{\hat{\delta}_\perp(k_0(q))\}$ を用いて

$$0 = \langle k_0(q)|\left[\hat{\delta}_\perp(k_0(q)), \left\{\hat{H} + ip[\hat{H}, \hat{Q}_{20}] + \frac{i^2}{2!}p^2[[\hat{H}, \hat{Q}_{20}], \hat{Q}_{20}]\right\}\right]|k_0(q)\rangle \tag{8.21}$$

で与えられることに注意する．

もし集団運動を表わす演算子が $\hat{Q}_{20}$ でなく，ハミルトニアンの保存量，例えば7-3節で取り扱った全角運動量の x 軸成分 $\hat{J}_x$ であれば $[\hat{H}, \hat{J}_x]=0$ を満足するので，(8.21)の p に関する1次以上の項は自動的に0となり，(8.21)はCHF条件(6.102)の第2式に帰着する．したがって(8.21)は集団運動に対する新たな条件はもたらさない．しかし $\hat{Q}_{20}$ のように現象論的に導入された集団演算子に対し(8.21)を要請すれば p の1次以上の項は一般には残ってしまい，上述の暗黙の仮定は必ずしも成り立たない．以上の議論から明らかなように，

集団運動ハミルトニアン(8.16)が物理的意味をもつためには，集団運動 $\hat{Q}_{20}$ と非集団運動 $\{\hat{\delta}_{\perp}(k_0(q))\}$ が少なくても p に関する 1 次の次数で動力学的に分離されている条件

$$0 = \langle k_0(q)|[\hat{\delta}_{\perp}(k_0(q)), [\hat{H}, \hat{Q}_{20}]]|k_0(q)\rangle \tag{8.22}$$

があらゆる q の値に対して成り立つ必要がある．条件(8.22)の破れは，「集団自由度」$\hat{Q}_{20}, \hat{P}(q)$ と「非集団自由度」$\{\hat{\delta}_{\perp}(k_0(q))\}$ の分離がよくないことを意味する．

次に(8.17)で定義された質量パラメータに含まれる問題を議論する．このために質量パラメータの具体的表現を求めよう．(8.17)に含まれる $\hat{H}$ は $\hat{Q}_{20}$ との交換関係の中に現われるから(6.93)の $\hat{H}'$ で置き換えてよく，$\hat{H}'$ のあらわな表現は(6.109)で与えられている．また 4 重極演算子は CHF 理論で求められた(6.108)の独立粒子基底 $\hat{d}_{\alpha}{}^{\dagger}(q), \hat{d}_{\alpha}(q)$ を用いて

$$\hat{Q}_{20} = \sum_{\alpha\beta} \tilde{q}_{\alpha\beta}\hat{d}_{\alpha}{}^{\dagger}(q)\hat{d}_{\beta}(q), \qquad \tilde{q}_{\alpha\beta} \equiv \sum_{\gamma\delta} D_{\alpha\gamma}{}^{\dagger}(q) q_{\gamma\delta}{}^{20} D_{\delta\beta}(q) \tag{8.23}$$

と表わされる．これらを用いれば質量パラメータは

$$M^{-1}(q) = \sum_{\mu\nu ij} (\tilde{q}_{\mu i}{}^{*}, \tilde{q}_{\mu i}) \begin{pmatrix} \tilde{A}_{\mu i, \nu j} & -\tilde{B}_{\mu i, \nu j} \\ -\tilde{B}_{\mu i, \nu j} & \tilde{A}_{\mu i, \nu j} \end{pmatrix} \begin{pmatrix} \tilde{q}_{\nu j} \\ \tilde{q}_{\nu j}{}^{*} \end{pmatrix} \tag{8.24}$$

$$\tilde{A}_{\mu i, \nu j} \equiv (E_{\mu}(q) - E_i(q))\delta_{\mu\nu}\delta_{ij} + v_{\mu j, i\nu}, \qquad \tilde{B}_{\mu i, \nu j} \equiv -v_{\mu\nu, ij} \tag{8.25}$$

で与えられる．ここで $v_{\alpha\beta,\gamma\delta}$ は新しい基底 $\hat{d}_{\alpha}{}^{\dagger}(q), \hat{d}_{\alpha}(q)$ に付随した相互作用で，(6.12)の $V_{\alpha\beta,\gamma\delta}$ と

$$v_{\alpha\beta,\gamma\delta} \equiv \sum_{\alpha'\beta'\gamma'\delta'} D_{\alpha\alpha'}{}^{\dagger}(q) D_{\beta\beta'}{}^{\dagger}(q) V_{\alpha'\beta',\gamma'\delta'} D_{\gamma'\gamma}(q) D_{\delta'\delta}(q) \tag{8.26}$$

の関係で結ばれている．

実際に $M(q)$ を求めるには(8.24)を用いればよいが，その性質を調べるために，7-2 節で議論した準ボソン近似を用いて(8.17)を書き換えてみる．準ボソン近似の下で，関係(6.95)と(8.17)は

$$[\hat{Q}_{20}, \hat{P}(q)] = i \tag{8.27a}$$

$$[\hat{H}', \hat{Q}_{20}] = -i\frac{1}{M(q)}\hat{P}(q) \tag{8.27b}$$

と書ける．実際(8.27b)の両辺についてそれぞれ $\hat{Q}_{20}$ との交換関係をとり，(8.27a)を用いた結果を $|k_0(q)\rangle$ の期待値で表わせば，(8.17)を得る．(8.27a)，(8.27b)は関係式(7.61)，(7.60)に対応している．ここで1体演算子 $\hat{P}(q)$ の粒子-空孔(ph)，空孔-粒子(hp)成分が

$$\begin{aligned}
P_{i\mu}(q) &\equiv \langle k_0(q)|i\frac{de^{i\hat{K}(k_0(q))}}{dq}e^{-i\hat{K}(k_0(q))}\cdot\hat{\alpha}_\mu{}^\dagger(q)\hat{\beta}_i{}^\dagger(q)|k_0(q)\rangle \\
&= \langle k_0(q)|i\frac{d}{dq}|\mu i(q)\rangle \\
P_{\mu i}(q) &\equiv \langle k_0(q)|\hat{\beta}_i(q)\hat{\alpha}_\mu(q)\cdot i\frac{de^{i\hat{K}(k_0(q))}}{dq}e^{-i\hat{K}(k_0(q))}|k_0(q)\rangle \qquad (8.28)\\
&= \langle \mu i(q)|i\frac{d}{dq}|k_0(q)\rangle \\
|\mu i(q)\rangle &\equiv \hat{\alpha}_\mu{}^\dagger(q)\hat{\beta}_i{}^\dagger(q)|k_0(q)\rangle
\end{aligned}$$

で表わされることを用いれば，(7.62)と同じ構造をもった表現

$$M(q) = 2\sum_{\mu i\nu j}\langle k_0(q)|i\frac{d}{dq}|\nu j(q)\rangle(\tilde{A}+\tilde{B})_{\nu j,\mu i}{}^{-1}\langle\mu i(q)|i\frac{d}{dq}|k_0(q)\rangle \tag{8.29}$$

を得る．ここで残留相互作用の無視できる場合を考えれば，(8.29)は(7.63)と同様に

$$M^{\text{Inglis}}(q) = 2\sum_{\mu i}\frac{\langle k_0(q)|i\frac{d}{dq}|\mu i(q)\rangle\langle\mu i(q)|i\frac{d}{dq}|k_0(q)\rangle}{E_\mu(q)-E_i(q)} \tag{8.30}$$

となる．この表式の質量パラメータは，核分裂過程など，集団運動の計算に広く利用されている．

1粒子準位が交差(擬似交差)を起こす q の近傍で $E_\mu(q)-E_i(q)\cong 0$ となる．この領域では $M(q)$ はきわめて大きくなり，集団運動に大きな制動がかかることになる．すなわち CHF 理論で導かれた強い q 依存性をもつ独立粒子運動が，

逆に(8.18)で記述される集団運動に重大な影響を及ぼしていることが理解される．しかし準位交差近傍では状態 $|k_0(q)\rangle$ と状態 $|\mu i(q)\rangle$ とはエネルギー的にほとんど縮退しており，ATDHF 理論の基本的仮定である断熱性が大きく破れている．したがってこの領域では CHF 方程式(6.105)で定義される1粒子エネルギーの適用性自身が問題となり，CHF 理論で外から持ちこんだ集団運動が他の運動と動的に分離されていないことが問題となる．

最後に断熱性がよく成り立っている集団運動としての回転運動を考えよう．系が，対称軸と垂直な x 軸まわりに一様回転している場合に，単一 Slater 行列式が

$$|I,\theta\rangle = e^{-i\theta\hat{J}_x}|I\rangle \tag{8.31}$$

と書けるとする．ここで $|I\rangle$ は回転座標系での単一 Slater 行列式である．$\hat{J}_x$ は $\hat{H}$ と可換だから，TDHF 方程式は

$$0 = \delta\langle I,\theta|\hat{H}-i\frac{d}{dt}|I,\theta\rangle = \delta\langle I|\hat{H}-\omega\hat{J}_x|I\rangle \qquad (\omega\equiv\dot{\theta}) \tag{8.32}$$

となり，時間に依存しない HF 方程式に帰着する．これは 2-4 節で議論された回転系殻模型の方程式(2.23)である．状態(8.31)を，回転系に固定された状態 $|I\rangle$ が回転角速度 ω で回転している様子を表わしていると考えれば，状態 $|I,\theta\rangle$ は ATDHF 理論の波動関数 $|p,q\rangle$ (8.11)に対応している．あるいは(8.32)の最右辺の表式で ω を Lagrange 乗数とみなし，拘束条件

$$\langle I|\hat{J}_x|I\rangle = I \tag{8.33}$$

の下で解けば，(8.32)は CHF 方程式とも理解できる．

通常回転系殻模型では $\hat{J}_x$ の期待値を条件(8.33)で拘束する代わりに，ω を与えて(8.32)が満たされるように状態 $|I\rangle$ を決定する．このようにして得られたのが図 2-7 である．第2章および第5章で述べたように，この図は原子核が高速回転している状態の理解にきわめて有効である．しかし，この図にも大量の準位交差，疑似準位交差が現われている．この準位交差は，系のもつ全角運動量を拘束しただけでは，系の微視的構造が唯一には定められないことを反映している．すなわち原子核の高速回転領域では，系のもつ全角運動量が，集団

的回転運動のもつ角運動量と独立粒子運動のもつ角運動量とにいかに配分されているかが問題であり，この分配を定めている力学を明らかにすることが，準位交差の力学を明らかにすることと結びついている．

TDHF 理論を出発点として，集団運動と独立粒子運動との相互関係を明らかにしようという理論的試みは，1970 年代後半からいろいろ提起された．ATDHF 理論とよばれる理論の中には，ここで述べた CHF 理論に基礎を置いたものだけでなく，TDHF 多様体の中に断熱不変量で特徴づけられた集団運動経路(collective path)を求めようという試みもなされた．このような課題は次節で述べる．

8-3 自己無撞着集団座標の方法

ATDHF 理論から導かれる(8.22),(8.30)を用いて，われわれは CHF 理論で定義された 1 粒子状態と，ハミルトニアン(8.18)で記述される集団運動が強く結びついていることを見た．また 8-2 節での取扱いが，大量の準位交差の存在する領域ではその適用性に問題のあることも見た．この困難を克服するには，集団演算子を現象論的に外から与えるのではなく，系を支配している微視的力学に基づいて，系自身が定める集団運動経路に沿った**動的集団座標**を抽出する，断熱近似に基づかない一般的方法が確立される必要がある．

6-4 節で示したように，TDHF 方程式は $2MN$ 次元シンプレクティック多様体(TDHF 多様体)$\mathcal{M}^{2MN}$：$\{c_{\mu i}, c_{\mu i}^*\}$ の中での正準運動方程式(6.117)と等価である．したがって TDHF 方程式の記述する軌道の性質は，古典非線形力学の枠内で議論できる．いま系を記述する平均 1 体場が大振幅な集団運動をしていたとする．このときの系の運動は $\mathcal{M}^{2MN}$ の中の閉軌道，あるいは多くの第 3 積分をもった運動として特徴づけられるであろう．または積分面($\mathcal{M}^{2MN}$ に埋めこまれた集団的部分多様体 Σ^{2L} $(L \ll MN)$)上に拘束された運動としてとらえられるであろう．したがって動的集団座標を求める問題は，系の運動の積分面 Σ^{2L} をいかに取り出すか，あるいは TDHF 多様体内の不動点(fixed point)をいかに求めるかの問題に帰着する．

基礎方程式群 一般に多次元空間内の低次元曲面は，少数個の自由度で記述される．すなわち Σ^{2L} を最少個の座標で記述する，系の集団運動に最適な(most natural)正準座標系が存在する．これは系の集団運動を参照してはじめて定まるので，**動力学的正準座標**(dynamical canonical coordinate，DCC)系と名づけられる．この DCC 系では，全自由度は Σ^{2L} 上の運動を記述する**関与自由度**と，それ以外の**非関与自由度**とに分離される．

一方，系には運動方程式(6.117)を記述するために採用した正準座標系 $\{c_{\mu i}, c_{\mu i}^*\}$ が付随している．この座標系は考察下の系の集団運動と関係なく採用されるので，**初期正準座標**(initial canonical coordinate，ICC)系と名づけられる．すなわち，われわれは系に対して

$$
\begin{aligned}
&\text{ICC 系：} \quad (c_{\mu i}, c_{\mu i}^*\,;\, i=1,\cdots,N,\ \mu=N+1,\cdots,N+M) \\
&\text{DCC 系：} \quad (\eta_a, \eta_a^*\,;\, a=1,\cdots,L)\ \text{関与自由度} \\
&\qquad\qquad\quad (\xi_\alpha, \xi_\alpha^*\,;\, \alpha=L+1,\cdots,MN)\ \text{非関与自由度}
\end{aligned}
\tag{8.34}
$$

という 2 種類の正準座標系を用意したことになる．$\mathcal{M}^{2MN}$ に Σ^{2L} を定める問題は，関与自由度が記述する $2L$ 次元多様体 $\mathcal{M}^{2L}$：$\{\eta_a, \eta_a^*\}$ が $\mathcal{M}^{2MN}$ にいかに埋めこまれているかを求めればよいが，これは ICC 系から DCC 系への正準変換を定める問題を取り扱う中で遂行される(図 8-1)．

以下理論を簡明に示すため，関与自由度は 1 組として添字 a を省く．ICC 系と DCC 系が正準変換で結ばれている条件は，(7.14)と同様

$$
\begin{aligned}
&\sum_{\mu i}\left\{c_{\mu i}\frac{\partial c_{\mu i}^*}{\partial \eta^*} - c_{\mu i}^*\frac{\partial c_{\mu i}}{\partial \eta^*}\right\} = \eta + 2i\frac{\partial S}{\partial \eta^*} \\
&\sum_{\mu i}\left\{c_{\mu i}\frac{\partial c_{\mu i}^*}{\partial \xi_\alpha^*} - c_{\mu i}^*\frac{\partial c_{\mu i}}{\partial \xi_\alpha^*}\right\} = \xi_\alpha + 2i\frac{\partial S}{\partial \xi_\alpha^*} \qquad (\alpha=2,\cdots,MN)
\end{aligned}
\tag{8.35}
$$

で与えられる．S は $S^*=S$ を満たす正準変換の母関数である．さて考察下の軌道およびその近傍の軌道を記述する際，(η, η^*) は Σ^{2L} 上の大域的運動を記述しているが，$(\xi_\alpha, \xi_\alpha^*)$ は Σ^{2L} に垂直方向の微小運動を記述しているので，非関与自由度に対する Taylor 展開を導入できる．例えば

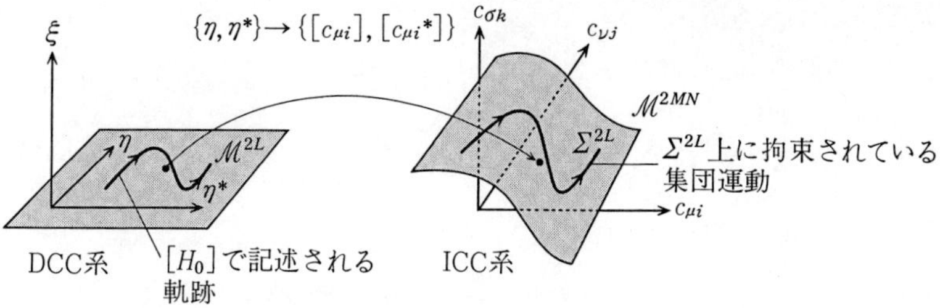

図 8-1 ICC 系と DCC 系との関係.

$$
\begin{aligned}
c_{\mu i} &= \sum_n c_{\mu i}{}^{(n)}, & H_0(k) &= \sum_{n=0} H_0{}^{(n)}(k) \\
c_{\mu i}{}^{(0)} &= [c_{\mu i}], & H_0{}^{(0)}(k) &= [H_0(k)] \\
c_{\mu i}{}^{(1)} &= \sum_\alpha \left\{\xi_\alpha\left[\frac{\partial c_{\mu i}}{\partial \xi_\alpha}\right]+\xi_\alpha{}^*\left[\frac{\partial c_{\mu i}}{\partial \xi_\alpha{}^*}\right]\right\}, & & \qquad (8.36) \\
& & H_0{}^{(1)}(k) &= \sum_\alpha \left\{\xi_\alpha\left[\frac{\partial H_0(k)}{\partial \xi_\alpha}\right]+\xi_\alpha{}^*\left[\frac{\partial H_0(k)}{\partial \xi_\alpha{}^*}\right]\right\}
\end{aligned}
$$

$$\cdots\cdots\cdots\cdots\cdots\cdots$$

ここで記号 $[A]$ は関数 $A(\eta,\eta^*;\xi,\xi^*)$ の展開面 Σ^{2L} 上の関数 $[A]=A(\eta,\eta^*;\xi=\xi^*=0)$ を表わす.

考察下の軌道は Σ^{2L} 上に拘束されている. このことを ICC 系の運動方程式で表わせば

$$i[\dot{c}_{\mu i}] = \left[\frac{\partial H_0(k)}{\partial c_{\mu i}{}^*}\right], \qquad i[c_{\mu i}{}^*] = -\left[\frac{\partial H_0(k)}{\partial c_{\mu i}}\right] \tag{8.37}$$

を満たす運動として特徴づけられ, DCC 系で表わせば

$$i\dot{\eta} = \frac{\partial[H_0(k)]}{\partial \eta^*}, \qquad i\dot{\eta}^* = -\frac{\partial[H_0(k)]}{\partial \eta} \tag{8.38}$$

として特徴づけられる. Σ^{2L} が時間に依存しない物理的対象であることに留意すれば, (8.37), (8.38)から時間依存性を消去した $2MN$ 個の条件式

$$\left[\frac{\partial H_0(k)}{\partial c_{\mu i}{}^*}\right] = \frac{\partial[H_0(k)]}{\partial \eta^*}\frac{\partial[c_{\mu i}]}{\partial \eta} - \frac{\partial[H_0(k)]}{\partial \eta}\frac{\partial[c_{\mu i}]}{\partial \eta^*}, \qquad \text{c.c.} \tag{8.39}$$

を得る. (8.39)は Σ^{2L} を規定する条件式を与え, **集団的部分多様体の式**とよ

ばれる．

他方，条件(8.35)に展開(8.36)を適用し，最低次の式を要請すれば

$$\sum_{\mu i}\left\{[c_{\mu i}]\left[\frac{\partial c_{\mu i}{}^*}{\partial \eta^*}\right]-[c_{\mu i}{}^*]\left[\frac{\partial c_{\mu i}}{\partial \eta^*}\right]\right\} = \eta+2i\frac{\partial[S]}{\partial \eta^*} \qquad (8.40)$$

を得る．(8.40)は関与自由度 (η, η^*) が正準変数であることを要請しているので**正準変数条件**とよばれる．さらに Σ^{2L} が積分面であるから，ハミルトニアン $[H_0(k)]$ は作用変数だけで，

$$[H_0(k)] = \mathscr{H}(I)\,; \quad \eta = \sqrt{I}\,e^{-i\phi}, \quad \eta^* = \sqrt{I}\,e^{-i\phi} \qquad (8.41)$$

と表わされる．(8.41)は**可積分型の条件**とよばれる．(8.39)～(8.41)が**自己無撞着集団座標**(self-consistent collective coordinate，SCC)**の方法**の基礎方程式を与える．

系の集団運動を記述する軌道の初期条件を与えれば，基礎方程式(8.39)～(8.41)は $2MN$ 個の η, η^* の関数 $[c_{\mu i}], [c_{\mu i}{}^*]$ および $[S]$ を定めるための必要十分条件を与える．この関数は

$$\mathscr{M}^{2L} : \{\eta, \eta^*\} \to \Sigma^{2L} : \{[c_{\mu i}], [c_{\mu i}{}^*]\} \text{ embedded in } \mathscr{M}^{2MN} \qquad (8.42)$$

の写像を与えるので，SCC 法は集団運動の積分面 Σ^{2L} を求める一般的方法を与えているのである．

(8.39)～(8.41)は正準変換 $c_{\mu i}, c_{\mu i}{}^*$ の展開(8.36)の最低次を定めるが，DCC 系を定めるには(8.36)の展開の高次項 $\{c_{\mu i}{}^{(n)}, c_{\mu i}{}^{(n)*} : n \geqq 1\}$ を定めなければならない．これら高次項は条件(8.35)の高次式を用いて定めることができる．

停留部分多様体　つづいて基礎方程式(8.39)～(8.41)で定められた Σ^{2L} が定常な部分多様体であることを示そう．まず Σ^{2L} 上でのハミルトニアン $H_0(k)$ の非関与自由度方向への微分が，(8.39)を用いて

$$\begin{aligned}\left[\frac{\partial H_0(k)}{\partial \xi_\alpha}\right] &= \sum_{\mu i}\left\{\left[\frac{\partial H_0(k)}{\partial c_{\mu i}}\right]\left[\frac{\partial c_{\mu i}}{\partial \xi_\alpha}\right]-\left[\frac{\partial H_0(k)}{\partial c_{\mu i}{}^*}\right]\left[\frac{\partial c_{\mu i}{}^*}{\partial \xi_\alpha}\right]\right\} \\ &= \frac{\partial \mathscr{H}}{\partial \eta}\sum_{\mu i}\left\{\frac{\partial[c_{\mu i}{}^*]}{\partial \eta^*}\left[\frac{\partial c_{\mu i}}{\partial \xi_\alpha}\right]-\frac{\partial[c_{\mu i}]}{\partial \eta}\left[\frac{\partial c_{\mu i}{}^*}{\partial \xi_\alpha}\right]\right\} \\ &\quad +\frac{\partial \mathscr{H}}{\partial \eta^*}\sum_{\mu i}\left\{\frac{\partial[c_{\mu i}]}{\partial \eta}\left[\frac{\partial c_{\mu i}{}^*}{\partial \xi_\alpha}\right]-\frac{\partial[c_{\mu i}{}^*]}{\partial \eta}\left[\frac{\partial c_{\mu i}{}^*}{\partial \xi_\alpha}\right]\right\} \end{aligned} \qquad (8.43)$$

で与えられることが分かる．ここで(8.35)を$\xi_\alpha, \xi_\alpha{}^*$に関して Taylor 展開すれば，その第1次の関係式から(8.43)式の最右辺の和記号内の量が0であることが示され，

$$\left[\frac{\partial H_0(k)}{\partial \xi_\alpha}\right] = 0 \tag{8.44}$$

を得る．(8.44)から明らかなように，SCC 法で定められたΣ^{2L}は，その上のあらゆる点で非関与自由度方向へのエネルギー変化が0，すなわち定常となるように定められた部分多様体であることが分かる．

ここで HF 状態が定常条件(6.32)を満たす停留点であったことを想起しよう．HF 条件(6.32)と(8.44)とを比べて，次のことが分かる．HF 理論は TDHF 多様体の中に停留「点」を規定したが，SCC 法は多次元停留「面」Σ^{2L}を TDHF 多様体の中に規定している．この意味で，SCC 法は HF 理論の自然な拡張になっている．さて HF 状態は定常ではあっても，必ずしも安定ではないので，7-1 節 c 項でわれわれは HF 状態の安定性に関して議論した．同様にΣ^{2L}が非関与自由度に関して定常であることは，必ずしも安定であることを意味しない．Σ^{2L}の**安定性条件**は，ハミルトニアンの展開(8.36)の2次の項$H_0{}^{(2)}(k)$を考慮することから得られる．

ここで求められた DCC 系は，与えられた軌道を特徴づけている運動の恒量(あるいは断熱不変量)$I=\eta^*\eta$を最も自然に記述しており，したがって，考えている軌道の近傍でのみ特別な意味をもつ．すなわち，TDHF 多様体の中には数多くの安定不動点があるが，それぞれの安定不動点ごとに最も自然な正準座標系としての DCC 系が導入されるのである．

動的集団演算子　SCC 法は TDHF 多様体$\mathcal{M}^{2MN}$の中に集団部分多様体Σ^{2L}を定めるが，この理論と 8-2 節で述べた ATDHF 理論との関係をみるために SCC 法を**単一 Slater 行列式表示**で再定式化しよう．単一 Slater 行列式$|k\rangle$(6.20)は$\kappa_{\mu i}, \kappa_{\mu i}{}^*$で表わされるが，これは(6.26)で$c_{\mu i}, c_{\mu i}{}^*$の関数として表わされているので，$|k\rangle = |c, c^*\rangle$と記す．したがって TDHF 方程式(6.110)は

$$\delta\langle c, c^* | \hat{H} - i\frac{d}{dt} | c, c^* \rangle = 0 \tag{8.45}$$

で与えられる．このとき Σ^{2L} 上に拘束された集団運動を記述する方程式(8.37)は，単一 Slater 行列式表示で

$$\delta\langle \eta, \eta^* | \hat{H} - i\frac{d}{dt} | \eta, \eta^* \rangle = 0, \qquad |\eta, \eta^*\rangle \equiv |[c], [c^*]\rangle \tag{8.46}$$

と書ける．(8.46)の時間微分を計算するために，状態 $|\eta, \eta^*\rangle$ での η, η^* に関する無限小演算子を

$$\hat{O}^\dagger(\eta, \eta^*) \equiv \frac{\partial e^{i[\hat{K}]}}{\partial \eta} \cdot e^{-i[\hat{K}]}, \qquad \hat{O}(\eta, \eta^*) \equiv -\frac{\partial e^{i[\hat{K}]}}{\partial \eta^*} \cdot e^{-i[\hat{K}]} \tag{8.47}$$

で導入する．まず(8.47)の $[\hat{K}]$ は(6.20)の $\hat{K}(k)$ を用いて

$$[\hat{K}] \equiv \sum_{\mu i} \{[\kappa_{\mu i}]\hat{a}_\mu{}^\dagger \hat{b}_i{}^\dagger + [\kappa_{\mu i}{}^*]\hat{b}_i \hat{a}_\mu\} \tag{8.48}$$

で与えられ，これを用いて $|\eta, \eta^*\rangle$ は

$$|\eta, \eta^*\rangle = e^{i[\hat{K}]}|\phi_0\rangle \tag{8.49}$$

と表わされることに注意する．関係(6.35)を導いたように，演算子(8.47)が

$$\langle \eta, \eta^* | \hat{O}^\dagger(\eta, \eta^*) | \eta, \eta^* \rangle = \frac{1}{2}\sum_{\mu i}\left\{[c_{\mu i}{}^*]\frac{\partial [c_{\mu i}]}{\partial \eta} - \frac{\partial [c_{\mu i}{}^*]}{\partial \eta}[c_{\mu i}]\right\} \tag{8.50}$$

を満たしていることが証明できる．したがって正準変数条件(8.40)は

$$\langle \eta, \eta^* | \hat{O}^\dagger(\eta, \eta^*) | \eta, \eta^* \rangle = \frac{\eta^*}{2} - i\frac{\partial [S]}{\partial \eta} \tag{8.51}$$

と表わされる．

(8.51)およびこれの Hermite 共役の関係式を η, η^* で微分し，その結果の和と差から

$$\begin{aligned} \langle \eta, \eta^* | [\hat{O}(\eta, \eta^*), \hat{O}^\dagger(\eta, \eta^*)] | \eta, \eta^* \rangle &= 1 \\ \langle \eta, \eta^* | [\hat{O}(\eta, \eta^*), \hat{O}(\eta, \eta^*)] | \eta, \eta^* \rangle &= 0 \end{aligned} \tag{8.52}$$

が導かれる．上記の性質をもつ1体演算子を用いれば，(8.46)は

$$\delta\langle \eta, \eta^* | \hat{H} - i\dot{\eta}\hat{O}^\dagger(\eta, \eta^*) + i\dot{\eta}^*\hat{O}(\eta, \eta^*) | \eta, \eta^* \rangle = 0 \tag{8.53}$$

と書き換えられる．ここで(8.53)の変分を (η,η^*) の方向にとれば，(8.52)の関係を用いて

$$i\dot{\eta} = \frac{\partial[H_0(k)]}{\partial\eta^*}, \qquad i\dot{\eta}^* = -\frac{\partial[H_0(k)]}{\partial\eta} \tag{8.54}$$

を得る．ここで

$$[H_0(k)] = \langle\eta,\eta^*|\hat{H}|\eta,\eta^*\rangle = \langle\phi_0|e^{-i[\hat{K}]}\hat{H}e^{i[\hat{K}]}|\phi_0\rangle \tag{8.55}$$

から導かれる関係

$$\frac{\partial[H_0(k)]}{\partial\eta^*} = \langle\eta,\eta^*|[\hat{H},\hat{O}(\eta,\eta^*)]|\eta,\eta^*\rangle, \quad \text{c.c.} \tag{8.56}$$

を用いた．関係(8.54)は，(8.38)にほかならない．(8.54)を(8.53)に代入すれば，最終的に時間に依存しない変分方程式

$$\delta\langle\eta,\eta^*|\hat{H}'|\eta,\eta^*\rangle = 0 \tag{8.57}$$

$$\hat{H}' \equiv \hat{H} - \frac{\partial[H_0(k)]}{\partial\eta^*}\hat{O}^\dagger(\eta,\eta^*) - \frac{\partial[H_0(k)]}{\partial\eta}\hat{O}(\eta,\eta^*)$$

を得る．単一 Slater 行列式表示の(8.51)と(8.57)は，SCC 法の基礎方程式(8.40)と(8.39)に等価である．

このように表現すれば SCC 法が CHF 理論，ATDHF 理論の自然な拡張になっていることが分かる．第 1 の点は(6.93)と(8.57)との対比から明らかなように，CHF理論が外から現象論的に拘束演算子 $\hat{Q}_{20}$ を持ちこんでいるのに対し，SCC 法は自己束縛系が自ら選択，決定している運動方向 $\hat{O}^\dagger(\eta,\eta^*)$，$\hat{O}(\eta,\eta^*)$ を拘束演算子として含んでいる点にある．この拡張の物理的意味は，(6.93)の Lagrange 乗数がポテンシャルの勾配 $\lambda = dV(q)/dq$ (6.101) という静的な量で表わされているのに比べ，(8.57)の無限小演算子の前の係数は運動方程式(8.54)が定める関与自由度の発展方向すなわち位相空間ベクトル $(\partial[H_0(k)]/\partial\eta, \partial[H_0(k)]/\partial\eta^*)$ で与えられていることからも明らかである．

第 2 の点は，CHF 理論が集団座標 $\hat{Q}_{20}$ だけを(6.94)で拘束していたのに比べ，SCC 法は座標 $(\hat{O}^\dagger(\eta,\eta^*)+\hat{O}(\eta,\eta^*))/\sqrt{2}$ と運動量 $(\hat{O}(\eta,\eta^*)-\hat{O}^\dagger(\eta,\eta^*))/\sqrt{2}\,i$ の両方を(8.51)で拘束している点にある．つまり CHF＋ATDHF 理論

が座標 $\hat{Q}_{20}$ とそれに正準共役な運動量 $\hat{P}(q)$ とを異なった枠組で取り扱ったのに比べ，SCC 法では両者を対等に取り扱っている．以上の議論から(8.47)で導入された1対の無限小演算子は，系が自ら定めた動的集団演算子としての意味をもっていることが分かる．

SCC 法では，変分方程式(8.57)があらゆる方向の変分に対して成り立つように新しい座標 η, η^* が定められた．Σ^{2L} 上の点 (η, η^*) における $\hat{O}^\dagger(\eta, \eta^*)$, $\hat{O}(\eta, \eta^*)$ と垂直な非関与自由度方向に対する無限小演算子を $\{\hat{\delta}_\perp(\eta, \eta^*)\}$ と表わせば，(8.57)は

$$\langle \eta, \eta^* | [\hat{\delta}_\perp(\eta, \eta^*), \hat{H}] | \eta, \eta^* \rangle = 0 \tag{8.58}$$

となる．これは(8.44)の単一 Slater 行列式表示である．(8.58)は，Σ^{2L} のあらゆる点において，非関与自由度と関与自由度とが動的に分離されていることを意味している．他方(8.58)に対応する ATDHF の条件式は p^2 の範囲で(8.22)で与えられていたことを想起しよう．8-2 節で議論したように，(8.22)は p^1 の次数まででさえ必ずしも成り立っていないので，ATDHF 理論の拘束空間 $\{q, p\}$ が TDHF 多様体の中で安定して存在することは保証されない．以上により，SCC 法は ATDHF 理論のもつ制限を克服した，断熱近似によらない理論であることが分かる．

8-4 いくつかの問題

第Ⅱ部を終えるにあたり，本書ではまったく触れられなかったいくつかの問題について述べておく．

大振幅集団運動の量子論・量子カオス 原子核の励起状態の中には，1つ1つが異なった性質を示す低い励起状態から，第4章でみたように，ランダム行列理論で記述されるような状態群までが存在する．すなわち，規則的運動から，ゼロ情報理論で記述されうるカオス的運動までが1つの原子核の励起状態の中に混在している．このことは規則的運動が励起エネルギーとともに，いかなる構造変化をとげてカオス的運動に移行していくのかという興味ある課題をうみ

だしている．この課題は古典多体系では，さまざまな断熱不変量で特徴づけられる豊富な位相空間の構造と，その構造変化，断熱不変量の変化と消滅の問題としてすでに多くの研究がなされているが，量子多体系では未だいろいろな試みがなされている段階であるといえる．量子系におけるこの課題の本質は多フェルミオン系の量子状態の中に，いかに豊富な構造をもった量子状態が存在するのか，その量子状態を特徴づけている(局所的)量子数は何なのか，量子数が状態ごとにいかに変化し，量子数がいかに消滅していくのかという，多体系の量子力学を明らかにすることであろう．

この問題は8-3節で述べた準古典論の枠内で展開されつつある大振幅集団運動論に対する量子論的取扱いを展開することに相当する．すなわち，基底状態近傍からの摂動論では取り扱えない，基底状態から遠く離れた大振幅領域の量子状態を特徴づけ，記述する多体系の量子論を展開することが今後の重要な課題と考えられる．

非平衡集団運動論　準位密度の高い励起状態群が関与する集団運動現象では，統計的仮定に基づいた現象論的取扱いが成功をおさめている．ここには有限系に対してなぜ統計的取扱いが適用できるのか，決定論的Schrödinger方程式に従う有限系が統計的な輸送方程式や確率的なLangevin方程式に従う集団運動をなぜうみだすのかという，基本的課題が存在している．この課題と関連して，8-3節で議論した非関与自由度，独立粒子自由度がいかに統計処理可能な「熱浴」に移行し，非関与自由度を消去したのちの関与自由度の方程式がいかにFokker-Planck型の輸送方程式などに帰着するのか，という問題も興味深い．Fokker-Planck型輸送方程式は，関与自由度と非関与自由度に関する部分分布関数の従う結合マスター方程式から原理的に導かれると考えられるが，この場合には関与自由度で記述される集団運動が非関与自由度からの外力に対し，いかに応答するかが重要となる．

線形応答理論を用いた重イオン深部非弾性散乱の取扱いによれば，応答関数の振舞いにも，非関与自由度，独立粒子運動の準位交差が重要な役割を果たしていそうである．しかし平衡状態から遠く離れた状態を，線形応答理論を越えていかに記述するのか，平均場理論の枠内で議論される散逸効果と，平均場理論では取り入れられない2体衝突による散逸効果の役割の違いをどう評価していくかの問題がある．

以上述べてきたように，平衡1体場から遠く離れた大振幅領域の物理は，原子核という特殊性を含みながらも，他分野における量子多体系物理および多自由度系の古典物理の発展と強く関係している．このような原子核集団運動の微視的理論の現状は，科学のいろいろな分野で始まりつつある新しい研究の流れ，すなわち平衡点近傍にある(量子)多体系が時間またはエネルギーの変化とともに，いかなる構造変化を繰り返して別の平衡点に近づいていくのか，あるいは混沌の海の中に吸収されて個性を失った統計的対象に変化していくのか，等々という「物質の発展」を取り扱う新しい研究の1例でもある．

III

原子核反応

第１章で，現代の原子核構造研究の１つの重要な流れは「静的な性質の研究から動的な性質の研究へ」と述べたが，原子核反応の研究は本質的に動的性質にかかわっている．簡単な過程から複雑な過程へと反応がどう発展していくか，それをどのような形式で記述するか，実験的にはどう抽出，確認していくか，これらを明らかにすることは核反応論の大きな主題である．そこには複雑混沌なるものをいかに記述するかという複合核の理論から，(混沌の中に埋もれている)規則性の高い単純な過程をいかに引き出し記述していくかという光学模型や直接反応の理論まで，大きな広がりをもっている．両者の中間段階をいかに記述するかはより困難な課題であるが，近年の重イオン反応の提供してくれる現象など，この課題の重要性はとみに増している．

核反応のもう１つの側面として，核構造を調べる手段としての核反応がある．たとえば，高スピン状態を作るには，ただ重イオンを衝突させればよく，核反応の理解はまったく必要ないかに見える．しかし，やみくもに重い原子核同士を衝突させても，高スピン状態は効率よくはできない．その生成には核反応機構の深い理解のもとに実験を設計しなければならない．別の例を挙げれば，α 粒子と核の散乱で核の変形度を求めるとき，きわめて単純な反応機構を想定している．事実，本質的には単純であっても，強い相互作用をする有限量子多体系の応答の定量的評価には，どうしても精密な反応機構の理解と，それを記述する核反応の理論が必要である．

第Ⅲ部では，この２つの面から本質的と考えられる核反応機構の基本的理解を主眼に，核反応の理論を展開する．ただ残念ながら紙数の関係により，取り上げるテーマは多様な核反応現象の中のきわめて限られたものに制限せざるを得なかった．

9

原子核反応概観

原子核の研究は，Becquerel や Curie 等による放射能の発見から始まったといえよう．その時代においては強力な放射線源であるラジウムの分離蓄積がわれわれに核反応を起こさせる有力な道具を与えてくれた．Rutherford のグループがラジウムからの α 線を用いて最初の核変換

$$\alpha + \mathrm{N} \rightarrow \mathrm{p} + ?$$

を観測したのは 1919 年のことである．

近年，われわれは加速器の発展により，きわめて多様な核反応を起こさせる道具を手にしている．強い相互作用で原子核に働きかけるハドロンと原子核の反応に限っても，陽子，中性子からウランのような重い原子核まで加速しているし，パイオンや K メソンなどのメソンから反陽子のような反粒子まで加速して，原子核と衝突させている．また，加速される粒子のエネルギーはますます高エネルギーへと進んでいる．電磁相互作用による電子やミューオンと核との散乱はいまや原子核研究に欠くことのできない手段である．さらに，弱い相互作用を用いるニュートリノ反応の研究なども今後発展してこよう．

こうした入射粒子の種類とそのエネルギーのみならず，測定される粒子の種類や物理量も極めて多彩となってきている．特に最近の測定技術の進歩により，

かつては思いもよらなかった偏極量の測定とか，多粒子の同時測定等が可能となり，得られる情報量は飛躍的に増大している．そして測定は1つは極めて精密な方向へ，また一方では同時に大量のデータを得るという方向へ進んでいる．

このような状況で原子核反応を概観するには，本来多面的な視点が必要であるが，本章では入射粒子の種類とエネルギーの2つの面から現象を分類して考えることとする．入射粒子の種類を**軽イオン**(light ion)(α 粒子およびそれより軽い核)と**重イオン**(heavy ion)(α 粒子より重い核)に大別し，入射エネルギーについて，前者を低エネルギー(<100 MeV/n)と中間エネルギー(100 MeV/n～数 GeV/n)の領域に，後者を低エネルギー(<数十 MeV/n)と中高エネルギー(数十 MeV/n～数 GeV/n)の領域に分け，各領域での核反応に対する普遍的な考え方や特徴的現象を簡単に解説する．最後に今後急速に発展していくと思われる超高エネルギー領域(数十 GeV/n～数百 GeV/n)について簡単に触れる．ここで記号 /n は核子当たりを表わしている．

9-1 予備知識

本書では，散乱の量子論の基礎知識は既知として書き進める．必要に応じて巻末に挙げた参考書[Ⅲ-1～4]等を参考にして欲しい．ここでは核反応特有の基本的な用語や記法のいくつかをまとめておく．

入射粒子 a が原子核 A に衝突すると以下のようないろいろな反応が起こる．これらはしばしば右側に示したような記号で表わされる．

$$\mathrm{a+A \to a+A} \qquad \mathrm{A(a,a)A} \qquad (1)$$
$$\mathrm{\to a+A^*} \qquad \mathrm{A(a,a')A^*} \qquad (2)$$
$$\mathrm{\to b+B} \qquad \mathrm{A(a,b)B} \qquad (3)$$
$$\mathrm{\to b+c+C} \qquad \mathrm{A(a,bc)C} \qquad (4)$$
$$\cdots\cdots\cdots$$

(1)は**弾性散乱**(elastic scattering)，(2)は**非弾性散乱**(inelastic scattering)で，$\mathrm{A^*}$ は A の励起状態を表わす．反応(3)で特に粒子 a が粒子 b と c からな

り(a=b+c), cがAに移ってB(=A+c)が生成するという構成粒子が組み替わる反応を**組替反応**(rearrangement collision)とよぶ. 同じくa=b+cであるとき, 反応(4)は**ブレイクアップ反応**(breakup reaction)とよばれる.

反応の結果は多くの場合重心系ないし実験室系での微分断面積で与えられる. いずれの系であるかは注意を要する. 弾性散乱の微分断面積を全立体角で積分したものを**全弾性散乱断面積**, 起こり得るすべての過程の断面積の和を**全断面積**(total cross section), 全断面積から全弾性散乱断面積を除いたものを**全反応断面積**(total reaction cross section)という. 反応(3), (4)など出射粒子bを含む反応で, bのみを測定し他の粒子を確認しない測定を**包括的**(inclusive)な測定, 出射粒子をすべて確認する測定をexclusiveな測定という.

反応する粒子が互いに十分離れていて相互作用していない領域を**漸近領域**(asymptotic region)という. この領域で粒子の組合せがaとAである漸近状態を**aAチャネル**(channel), bとBである状態をbBチャネル等とよぶ. 特に始状態と同じチャネルは**弾性チャネル**(elastic channel)ともよばれる. さらに各粒子のスピンまで指定してチャネルを規定したり, 全角運動量まで定めてチャネルを規定することもある(12-1節).

データの表示に当たって, 図4-1のように入射エネルギーの関数として測定量を示すときこれを**励起関数**(excitation function)といい, 図9-2のように入射エネルギーを定めて出射エネルギーの関数として示すときこれを**エネルギースペクトル**(energy spectrum)という. 荷電粒子の弾性散乱の角分布の表示に当たっては標的を点電荷としたときのCoulomb散乱の微分断面積(Rutherford断面積)との比がよく用いられる. これは**Rutherford比**とよばれる.

9-2 低エネルギー軽イオン反応

軽イオンとは, 陽子(p), 中性子(n), 重陽子(d), 3重水素(t), ^{3}He, αなどα粒子より軽い核をいう. 本節では入射エネルギーが核子当たり約100 MeV以下の反応を考える. 1960年代までの核反応研究の多くがこの領域で行なわれ，現在も綿々と続けられている．理論的にも最も整備されており，核反応を理解する上での基本的考え方が明確に現われている領域である．

a）反応機構

問題を具体化するため，陽子が原子核に衝突する場合を考えよう．最も簡単な過程は，陽子は単に標的核の与える平均場で散乱されるだけで，核はその基底状態に留まっている弾性散乱過程である．ここで関与する自由度は核の重心と陽子の相対位置ベクトル $\boldsymbol{r}$ のみである(陽子と核のスピンを無視する)．この過程を1体複素平均ポテンシャル $U(r)$ による散乱

$$-\frac{\hbar^2}{2\mu}\Delta\psi_{\boldsymbol{k}}{}^{(+)}(\boldsymbol{r})+U(r)\psi_{\boldsymbol{k}}{}^{(+)}(\boldsymbol{r}) = E\psi_{\boldsymbol{k}}{}^{(+)}(\boldsymbol{r}) \tag{9.1}$$

で記述する模型を**光学模型**(optical model)といい，$U(r)$ を**光学ポテンシャル**(optical potential)という．$\hbar\boldsymbol{k}$ は入射運動量，μ は入射粒子と標的核の間の相対運動の換算質量を表わし，$E=\hbar^2k^2/2\mu$ である．これは第2章で議論した1粒子運動の考えを散乱状態にまで拡張したものに対応する．この模型の物理的背景の理解と，平均場をいかに求めるかを第10章で論じる．

次に起こる簡単な過程は，入射陽子がこの平均場を通過しながら，核のごく少数の自由度とのみ相互作用して飛び出していく過程である．核の形状を表わす自由度($\alpha_{\lambda\mu}$)や変形核の向きを表わす自由度(Euler 角)などと相互作用して，核の振動や回転を引き起こしたり，核内の1核子と相互作用して，単一粒子状態を励起する非弾性散乱や，核内の1核子をピックアップして飛び出してくる組替反応などである．このような過程を**直接反応**(direct reaction)という．その理論的取扱いにおいては，限られた自由度の空間での**有効ハミルトニアン**(effective Hamiltonian)の導出とその量子力学的解法が問題となる．Born 近似から始まって，少数体系の量子力学や**チャネル結合法**(coupled channel method)などがその道具となる．これらについて第11章で論ずる．

次の段階は入射陽子が核内の1核子を励起し，自らはエネルギーを失って(一時的に)核内に閉じこめられ，2粒子-1空孔(2p1h)の**準安定状態**を作る．このような状態を**戸口の状態**(doorway state)という．この陽子はふたたびエ

ネルギーを得て核外に飛び出すこともあれば，核内滞在期間が長いのでさらに他の核内核子と相互作用して**多粒子-多空孔状態**を作り出すこともある．こうして順次複雑な状態が実現し，最終的には非常に多くの自由度に入射エネルギーが分配された熱平衡状態が実現する．この最終状態を**複合核状態**という．戸口の状態から複合核に至る中間段階は，しばしば**励起子数**(exciton number)[＝粒子数＋空孔数]によって区分，特徴づけられ，**前平衡過程**(pre-equilibrium process)とよばれる．図 9-1 にこれらの過程を殻模型的描像で模式的に示す．

簡単な過程から複雑な過程への入り口である戸口の状態は，1 つの共鳴状態と見なされる．その理論的記述は共鳴状態の定式化の 1 つの基本例を与えてくれる．第 11 章ではその方法についても述べる．

複合核反応となると，その過程が複雑すぎてもはや量子力学で微視的に追うことはできない．熱平衡状態が実現していると考え，適当な物理量に適当な統計集団を仮定して考察する．前平衡過程は，量子力学的にミクロに追究するにも，熱平衡統計力学で処理するにも限界のある，解析の困難な過程である．非

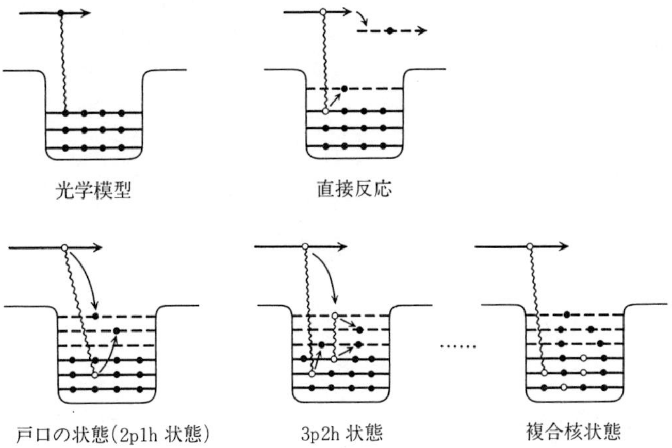

図 9-1 核子-核反応の進行の様子．殻模型的描像にたった模式図．

平衡統計力学的手法がよく用いられる．これらについては第12章で論ずる．

上では関与する自由度を指標に，核反応機構を光学模型，直接反応，戸口の状態，前平衡過程，複合核過程と分類したが，これらは必然的に反応時間と密接に関連している．平均場による弾性散乱や直接反応過程の反応時間は，入射粒子がほぼ入射速度で標的核を通過する時間であるから 10^{-22} s 程度である．一方，反応の励起関数やエネルギースペクトルに，幅 Γ の構造が見られれば，その反応時間は $\hbar/\Gamma$ 程度と考えられる．図4-1で見たように，低エネルギー中性子による複合核生成では，eV程度の狭い幅の共鳴状態も多々見られる．$\Gamma=1$ eV とすると反応時間は 10^{-15} s 程度となり，単なる通過時間より 10^7 倍も長く核内に滞在していることとなる．

b）実験的区別

これらの反応機構はどのようにして実験的に見分けられるであろうか．図9-2に定性的な出射粒子のエネルギースペクトルを示す．多くの自由度にエネルギーを分配するほど出射する各粒子のエネルギーは低くなる度合いが強い．したがって，出射エネルギーが高いほど直接反応的，低いほど複合核反応的といえる．中間のエネルギー領域に構造が見られるとき，それらは戸口の状態の反映であったり，直接反応による巨大共鳴の生成であったりする．

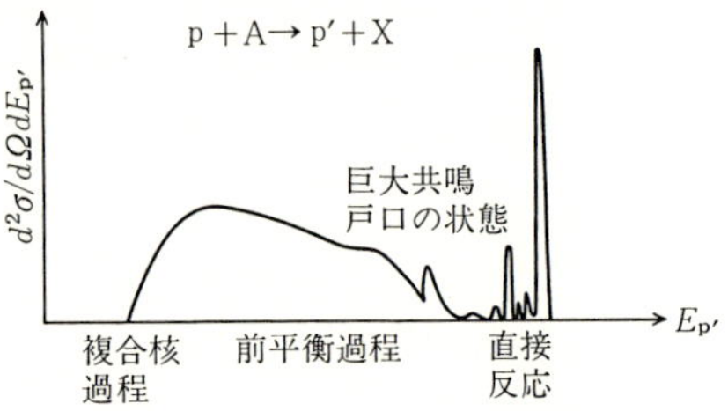

図9-2 エネルギースペクトルの定性的様子．

出射エネルギーごとの角分布も重要な手がかりを与えてくれる．図9-3に重心系での角分布の実験結果の例を示す．入射粒子の履歴が反応の複雑さに応じてじょじょに失われていくので，比較的簡単な前平衡過程に対応する高エネルギー側では前方ピーク，より複雑な低エネルギー側では90°対称に近づき，複

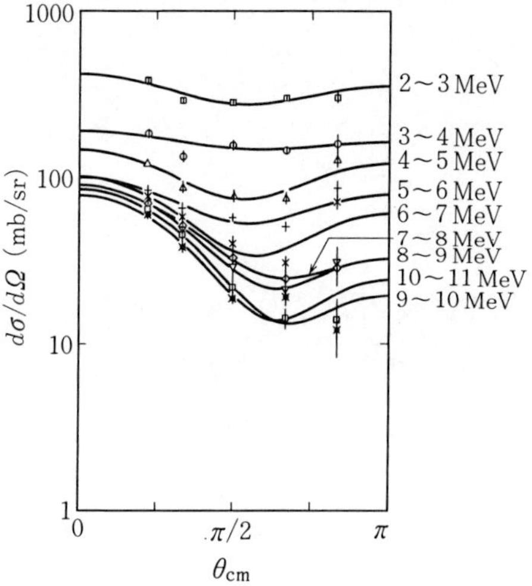

図 9-3 角分布の出射エネルギー依存性．^{127}I(n, n′) 散乱(T_n＝14.6 MeV)．右側に出射エネルギーを示す．実線は 3 項の Legendre 関数で合わせたものである．(J. M. Akkermans *et al*.: Phys. Rev. **C22**(1980)73.)

合核反応に至ると入射粒子の記憶がすっかり失われて 90° 対称となる．より高エネルギーの直接反応領域では，図 11-3 に見られるような前方に山をもつ，終状態に応じた特徴的な角分布を示す．

9-3 中間エネルギー軽イオン反応

軽イオン核反応においては，入射エネルギーが核子当たり約 100 MeV〜数 GeV であるエネルギー領域を中間エネルギーとよぼう．この領域の研究は 1970 年代後半から急速な発展を見せているが，世界で数カ所の限られた加速器により研究が進められている．

図 9-4 に陽子-陽子散乱の全断面積を示す．ちょうど，このエネルギー領域で断面積が小さくなっていることが見られる．このように核子-核子相互作用が比較的弱い上，各核子の波長が核内核子間距離より短いので，1 回(少数回)の核子-核子散乱で反応が完結すると予想される．すなわち，この領域では直接反応が主過程と考えられる．

この特徴は原子核の情報を抽出するのにたいへん有利である．なぜなら，第

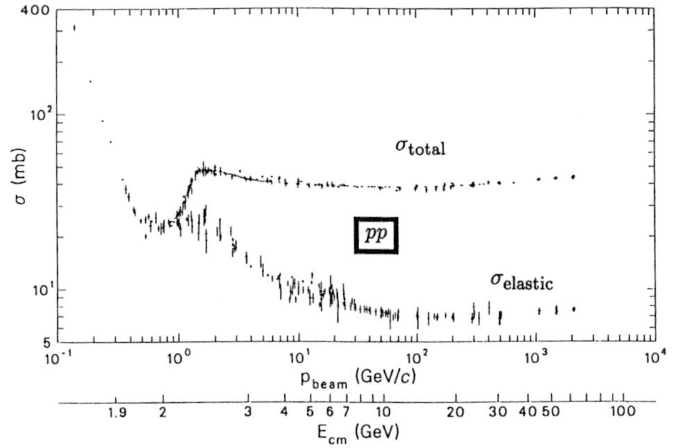

図 9-4 陽子-陽子散乱の全断面積および全弾性散乱断面積.(Particle Data Group: Phys. Lett. **B239** (1990) Ⅲ. 82.)

11 章で論ずるように直接反応は,(1)入射および出射波の性質(歪曲波),(2)入射粒子と核との相互作用,(3)その相互作用が核に与える刺激(外場)に対する核の応答の仕方(応答関数),この 3 要素で記述される.したがって,これらのうち 2 つを知って第 3 の情報を得ることができるからである.

1 例を挙げると図 9-5 は ^{14}C(p, n) 反応による ^{14}N の Gamow-Teller(GT) 共鳴状態とアイソバリックアナログ状態(IAS)をいろいろな入射エネルギーで励起したときの断面積である.入射エネルギーが高くなるとともに,IAS の励起に比べて GT 型状態の励起が相対的に強くなっている.この例では入射および出射波の性質と核の性質はよく知られている(共通である)ので,断面積のエネルギー依存性から,入射核子と核内核子間の有効核力のうち,0^+ 励起に寄与する部分と 1^+ の励起に寄与する部分の相対強度のエネルギー依存性が分かる.このエネルギー依存性を,核子-核子散乱から知られている生の核力(自由空間での核力)の場合と比較すると,核子が核内にいるときに核力がどう修正を受けるかについての貴重な情報が得られる.

中間エネルギー核反応のもう 1 つの特徴は,標的核を(連続状態にあるような)高い励起状態に,単純な直接反応で励起できることである.これにより,

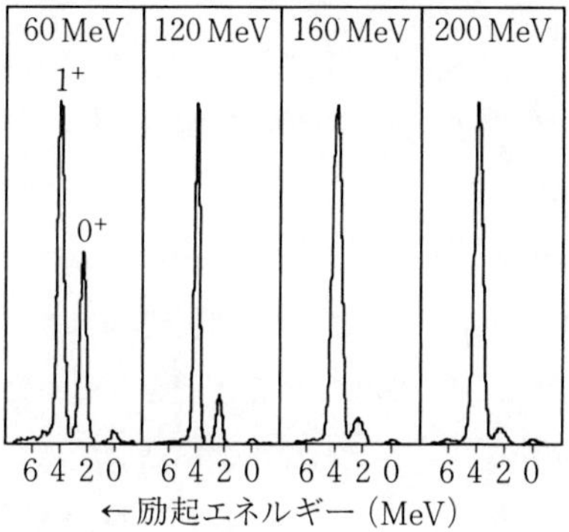

図 9-5 ^{14}C(p, n)^{14}N 反応による，GT 型状態(1^+, 3.95 MeV)と IAS(0^+, 2.31 MeV)励起の 0° での微分断面積の入射エネルギー依存性．(T. N. Taddeucci *et al.*: Nucl. Phys. **A469** (1987) 125.)

従来連続状態の中に隠されていたいろいろな特徴的性質が知られるようになってきた．3-1 節で述べた巨大 4 重極，巨大 Gamow-Teller 共鳴の発見などはその例である．

連続状態励起においては，入射粒子が核内 1 核子と自由な散乱を行なっただけというきわめて単純な反応過程が主要反応機構となり，特徴的なエネルギースペクトルを示す．相互作用した核子が核子のままでいる過程を**準弾性散乱**(quasi-elastic scattering)とよび，Δ 粒子(質量 1234 MeV)などに励起する場合も含めて，**準自由散乱**(quasi-free scattering)と総称する．

入射および出射粒子の運動量をそれぞれ $\boldsymbol{p}_\mathrm{i}, \boldsymbol{p}_\mathrm{f}$，それらのエネルギーを E_i, E_f と書くと，移行運動量 $\boldsymbol{q}\,(=\boldsymbol{p}_\mathrm{i}-\boldsymbol{p}_\mathrm{f})$，移行エネルギー $\omega\,(=E_\mathrm{i}-E_\mathrm{f})$ が核内核子に与えられる．標的核を Fermi ガス模型で考えると，初め運動量 $\boldsymbol{p}$ をもっていた核内核子が，運動量 $\boldsymbol{p}+\boldsymbol{q}$ をもって放出されるから

$$\omega = \frac{(\boldsymbol{p}+\boldsymbol{q})^2}{2m} - \frac{p^2}{2m} = \frac{1}{2m}(q^2+2\boldsymbol{p}\cdot\boldsymbol{q}) \tag{9.2}$$

である．$\boldsymbol{p}$ は Fermi 球内の任意の値($|\boldsymbol{p}|<p_\mathrm{F}$ (Fermi 運動量))をとるので，ω は $\max\{(q^2-2p_\mathrm{F}q)/2m, 0\}<\omega<(q^2+2p_\mathrm{F}q)/2m$ の範囲の値をとる．$\boldsymbol{q}, \omega$ を固定して可能な $\boldsymbol{p}$ からの寄与をすべて加えると，$\boldsymbol{p}+\boldsymbol{q}$ は Fermi 球の外になければならないので，反応断面積は

$$R(q,\omega)=\int\frac{d^3p}{(2\pi\hbar)^3}\theta(p_{\mathrm{F}}-p)\theta(|\boldsymbol{p}+\boldsymbol{q}|-p_{\mathrm{F}})\delta\left(\omega-\left(\frac{(\boldsymbol{p}+\boldsymbol{q})^2}{2m}-\frac{p^2}{2m}\right)\right) \quad (9.3)$$

に比例することが期待される(11-4節をみよ). この積分は解析的に実行できる. $R(q,\omega)$ は $q>p_{\mathrm{F}}$ のとき $\omega=q^2/2m$ で最大値をとり, p_{F} で決まる幅をもつ.

図9-6に ^{12}C(e, e′) 反応のエネルギースペクトルを示す. $\omega=100$ MeV 近傍に準弾性散乱と考えられる山が見られる. 上の簡単な議論に従えば, この例では $q\cong420$ MeV/c, よってピークの位置は $\omega\cong94$ MeV と予想される. この単純な解析と実験結果との違いから標的核内のいろいろな相関についての知見が得られる. また, $\omega=350$ MeV 近傍に見られるもう1つの山は, 核内核子が Δ 粒子に励起した同様の反応機構による山である. 電子散乱は軽イオン反応ではないが, データの明快さからこの例を挙げた. (p, p′), (p, n), (^{3}He, t) 等でも類似のデータが得られている.

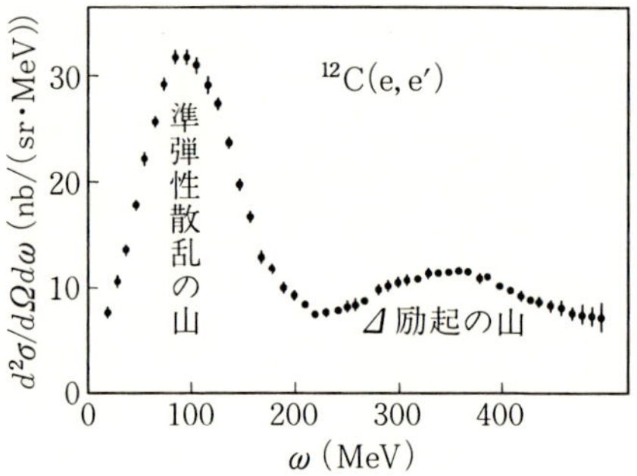

図9-6 ^{12}C(e, e′) 散乱のエネルギースペクトル($E_{\mathrm{e}}=$ 680 MeV, $\theta=36°$). (P. Barreau *et al.*: Nucl. Phys. **A402**(1983)515.)

このように単純な反応機構を示唆する実験結果が多々見られるので, この領域は, 核反応を多体系の基礎方程式から出発して記述する**微視的核反応論**の, よい応用の場と考えられる. その典型例として第10章で光学ポテンシャルの微視的導出, 第11章で準弾性散乱スペクトルの応答関数による解析法を解説する. また, 入射粒子の短波長性により, 簡単で直観的なアイコナール近似や Glauber 近似による解析も有効と考えられている(補章 A-2 節参照).

なお, 近年この領域での核子散乱に対する光学模型として, Dirac 方程式

$$[-i\boldsymbol{\alpha}\cdot\nabla+\beta(m+U_{\mathrm{s}}(r))+U_{\mathrm{v}}(r)]\Psi(r)=E\Psi(r) \quad (9.4)$$

($U_s(r)$, $U_v(r)$ は複素平均ポテンシャル)を用いる解析が，現象論的に大きな成功をおさめているが，本書では触れないこととする．(例えば，巻末の参考書[Ⅲ-6]の 387 ページ以下参照.)

9-4 低エネルギー重イオン反応

α 粒子より重い核を重イオンとよび，入射エネルギーが核子当たり数十 MeV 以下の低エネルギーの現象を考えよう．この領域は 1960 年代より多くの加速器により研究されてきたが，理論的には低エネルギー軽イオン領域ほどの完成度には至っていない．

a) 反応機構

重イオン反応の 1 つの特徴は，入射粒子の質量 M が大きいのでその波長 λ が標的核の大きさ(半径 R)より十分小さく，半古典的に入射および出射粒子の軌道が考えられることである．すなわち

$$\frac{\lambda}{2\pi} = \frac{1}{k} = \sqrt{\frac{\hbar^2}{2ME}} \ll R \tag{9.5}$$

(k, E は入射粒子の運動量，エネルギー)である．以下 $\hbar$ の有無にこだわらず波数と運動量を区別せず単に運動量とよぶ．

図 9-7 のように，入射イオンがどれだけ標的核に接近するかによって起こり得る反応過程を大別できる．接近の度合いは，衝突径数 b または対応する角運動量 $l(=kb)$によって表わされる．入射イオンと標的核の表面がかすりあう

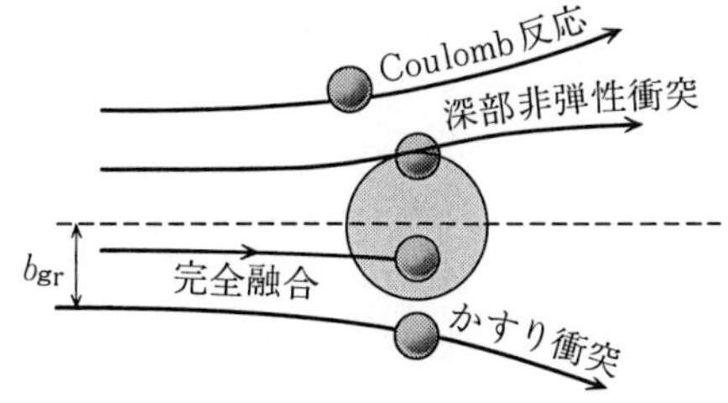

図 9-7 衝突径数と反応機構.

軌道(**かすり軌道**(grazing orbit))の衝突径数を**かすり衝突径数**(grazing impact parameter) $b_{\rm gr}$，対応する角運動量を**かすり角運動量**(grazing angular momentum) $l_{\rm gr}$ という．この軌道より b の大きい軌道では核力の影響が無視でき，Coulomb 力による弾性散乱や核の Coulomb 励起が主たる反応過程である．一方，衝突径数がある値(**臨界衝突径数**(critical impact parameter) $b_{\rm cr}$)より小さな軌道では，入射イオンと標的核が大きく重なり，両者が融合する反応が主となる．これを**完全融合**(complete fusion)という．臨界衝突径数 $b_{\rm cr}$ に対応する角運動量を**臨界角運動量**(critical angular momentum) $l_{\rm cr}$ という．

反応機構を考えるとき，衝突径数 b を $b_{\rm gr}$ と $b_{\rm cr}$ の間の $b_{\rm max}$ でさらに2つに分ける．b が $b_{\rm max}<b<b_{\rm gr}$ である軌道では両イオンの重なりが小さく，わずかな自由度のみの関与で反応が完結する直接反応的過程が主である．この過程を**準弾性衝突**(quasi-elastic collision)という．一方，$b_{\rm cr}<b<b_{\rm max}$ では，重なりが大きく関与する自由度は多いが，いぜん2体反応的で反応の履歴が残っている過程が観測される．これは**深部非弾性衝突**(deep inelastic collision)とよばれ低エネルギー重イオン反応に特徴的な反応機構として着目された．

これらの反応機構が，全反応断面積に寄与する比率を見てみよう．**部分波展開**(partial wave expansion)すると，10-1節(10.14)式で示すように，全反応断面積 $\sigma_{\rm r}$ は

$$\sigma_{\rm r} = \sum_l \sigma_{\rm r}{}^l = \frac{\pi}{k^2}\sum_l (2l+1)P_l, \qquad P_l \equiv 1-|S_l{}^{\rm el}|^2 \tag{9.6}$$

と表わされる．ここで $\sigma_{\rm r}{}^l, P_l, S_l{}^{\rm el}$ はそれぞれ部分波 l での反応断面積，**透過係数**(transmission coefficient)および弾性散乱の $\boldsymbol{S}$ **行列要素**である．散乱が全く起こらないか，弾性散乱のみが起こる場合には $|S_l{}^{\rm el}|^2=1$ であるから，P_l は部分波 l で弾性散乱以外の反応を起こす確率を表わしている．

衝突する両イオンは相互作用が強く，接触すれば高い確率で反応が起こるので，P_l はかすりの角運動量 $l_{\rm gr}$ を境に急激に1から0に変化する．そこで P_l を $P_l=\theta(l_{\rm gr}-l)$ と階段関数で近似すると，(9.6)の和が計算できて

$$\sigma_{\rm r} = \frac{\pi}{k^2}(l_{\rm gr}+1)^2 \tag{9.7}$$

となる．同様にして，完全融合断面積 σ_{fu} と深部非弾性衝突全断面積 σ_{DIC} は

$$\sigma_{fu} = \frac{\pi}{k^2}(l_{cr}+1)^2 \tag{9.8}$$

$$\sigma_{DIC} = \frac{\pi}{k^2}\{(l_{max}+1)^2-(l_{cr}+1)^2\} \tag{9.9}$$

と書ける．図 9-8 に部分波ごとの反応断面積を模式的に完全融合，深部非弾性衝突，準弾性衝突に分けて示す．

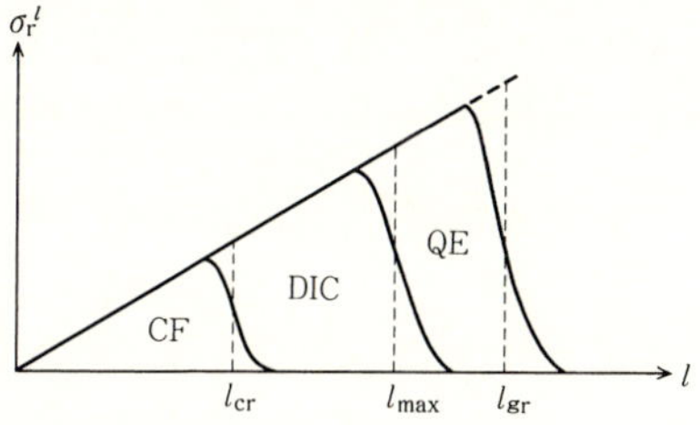

図 9-8　各部分波の反応断面積 σ_r^l．CF：完全融合，DIC：深部非弾性衝突，QE：準弾性衝突．

b）実験的区別

さて，これらの反応機構は実験的にどのようにして区別できるであろうか．

完全融合　1つは**蒸発残留核**（evaporation residue）の測定である．熱平衡に達した複合核が形成されると，それからいくつかの軽い粒子（p, n, α 等）が蒸発して蒸発残留核が残り，その残留核特有の γ 線が放出される．この γ 線を測定すれば，起こった反応を知ることができる．

第 2 の方法は**対称核分裂**（symmetric fission）の測定である．形成された複合核はまた質量のほぼ等しい 2 つの核に分裂していく．熱平衡に達しなかった場合，入射および出射イオンの質量に準じた，質量のかなり異なるイオンが放出されることとなり，完全融合と区別される．

第 3 の方法は**完全運動量移行**（complete momentum transfer）の測定である．入射イオンのエネルギーから複合核の重心の速度が決まる．蒸発粒子はこの重心系で等方的に放出される．多くの蒸発粒子の運動量を測定してこのことを検証し，完全融合か否かを判定できる．

準弾性衝突　関与する自由度が少なく直接反応的なので，入出射イオンのエネルギー差(**エネルギー損失**(energy loss))が小さく，移行する核子数も少ない．かすり軌道近傍の軌道で起こるので，この軌道に対応する散乱角(**かすり角**(grazing angle))近傍でピークをもつ角分布を示す．これより外側の軌道では相互作用が及びにくく，一方，内側の軌道ではより複雑な反応が強くなって，直接反応的性格が失われるからである．

深部非弾性衝突　第1の特徴は，終状態を構成する粒子が，入射イオンに由来する核と，標的核に由来する核からなる2体反応的で(中間段階で軽イオンの放出を伴うこともあるが)，入射チャネルの履歴が残していることである．その履歴を反映して非等方的角分布を示す．

第2の特徴は，エネルギー損失，核子数や電荷の移行が大きいことである．準弾性衝突に比べて多くの自由度が関与し反応時間も長く，相対運動のエネルギーがほとんど出射核，残留核の内部エネルギーに転換される．その結果，出射イオンの運動エネルギーは，ほとんどそれが残留核と表面を接するときのCoulombエネルギーのみに由来することとなる．また入射イオンと出射イオンの間の粒子移行，電荷移行も大きい．これらの性質は前平衡過程的性質に対応する．完全融合と深部非弾性衝突の相違を図9-9に概念的に示す．

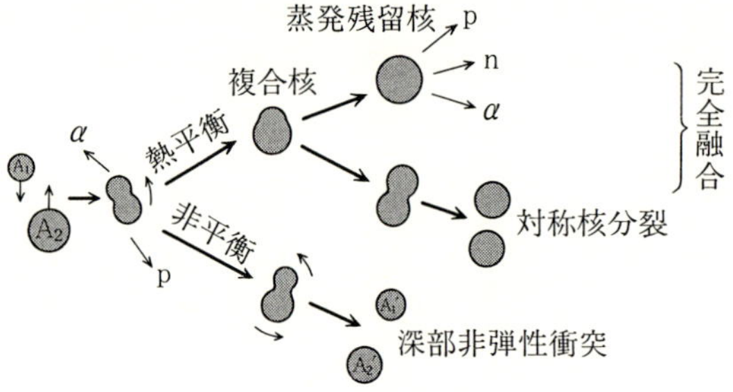

図9-9　完全融合と深部非弾性衝突の相違．

c）Wilczynskiプロット

Wilczynskiは^{40}Ar＋^{232}Th反応で，種々の放出イオンのいくつかの角度でのエネルギースペクトルを図9-10(a)のように整理して，深部非弾性衝突の概念を導入し，低エネルギー重イオン反応の見方を確立した．

図は出射イオンがKの場合について，横軸に重心系での出射角$\theta_{\rm cm}$，縦軸に重心系でのKの出射エネルギー$E_{\rm cm}$をとって微分断面積の等高線を書いたものである．このような図を**Wilczynski**プロット(Wilczynski plot)という．図では$\theta_{\rm cm}\cong 37°$，$E_{\rm cm}\cong 280$ MeVあたりに最大のピークをもつ．この角度がかすり角である．この山の近傍で出射エネルギーを一定にした角分布はかすり角近傍にピークをもつ．これが準弾性衝突の山である．このピークより断面積の尾根が前方低エネルギー側に延び，$E_{\rm cm}\cong 140$ MeVあたりで折り返して後方へ延び130 MeVあたりまで下がる．この最後の領域でのKの運動エネルギーはKと残りの核が表面を接するときの両者の間のCoulombエネルギーにほぼ等しい．角度を固定したエネルギースペクトルでみると，折り返しの前後に対応する2つの山が見られる．エネルギーの高い方が準弾性衝突，低い方が深部非

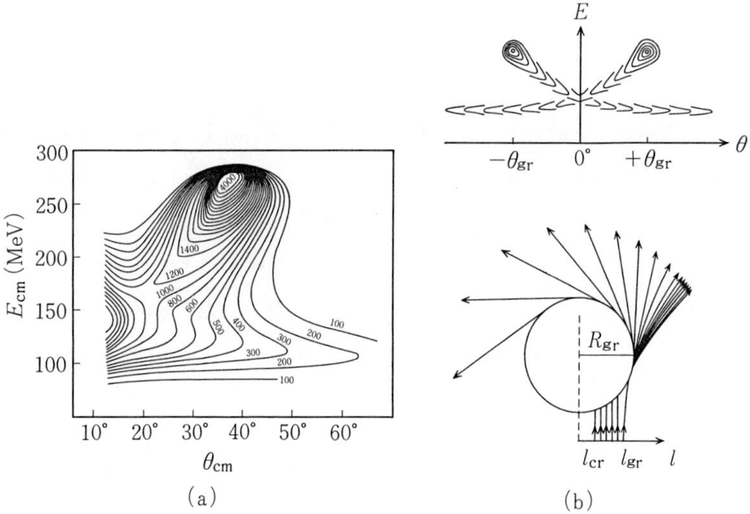

図9-10 (a) Wilczynskiプロット(^{232}Th(^{40}Ar, K), $E_{\rm lab}=338$ MeV)．$E_{\rm cm}$は重心系でのKイオンのエネルギー．(b)上段：散乱角の正負を区別したWilczynskiプロット，下段：入射粒子の軌道．(J. Wilczynski: Phys. Lett. **47B**(1973)484.)

弾性衝突である．

このピークの動きは次のように説明される．かすり衝突径数 b_{gr} で入射したイオンはわずかなエネルギー損失でかすり角に放出される．衝突径数がもっと小さくなると，核間引力により軌道が前方に曲げられる．また，両イオンの接触時間が長くなってエネルギー損失(内部エネルギーへの変換)が大きくなる．したがって，ピークは前方低エネルギー方向に移行する．さらに衝突径数が小さくなると，軌道は標的核の反対側に回りこむ．これは放出角が大きくなることに対応する．このとき接触時間は十分長く相対運動の運動エネルギーはほとんど内部エネルギーに転換されてしまう．その結果放出イオンの運動エネルギーは先に述べたようにCoulombエネルギーにのみ由来することとなる．このように入射エネルギーがほとんど内部エネルギーに転換されてしまった過程が，深部非弾性衝突である．その様子を図9-10(b)に示す．図9-10(a)は極めて理想的な場合である．実際には入射イオン，出射イオンの電荷や質量，入射エネルギーによっていろいろなパターンを示す．

d）領域分け

Coulomb反応，準弾性衝突，深部非弾性衝突，完全融合の領域を分ける衝突径数 $b_{\mathrm{gr}}, b_{\max}, b_{\mathrm{cr}}$(対応する角運動量 $l_{\mathrm{gr}}, l_{\max}, l_{\mathrm{cr}}$)は，入射核，標的核の性質や入射エネルギーの関数として，どのように決まるのであろうか．

l_{gr} は以下のような考察から評価できる．両イオンがかすりあうときの中心間の距離 R_{gr} は，入射核と標的核の半径 $R_{\mathrm{P}}, R_{\mathrm{T}}$ の和に密度分布の裾野や核力の到達距離などによる付加距離 δ を加えて，$R_{\mathrm{gr}}=R_{\mathrm{P}}+R_{\mathrm{T}}+\delta$ と表わせる．R_{gr} を最近接距離とする古典軌道の $r=R_{\mathrm{gr}}$ での局所運動量 $k(R_{\mathrm{gr}})$ は

$$\frac{\hbar^2 k(R_{\mathrm{gr}})^2}{2\mu}+V(R_{\mathrm{gr}}) = E = \frac{\hbar^2 k^2}{2\mu} \tag{9.10}$$

で与えられる．E, k は相対運動のエネルギーと漸近的運動量，$V(r)$ は核間ポテンシャルである．したがって，かすり角運動量は E の関数として

$$l_{\mathrm{gr}} = k(R_{\mathrm{gr}})R_{\mathrm{gr}} = kR_{\mathrm{gr}}\sqrt{1-\frac{V(R_{\mathrm{gr}})}{E}} \tag{9.11}$$

と表わされる．(9.7)から全反応断面積は

$$\sigma_r = \pi R_{gr}{}^2\left(1-\frac{V(R_{gr})}{E}\right) \tag{9.12}$$

となる．ここで $l_{gr} \gg 1$ とした．

同様に特定の核間距離 R_{max}, R_{cr} を導入して，l_{max}, l_{cr} を求める考えもあるが，小さな核間距離で核間ポテンシャルの概念が成立するか否かは問題である．

融合反応が高い確率で起こるためには，生成される複合核状態が，状態密度の十分高い領域，したがってイラスト線よりある程度励起エネルギーが高い領域になければならない．各角運動量 l に対してこの条件を満たす励起エネルギー E_{ex} の最低値を (l, E_{ex}) 平面で描いた曲線を**統計的イラスト線**(statistical yrast line)という．これがイラスト線と平行で $E_{ex}=\alpha l^2+\beta$ と書けるとすると，臨界角運動量 l_{cr} は，$E_{ex}=\alpha l_{cr}{}^2+\beta=E+(M_P+M_T-M_{P+T})c^2$ で与えられ，融合断面積は(9.8)からやはり

$$\sigma_{fu} = a\left(1+\frac{b}{E}\right) \tag{9.13}$$

となって，(9.12)と同様に $1/E$ の1次式で書ける(a, b は定数)．図 9-11 に σ_{fu} の実験値を $1/E$ の関数で示す．この例ではⅠの領域は(9.12)，Ⅱの領域は(9.13)で支配されていると考えられる．融合反応の起こるもう1つの条件として，融合状態が近似的束縛状態として存在し得るという条件も必要である．完全融合で蒸発残留核が観測されるエネルギーの上限は，図 1-7 の核分裂限界で与えられる．

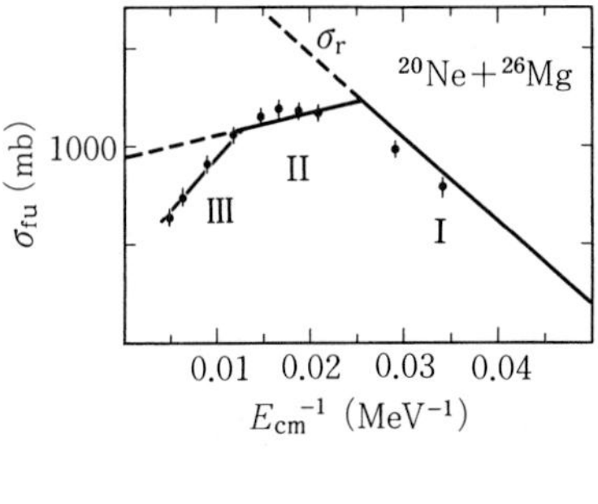

図 9-11 融合断面積の入射エネルギー依存性．(T. Matsuse, A. Arima and S. M. Lee: Phys. Rev. **C 26**(1982)2338.)

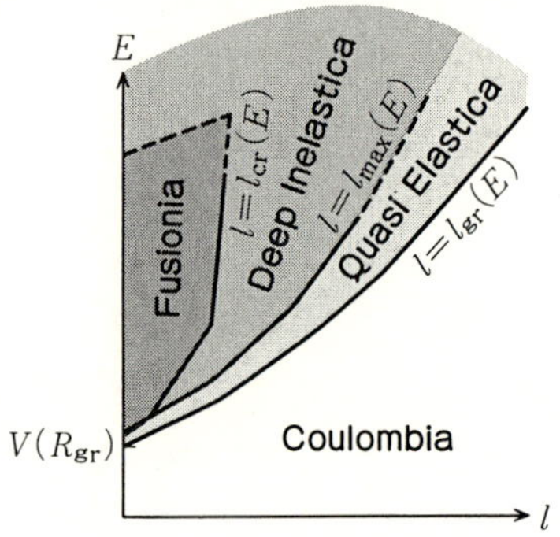

図 9-12 反応機構の領域分け.

以上の議論をまとめて (l, E) 平面に各反応機構の領域を定性的に描くと，図 9-12 のような国々に分けられる．なお，この図は入射イオンと標的核の組み合わせによって大きく変わることを注意しておく．

9-5 中高エネルギー重イオン反応

より高いエネルギーでの重イオン核反応の研究は，まず 1970 年代にバークレイの Bevalac とよばれる加速器系により，入射エネルギーが核子当たり数百 MeV～数 GeV の高エネルギー領域で開拓され，遅れて 1980 年代に入ってから世界数カ所の限られた加速器系により，数十 MeV～数百 MeV の中間エネルギー領域を埋める形で急速な発展を見た．

まず，高エネルギー領域の研究で導入された反応の描像と諸概念を説明する．この領域では入射核内の各核子の波長が，核内の核子間隔より小さいので，衝突過程は独立の核子-核子衝突の連なりであって，核全体としてのコヒーレントな応答は希薄である．そこで図 9-13 のような描像が考えられた．

衝突径数が 2 つの核の半径の和よりかなり小さい図(b)の場合を見よう．切りとられた P′, T′ 部分を**傍観部**(spectator)，反応の連鎖が起こっている C を**関与部**(participant)といい，このような描像を傍観部-関与部描像という．P′, T′ は励起状態にあるので，いくつかの軽イオンを放出しながら，自然には

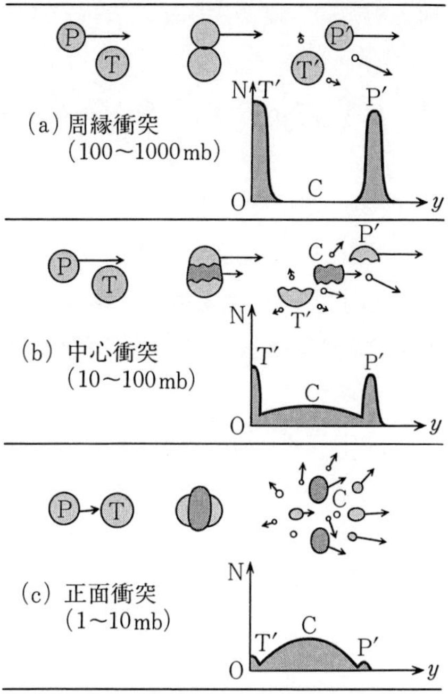

図 9-13 高エネルギー重イオン反応の様相とラピディティー分布の特徴．P′：入射核破砕片，T′：標的核破砕片，C：関与部．(中井浩二：日本物理学会誌 **33** (1978) 738.)

存在しない不安定核を含む多様な核種となって終状態にいたる．P′ からのものを**入射核破砕片**(projectile fragment)，T′ からのものを**標的核破砕片**(target fragment)とよぶ．C は多数回の衝突により高励起高密度状態(**火の玉** (fire ball))となり，パイオンや Δ 粒子等も発生しながら膨張して，いろいろな核種やハドロンを放出する．

C, P′, T′ はそれぞれ異なる速度をもつので，それらから放出される粒子の速度はその親の速度の周りに分布する．相対論的取扱いの便利さのため，速度の代わりに**ラピディティー**(rapidity)

$$y = \frac{1}{2}\ln\left[\frac{E+p_{//}c}{E-p_{//}c}\right] \tag{9.14}$$

が用いられる．$p_{//}$ は入射方向の運動量である．図の下部に，対応するラピディティー分布が模式的に示されている．

図(a)のように衝突径数が大きい場合は**周縁衝突**(peripheral collision)とよばれ，関与部がなくなる．一方，図(c)のように衝突径数が非常に小さくなると関与部のみとなり，多数の反応生成物，破砕片を放出する．このようにラピディティー分布や放出粒子の数(**多重度**(multiplicity))によって衝突径数の目安を得ることができる．(b),(c)の場合を**中心衝突**(central collision)とよぶ．さらに，(c)の場合を**正面衝突**(head-on collision)と区別することもある．

中心衝突における関与部Cは通常より高温高密度な核の状態を提供してくれる．さらに膨張していく過程では通常より低密度の状態をも実現する．したがって，関与部は広い密度領域にわたっての，核の状態を知る手がかりを与えてくれると期待される．しかし，それにはいかに情報を取り出すかについての理論的および実験的研究が必要である．多数の放出粒子を同時にできるだけ多く測定するよう，重心系でほぼ全立体角をおおう **4π 測定器**(4π detector)の出現が実験的解析を飛躍的に発展させた．

最も単純な測定量の1つは特定の粒子のエネルギースペクトルである．もしこの粒子が熱平衡に達した火の玉から放出されたなら，エネルギースペクトルはその温度についての情報を与えるはずである．図9-14にその1例を示す．図の傾斜パラメータ E_0 は温度に対応する．しかしながら，熱平衡を仮定しない種々の理論でもこの傾斜を得ることができるので，これだけでは確かなことはいえない．

1つの興味深い現象として，多重度の大きい反応で，横成分をもつ特定の方向への放出粒子群の**集団的流れ**(collective flow)が見られている．それを示す実験の1例を示そう．4π 測定器で電荷をもつ放出粒子の運動量と質量をすべて測定する．そこで対称テンソル

$$F_{\alpha\beta} \equiv \sum_i \frac{p_\alpha{}^i p_\beta{}^i}{2m^i} \tag{9.15}$$

を作る．α, β は座標成分 x, y, z を表わし，i は出射粒子の番号である．このテ

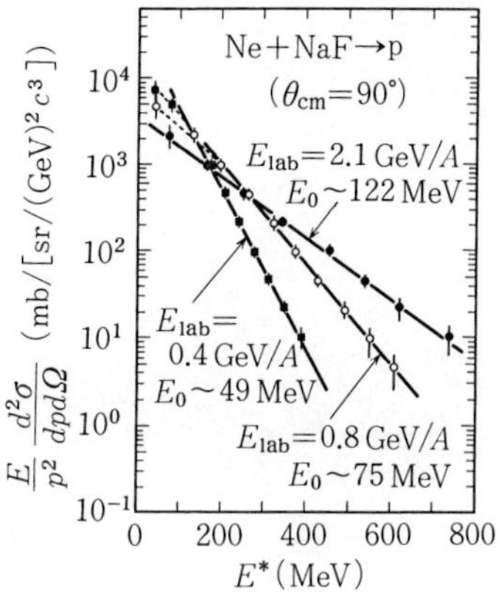

図 9-14 Ne+NaF 反応における放出陽子のエネルギースペクトル．E^* は重心系での陽子の運動エネルギー，直線は $\exp(-E^*/E_0)$ を表わす．(S. Nagamiya *et al*.: Phys. Rev. **C24**(1981) 971.)

ンソルを対角化し最大固有値の軸の方向と入射方向(z 軸方向)とのなす角を θ とする．この角度は放出粒子の平均的流れの方向を表わし，**流れ角**(flow angle)とよばれる．図 9-15 に核子当たり 400 MeV の Nb+Nb 反応での，流れ角の分布の実験値を多重度 M_c の範囲に分けて示す．多重度の大きい反応で特定の方向にピークをもつ分布が測定され，集団的流れを示唆している．

この集団的流れは，非圧縮性の強い流体の正面衝突で起こる**側方飛散**(sidewards splash)を類推させる．この対応が成り立てば，この測定は核の圧縮率を知る手がかりともなる．この反応の正面衝突の場合について，1 核子の密度分布の時間的変化を，後で述べる VUU 理論で計算した結果を図 9-16 に示す．この場合入射方向と垂直な方向への粒子群の流れが見られる．

上述の測定結果を初めとして，中高エネルギー重イオン反応の解析には，

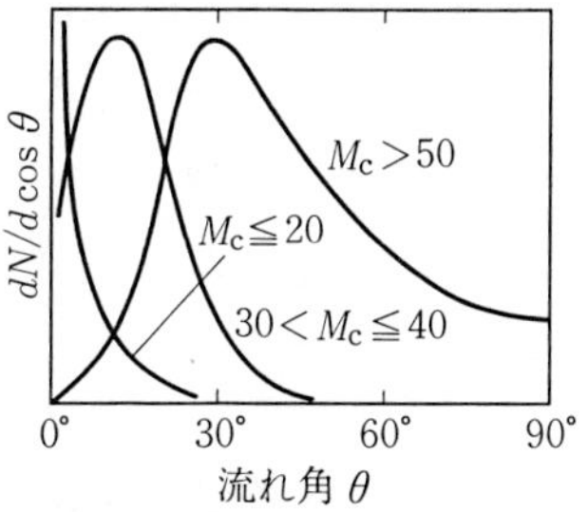

図 9-15 流れ角の分布の多重度 M_c 依存性．400 MeV/n の Nb+Nb 反応の実験値．(G. F. Bertsch and S. Das Gupta: Phys. Rep. **160**(1988) 189.)

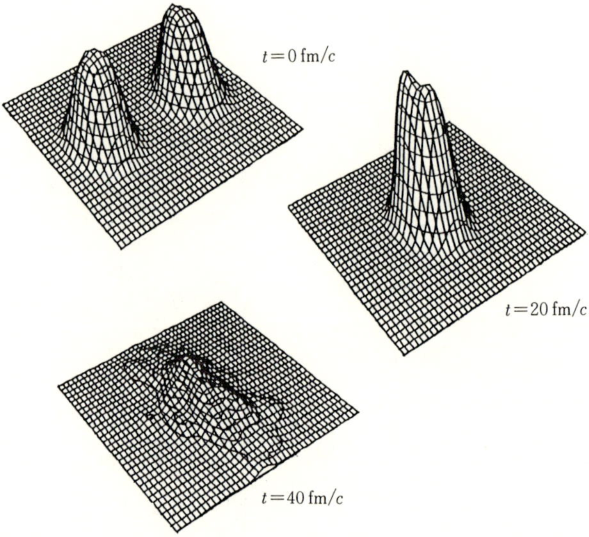

図 9-16　400 MeV/n ^{93}Nb + ^{93}Nb 反応における反応平面上の密度分布の計算値.（堀内昶，大西明，丸山敏毅：日本物理学会誌 **46**(1991)471.）

VUU 方程式（Vlasov-Uehling-Uhlenbeck equation）がよく用いられ，多くの成功をおさめている．この方程式は，関与する核子の集団が作る平均場中を，個々の核子が互いに衝突しながら運動していくときの，1 核子の分布関数の時間発展を記述する．12-6 節でこの理論を解説し，上記の集団的流れの解析例を示す．このような時間的発展を動的に追う理論を用い，中心衝突で核物質が圧縮され高温高密度になり，ついで膨張分裂していく過程を追跡することにより，核物質の状態方程式を広範囲にわたって調べられる可能性が生じてきた．

一方，入射核破砕片，標的核破砕片に関わる物理として，特に注目されているのは，破砕片として多くの不安定核が生成されることである．したがって中高エネルギー重イオン核反応は，安定領域から大きく離れた核種の生成の有力な手段である．特に入射核破砕片は入射ビームとほぼ同じ速度をもつので，不安定核の 2 次ビームとしてたいへん用いやすく，原子核研究の新領域を開いた．

さて，低エネルギー領域での完全融合，深部非弾性衝突等の概念から，高エネルギー領域での傍観部-関与部概念へどう移行していくのであろうか．遅れて出発した中間エネルギー領域の研究から，高エネルギー領域で導入された諸概念はかなり低エネルギー側まで有効であることが分かってきた．

入射エネルギーが核子当たり 10～15 MeV 程度以上になると，完全融合反応は小さくなり，融合が起こる前にいくつかの核子や核子群(α 粒子など)を放出し，その後融合を起こす**不完全融合反応**(incomplete fusion)が特徴的となる．

さらに，入射エネルギーが核子当たり 35～45 MeV 程度以上になると，蒸発残留核の生成は急速に減少する．このとき中心衝突でできる中間段階の励起エネルギーは，1 核子当たりの束縛エネルギー(約 8 MeV)より十分大きいので，多数の核や核子に同時に分裂する**多重破砕**(multifragmentation)現象などが期待される．多数の生成粒子の同時測定で，この現象が確認されている．こうして中間エネルギー反応も高エネルギー反応で導入された傍観部-関与部概念へつながっていく．

最後に，低エネルギーから高エネルギーまでを含めた重イオン反応機構の移り変わりを，入射エネルギーと衝突径数のなす平面上にまとめたものを図 9-17 に示す．図では，中高エネルギー領域で衝突径数が十分小さく傍観部がなくなってしまう場合を，**全体爆発**(total explosion)として区別している．さらに，全体爆発部を非常に多数の小さな破砕片に爆発してしまう場合(ガス部)と，やや大きな破砕片が放出される場合(液滴部)に分けている．

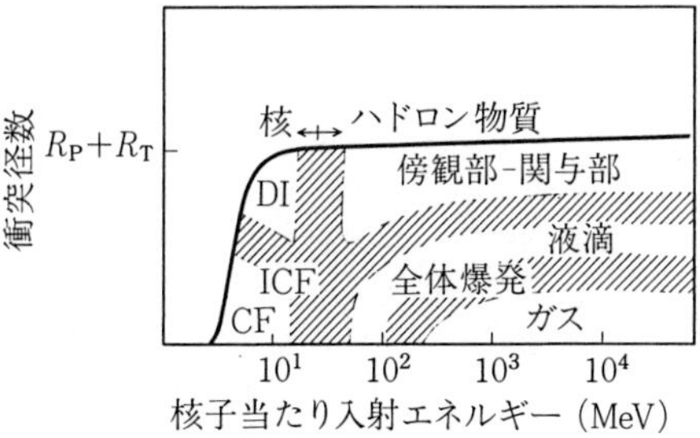

図 9-17 重イオン反応の相図．CF：完全融合，ICF：不完全融合，DI：深部非弾性衝突．(J. P. Bondorf: Nucl. Phys. **A488**(1988) 31c.)

9-6 超高エネルギー核反応

入射エネルギーが核子当たり数 GeV 以上の重イオンや，100 GeV を越える軽イオンによる核反応がこれからの新しい研究領域として注目を集めている．現在のところ研究手段は，宇宙線や CERN やブルックヘブンの加速器などきわめて限られているが，一言その夢に触れておこう．

このような領域では，上述の関与部の概念の延長として，エネルギー密度，ハドロン数密度の非常に高い状態の実現が期待される．この場合ハドロンに閉じこめられていたクォークが解放されて，クォークとグルーオンのプラズマ状態(quark-gluon plasma，QGP)の実現も夢ではない．図 9-18 にハドロン数密度と温度(エネルギー密度)の平面で考えられている原子核のいろいろな相を示す．この夢の実現には，大加速器の建設とともに，どのような物理量の測定が本質的な指標となるかの研究が必須である．

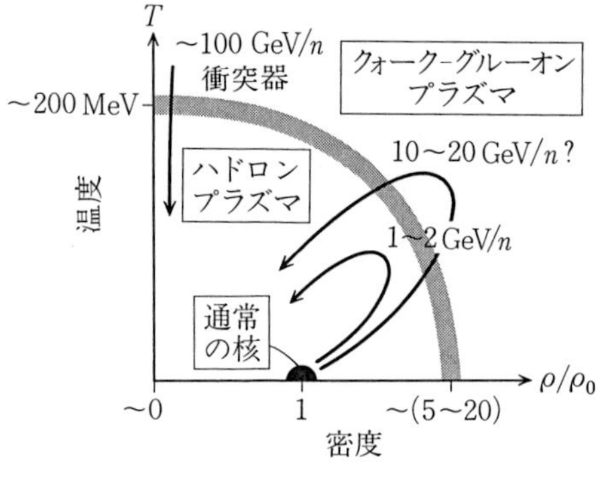

図 9-18 核物質の相図．矢印は核反応で期待される状態変化の道筋．(S. Nagamiya: Nucl. Phys. **A488** (1988) 3c.)

10

光学模型

入射粒子，標的核をつねにその基底状態に張りつけることにより，それらの内部構造を塗りつぶし，両者の相対運動の自由度のみを取り出して，その力学——弾性散乱——を考察するのが**光学模型**の第1の基本思想である．その第2は，単に相対運動を「正確」に取り出すのでなく，第9章で述べたごとく，標的核がつくる平均場による入射粒子の散乱という反応の第1段階のみを取り出すことである．すなわち複雑な過程は捨象し相対運動という「集団的」運動のみを抽出することである．したがって，この理論では多くの自由度の消去を伴い，散乱の微細構造ではなくその大局的性質が表わされる．

ここで問題は1体ポテンシャル散乱に帰着され，内部構造は両者間に働く有効相互作用(すなわち**光学ポテンシャル**)に内在的に取りこまれている．本章ではこの光学ポテンシャルの意味を明らかにしたい．入射粒子が核子であるときの光学ポテンシャルの最も単純なレベルでの理解は，基底状態にある標的核が入射核子に与える平均場で，殻模型ポテンシャルの正エネルギー部分に対応するといえよう．本章後半では，微視的理論である多重散乱理論に基づき，光学ポテンシャルを求める方法を考察する．

10-1 光学模型の基本概念

問題の本質のみをとらえるため，入射粒子は内部構造も，スピンや電荷ももたず，標的核もスピンをもたないとして議論を進める．重心系で両者の弾性散乱が(9.1)で述べたように，1体局所中心力ポテンシャル $U(r)$ による散乱

$$-\frac{\hbar^2}{2\mu}\Delta\psi_{\boldsymbol{k}}{}^{(+)}(\boldsymbol{r})+U(r)\psi_{\boldsymbol{k}}{}^{(+)}(\boldsymbol{r}) = E\psi_{\boldsymbol{k}}{}^{(+)}(\boldsymbol{r}) \tag{10.1}$$

で記述されると考える．波動関数 $\psi_{\boldsymbol{k}}{}^{(+)}(\boldsymbol{r})$ は，漸近的に境界条件

$$\psi_{\boldsymbol{k}}{}^{(+)}(\boldsymbol{r}) \sim \exp(i\boldsymbol{k}\cdot\boldsymbol{r})+f(\theta)\frac{\exp(ikr)}{r} \tag{10.2}$$

を満たす．ここで $E=\hbar^2k^2/2\mu, \cos\theta=\hat{\boldsymbol{k}}\cdot\hat{\boldsymbol{r}}$ である．$f(\theta)$ は**散乱振幅**(scattering amplitude)とよばれる．このような漸近形をもつ波動関数を「**外向波**(outgoing wave)の境界条件をもつ波動関数」といい，添字（＋）で指定する．

入射粒子は標的核の励起や組替反応をひき起こすので，弾性的に散乱して出てくる粒子は，入射したものの一部にすぎない．したがって弾性散乱にのみ着目すると，入射粒子の流量は保存せず，吸収が起こっているとみなせる．この吸収効果は $U(r)$ を複素ポテンシャル

$$U(r) = V(r)+iW(r) \tag{10.3}$$

とすることによって記述される．

これは以下のようにして分かる．(10.1)の左から $\psi^{(+)*}$ を掛け，(10.1)の複素共役に左から $\psi^{(+)}$ を掛けて差をとると

$$-\frac{\hbar^2}{2\mu}(\psi^{(+)*}\Delta\psi^{(+)}-\psi^{(+)}\Delta\psi^{(+)*})+i2W(r)|\psi^{(+)}|^2 = 0 \tag{10.4}$$

となる．これを，標的核を包む十分大きな球の内部で積分すると

$$\int_S \boldsymbol{j}\cdot\hat{\boldsymbol{n}}dS = \frac{\hbar}{2\mu i}\int_S(\psi^{(+)*}\nabla\psi^{(+)}-\psi^{(+)}\nabla\psi^{(+)*})\cdot\hat{\boldsymbol{n}}dS$$

$$= \frac{2}{\hbar}\int W(r)|\psi^{(+)}|^2 d^3\boldsymbol{r} \tag{10.5}$$

を得る．$\boldsymbol{j}$ は流れの密度，$\hat{\boldsymbol{n}}$ は積分球の外向き法線を表わす．右辺は流量の増分を表わすから，吸収効果は

$$\frac{2}{\hbar}\int W(r)|\psi^{(+)}(\boldsymbol{r})|^2 d^3\boldsymbol{r} < 0 \tag{10.6}$$

を満たす虚数部をもつ複素ポテンシャルによって表わすことができる．弾性散乱をこのような1体複素ポテンシャルで記述する模型が**光学模型**であり，このポテンシャルを**光学ポテンシャル**という．

この単純化された模型でも，以下のようにいろいろな物理量が計算される．ここで基本公式をまとめておく．中心力ポテンシャルのとき，波動関数は

$$\psi_{\boldsymbol{k}}{}^{(+)}(\boldsymbol{r}) = \sum_{l,m} 4\pi i^l \frac{u_l{}^{(+)}(k,r)}{kr} Y_{lm}{}^*(\hat{\boldsymbol{k}}) Y_{lm}(\hat{\boldsymbol{r}}) \tag{10.7}$$

と**部分波展開**される．$u_l{}^{(+)}(k,r)$ は原点で0の正則解である．散乱が起こらないとき，$\psi_{\boldsymbol{k}}{}^{(+)}(\boldsymbol{r})$ は平面波

$$\psi_{\boldsymbol{k}}{}^{(+)}(\boldsymbol{r}) = \exp(i\boldsymbol{k}\cdot\boldsymbol{r}) = \sum_{l,m} 4\pi i^l j_l(kr) Y_{lm}{}^*(\hat{\boldsymbol{k}}) Y_{lm}(\hat{\boldsymbol{r}}) \tag{10.8}$$

である．$j_l(x)$ は球 Bessel 関数で，漸近形 $\sin(kr-l\pi/2)/kr$ をもつ．境界条件(10.2)を満たすには，$u_l{}^{(+)}(k,r)$ が漸近形

$$u_l{}^{(+)}(k,r) \sim -\frac{1}{2i}\left[e^{-i(kr-l\pi/2)} - S_l{}^{\mathrm{el}} e^{i(kr-l\pi/2)}\right] \tag{10.9}$$

をもてばよい．散乱振幅 $f(\theta)$ は **$\boldsymbol{S}$ 行列要素** $S_l{}^{\mathrm{el}}$ により

$$\begin{aligned} f(\theta) &= \sum_{l,m} \frac{4\pi}{2ik} Y_{lm}{}^*(\hat{\boldsymbol{k}}) Y_{lm}(\hat{\boldsymbol{r}})(S_l{}^{\mathrm{el}}-1) \\ &= \sum_l \frac{1}{2ik}(2l+1)(S_l{}^{\mathrm{el}}-1)P_l(\cos\theta) \end{aligned} \tag{10.10}$$

と表わされる．散乱が起こらないとき $S_l{}^{\mathrm{el}}=1$ である．

弾性散乱微分断面積は

$$\frac{d\sigma_{\rm el}}{d\Omega} = |f(\theta)|^2 \tag{10.11}$$

全弾性散乱断面積は(10.10)を(10.11)に代入し立体角で積分して

$$\sigma_{\rm el} = \frac{\pi}{k^2}\sum_l (2l+1)|S_l{}^{\rm el}-1|^2 \tag{10.12}$$

全断面積は**光学定理**(optical theorem)(巻末参考書[Ⅲ-1～4]参照)から

$$\sigma_{\rm t} = \frac{4\pi}{k}{\rm Im}\, f(0) = \frac{2\pi}{k^2}\sum_l (2l+1)[1-{\rm Re}(S_l{}^{\rm el})] \tag{10.13}$$

を得る．全断面積から全弾性散乱断面積を引くと，**全反応断面積**

$$\sigma_{\rm r} = \frac{\pi}{k^2}\sum_l (2l+1)[1-|S_l{}^{\rm el}|^2] = \frac{\pi}{k^2}\sum_l (2l+1)P_l \tag{10.14}$$

を得る．P_l は(9.6)に定義した透過係数である．

10-2 構造のある粒子との散乱

多体系のハミルトニアンから出発して光学ポテンシャルを導出したいが，その前に構造のない入射粒子と構造をもつ標的核との散乱の一般論をまとめておこう．入射粒子と標的核内の核子との間に Pauli 原理は考えない．

全系の Schrödinger 方程式を

$$(H-E)\Psi(\boldsymbol{r},\xi) = 0 \tag{10.15}$$

$$H = H_0+V(\boldsymbol{r},\xi), \qquad H_0 = K+H_{\rm A}(\xi) \tag{10.16}$$

と書く．ここで $H, \Psi(\boldsymbol{r},\xi)$ はそれぞれ全系のハミルトニアンと波動関数，$K=-(\hbar^2/2\mu)\Delta$ は相対運動の運動エネルギー演算子，$\xi, H_{\rm A}(\xi)$ は標的核の内部座標と内部ハミルトニアン，$V(\boldsymbol{r},\xi)$ は入射粒子と標的核の相互作用ハミルトニアンである．方程式

$$H_{\rm A}(\xi)\boldsymbol{\Phi}_n(\xi) = \mathcal{E}_n\boldsymbol{\Phi}_n(\xi) \tag{10.17}$$

を満たす $H_{\rm A}$ の固有関数系 $\{\boldsymbol{\Phi}_n\}$ ($n=0$ が基底状態) を用意する．$\boldsymbol{\Phi}_n$ は標的核の波動関数で，核子の入れ替えについて完全反対称である．

次に$\Psi(\boldsymbol{r},\xi)$を$\Psi(\boldsymbol{r},\xi)=\sum_n \phi_n(\boldsymbol{r})\Phi_n(\xi)$と展開する．より具体的に，始状態で標的核が基底状態Φ_0におり，入射運動量が$\boldsymbol{k}_0$である散乱を記述する波動関数を

$$\Psi_{0\boldsymbol{k}_0}{}^{(+)}(\boldsymbol{r},\xi) = \sum_n \phi_{n,0\boldsymbol{k}_0}{}^{(+)}(\boldsymbol{r})\Phi_n(\xi) \tag{10.18}$$

と表わすと，相対運動波動関数$\phi_{n,0\boldsymbol{k}_0}{}^{(+)}(\boldsymbol{r})$は，漸近形

$$\phi_{n,0\boldsymbol{k}_0}{}^{(+)}(\boldsymbol{r}) \sim \begin{cases} \exp(i\boldsymbol{k}_0\cdot\boldsymbol{r})\delta_{n0}+f_{n0}(\hat{\boldsymbol{r}},\boldsymbol{k}_0)\dfrac{\exp(ik_n r)}{r} & (E\geqq\mathcal{E}_n) \\ f_{n0}(\hat{\boldsymbol{r}},\boldsymbol{k}_0)\dfrac{\exp(-\kappa_n r)}{r} & (E<\mathcal{E}_n) \end{cases} \tag{10.19}$$

をもつ．$E\geqq\mathcal{E}_n$のとき$E=\hbar^2k_n{}^2/2\mu+\mathcal{E}_n$，$E<\mathcal{E}_n$のとき$E=-\hbar^2\kappa_n{}^2/2\mu+\mathcal{E}_n$である．状態$\Phi_0$から$\Phi_n$への非弾性散乱の微分断面積は，散乱振幅$f_{n0}(\hat{\boldsymbol{r}},\boldsymbol{k}_0)$により

$$\frac{d\sigma_{n0}}{d\Omega} = \frac{v_n}{v_0}|f_{n0}(\hat{\boldsymbol{r}},\boldsymbol{k}_0)|^2 \tag{10.20}$$

と表わされる．v_0, v_nは始状態，終状態の相対運動の速さである．

上のSchrödinger方程式と境界条件に対応する積分方程式は

$$\Psi_{0\boldsymbol{k}_0}{}^{(+)} = \hat{\Phi}_{0\boldsymbol{k}_0}+\frac{1}{E^+-H_0}V\Psi_{0\boldsymbol{k}_0}{}^{(+)} \tag{10.21}$$

と書ける．これを**Lippmann-Schwinger**(LS)**方程式**とよぶ(巻末参考書[Ⅲ-1～4])．ここで$E^+=E+i\eta$（ηは正の無限小量)であり，$\hat{\Phi}_{0\boldsymbol{k}_0}(=\exp[i\boldsymbol{k}_0\cdot\boldsymbol{r}]\Phi_0)$は$H_0$の固有関数である．より一般に，$H_0$の固有関数を

$$\hat{\Phi}_{n\boldsymbol{k}_n} = \exp[i\boldsymbol{k}_n\cdot\boldsymbol{r}]\Phi_n \tag{10.22}$$

と書く．これは$\langle\hat{\Phi}_{n'\boldsymbol{k}_{n'}}|\hat{\Phi}_{n\boldsymbol{k}_n}\rangle=(2\pi)^3\delta(\boldsymbol{k}_{n'}-\boldsymbol{k}_n)\delta_{n'n}$と規格化されている．

出射粒子の運動量が$\boldsymbol{k}_n$で，標的核が状態Φ_nである終状態への遷移のT行列要素を

$$T_{n0}(\boldsymbol{k}_n,\boldsymbol{k}_0) = \langle\hat{\Phi}_{n\boldsymbol{k}_n}|T|\hat{\Phi}_{0\boldsymbol{k}_0}\rangle \equiv \langle\hat{\Phi}_{n\boldsymbol{k}_n}|V|\Psi_{0\boldsymbol{k}_0}{}^{(+)}\rangle \tag{10.23}$$

で定義する．より一般に，$\hat{\Phi}_{n\boldsymbol{k}_n}$が始状態，$\hat{\Phi}_{n'\boldsymbol{k}_{n'}}$が終状態の場合も考えると

$$T_{n'n}(\boldsymbol{k}_{n'}, \boldsymbol{k}_n) \equiv \langle \hat{\Phi}_{n'\boldsymbol{k}_{n'}} | T | \hat{\Phi}_{n\boldsymbol{k}_n} \rangle \equiv \langle \hat{\Phi}_{n'\boldsymbol{k}_{n'}} | V | \Psi_{n\boldsymbol{k}_n}{}^{(+)} \rangle \quad (10.24)$$

を行列要素とする **T 行列**が定義でき，方程式

$$T = V + V\frac{1}{E^+ - H_0}T \quad (10.25)$$

を満たす．これは形式的に解けて

$$T = V + V\frac{1}{E^+ - H}V \quad (10.26)$$

である．(10.21)の漸近形と(10.19)を比較すると，散乱振幅と T 行列の関係

$$f_{n0}(\hat{\boldsymbol{k}}_n, \boldsymbol{k}_0) = -\frac{\mu}{2\pi\hbar^2}T_{n0}(\boldsymbol{k}_n, \boldsymbol{k}_0) \quad (10.27)$$

を得る．これは 11-1 節で証明する．出射粒子の方向が(10.19)では $\hat{\boldsymbol{r}}$，(10.27)では $\hat{\boldsymbol{k}}_n$ で表わされている．

10-3 光学ポテンシャルの形式的導出と物理的意味

さて，多体系のハミルトニアンから出発して，形式的に光学ポテンシャルを導こう．議論の本質のみを理解するため，本節でも入射粒子に構造はなく，入射粒子と標的核内核子の間の Pauli 原理も考えないことにする．弾性散乱の散乱振幅 $f_{00}(\hat{\boldsymbol{r}}, \boldsymbol{k}_0)$ を知るには，(10.18)の $\psi_0{}^{(+)}(\boldsymbol{r})$ のみを知ればよい．(以下，簡単のため特に必要でない限り初期条件を表わす添字 $0\boldsymbol{k}_0$ を落とす.) そこで標的核の基底状態を取り出す射影演算子 P とそれ以外の状態を取り出す射影演算子 Q

$$P = |\Phi_0\rangle\langle\Phi_0|, \qquad Q = \sum_{n\neq 0}|\Phi_n\rangle\langle\Phi_n| = \mathscr{A} - P \quad (10.28)$$

を用意する．$\mathscr{A}$ は標的核中の核子の入れ替えについて完全反対称な状態のみを取り出す射影演算子である．関係式 $P^2=P$, $Q^2=Q$, $PQ=QP=0$ が成り立つ．

式(10.15)の左から P, Q を作用させると，$P\Psi, Q\Psi$ に対する連立方程式

$$P(H-E)P\Psi^{(+)} + PVQ\Psi^{(+)} = 0 \quad (10.29)$$

$$Q(H-E)Q\Psi^{(+)}+QVP\Psi^{(+)} = 0 \tag{10.30}$$

を得る．($\Psi^{(+)}$ は標的核中の核子の入れ替えについて完全反対称であることに注意.)　以下，$PHP = H_{\rm PP}$, $QHQ = H_{\rm QQ}$, $QVP = V_{\rm QP}$, $PVQ = V_{\rm PQ}$ 等の記号を導入する．$Q\Psi$ は入射波部分をもたないから，(10.30)より

$$Q\Psi^{(+)} = G_{\rm Q}(E^+)V_{\rm QP}P\Psi^{(+)} \tag{10.31}$$

$$G_{\rm Q}(z) \equiv \frac{Q}{z-H_{\rm QQ}} \tag{10.32}$$

と書ける．$G_{\rm Q}$ は標的核が励起状態にいるときの全系の伝播を表わしている．これを(10.29)に代入すると，$P\Psi^{(+)}$ に対する方程式

$$[H_0+\mathcal{V}(E)-E]P\Psi^{(+)} = 0 \tag{10.33}$$

$$\mathcal{V}(E) = V_{\rm PP}+V_{\rm PQ}G_{\rm Q}(E^+)V_{\rm QP} \tag{10.34}$$

を得る．ここで H_0 は P, Q と可換であることを使った．$P\Psi^{(+)}=\psi_0{}^{(+)}(\boldsymbol{r})\cdot\boldsymbol{\Phi}_0(\xi)$ であるから，$\psi_0{}^{(+)}(\boldsymbol{r})$ に対する方程式は，(10.33)の左から $\boldsymbol{\Phi}_0(\xi)$ を掛けて ξ について積分し，$PH_{\rm A}P=\mathcal{E}_0P$, $E=E_0+\mathcal{E}_0$ を用いると

$$K\psi_0{}^{(+)}(\boldsymbol{r})+\int U^{\rm gen}(\boldsymbol{r},\boldsymbol{r}'\,;E)\psi_0{}^{(+)}(\boldsymbol{r}')d^3\boldsymbol{r}' = E_0\psi_0{}^{(+)}(\boldsymbol{r}) \tag{10.35}$$

$$U^{\rm gen}(\boldsymbol{r},\boldsymbol{r}'\,;E) = \langle \boldsymbol{r},\boldsymbol{\Phi}_0|\mathcal{V}(E)|\boldsymbol{r}',\boldsymbol{\Phi}_0\rangle \tag{10.36}$$

を得る．こうして形式的に求められた非局所1体ポテンシャル $U^{\rm gen}(\boldsymbol{r},\boldsymbol{r}'\,;E)$ は弾性散乱振幅を忠実に与え，**一般化された光学ポテンシャル**(generalized optical potential)とよばれる．

さて，実際に測定される弾性散乱は，入射粒子が標的核の平均場を単に通り抜けてきたもののみならず，より複雑な状態に入ってまた弾性散乱チャネルに戻ってきたものや，ついには複合核を作って長時間そこに滞在した後，ふたたび弾性散乱チャネルに出てきたものも含んでいる．このような複雑な状態を経由してきたものは，その状態の寿命に応じた幅をもつゆらぎをエネルギースペクトルに示す．したがって，単なる平均場通過の過程を抽出するには，複雑な状態に起因するゆらぎの幅より広いエネルギー幅 I で，散乱振幅(T 行列)を平均すればよい．すなわち，第9章で考えた反応の第1段階を記述する光学ポ

テンシャルは，エネルギー平均された散乱振幅を与える1体ポテンシャルと定義されるべきである．

上の形式的議論では，複雑な状態を経由したことによる強いエネルギー依存性（ゆらぎ）は $U^{\mathrm{gen}}(\boldsymbol{r},\boldsymbol{r}';E)$ のエネルギー依存性を通して実現されている．したがって，平均場散乱を与える光学ポテンシャルと，弾性散乱を完全に記述する一般化された光学ポテンシャルとは区別されるべきものである．

エネルギー平均の仕方は特定する必要はないが，重み関数(5.6)を用いると，複素エネルギー面の上半面で解析的な関数 $F(E)$ の平均が

$$\langle F(E)\rangle_I=\int_{-\infty}^{\infty}\rho_I(E,E')F(E')dE'=F\left(E+i\frac{I}{2}\right) \qquad (10.37)$$

と解析的に計算ができ，便利である．

方程式(10.33)の与える T 行列は(10.26)から

$$T_{00}(\boldsymbol{k}',\boldsymbol{k};E)=\langle\hat{\boldsymbol{\Phi}}_{0\boldsymbol{k}'}|\mathcal{V}(E)+\mathcal{V}(E)\frac{1}{E^+-H_0-\mathcal{V}(E)}\mathcal{V}(E)|\hat{\boldsymbol{\Phi}}_{0\boldsymbol{k}}\rangle \qquad (10.38)$$

と表わされる．したがって，そのエネルギー平均 $\langle\ \rangle_I$ は

$$\langle T_{00}(\boldsymbol{k}',\boldsymbol{k};E)\rangle_I=\langle\hat{\boldsymbol{\Phi}}_{0\boldsymbol{k}'}|\mathcal{V}\left(E+i\frac{I}{2}\right)+\mathcal{V}\left(E+i\frac{I}{2}\right)\times\frac{1}{E+i\frac{I}{2}-H_0-\mathcal{V}\left(E+i\frac{I}{2}\right)}\mathcal{V}\left(E+i\frac{I}{2}\right)|\hat{\boldsymbol{\Phi}}_{0\boldsymbol{k}}\rangle \qquad (10.39)$$

となる．一方，(10.33)で $\mathcal{V}(E)$ の代わりに，そのエネルギー平均したポテンシャル $\mathcal{V}\left(E+i\frac{I}{2}\right)$ を用い，$P\Psi^{(+)}$ に対応する波動関数を $\Psi^{\mathrm{opt},(+)}$ とすると

$$\left[H_0+\mathcal{V}\left(E+i\frac{I}{2}\right)-E\right]\Psi^{\mathrm{opt},(+)}=0 \qquad (10.40)$$

が成り立ち，これの与える T 行列は

$$T_{00}{}^{\mathrm{opt}}(\boldsymbol{k}',\boldsymbol{k}\ ;E)=\langle\hat{\boldsymbol{\Phi}}_{0\boldsymbol{k}'}|\mathcal{V}\left(E+i\frac{I}{2}\right)+\mathcal{V}\left(E+i\frac{I}{2}\right)\frac{1}{E-H_0-\mathcal{V}\left(E+i\frac{I}{2}\right)}\mathcal{V}\left(E+i\frac{I}{2}\right)|\hat{\boldsymbol{\Phi}}_{0\boldsymbol{k}}\rangle \tag{10.41}$$

となる．(10.39)と(10.41)の違いは，エネルギー分母中の $iI/2$ の有無だけである．$\mathcal{V}\left(E+i\frac{I}{2}\right)$ はすでにエネルギーについて十分緩やかな関数であり，かつ負の虚数部をすでにもっているから，この差は無視して

$$T_{00}{}^{\mathrm{opt}}(E)\cong\langle T_{00}(E)\rangle_I \tag{10.42}$$

とおける．

以上の考察から，単なる平均場通過の過程を記述する光学ポテンシャルは，一般化された光学ポテンシャルのエネルギー平均

$$\begin{aligned}U(\boldsymbol{r},\boldsymbol{r}'\ ;E)&=\langle\boldsymbol{r},\boldsymbol{\Phi}_0|\mathcal{V}\left(E+i\frac{I}{2}\right)|\boldsymbol{r}',\boldsymbol{\Phi}_0\rangle\\&=\langle\boldsymbol{\Phi}_0|V(\boldsymbol{r},\xi)|\boldsymbol{\Phi}_0\rangle\delta(\boldsymbol{r}-\boldsymbol{r}')+\langle\boldsymbol{\Phi}_0|V(\boldsymbol{r},\xi)G_{\mathrm{Q}}\left(E+i\frac{I}{2}\right)V(\boldsymbol{r}',\xi')|\boldsymbol{\Phi}_0\rangle\end{aligned} \tag{10.43}$$

で与えられる．単に V の基底状態での期待値である最右辺の第1項は**たたみこみポテンシャル**(folding potential)とよばれる．第2項は散乱の中間状態で標的核がいろいろな状態に励起したことの弾性散乱への跳ねかえりを表わしており，**動的偏極ポテンシャル**(dynamical polarization potential)とよばれる．こうして導入された光学ポテンシャルは，第2項から分かるように，非局所的でかつエネルギーに依存する．

直接観測にかかるのは断面積であって，散乱振幅そのものではない．光学ポテンシャルの記述する過程を実験的に取り出すにはさらに考察を要する．いま，散乱振幅をそのエネルギー平均と残りの揺動部分 $f_{00}{}^{\mathrm{fl}}(\theta,E)$ に

$$f_{00}(\theta,E)=\langle f_{00}(\theta,E)\rangle_I+f_{00}{}^{\mathrm{fl}}(\theta,E) \tag{10.44}$$

と分ける．弾性散乱断面積のエネルギー平均をとると

$$\left\langle \frac{d\sigma_{\mathrm{el}}}{d\Omega} \right\rangle_I = \frac{d\sigma_{\mathrm{el}}{}^{\mathrm{dir}}}{d\Omega} + \frac{d\sigma_{\mathrm{el}}{}^{\mathrm{fl}}}{d\Omega} \tag{10.45}$$

$$\frac{d\sigma_{\mathrm{el}}{}^{\mathrm{dir}}}{d\Omega} = |\langle f_{00}(\theta, E)\rangle_I|^2, \qquad \frac{d\sigma_{\mathrm{el}}{}^{\mathrm{fl}}}{d\Omega} = \langle |f_{00}{}^{\mathrm{fl}}(\theta, E)|^2\rangle_I \tag{10.46}$$

となる．$d\sigma_{\mathrm{el}}{}^{\mathrm{dir}}/d\Omega$ が単に平均場により散乱された速い過程の断面積を表わすのに対し，$d\sigma_{\mathrm{el}}{}^{\mathrm{fl}}/d\Omega$ は複雑な状態を経由してきた遅い過程の断面積の平均で，**複合核弾性散乱**(compound elastic scattering)の断面積とよばれる．

実験で両者を分離するには，断面積のみでなく偏極量(次節で定義する偏極分解能など)の測定を併用しなければならない．その1例を図12-2に示す．$d\sigma_{\mathrm{el}}{}^{\mathrm{fl}}/d\Omega$ の計算法は12-4,5節で考察する．入射エネルギーが十分大きいときは，弾性散乱に対する複合核過程の寄与は無視でき，測定値は $d\sigma_{\mathrm{el}}{}^{\mathrm{dir}}/d\Omega$ を与えるとしてよい．

10-4 現象論的光学ポテンシャル

前節で導いた光学ポテンシャルに対する形式的表式を，実際に計算するのは極めて困難である．そこで現象解析の第1歩はまず，この光学ポテンシャルを現象論的に求めることから始まる．

以下，陽子とスピン0の原子核との弾性散乱を例に具体的に考えよう．入射陽子のスピンの z 成分が $s(=\pm 1/2)$ のとき，弾性散乱チャネルの波動関数 $\psi_s{}^{(+)}$ はSchrödinger方程式

$$-\frac{\hbar^2}{2\mu}\Delta\psi_s{}^{(+)}(\boldsymbol{r}) + \int U(\boldsymbol{r}, \boldsymbol{r}'; E)\psi_s{}^{(+)}(\boldsymbol{r}')d^3\boldsymbol{r}' = E\psi_s{}^{(+)}(\boldsymbol{r}) \tag{10.47}$$

を満足し，その漸近形は

$$\psi_s{}^{(+)}(\boldsymbol{r}) \sim e^{i\boldsymbol{k}\cdot\boldsymbol{r}}\chi_s + \sum_{s'} f_{s's}(\theta)\frac{e^{ikr}}{r}\chi_{s'} \tag{10.48}$$

である．ここで χ_s は z 成分 s のスピン関数(Pauli スピノール)である．回転不変性，パリティ保存より，散乱振幅 $f_{s's}$ を $s's$ 成分とする行列 $\hat{f}$ は，一般に

$$\hat{f}(\theta,\varphi) = g(\theta)+h(\theta)\boldsymbol{\sigma}\cdot\hat{\boldsymbol{n}} \tag{10.49}$$

と表わされる．ここで $\hat{\boldsymbol{n}}$ は散乱平面の法線方向の単位ベクトルで，入射運動量を $\boldsymbol{k}$，出射運動量を $\boldsymbol{k}'$ として，

$$\hat{\boldsymbol{n}} = \frac{\boldsymbol{k}\times\boldsymbol{k}'}{|\boldsymbol{k}\times\boldsymbol{k}'|} \tag{10.50}$$

である．したがって，散乱角 θ を決めたとき $\hat{f}$ は，観測量に関係しない g, h に共通の位相を除いて，3 個の実数で表わされる．これらは 3 つの独立な測定量から求められる．

よく用いられる量として，微分断面積

$$\frac{d\sigma(\theta)}{d\Omega} = |g(\theta)|^2+|h(\theta)|^2 \tag{10.51}$$

と，**偏極分解能**(analyzing power)

$$A_y(\theta) = \frac{2\,\mathrm{Re}(gh^*)}{|g|^2+|h|^2} \tag{10.52}$$

および**スピン回転関数**(spin-rotation function)

$$Q(\theta) = \frac{2\,\mathrm{Im}(gh^*)}{|g|^2+|h|^2} \tag{10.53}$$

がある*．偏極分解能とは，$\hat{\boldsymbol{n}}$ の向きに偏極した入射粒子が入射方向に対し左に角度 θ 散乱した断面積 σ_l と，右に角度 θ 散乱した断面積 σ_r の差と和の比

$$A_y(\theta) = \frac{\sigma_\mathrm{l}-\sigma_\mathrm{r}}{\sigma_\mathrm{l}+\sigma_\mathrm{r}} \tag{10.54}$$

である．スピン回転関数は散乱平面内でのスピンの回転の度合いを表わす量で，入射方向に偏極した粒子が，散乱後そのスピンが $\hat{\boldsymbol{n}}\times\boldsymbol{k}$ の向きに向いている度合いを表わす．なお，これらのスピン観測量についての解説は巻末参考書[Ⅲ-2]に詳しい．

さて，非局所的光学ポテンシャルは現象論的取扱いが煩雑なので，運動量の

---

* よく用いられる偏極移行量と $Q(\theta)=D_{SS'}\sin\theta+D_{LS'}\cos\theta$ の関係にある．

1次までに依存する局所ポテンシャルで近似して，$U(\boldsymbol{r},\boldsymbol{r}')\cong U(\boldsymbol{r})\delta(\boldsymbol{r}-\boldsymbol{r}')$ なる形を採用する．その一般型は中心力とスピン-軌道力の和

$$U(\boldsymbol{r}) = U_{\mathrm{c}}(r)+U_{\mathrm{so}}(r)\boldsymbol{\sigma}\cdot\boldsymbol{l} \tag{10.55}$$

となる(変数Eは省略した)．これでもまだ一般的すぎるので，$U_{\mathrm{c}}(r), U_{\mathrm{so}}(r)$ に特定の関数形を仮定する．よく用いられる形に次のようなものがある．

$$U_{\mathrm{c}}(r) = V_{\mathrm{Coul}}(r)-Vf_0(r)-iWf_{\mathrm{w}}(r)+4iW_{\mathrm{s}}\frac{d}{dr}f_{\mathrm{ws}}(r) \tag{10.56}$$

$$U_{\mathrm{so}}(r) = \left(\frac{\hbar}{m_\pi c}\right)^2\frac{1}{r}\left[V_{\mathrm{so}}\frac{d}{dr}f_{\mathrm{vso}}(r)+iW_{\mathrm{so}}\frac{d}{dr}f_{\mathrm{wso}}(r)\right] \tag{10.57}$$

ここで $V_{\mathrm{Coul}}(r)$ は電荷密度一様な球の作る Coulomb ポテンシャルであり，$f_\alpha(r)$ は

$$f_\alpha(r) = \frac{1}{1+\exp\left[\dfrac{r-r_\alpha A^{1/3}}{a_\alpha}\right]} \qquad (\alpha=0, \mathrm{w}, \mathrm{ws}, \mathrm{vso}, \mathrm{wso}) \tag{10.58}$$

である．$f_\alpha(r)$ の形を **Woods-Saxon 型**という．r_α を**半径パラメータ**(radius parameter)，a_α を**滲み出しパラメータ**(diffuseness parameter)とよぶ．

これらのパラメータを，実験で得られた $d\sigma/d\Omega, A_y, Q$ をできるだけよく再現するよう定めたものが，**現象論的光学ポテンシャル**(phenomenological optical potential)である．この際，個々の核，個々の入射エネルギーに対して決める場合と，多くの核，多くのエネルギーのデータを統一的に扱って，パラメータのエネルギー依存性，質量数依存性を，それらの滑らかな関数として系統的に表わす場合がある．後者の流儀で求められた光学ポテンシャルを**大局的光学ポテンシャル**(global optical potential)とよんで，前者と区別する．核を平均場で置き換え，反応過程の最も単純な部分を抜き出したのが光学模型であるという考え方から，大局的光学ポテンシャルが本来の意味での光学ポテンシャルといえる．

例として，いろいろな核で個々に求めた，入射エネルギー 65 MeV の陽子の現象論的光学ポテンシャルが微分断面積を非常によく再現していることを図

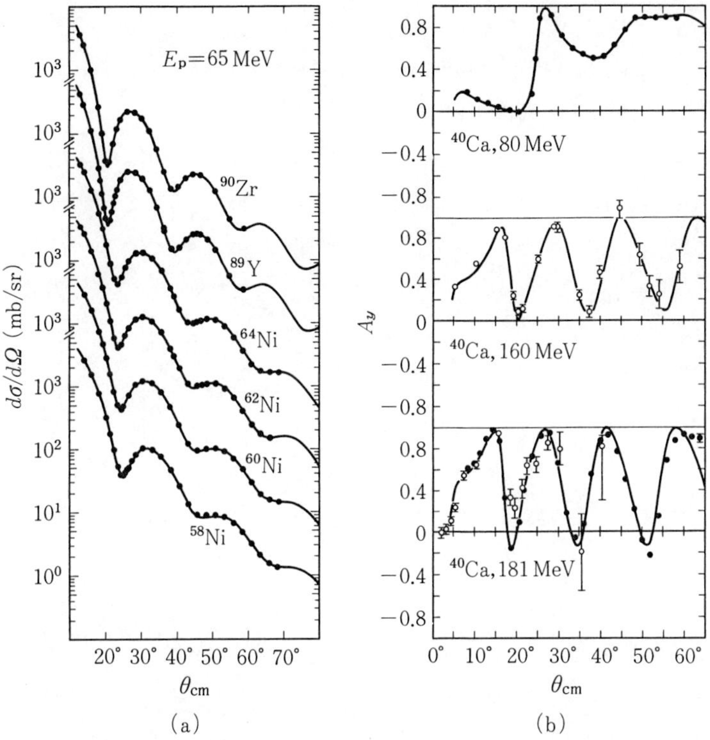

図 10-1 現象論的光学ポテンシャルによる計算結果と実験値の比較．(a) 65 MeV の陽子の弾性散乱微分断面積．(H. Sakaguchi *et al.*: Phys. Rev. **C26**(1982) 944.) (b) p+^{40}Ca 弾性散乱の偏極分解能．計算値は大局的光学ポテンシャルによる．(P. Schwandt *et al.*: Phys. Rev. **C26**(1982)55.)

10-1(a)に示す．偏極分解能も同程度によく再現している．

大局的ポテンシャルもいろいろな領域で求められている．例えば，入射エネルギー 80 MeV$<T_p<$180 MeV，標的核の質量数 $40 \leqq A \leqq 208$ 領域の陽子-核散乱に対し P. Schwandt らが提出したもの[Phys. Rev. **C26**(1982)55]では，その深さが T_p, N, Z の関数として MeV 単位で

$$V = 105.5(1-0.1625 \ln T_p)+16.5(N-Z)/A$$

$$
\begin{aligned}
W &= 6.6+2.73\times10^{-2}(T_{\mathrm{p}}-80)+3.87\times10^{-6}(T_{\mathrm{p}}-80)^3 \\
W_{\mathrm{s}} &= 0.0 \qquad\qquad (10.59) \\
V_{\mathrm{so}} &= 19.0(1-0.166\ln T_{\mathrm{p}})-3.75(N-Z)/A \\
W_{\mathrm{so}} &= 7.5(1-0.248\ln T_{\mathrm{p}})
\end{aligned}
$$

と与えられている．r_α, a_α も同様に T_{p} と A の関数で与えられている．微分断面積の再現性は非常によい．偏極分解能をどの程度再現しているかを図 10-1(b)に示す．なお，エネルギーが高いので運動学的に相対論的効果を取り入れたり，$(\hbar/m_\pi c)^2=2.00\ \mathrm{fm}^2$ としている．これらの詳細は原著論文を見て欲しい．上の 2 つの例のエネルギー領域では $d\sigma^{\mathrm{fl}}/d\Omega$ の寄与は無視できる．

10-5 多重散乱理論

基本過程である入射粒子と核子との散乱は分かっているとし，それを順次組み上げて，入射粒子と核との散乱を求めよう．この手法を**多重散乱理論**(multiple scattering theory)という．次節でその結果から光学ポテンシャルを導く．入射エネルギーは十分大きく，複雑な過程は無視できるエネルギー領域を考える．ふたたび，入射粒子は構造をもたず，核内核子との間に Pauli 原理は働かないものとする．一方，標的核は $i=1,\cdots,A$ の核子からなり，それらの間の Pauli 原理は考慮する．

10-2 節の議論において，相互作用 $V(\boldsymbol{r},\xi)$ が入射粒子と i 番目の核子との相互作用ポテンシャル v_i の和で

$$V=\sum_{i=1}^{A} v_i \qquad (10.60)$$

と表わされるとする．式(10.25)を満たす入射粒子と標的核の反応の T 行列 T を，その基礎過程である入射粒子と核内核子との散乱の T 行列で表わすことを考える．

入射粒子と i 番目の核内核子との散乱の T 行列として，次の 2 通りの形

$$t_i(E) = v_i + v_i \frac{1}{e} t_i(E) \tag{10.61}$$

$$\tau_i(E) = v_i + v_i \frac{\mathscr{A}}{e} \tau_i(E) \tag{10.62}$$

を考える．ここで $e \equiv E^+ - H_0$ である．前者では，核が中間状態では完全反対称状態とは限らないが，後者では，完全反対称状態に限られている．これらは自由な核子 i と入射粒子の散乱の T 行列

$$t_i^{(0)}(E) = v_i + v_i \frac{1}{e_i} t_i^{(0)}(E), \qquad e_i = E^+ - (K + K_i) \tag{10.63}$$

と異なることを注意しておく．K_i は i 番目の核子の運動エネルギー演算子である．

以下ではまず，T を t_i または τ_i で表わし，次いでこれらを $t_i^{(0)}$ と関係づける．多重散乱理論には t_i を用いる Foldy-Watson（FW）流（巻末文献[Ⅲ-20]）と，τ_i を用いる Kerman-McManus-Thaler（KMT）流（巻末文献[Ⅲ-21]）の 2 つの定式化があるので，これらを並列して説明し両者の関係を明らかにする．

a） Foldy-Watson の多重散乱理論

簡単のため始状態を表わす添字 $0\boldsymbol{k}_0$ を省略する．全波動関数 $\Psi^{(+)}$ を，入射波 $\hat{\boldsymbol{\Phi}}$ と最後に i 番目の核子と散乱した波との和の形

$$\Psi^{(+)} = \hat{\boldsymbol{\Phi}} + \frac{1}{e} \sum_i t_i \Psi_i \tag{10.64}$$

に書く．ここで Ψ_i は i 番目の核子に入射する波で，それまでまったく散乱を受けなかった波 $\hat{\boldsymbol{\Phi}}$ と直前に j 番目の核子と散乱された波の和で

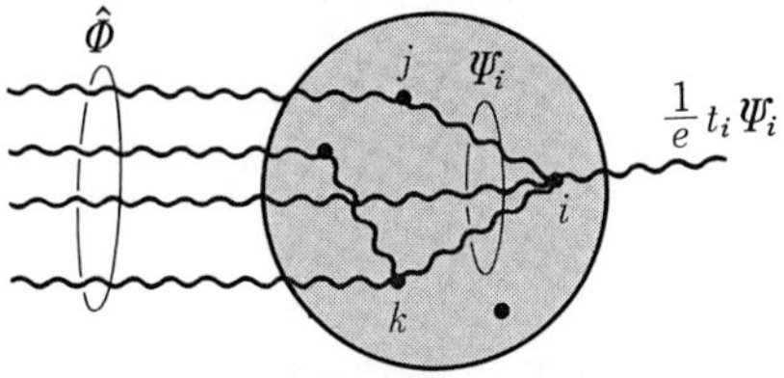

図 10-2　多重散乱過程での波．

$$\Psi_i = \hat{\Phi} + \frac{1}{e}\sum_{j\neq i} t_j \Psi_j \qquad (10.65)$$

と表わせる(図 10-2). これは $\Psi_i(i=1,\cdots,A)$ に対する連立方程式となっている.

これらの直観的表式が, 実際方程式(10.21)を満たすことを証明しておく. 式(10.61)から v_i を t_i について解いて

$$v_i = t_i\left(1+\frac{1}{e}t_i\right)^{-1} = \left(1+t_i\frac{1}{e}\right)^{-1} t_i \qquad (10.66)$$

と書く. 式(10.65)の両辺に $(1/e)t_i\Psi_i$ を加えて, (10.64)と比べると, $\Psi_i=(1+(1/e)t_i)^{-1}\Psi^{(+)}$ であるから, これを(10.64)に代入し(10.66)を用いると

$$\Psi^{(+)} = \hat{\Phi} + \frac{1}{e}\sum_i v_i \Psi^{(+)} \qquad (10.67)$$

となって, (10.64)の $\Psi^{(+)}$ が積分方程式(10.21)を満たすことが証明される. なお, $\hat{\Phi}$ と $\Psi^{(+)}$ は $i=1,\cdots,A$ について完全反対称であるが, Ψ_i はそうではないことを注意しておく.

式(10.64)と(10.67)を比較すると, $\sum_i v_i\Psi^{(+)} = \sum_i t_i\Psi_i$ であるから, (10.24)より

$$T\hat{\Phi} = \sum_i v_i \Psi^{(+)} = \sum_i t_i \Psi_i \qquad (10.68)$$

を得る. そこで補助 T 行列 T_i を $T_i\hat{\Phi}=t_i\Psi_i$ で定義すると,

$$T = \sum_i T_i \qquad (10.69)$$

$$T_i = t_i + t_i\frac{1}{e}\sum_{j\neq i} T_j \qquad (10.70)$$

となり, T を t_i で表わせた. これが **Foldy-Watson**(FW)**多重散乱理論**の基礎方程式である.

b) Kerman-McManus-Thaler の多重散乱理論

次は T を式(10.62)の τ_i で表わそう. (10.64), (10.65)で置き換え

$$\frac{1}{e} \to \frac{\mathscr{A}}{e}, \qquad t_i \to \tau_i \tag{10.71}$$

を行なうと，議論の中間段階として補助的に導入した波動関数 Ψ_i は

$$\Psi_i{}^{\mathrm{KMT}} = \hat{\Phi} + \frac{\mathscr{A}}{e}\sum_{j \neq i} \tau_j \Psi_j{}^{\mathrm{KMT}} \tag{10.72}$$

と置き換わるが，(10.66)から(10.67)までの証明はまったく同様に行なえる．ここで注目すべきは，FW 理論の場合と違って，射影演算子 $\mathscr{A}$ があるため，$\Psi_i{}^{\mathrm{KMT}}$ は完全反対称な波動関数となり，添字 i によらなくなる．それを Ψ' と書くと

$$\Psi' = \hat{\Phi} + \frac{\mathscr{A}}{e}\sum_{j \neq i} \tau_j \Psi' = \hat{\Phi} + \frac{1}{e}\mathscr{V}\Psi' \tag{10.73}$$

$$\mathscr{V} = \frac{A-1}{A}\sum_i \tau_i \tag{10.74}$$

なる方程式を得る．ここで Ψ' の完全反対称性から $\mathscr{A}\sum_{j \neq i} \tau_j \Psi' = (A-1)\mathscr{A}\tau_j\Psi'$, $\mathscr{A}\sum_j \tau_j \Psi' = A\mathscr{A}\tau_j\Psi'$ であることを用いた．(10.73)は $\mathscr{V}$ を相互作用とする Lippmann-Schwinger 方程式である．

この方程式に対応する T 行列 T' は

$$T' = \mathscr{V} + \mathscr{V}\frac{1}{e}T' \tag{10.75}$$

を満たし，$\mathscr{V}\Psi' = T'\hat{\Phi}$ である．一方，(10.68)に対応して，

$$T\hat{\Phi} = \sum_i \tau_i \Psi' = \frac{A}{A-1}\mathscr{V}\Psi' = \frac{A}{A-1}T'\hat{\Phi}$$

であるから，

$$T = \frac{A}{A-1}T' \tag{10.76}$$

を得る．かくして，τ_i から(10.74)で $\mathscr{V}$ を作り，(10.75)によって T' を求め，(10.76)によって T が得られる．この手順を **Kerman-McManus-Thaler (KMT) 多重散乱理論**という．

10-6 多重散乱理論による光学ポテンシャルの導出

まずFW理論により光学ポテンシャルを求める．10-3節で議論したように，標的核が中間状態で励起されている効果をポテンシャルに繰りこもう．そこで(10.61)の t_i に代わって，中間状態が励起状態になる場合のみを集めた T 行列

$$\hat{t}_i = v_i + v_i \frac{Q}{e} \hat{t}_i \tag{10.77}$$

を定義する．(10.66)を用いると

$$\hat{t}_i = \left(1 + t_i \frac{1-Q}{e}\right)^{-1} t_i \tag{10.78}$$

と書ける．(10.70)の両辺に $t_i \dfrac{1-Q}{e} T_i$ を加え，次いで $\left(1+t_i \dfrac{1-Q}{e}\right)^{-1}$ を掛け，(10.78)を用いると

$$T_i = \hat{t}_i + \hat{t}_i \frac{1-Q}{e} T + \hat{t}_i \frac{Q}{e} \sum_{j \neq i} T_j \tag{10.79}$$

を得る．右辺の T_j を逐次 $\hat{t}_i$ で表わすと，T 行列は

$$T = \sum_i T_i = \hat{U}_{\mathrm{W}} + \hat{U}_{\mathrm{W}} \frac{1-Q}{e} T \tag{10.80}$$

$$\hat{U}_{\mathrm{W}} = \sum_i \hat{t}_i + \sum_{i \neq j} \hat{t}_i \frac{Q}{e} \hat{t}_j + \cdots \tag{10.81}$$

と表わせる．T は粒子番号 i の入れ替えについて対称であるから $(1-Q)T\mathcal{A} = (\mathcal{A}-Q)T\mathcal{A} = PT\mathcal{A}$ となり，完全反対称な波動関数 $\hat{\boldsymbol{\Phi}}$ に作用するという約束のもとに，(10.80)は

$$T = \hat{U}_{\mathrm{W}} + \hat{U}_{\mathrm{W}} \frac{P}{e} T \tag{10.82}$$

と書ける．その弾性散乱成分 $T_{00} = \langle \boldsymbol{\Phi}_0 | T | \boldsymbol{\Phi}_0 \rangle$ は

$$T_{00} = U_{\mathrm{W}} + U_{\mathrm{W}} (E_0{}^+ - K)^{-1} T_{00} \tag{10.83}$$

と書ける．ここで $U_{\mathrm{W}}=\langle\Phi_0|\hat{U}_{\mathrm{W}}|\Phi_0\rangle, E_0=E-\mathcal{E}_0$ である．かくして FW 理論における光学ポテンシャル U_{W} が

$$U_{\mathrm{W}}=\langle\Phi_0|\sum_i \hat{t}_i|\Phi_0\rangle+\langle\Phi_0|\sum_{i\neq j}\hat{t}_i\frac{Q}{e}\hat{t}_j|\Phi_0\rangle+\cdots \qquad (10.84)$$

で与えられる．

次に，KMT 理論に基づいて光学ポテンシャルを導こう．Ψ' に対する Lippmann-Schwinger 方程式(10.73)の微分形は

$$(H_0+\mathcal{V}-E)\Psi'=0 \qquad (10.85)$$

である．これに 10-3 節の議論を適用すると，(10.36)より Ψ' に対応する光学ポテンシャル

$$U_{\mathrm{KMT}}=\langle\Phi_0|\mathcal{V}_{\mathrm{PP}}+\mathcal{V}_{\mathrm{PQ}}\frac{1}{E^+-H_0-\mathcal{V}_{\mathrm{QQ}}}\mathcal{V}_{\mathrm{QP}}|\Phi_0\rangle \qquad (10.86)$$

を得る*．したがって，Ψ' の弾性散乱部分に対応する T 行列要素が

$$T_{00}'=U_{\mathrm{KMT}}+U_{\mathrm{KMT}}(E_0{}^+-K)^{-1}T_{00}' \qquad (10.87)$$

で与えられる．本来求むべき T 行列は(10.76)より

$$T_{00}=\frac{A}{A-1}T_{00}' \qquad (10.88)$$

である．Pauli 原理の影響が $A/(A-1)$ という手品の種のような因子に巧妙に取り入れられていることはたいへん興味深い．

式(10.84)に対応した，τ に関する逐次近似の式は，(10.86)を $\mathcal{V}_{\mathrm{QQ}}$ について展開すれば得られる．

---

* 10-3 節の議論ではさらにエネルギー平均を行なわなければならない．しかし，ここで考えているエネルギー領域では揺動は無視できるので，平均操作は事実上無視できる．

10-7 インパルス近似による光学ポテンシャル

表式(10.84)や(10.86)で光学ポテンシャルを具体的に計算することを考えよう．これらは多体演算子 $\hat{t}_i$ や τ_i を含み，また無限級数や演算子 Q なども含んでいて，簡単には計算できない．そこでまず，$\hat{t}_i$ または τ_i について1次の項だけをとる近似

$$U_{\mathrm{W}}{}^{(1)} = \langle \boldsymbol{\Phi}_0 | \sum_i \hat{t}_i | \boldsymbol{\Phi}_0 \rangle = A \langle \boldsymbol{\Phi}_0 | \hat{t}_i | \boldsymbol{\Phi}_0 \rangle \tag{10.89}$$

$$U_{\mathrm{KMT}}{}^{(1)} = \frac{A-1}{A} \langle \boldsymbol{\Phi}_0 | \sum_i \tau_i | \boldsymbol{\Phi}_0 \rangle = (A-1) \langle \boldsymbol{\Phi}_0 | \tau_i | \boldsymbol{\Phi}_0 \rangle \tag{10.90}$$

を考えよう．これらを**1次光学ポテンシャル**とよぶ．FW 理論と KMT 理論による1次光学ポテンシャル $U_{\mathrm{W}}{}^{(1)}, U_{\mathrm{KMT}}{}^{(1)}$ は互いに等しくない．しかし，これらからそれぞれ計算された弾性散乱の T 行列 $T_{\mathrm{W}}{}^{(1)}, T_{\mathrm{KMT}}{}^{(1)}$(簡単のため添字 00 は省略)は等しいことが以下のようにして証明される．

これらの T 行列はそれぞれ

$$T_{\mathrm{W}}{}^{(1)} = U_{\mathrm{W}}{}^{(1)} + U_{\mathrm{W}}{}^{(1)} (E_0{}^+ - K)^{-1} T_{\mathrm{W}}{}^{(1)} \tag{10.91}$$

$$T_{\mathrm{KMT}}{}^{(1)} = \frac{A}{A-1} U_{\mathrm{KMT}}{}^{(1)} + \frac{A}{A-1} U_{\mathrm{KMT}}{}^{(1)} (E_0{}^+ - K)^{-1} \frac{A-1}{A} T_{\mathrm{KMT}}{}^{(1)} \tag{10.92}$$

である．ここで(10.88)を用いた．式(10.77),(10.62)から

$$\hat{t}_i = \tau_i - \tau_i \frac{P}{e} \hat{t}_i \tag{10.93}$$

を得る．両辺の $\boldsymbol{\Phi}_0$ での期待値をとれば，(10.89),(10.90)から

$$U_{\mathrm{W}}{}^{(1)} = \frac{A}{A-1} U_{\mathrm{KMT}}{}^{(1)} \left[1 - \frac{1}{A} \frac{1}{E_0{}^+ - K} U_{\mathrm{W}}{}^{(1)} \right] \tag{10.94}$$

これを U_{KMT} について解き，(10.92)に代入すると

$$T_{\mathrm{KMT}}{}^{(1)} = U_{\mathrm{W}}{}^{(1)} + U_{\mathrm{W}}{}^{(1)} (E_0{}^+ - K)^{-1} T_{\mathrm{KMT}}{}^{(1)} \tag{10.95}$$

となり，(10.91)と比べると $T_{\mathrm{KMT}}^{(1)}=T_{\mathrm{W}}^{(1)}$ が証明された*.

さて，実験で得られるのは自由な核子-核子散乱の T 行列 $t_i^{(0)}$ であるから，それで $\hat{t}_i$ や τ_i を表わすことを考えよう．式(10.77),(10.62)に(10.66)を代入して整理すると

$$\hat{t}_i = t_i - t_i \frac{1-\mathscr{A}}{e}\hat{t}_i - t_i \frac{P}{e}\hat{t}_i \tag{10.96}$$

$$\tau_i = t_i - t_i \frac{1-\mathscr{A}}{e}\tau_i \tag{10.97}$$

を得る．上2式それぞれの第2項は Pauli 原理の破れを補正する項である．まず，この Pauli 効果を無視する近似を採用しよう．この近似の後でも関係式(10.93)は成立するので，FW 理論も KMT 理論も同じ1次近似の T 行列を与える．

次に，(10.61)に現われる多体伝播関数 $1/e$ において，衝突する i 番目の核子を特別扱いし $e=E^+-(K+K_i+\sum_{j(\neq i)} V_{ij}+H_{\mathrm{A}-(i)})$ と書く．ここで $H_{\mathrm{A}-(i)}$ は核子 i を除いた核のハミルトニアンである．そこで $\sum_{j(\neq i)} V_{ij}, H_{\mathrm{A}-(i)}$ を中間状態での期待値の適当な平均値 δE で置き換える近似をとる．すると，置き換え $1/e \to 1/[E^+-\delta E-(K+K_i)]$ と(10.63)から

$$t_i(E) \to t_i^{(0)}(E-\delta E) \tag{10.98}$$

なる近似を採用したこととなる．すると，

$$\hat{t}_i = t_i^{(0)} - t_i^{(0)}\frac{P}{e}\hat{t}_i \tag{10.99}$$

$$\tau_i = t_i^{(0)} \tag{10.100}$$

なる表式を得る．これらを(10.89),(10.90)に代入すれば，光学ポテンシャル $U_{\mathrm{W}}^{(1)}, U_{\mathrm{KMT}}^{(1)}$ を得る．この一連の近似を**インパルス近似**(impulse approximation)とよぶ．KMT 理論では単に $t_i^{(0)}$ の期待値をとればよいが，FW 理論

* 光学模型での解析では，標的核がその基底状態にいるときのみを陽に取り扱うという考えから，$\hat{t}_i$ の定義を(10.77)で Q の代わりに $\bar{Q}=1-P=1-\mathscr{A}+Q$ を用いる方が自然と考えられる．しかし，その場合にはこの等式が成り立たない．

では方程式(10.99)を解かなければならない．この意味ではKMT理論の方が実用に適している．

実際の計算においてはいろいろな問題がある．上のδEのとり方もその1つである．核内核子はいろいろな運動量をとる，衝突する2核子の運動量を$\boldsymbol{k}_1$, $\boldsymbol{k}_2$として，自由空間での運動エネルギー$\sqrt{m^2+k_1{}^2}+\sqrt{m^2+k_2{}^2}-2m$が，一般には上の定式化に現われたエネルギー$E-\delta E$と異なる．さらに散乱の前と後でも異なる．このようにエネルギーと運動量の関係が整合していないT行列(**オフエネルギーシェル**(off-energy shell)または単にオフシェルのT行列という)が必要になる．しかし，自由な核子-核子散乱から得られるのはこの整合性が成り立っている**オンシェル**の$t^{(0)}$だけである．

そこでオフシェルの$t^{(0)}(E-\delta E)$をどう求めるかは難しい問題である．また期待値$\langle\boldsymbol{\Phi}_0|\sum_i t_i{}^{(0)}|\boldsymbol{\Phi}_0\rangle$の計算の実行も簡単ではない．これらの問題については巻末文献[III-23, 24]に譲る．最も簡単な近似として，$t_i{}^{(0)}$が移行運動量やその他の運動量に強くは依存しないとして，それを特定の値(通常オンシェルの前方散乱の行列要素$t^{(0)}(\theta=0)$)に固定して積分の外にくくりだし

$$\langle\boldsymbol{\Phi}_0|\sum_i t_i{}^{(0)}|\boldsymbol{\Phi}_0\rangle = t^{(0)}(0)\langle\boldsymbol{\Phi}_0|\sum_i \delta(\boldsymbol{r}-\boldsymbol{r}_i)|\boldsymbol{\Phi}_0\rangle = t^{(0)}(0)\rho(\boldsymbol{r}) \qquad (10.101)$$

なる近似がしばしば用いられる．これは**オンシェル$t\rho$近似**とよばれ，定性的議論はもちろん，定量的解析にもある程度有効である．KMT理論に基づきインパルス近似で光学ポテンシャルを計算し，それにより断面積などを求めた計算例を図10.3に示す．パラメータを調節することなく実験をかなりよく再現している．

さらに，$\tau\rightarrow t^{(0)}$のすりかえを改良して，Pauli効果などの多体効果をある程度取り入れたG行列理論や，多重散乱理論の高次補正を取り入れるなどの精密化が行なわれているが，本書では触れないこととする(巻末文献[III-24])．

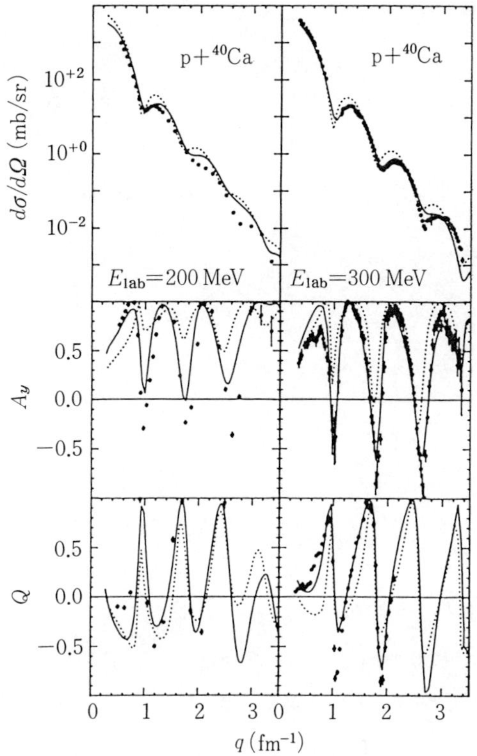

図 10-3 p+^{40}Ca 弾性散乱の微分断面積，偏極分解能，スピン回転関数の実験値とインパルス近似で求めた光学ポテンシャルによる計算値の比較．実線：正確な計算．点線：$t\rho$ 近似．300 MeV に示した Q のデータは 320 MeV のもの．(H. F. Arellano *et al*.: Phys. Rev. **C42**(1990)1782.)

11 直接反応

前章では，入射粒子，標的核の内部構造を殺し，相対座標の自由度だけで弾性散乱を記述した．本章では，内部構造のうちごく限られた少数の特徴的な自由度のみを生かし，それらが関与する簡単で速い反応過程——直接反応——を考察する．単純な過程ということでまずBorn近似が考えられるが，核反応では通常，始状態および終状態での平均場による弾性散乱の影響は取り入れなければならない．その手法を**歪曲波 Born 近似**(distorted wave Born approximation)といい，**DWBA** と略称する．この解析法を非弾性散乱，組替反応，連続状態励起の3段階に分けて説明する．次に，特定の状態間の結合が強くBorn近似では取り扱えない場合の解析方法として，これらの状態間の遷移は無限次まで考慮する**チャネル結合法**(coupled channel/channel coupling method)* を解説する．最後に直接反応から1歩複雑な方向に進んだ戸口の状態経由の反応について論じ，より複雑な反応を考察する次章への導入とする．

* 原子分子の研究者達はclosed couplingという．

11-1 歪曲波 Born 近似 I——2 ポテンシャル問題

まず，歪曲波 Born 近似の定式化の基本を理解するため，次のようなポテンシャル散乱を考えよう．ポテンシャルが重要かつ容易に解ける部分 U と摂動で取り扱える部分 V' の和に分けられるとする．U, V' は複素関数を許す．解くべき方程式は

$$(K+U(r)+V'(r)-E)\psi_{\boldsymbol{k}}{}^{(+)}(\boldsymbol{r}) = 0 \tag{11.1}$$

で，$\psi_{\boldsymbol{k}}{}^{(+)}$ は外向波の境界条件(10.2)をもつ．$E=\hbar^2k^2/2\mu$ である．

容易に解ける U のみをポテンシャルとする方程式

$$(K+U(r)-E)\chi_{\boldsymbol{k}}{}^{(+)}(\boldsymbol{r}) = 0 \tag{11.2}$$

の外向波の解 $\chi_{\boldsymbol{k}}{}^{(+)}$ と，U の複素共役 U^*(本来は U の時間反転)をポテンシャルとする方程式

$$(K+U^*(r)-E)\chi_{\boldsymbol{k}}{}^{(-)}(\boldsymbol{r}) = 0 \tag{11.3}$$

の内向波の解 $\chi_{\boldsymbol{k}}{}^{(-)}$ を用意する．これらはそれぞれ漸近形

$$\chi_{\boldsymbol{k}}{}^{(+)}(\boldsymbol{r}) \sim \exp(i\boldsymbol{k}\cdot\boldsymbol{r})+f^{(0)}(\theta)\frac{\exp(ikr)}{r} \tag{11.4}$$

$$\chi_{\boldsymbol{k}}{}^{(-)}(\boldsymbol{r}) \sim \exp(i\boldsymbol{k}\cdot\boldsymbol{r})+\tilde{f}^{(0)}(\theta)\frac{\exp(-ikr)}{r} \tag{11.5}$$

をもつ．両者は時間反転で結ばれ，関係

$$\chi_{\boldsymbol{k}}{}^{(-)}(\boldsymbol{r}) = \chi_{-\boldsymbol{k}}{}^{(+)*}(\boldsymbol{r}) \tag{11.6}$$

を満たす．$\chi^{(\pm)}$ は**歪曲波**(distorted wave)とよばれる．

さて，Schrödinger 方程式(11.1)を積分方程式に直して

$$\psi_{\boldsymbol{k}}{}^{(+)}(\boldsymbol{r}) = \chi_{\boldsymbol{k}}{}^{(+)}(\boldsymbol{r})+\int d^3\boldsymbol{r}' G_E{}^{(+)}(\boldsymbol{r},\boldsymbol{r}')V'(r')\psi_{\boldsymbol{k}}{}^{(+)}(\boldsymbol{r}') \tag{11.7}$$

と書く．$G_E{}^{(+)}(\boldsymbol{r},\boldsymbol{r}')$ は外向波境界条件をもつ Green 関数で，

$$(E-K-U(r))G_E{}^{(+)}(\boldsymbol{r},\boldsymbol{r}') = \delta(\boldsymbol{r}-\boldsymbol{r}') \tag{11.8}$$

を満たす．後に示すように，$r\rightarrow\infty$ で漸近形

$$G_E{}^{(+)}(\boldsymbol{r}, \boldsymbol{r}') \sim -\frac{\mu}{2\pi\hbar^2}\frac{\exp(ikr)}{r}\chi_{\boldsymbol{k}'}{}^{(-)*}(\boldsymbol{r}') \tag{11.9}$$

をもつ．ここで $\boldsymbol{k}'=k\hat{\boldsymbol{r}}$ である．そこで(11.7)の各項の漸近形を見ると，散乱振幅 $f(\theta)$ が

$$f(\theta) = f^{(0)}(\theta) - \frac{\mu}{2\pi\hbar^2}\int d^3\boldsymbol{r}'\chi_{\boldsymbol{k}'}{}^{(-)*}(\boldsymbol{r}')V'(\boldsymbol{r}')\psi_{\boldsymbol{k}}{}^{(+)}(\boldsymbol{r}') \tag{11.10}$$

と表わされる．ここで $\hat{\boldsymbol{k}}'\cdot\hat{\boldsymbol{k}}=\cos\theta$ である．

特に $U=0$ の場合は，$f^{(0)}(\theta)=0$，$\chi_{\boldsymbol{k}}{}^{(\pm)}$ は平面波 $\phi_{\boldsymbol{k}}=\exp(i\boldsymbol{k}\cdot\boldsymbol{r})$ で

$$f(\theta) = -\frac{\mu}{2\pi\hbar^2}\langle\phi_{\boldsymbol{k}'}|V|\psi_{\boldsymbol{k}}{}^{(+)}\rangle \tag{11.11}$$

となる．(10.24)より $\langle\phi_{\boldsymbol{k}'}|V|\psi_{\boldsymbol{k}}{}^{(+)}\rangle$ が T 行列であるから，この式がまさに散乱振幅と T 行列の関係(10.27)である．

式(11.10)の各項に対応する T 行列をそれぞれ $T, T^{(0)}, T'$ と書くと，$T=T^{(0)}+T'$ で

$$T'(\boldsymbol{k}', \boldsymbol{k}) = \langle\chi_{\boldsymbol{k}'}{}^{(-)}|V'|\psi_{\boldsymbol{k}}{}^{(+)}\rangle \tag{11.12}$$

となる．ここまではなんらの近似を含まない正確な議論である．

次に，V' に関する Born 近似を考える．式(11.12)はすでに V' をあらわに1次で含んでいるから $\psi_{\boldsymbol{k}}{}^{(+)}(\boldsymbol{r})\cong\chi_{\boldsymbol{k}}{}^{(+)}(\boldsymbol{r})$ と近似することになり

$$T'^{\mathrm{DWBA}}(\boldsymbol{k}', \boldsymbol{k}) = \langle\chi_{\boldsymbol{k}'}{}^{(-)}|V'|\chi_{\boldsymbol{k}}{}^{(+)}\rangle \tag{11.13}$$

を得る．これがポテンシャル散乱に対する歪曲波 Born 近似(DWBA)である．

ここで $G_E{}^{(+)}(\boldsymbol{r}, \boldsymbol{r}')$ の漸近形(11.9)を証明しておく．$\chi^{(\pm)}$ を(10.7)同様

$$\chi_{\boldsymbol{k}}{}^{(\pm)}(\boldsymbol{r}) = \sum_{l,m}4\pi i^l\frac{\chi_l{}^{(\pm)}(k, r)}{kr}Y_{lm}{}^*(\hat{\boldsymbol{k}})Y_{lm}(\hat{\boldsymbol{r}}) \tag{11.14}$$

と部分波展開する．$\chi_l{}^{(+)}$ は方程式

$$\left(\frac{d^2}{dr^2}-\frac{l(l+1)}{r^2}-\frac{2\mu}{\hbar^2}U(r)+k^2\right)\chi_l{}^{(+)}(k, r) = 0 \tag{11.15}$$

を満たし，原点で0で，$r\to\infty$ での漸近形

$$\chi_l^{(+)}(k,r) \sim -\frac{1}{2i}\left[e^{-i(kr-l\pi/2)} - S_l^{(0)}e^{i(kr-l\pi/2)}\right] \tag{11.16}$$

をもつ((10.9)式参照). (11.6)から

$$\chi_l^{(-)*}(k,r) = \chi_l^{(+)}(k,r) \tag{11.17}$$

である. 同様に Green 関数を

$$G_E^{(+)}(\boldsymbol{r},\boldsymbol{r}') = \frac{2\mu}{\hbar^2}\sum_{l,m}\frac{g_l(r,r';k)}{rr'}Y_{lm}^*(\hat{\boldsymbol{r}})Y_{lm}(\hat{\boldsymbol{r}}') \tag{11.18}$$

と展開すると, $g_l(r,r';k)$ は

$$\left(\frac{d^2}{dr^2} - \frac{l(l+1)}{r^2} - \frac{2\mu}{\hbar^2}U(r) + k^2\right)g_l(r,r';k) = \delta(r-r') \tag{11.19}$$

を満足する. 漸近的に外向球面波になる境界条件から, $g_l(r,r';k)$ は

$$g_l(r,r';k) = -(1/W)h_l(k,r_>)\chi_l^{(+)}(k,r_<) \tag{11.20}$$

と書ける(巻末参考書[Ⅲ-1～4]参照). $r_< = \min(r,r')$, $r_> = \max(r,r')$ であり, h_l は漸近形

$$h_l(k,r) \sim \exp[i(kr-l\pi/2)] \tag{11.21}$$

をもつ(11.15)の解である. W は $\chi_l^{(+)}$ と h_l のロンスキアンで $W=k$ である.
式(11.20)を(11.18)に代入し(11.21), (11.6)を用いると, $r\to\infty$ で

$$\begin{aligned}G_E^{(+)}(\boldsymbol{r},\boldsymbol{r}') &\sim -\frac{2\mu}{4\pi\hbar^2}\frac{\exp(ikr)}{r}\sum_{l,m}4\pi i^{-l}\frac{\chi_l^{(+)}(k,r')}{kr'}Y_{lm}^*(\hat{\boldsymbol{r}})Y_{lm}(\hat{\boldsymbol{r}}') \\ &= -\frac{\mu}{2\pi\hbar^2}\frac{\exp(ikr)}{r}\chi_{-\boldsymbol{k}'}^{(+)}(\boldsymbol{r}') = -\frac{\mu}{2\pi\hbar^2}\frac{\exp(ikr)}{r}\chi_{\boldsymbol{k}'}^{(-)*}(\boldsymbol{r}')\end{aligned}$$

となり(11.9)が証明された. ここで $\boldsymbol{k}' = k\hat{\boldsymbol{r}}$, $i^{-l}Y_{lm}^*(\hat{\boldsymbol{r}}) = i^lY_{lm}^*(-\hat{\boldsymbol{r}})$ を用いた.

11-2 歪曲波 Born 近似 II――非弾性散乱

やはり入射粒子には構造はなく，核内核子との Pauli 原理も働かないとして議論を進める．標的核が状態 $\boldsymbol{\Phi}_0$ から離散的状態 $\boldsymbol{\Phi}_n$ に励起する非弾性散乱を考えよう．原理的には Schrödinger 方程式(10.15)を境界条件(10.19)により解く問題である．ハミルトニアン(10.16)を

$$H = H_0 + H_{\mathrm{I}} \tag{11.22}$$

$$H_0 = K + U(r\,;E) + H_{\mathrm{A}}, \qquad H_{\mathrm{I}} = V(\boldsymbol{r},\xi) - U(r\,;E) \tag{11.23}$$

と書き換え，H_0 を非摂動ハミルトニアンとする Born 近似を考える．ここで $U(r\,;E)$ は $\boldsymbol{\Phi}_0, \boldsymbol{\Phi}_n$ については対角的な複素ポテンシャルで，一般にはエネルギーに依存する．(簡単のためそのチャネル依存性は陽には表わさなかった.)

H_0 の固有関数 $\chi_{\boldsymbol{k}_n}{}^{(+)}(\boldsymbol{r})\boldsymbol{\Phi}_n$ は

$$(H_0 - E)\chi_{\boldsymbol{k}_n}{}^{(+)}(\boldsymbol{r})\boldsymbol{\Phi}_n = 0, \qquad (K + U(r) - E_n)\chi_{\boldsymbol{k}_n}{}^{(+)}(\boldsymbol{r}) = 0 \tag{11.24}$$

を満足する．ここで $E_n = E - \mathcal{E}_n = \hbar^2 k_n{}^2/2\mu$ である．

前節の議論を，この非弾性散乱の場合に一般化すると，U は標的核の状態を変えないので，DWBA で T 行列は

$$T_{n0}{}^{\mathrm{DWBA}}(\boldsymbol{k}_n, \boldsymbol{k}_0) = \langle \chi_{\boldsymbol{k}_n}{}^{(-)}\boldsymbol{\Phi}_n | H_{\mathrm{I}} | \chi_{\boldsymbol{k}_0}{}^{(+)}\boldsymbol{\Phi}_0 \rangle \tag{11.25}$$

と与えられる．

歪曲波 $\chi^{(+)}$ を生成する**歪曲ポテンシャル**(distorting potential)U は H_{I} の効果を最小にするよう選ぶべきであるが，それを求めるのはたいへん困難である．そこで実用上は，すでに知られている光学ポテンシャルが通常援用される．しかし，この処方には少々原理的な問題がある．すなわち，光学ポテンシャルには，始状態から出発してそれ以外の諸状態を経由し，ふたたび始状態に戻る過程が繰りこまれている．したがって，$\chi_{\boldsymbol{k}_0}{}^{(+)}$ には状態 $\boldsymbol{\Phi}_0$ から出発してふたたび $\boldsymbol{\Phi}_0$ に戻る全過程，$\chi_{\boldsymbol{k}_n}{}^{(-)}$ には $\boldsymbol{\Phi}_n$ から出発して $\boldsymbol{\Phi}_n$ に戻る全過程が含まれている．その結果，この処方ではある過程を数えすぎてしまう．例えば1つの3段階過程 $\boldsymbol{\Phi}_0 \to \boldsymbol{\Phi}_n \to \boldsymbol{\Phi}_0 \to \boldsymbol{\Phi}_n$ に対し，$\chi_{\boldsymbol{k}_0}{}^{(+)}$ に含まれる $\boldsymbol{\Phi}_0 \to \boldsymbol{\Phi}_n \to \boldsymbol{\Phi}_0$ 過程に続

き H_{I} による $\boldsymbol{\Phi}_0 \to \boldsymbol{\Phi}_n$ の過程が起こる項と，H_{I} による $\boldsymbol{\Phi}_0 \to \boldsymbol{\Phi}_n$ に続き $\chi_{\boldsymbol{k}_n}{}^{(-)}$ に含まれる $\boldsymbol{\Phi}_n \to \boldsymbol{\Phi}_0 \to \boldsymbol{\Phi}_n$ 過程が起こる項の 2 項が現われ，数えすぎている．しかし，この数えすぎは H_{I} の次数としては高次となるので，Born 近似が成り立つという仮定の範囲では矛盾はない．

もう 1 つの問題点は，実際上励起状態に対する光学ポテンシャルを求めることが困難なことである．そこで通常終状態チャネルの光学ポテンシャルを，入射チャネルの光学ポテンシャルと等しくとるという近似が用いられている．

振動状態の励起　具体的応用例として球形核の形状振動の励起を考えよう．第 3 章で論じた集団運動模型で考える．核の形状を，核表面を表わす式(3.19)

$$R(\theta,\varphi) = R_0\Big(1+\sum_{\lambda,\mu} \alpha_{\lambda\mu}{}^* Y_{\lambda\mu}(\theta,\varphi)\Big) \tag{11.26}$$

で表わし，核の自由度として変形を表わす変数 $\{\alpha_{\lambda\mu}\}$ の微小振動のみを考える．球形核を考えるから平衡点で $\alpha_{\lambda\mu}{}^0=0$ である．われわれは入射粒子と核との相互作用 $V(\boldsymbol{r},\alpha)$ について十分な知識を持ち合わせていない．そこで 3-3 節 a 項で議論した粒子と表面振動の相互作用を採用し，そこでの粒子を入射粒子に対応させる模型を用いよう．このように集団運動模型とそれに基づく相互作用を用いる処方は**巨視的模型**(macroscopic model)とよばれる．このときハミルトニアン $H=H_0+H_{\mathrm{I}}$ は(3.43)～(3.45)から

$$H_0 = K+U^{(0)}(r)+H_{\mathrm{coll}}(\pi_{\lambda\mu},\alpha_{\lambda\mu}) \tag{11.27}$$

$$H_{\mathrm{I}} = H_{\mathrm{coupl}}(\boldsymbol{r},\alpha_{\lambda\mu}) = U(\boldsymbol{r},\alpha_{\lambda\mu})-U^{(0)}(r) \tag{11.28}$$

で与えられる．ここで $U^{(0)}(r)=U(\boldsymbol{r},\alpha_{\lambda\mu}=0)$ である．

式(2.8)にならい U として振動する平均場ポテンシャル(光学ポテンシャル)

$$U(\boldsymbol{r},\alpha_{\lambda\mu}) = U_{\mathrm{N}}(r-R(\theta,\varphi))+V_{\mathrm{C}}(r,R^{\mathrm{C}}(\theta,\varphi)) \tag{11.29}$$

を採用しよう．ここで (r,θ,φ) は入射粒子の座標，U_{N} は核力部分，V_{C} は Coulomb 力部分である．((2.8)では Coulomb 力が無視されている.) V_{C} は半径 $R^{\mathrm{C}}(\theta,\varphi)=R_{\mathrm{C}}(1+\sum_{\lambda,\mu} \alpha_{\lambda\mu}{}^* Y_{\lambda\mu}(\theta,\varphi))$ の一様荷電変形体の作る Coulomb 場

$$V_{\mathrm{C}}(r,R^{\mathrm{C}}(\theta,\phi)) = \frac{3}{4\pi}\frac{e^2 Z_{\mathrm{i}} Z_{\mathrm{T}}}{R_{\mathrm{C}}{}^3}\int d^3\boldsymbol{r}'\,\frac{1}{|\boldsymbol{r}-\boldsymbol{r}'|}\theta(R^{\mathrm{C}}(\theta',\varphi')-r') \tag{11.30}$$

とする．Z_i, Z_T はそれぞれ入射粒子，標的核の陽子数である．

振動状態の励起では $\alpha_{\lambda\mu}$ は微小量であるからその1次までとると，H_I は

$$H_I = \sum_{\lambda,\mu} \alpha_{\lambda\mu}^* Y_{\lambda\mu}(\theta,\varphi)(f^N(r)+f_\lambda^C(r)) \tag{11.31}$$

と書け，核力部分 f^N，Coulomb 部分 f_λ^C はそれぞれ

$$f^N(r) = -R_0\frac{U_N(r-R_0)}{dr} \tag{11.32}$$

$$f_\lambda^C(r) = e^2 Z_i Z_T \frac{3}{2\lambda+1}\cdot\begin{cases} \dfrac{R_C{}^\lambda}{r^{\lambda+1}} & (r \geqq R_C) \\ \dfrac{r^\lambda}{R_C{}^{\lambda+1}} & (r < R_C) \end{cases} \tag{11.33}$$

となる．ここで公式

$$|\boldsymbol{r}-\boldsymbol{r}'|^{-1} = \sum_{l,m} \frac{r_<{}^l}{r_>{}^{l+1}}\frac{4\pi}{2l+1} Y_{lm}{}^*(\theta',\varphi') Y_{lm}(\theta,\varphi)$$

を用いた．入射エネルギーが Coulomb 障壁に近いとき，引力的である核力部分と斥力的である Coulomb 力部分の干渉が，角分布に特徴的な振動を示す．

より具体的に $J=0$ の基底状態 $\boldsymbol{\Phi}_{00}$ から 2^λ 重極振動状態 $\boldsymbol{\Phi}_n(\xi)=\boldsymbol{\Phi}_{\lambda,-\mu}(\alpha)$ への励起を考えると，(11.25)は

$$T_{n0}{}^{\mathrm{DWBA}}(\boldsymbol{k}_n,\boldsymbol{k}_i) = \langle\boldsymbol{\Phi}_{\lambda,-\mu}|\alpha_{\lambda\mu}{}^*|\boldsymbol{\Phi}_{00}\rangle\langle\chi_{\boldsymbol{k}_n}{}^{(-)}|(f^N(r)+f_\lambda^C(r))Y_{\lambda\mu}(\theta,\phi)|\chi_{\boldsymbol{k}_i}{}^{(+)}\rangle \tag{11.34}$$

となる．ここで注目すべきは核構造部分と核反応部分が分離されていることである．核構造に関する部分 $\langle\boldsymbol{\Phi}_{\lambda,-\mu}|\alpha_{\lambda\mu}{}^*|\boldsymbol{\Phi}_{00}\rangle$ は，(3.32)からわかるように Eλ 遷移強度と関係している．したがって DWBA 解析は，Eλ 遷移の測定値と比較することにより模型の妥当性が検討できるし，また未測定の Eλ 遷移強度を得るのにも有効である．実際には，精度の高い解析を行なうには，11-5 節で述べるチャネル結合法による解析が必要な場合が多い．図 11-1 に 8 重極振動励起の DWBA 解析の 1 例を示す．図で β は振動の振幅を表わす．

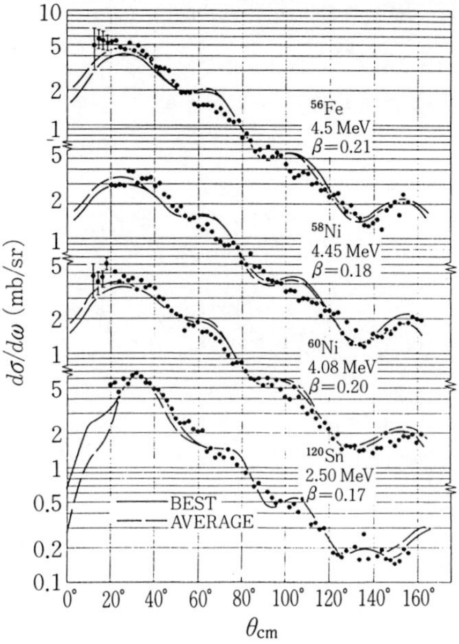

図 11-1 振動模型による DWBA 解析．30 MeV 陽子による 3^- 励起．BEST：個々の弾性散乱を再現する光学ポテンシャルを採用．AVERAGE：大局的光学ポテンシャルを採用．(S. A. Fulling and G. R. Satchler: Nucl. Phys. **A111**(1968) 81.)

11-3 歪曲波 Born 近似 III——組替反応

入射粒子と標的核の間で構成粒子の組替えが起こる**組替反応**では，非弾性散乱には現われなかった問題が生ずる．問題を具体的に考えるため，入射核 a が核(または核子) b と核(または核子) x の束縛状態であり，反応の結果 x が標的核 A に移行して残留核 B を作り，b が出射していく反応

$$a+A\rightarrow b+B, \quad a=b+x, \quad B=A+x \tag{11.35}$$

を考える．この反応が直接反応として起こるとき**ストリッピング反応**(stripping reaction)，この逆反応を**ピックアップ反応**(pickup reaction)という．

議論の複雑化を避け，当面，粒子 b, x は構造もスピンももたず，かつこれらの粒子間の Pauli 原理も考えないものとする．全系のハミルトニアンは

$$H = H_{\rm A}+K+V_{\rm xb}+V_{\rm xA}+V_{\rm bA} \tag{11.36}$$

$$K = K_{\rm xb}+K_{\rm aA} = K_{\rm xA}+K_{\rm bB} \tag{11.37}$$

と書ける．ここで K_{cd}, V_{cd} はそれぞれ粒子 c, d 間の相対運動の運動エネルギー演算子と相互作用である．以下では始状態のチャネルを i チャネル，終状態チャネルを f チャネルとよび，各粒子間の相対位置ベクトルを図 11-2 のように表わす．これらの間には関係

$$\boldsymbol{r}_{\mathrm{i}} = -\frac{M_{\mathrm{a}}M_{\mathrm{B}}}{M_{\mathrm{T}}M_{\mathrm{x}}}\left(\boldsymbol{R}_{\mathrm{f}}-\frac{M_{\mathrm{A}}}{M_{\mathrm{B}}}\boldsymbol{R}_{\mathrm{i}}\right), \qquad \boldsymbol{r}_{\mathrm{f}} = -\frac{M_{\mathrm{b}}M_{\mathrm{B}}}{M_{\mathrm{T}}M_{\mathrm{x}}}\left(\boldsymbol{R}_{\mathrm{f}}-\frac{M_{\mathrm{a}}}{M_{\mathrm{b}}}\boldsymbol{R}_{\mathrm{i}}\right) \tag{11.38}$$

が成り立つ．M_{c} は粒子 c の質量，$M_{\mathrm{T}}=M_{\mathrm{b}}+M_{\mathrm{B}}=M_{\mathrm{a}}+M_{\mathrm{A}}$ である．独立なベクトルは 2 つで，その選び方は任意であるが，以下内積における体積要素は

$$d^3\boldsymbol{r}_{\mathrm{f}}d^3\boldsymbol{R}_{\mathrm{f}} = d^3\boldsymbol{r}_{\mathrm{i}}d^3\boldsymbol{R}_{\mathrm{i}} = Jd^3\boldsymbol{R}_{\mathrm{f}}d^3\boldsymbol{R}_{\mathrm{i}} \tag{11.39}$$

を意味する．(11.38)からヤコビアン J は $J=[M_{\mathrm{a}}M_{\mathrm{B}}/M_{\mathrm{T}}M_{\mathrm{x}}]^3$ である．

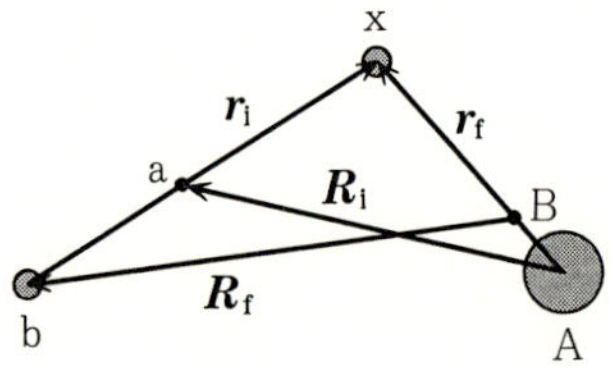

図 11-2 諸相対位置ベクトル．

全ハミルトニアン H を非摂動と摂動の部分に分けようとすると，始状態に準拠した分け方と，終状態に準拠した分け方

$$H_0{}^{\mathrm{i}}+H_{\mathrm{I}}{}^{\mathrm{i}} = [(H_{\mathrm{A}}+K_{\mathrm{aA}}+U_{\mathrm{aA}})+(K_{\mathrm{xb}}+V_{\mathrm{xb}})]+[V_{\mathrm{xA}}+V_{\mathrm{bA}}-U_{\mathrm{aA}}] \tag{11.40}$$

$$H_0{}^{\mathrm{f}}+H_{\mathrm{I}}{}^{\mathrm{f}} = [(H_{\mathrm{A}}+K_{\mathrm{bB}}+U_{\mathrm{bB}})+(K_{\mathrm{xA}}+V_{\mathrm{xA}})]+[V_{\mathrm{xb}}+V_{\mathrm{bA}}-U_{\mathrm{bB}}] \tag{11.41}$$

の 2 通りが考えられる．非摂動ハミルトニアン $H_0{}^{\mathrm{i}}, H_0{}^{\mathrm{f}*}$ の固有関数をそれぞれ $\chi_{\boldsymbol{k}_{\mathrm{i}}}{}^{(+)}(\boldsymbol{R}_{\mathrm{i}})\phi_{\mathrm{a}}(\boldsymbol{r}_{\mathrm{i}})\boldsymbol{\Phi}_{\mathrm{A}}(\xi)$, $\chi_{\boldsymbol{k}_{\mathrm{f}}}{}^{(-)}(\boldsymbol{R}_{\mathrm{f}})\boldsymbol{\Phi}_{\mathrm{B}}(\xi, \boldsymbol{r}_{\mathrm{f}})$ と書くと，これらは

$$(H_0{}^{\mathrm{i}}-E)\chi_{\boldsymbol{k}_{\mathrm{i}}}{}^{(+)}(\boldsymbol{R}_{\mathrm{i}})\phi_{\mathrm{a}}(\boldsymbol{r}_{\mathrm{i}})\boldsymbol{\Phi}_{\mathrm{A}}(\xi) = 0, \qquad (H_0{}^{\mathrm{f}*}-E)\chi_{\boldsymbol{k}_{\mathrm{f}}}{}^{(-)}(\boldsymbol{R}_{\mathrm{f}})\boldsymbol{\Phi}_{\mathrm{B}}(\xi, \boldsymbol{r}_{\mathrm{f}}) = 0 \tag{11.42}$$

$$(K_{\mathrm{xb}}+V_{\mathrm{xb}}-\mathcal{E}_{\mathrm{a}})\phi_{\mathrm{a}}(\boldsymbol{r}_{\mathrm{i}}) = 0, \quad (H_{\mathrm{A}}+K_{\mathrm{xA}}+V_{\mathrm{xA}}-\mathcal{E}_{\mathrm{B}})\boldsymbol{\Phi}_{\mathrm{B}}(\xi, \boldsymbol{r}_{\mathrm{f}}) = 0 \tag{11.43}$$

$$(K_{\mathrm{aA}}+U_{\mathrm{aA}}-E_{\mathrm{i}})\chi_{\boldsymbol{k}_{\mathrm{i}}}^{(+)}(\boldsymbol{R}_{\mathrm{i}}) = 0, \quad (K_{\mathrm{bB}}+U_{\mathrm{bB}}^{*}-E_{\mathrm{f}})\chi_{\boldsymbol{k}_{\mathrm{f}}}^{(-)}(\boldsymbol{R}_{\mathrm{f}}) = 0 \tag{11.44}$$

を満足する．ここで $E=E_{\mathrm{i}}+\mathcal{E}_{\mathrm{a}}+\mathcal{E}_{\mathrm{A}}=E_{\mathrm{f}}+\mathcal{E}_{\mathrm{B}}$ である．上でスピンは考えず $H_0{}^{\mathrm{f}}$ の時間反転はその複素共役で表わされるとした．

反応(11.35)に対する DWBA は，上述の H の 2 通りの分解に対応して

$$T^{\mathrm{prior}} = \langle\chi_{\boldsymbol{k}_{\mathrm{f}}}^{(-)}(\boldsymbol{R}_{\mathrm{f}})\boldsymbol{\Phi}_{\mathrm{B}}(\xi, \boldsymbol{r}_{\mathrm{f}})|H_{\mathrm{I}}{}^{\mathrm{i}}|\chi_{\boldsymbol{k}_{\mathrm{i}}}^{(+)}(\boldsymbol{R}_{\mathrm{i}})\phi_{\mathrm{a}}(\boldsymbol{r}_{\mathrm{i}})\boldsymbol{\Phi}_{\mathrm{A}}(\xi)\rangle \tag{11.45}$$

$$T^{\mathrm{post}} = \langle\chi_{\boldsymbol{k}_{\mathrm{f}}}^{(-)}(\boldsymbol{R}_{\mathrm{f}})\boldsymbol{\Phi}_{\mathrm{B}}(\xi, \boldsymbol{r}_{\mathrm{f}})|H_{\mathrm{I}}{}^{\mathrm{f}}|\chi_{\boldsymbol{k}_{\mathrm{i}}}^{(+)}(\boldsymbol{R}_{\mathrm{i}})\phi_{\mathrm{a}}(\boldsymbol{r}_{\mathrm{i}})\boldsymbol{\Phi}_{\mathrm{A}}(\xi)\rangle \tag{11.46}$$

の 2 通りの表式が得られる．前者を**始状態表示**(prior form)，後者を**終状態表示**(post form)という．しかし幸い，両者の同等性

$$T^{\mathrm{post}} = T^{\mathrm{prior}} \tag{11.47}$$

が証明される．これは**始状態表示-終状態表示対称性**(prior-post symmetry)とよばれる．この同等性を証明しておこう．T^{post} は

$$\begin{aligned} T^{\mathrm{post}} &= \langle\chi_{\boldsymbol{k}_{\mathrm{f}}}^{(-)}\boldsymbol{\Phi}_{\mathrm{B}}|H-H_0{}^{\mathrm{f}}|\chi_{\boldsymbol{k}_{\mathrm{i}}}^{(+)}\phi_{\mathrm{a}}\boldsymbol{\Phi}_{\mathrm{A}}\rangle \\ &= \langle\chi_{\boldsymbol{k}_{\mathrm{f}}}^{(-)}\boldsymbol{\Phi}_{\mathrm{B}}|H_{\mathrm{I}}{}^{\mathrm{i}}+(H_0{}^{\mathrm{i}}-E)-(H_0{}^{\mathrm{f}}-E)|\chi_{\boldsymbol{k}_{\mathrm{i}}}^{(+)}\phi_{\mathrm{a}}\boldsymbol{\Phi}_{\mathrm{A}}\rangle \\ &= T^{\mathrm{prior}}+\langle\chi_{\boldsymbol{k}_{\mathrm{f}}}^{(-)}R_{\mathrm{x}}|\overleftarrow{K}-\overrightarrow{K}|\chi_{\boldsymbol{k}_{\mathrm{i}}}^{(+)}\phi_{\mathrm{a}}\rangle = T^{\mathrm{prior}}+\Delta \end{aligned}$$

と書き換えられる．ここで

$$R_{\mathrm{x}}(\boldsymbol{r}_{\mathrm{f}}) \equiv \langle\boldsymbol{\Phi}_{\mathrm{A}}(\xi)|\boldsymbol{\Phi}_{\mathrm{B}}(\xi, \boldsymbol{r}_{\mathrm{f}})\rangle \tag{11.48}$$

で，内積は ξ についてのみとる．この $R_{\mathrm{x}}(\boldsymbol{r}_{\mathrm{f}})$ は B を A と x に分解したときの**分光学的振幅**(spectroscopic amplitude)とよばれる(ここでは x と A 中の核子との反対称性は考えていない)．K の上の矢印は K の作用する方向を表わす．

上の計算で第 1 の等式では(11.41)，第 2 の等式では(11.40)を用いた．第 3 の等式では $H_0{}^{\mathrm{i}}-E$ をブラに，$H_0{}^{\mathrm{f}}-E$ の複素共役をケットに作用させ，(11.42)を用いた．この書き換えで $H_0{}^{\mathrm{f}}$ 中の運動エネルギー K を右に掛けたものと左に掛けたものの差 Δ が一般には残る．Green の定理を用いると

$$\Delta = \frac{\hbar^2}{2\mu_{\mathrm{xb}}}\int_{r_\mathrm{i}\to\infty} dS_{r_\mathrm{i}}\int d^3\boldsymbol{R}_\mathrm{i}\chi_{\boldsymbol{k}_\mathrm{f}}{}^{(-)*}R_\mathrm{x}{}^*(\vec{\partial}_{r_\mathrm{i}}-\overleftarrow{\partial}_{r_\mathrm{i}})\chi_{\boldsymbol{k}_\mathrm{i}}{}^{(+)}\phi_\mathrm{a}$$
$$+\frac{\hbar^2}{2\mu_{\mathrm{aA}}}\int_{R_\mathrm{i}\to\infty} dS_{R_\mathrm{i}}\int d^3\boldsymbol{r}_\mathrm{i}\chi_{\boldsymbol{k}_\mathrm{f}}{}^{(-)*}R_\mathrm{x}{}^*(\vec{\partial}_{R_\mathrm{i}}-\overleftarrow{\partial}_{R_\mathrm{i}})\chi_{\boldsymbol{k}_\mathrm{i}}{}^{(+)}\phi_\mathrm{a}$$

となる．μ_{cd} は c, d 間の相対運動の換算質量，dS_r は半径 r の球面の面素である．関数 $\phi_\mathrm{a}, R_\mathrm{x}$ があるので，B が A と x の束縛状態ならば，被積分関数は $\boldsymbol{r}_\mathrm{i}\to\infty$, $\boldsymbol{r}_\mathrm{f}\to\infty$ で指数関数的に 0 となる．したがって，3 次元積分の部分は収束し表面積分から $\Delta=0$ となって同等性が示される．B が非束縛状態のときには，各波動関数の漸近形に注意しながら，この表面積分の評価を慎重にやらなければならない．入射波が波束をなしており運動量について広がりをもつので，それについて積分することによりかろうじてこの同等性が証明されるが，詳細は省略する．ここで見たように反応論では運動エネルギーを安易に Hermite 演算子として取り扱えないことを注意しておく．

終状態表示(11.46)において，$H_\mathrm{I}{}^\mathrm{f}$ によって標的核 $\boldsymbol{\Phi}_\mathrm{A}$ の励起は起こらないと仮定すると，

$$T^{\mathrm{post}} = \langle\chi_{\boldsymbol{k}_\mathrm{f}}{}^{(-)}(\boldsymbol{R}_\mathrm{f})R_\mathrm{x}(\boldsymbol{r}_\mathrm{f})|(V_{\mathrm{xb}}+\bar{V}_{\mathrm{bA}}-U_{\mathrm{bB}})|\chi_{\boldsymbol{k}_\mathrm{i}}{}^{(+)}(\boldsymbol{R}_\mathrm{i})\phi_\mathrm{a}(\boldsymbol{r}_\mathrm{i})\rangle \tag{11.49}$$

を得る．ここで $\bar{V}_{\mathrm{bA}}\equiv\langle\boldsymbol{\Phi}_\mathrm{A}|V_{\mathrm{bA}}|\boldsymbol{\Phi}_\mathrm{A}\rangle$ である．独立変数として $\boldsymbol{R}_\mathrm{i}, \boldsymbol{R}_\mathrm{f}$ を選ぶと

$$T^{\mathrm{post}} = \int Jd^3\boldsymbol{R}_\mathrm{f}d^3\boldsymbol{R}_\mathrm{i}\chi_{\boldsymbol{k}_\mathrm{f}}{}^{(-)*}(\boldsymbol{R}_\mathrm{f})F^{\mathrm{post}}(\boldsymbol{R}_\mathrm{f},\boldsymbol{R}_\mathrm{i})\chi_{\boldsymbol{k}_\mathrm{i}}{}^{(+)}(\boldsymbol{R}_\mathrm{i}) \tag{11.50}$$

$$F^{\mathrm{post}}(\boldsymbol{R}_\mathrm{f},\boldsymbol{R}_\mathrm{i}) = R_\mathrm{x}{}^*(\boldsymbol{r}_\mathrm{f})\{V_{\mathrm{xb}}(\boldsymbol{r}_\mathrm{i})+\bar{V}_{\mathrm{bA}}(\boldsymbol{r}_{\mathrm{bA}})-U_{\mathrm{bB}}(\boldsymbol{r}_\mathrm{f})\}\phi_\mathrm{a}(\boldsymbol{r}_\mathrm{i}) \tag{11.51}$$

と書ける．ここで(11.38)等の関係を用いる．$F^{\mathrm{post}}(\boldsymbol{R}_\mathrm{f},\boldsymbol{R}_\mathrm{i})$ を粒子移行反応の終状態表示での**形状因子**(form factor)という．同様の議論は始状態表示についても展開できる．

このような粒子移行反応は核構造について重要な情報を与えてくれる．例として，x が核子である **1 核子移行反応**(one nucleon transfer reaction)を考えよう．2-1 節で論じた j-j 結合殻模型で考えると，A が閉殻核で x がその外を

回る1粒子準位 nlj に捕獲されたとき，(11.48)で定義した分光学的振幅 R_{x} はその準位の波動関数 ϕ_{nlj} になり，T 行列は

$$T_{\mathrm{sp}}{}^{\mathrm{post}} = \int d^3\boldsymbol{R}_{\mathrm{f}} d^3\boldsymbol{R}_{\mathrm{i}} \chi_{\boldsymbol{k}_{\mathrm{f}}}{}^{(-)*}(\boldsymbol{R}_{\mathrm{f}}) F_{\mathrm{sp}}{}^{\mathrm{post}}(\boldsymbol{R}_{\mathrm{f}}, \boldsymbol{R}_{\mathrm{i}}) \chi_{\boldsymbol{k}_{\mathrm{i}}}{}^{(+)}(\boldsymbol{R}_{\mathrm{i}}) \qquad (11.52)$$

$$F_{\mathrm{sp}}{}^{\mathrm{post}}(\boldsymbol{R}_{\mathrm{f}}, \boldsymbol{R}_{\mathrm{i}}) = \phi_{nljm}{}^{*}(\boldsymbol{r}_{\mathrm{f}}) \{ V_{\mathrm{xb}}(\boldsymbol{r}_{\mathrm{i}}) + \bar{V}_{\mathrm{bA}}(\boldsymbol{r}_{\mathrm{bA}}) - U_{\mathrm{bB}}(\boldsymbol{r}_{\mathrm{f}}) \} \phi_{\mathrm{a}}(\boldsymbol{r}_{\mathrm{i}}) \qquad (11.53)$$

で与えられる．これを1核子移行反応の T 行列の**単一粒子値**(single particle value)という．

これまで移行核子 x と A 中の核子との Pauli 原理は無視してきたが，これを考慮にいれると，分光学的振幅の Hermite 共役は，状態 $\boldsymbol{\Phi}_{\mathrm{A}}$ に1核子を付与してできた状態 $a^{\dagger}(\boldsymbol{r}_{\mathrm{f}})\boldsymbol{\Phi}_{\mathrm{A}}$ と状態 $\boldsymbol{\Phi}_{\mathrm{B}}$ との重なりで表わされ

$$\begin{aligned} R_{\mathrm{x}}{}^{\dagger}(\boldsymbol{r}_{\mathrm{f}}) &= \langle \boldsymbol{\Phi}_{\mathrm{B}} | a^{\dagger}(\boldsymbol{r}_{\mathrm{f}}) | \boldsymbol{\Phi}_{\mathrm{A}} \rangle \\ &= \sum_{nlj} \langle \boldsymbol{\Phi}_{\mathrm{B}}(I_{\mathrm{B}} M_{\mathrm{B}}) | a_{nljm}{}^{\dagger} | \boldsymbol{\Phi}_{\mathrm{A}}(I_{\mathrm{A}} M_{\mathrm{A}}) \rangle \phi_{nljm}{}^{\dagger}(\boldsymbol{r}_{\mathrm{f}}) \end{aligned} \qquad (11.54)$$

となる．ここではスピン自由度まで考え $I_{\mathrm{C}}M_{\mathrm{C}}$ を核 C のスピンとその z 成分とした．角運動量の z 成分依存性は Clebsch-Gordan 係数で分離でき，

$$|\langle \boldsymbol{\Phi}_{\mathrm{B}} | a_{nljm}{}^{\dagger} | \boldsymbol{\Phi}_{\mathrm{A}} \rangle|^2 = |(I_{\mathrm{A}} M_{\mathrm{A}} jm | I_{\mathrm{B}} M_{\mathrm{B}})|^2 S_{nlj} \qquad (11.55)$$

と書ける(Wigner-Eckart の定理)．S_{nlj} は**分光学的因子**(spectroscopic factor)とよばれ，状態 $\boldsymbol{\Phi}_{\mathrm{B}}$ が1粒子状態 nlj を含む度合いを表わす．先の例のように A が閉殻なら $S_{nlj}=1$ である．

標的核が偶々核の基底状態のとき $I_{\mathrm{A}}=0$ で，$\boldsymbol{\Phi}_{\mathrm{B}}$ のスピン，パリティから lj は決まってしまう．そうすると大次元殻模型計算のような特別な場合を除き n も一意的に決まって，(11.54)の和 $\sum_{nlj}$ が落ちる．このとき T 行列の2乗は

$$|T^{\mathrm{post}}|^2 = J^2 |(I_{\mathrm{A}} M_{\mathrm{A}} jm | I_{\mathrm{B}} M_{\mathrm{B}})|^2 S_{nlj} |T_{\mathrm{sp}}{}^{\mathrm{post}}|^2 \qquad (11.56)$$

となり，移行反応断面積は単一粒子値 $|T_{\mathrm{sp}}{}^{\mathrm{post}}|^2$ と分光学的因子 S_{nlj} の積に比例する．$T_{\mathrm{sp}}{}^{\mathrm{post}}$ を(理論的に)知れば，実験から S_{nlj} を求めることができる．ここでも明確な核構造部分と核反応部分の分離が見られる．

核子移行反応のもう1つの利点は，捕獲された1粒子状態の lj によって，

特徴的な角分布を示すことである(図 11-3 を見よ). これは定性的には以下のように理解される. 移行粒子 x は運動量 $\boldsymbol{k}_{\mathrm{i}}-\boldsymbol{k}_{\mathrm{f}}$ をもって半径 R の核表面の軌道に捕獲される. その軌道の角運動量が

$$l = |\boldsymbol{k}_{\mathrm{i}}-\boldsymbol{k}_{\mathrm{f}}|R = \sqrt{(k_{\mathrm{i}}^2+k_{\mathrm{f}}^2-2k_{\mathrm{i}}k_{\mathrm{f}}\cos\theta)}R \tag{11.57}$$

のとき, 捕獲される確率が大きいと考えられる. $k_{\mathrm{i}}, k_{\mathrm{f}}$ は決まっているから, θ と l の間の関係が得られる. j も角分布やスピン観測量から決められることが知られている. かくして, 移行反応は状態 B の量子数決定の 1 つの有力な手段である.

(d, p) 反応とゼロレンジ近似 例として (d, p) 反応を考えよう. $I_{\mathrm{A}}=0$ とする. 終状態表示を用いると, 相互作用は $V_{\mathrm{np}}+\bar{V}_{\mathrm{pA}}-U_{\mathrm{pB}}$ である. A と B の大きさはあまり違わないので $\bar{V}_{\mathrm{pA}}\cong U_{\mathrm{pB}}$ と近似すると, 形状因子は

$$F_{\mathrm{sp}}{}^{\mathrm{post}}(\boldsymbol{R}_{\mathrm{f}}, \boldsymbol{R}_{\mathrm{i}}) = \phi_{nljm}{}^*(\boldsymbol{r}_{\mathrm{f}})V_{\mathrm{np}}(\boldsymbol{r}_{\mathrm{i}})\phi_{\mathrm{d}}(\boldsymbol{r}_{\mathrm{i}})$$

と簡単になる. さらに, V_{np} が短距離力であることを考慮して

$$V_{\mathrm{np}}(\boldsymbol{r}_{\mathrm{i}})\phi_{\mathrm{d}}(\boldsymbol{r}_{\mathrm{i}}) = D_0\delta(\boldsymbol{r}_{\mathrm{i}}) \tag{11.58}$$

と近似しよう. こうして得られた形状因子を(11.52)に代入すると $\boldsymbol{R}_{\mathrm{f}}$ について積分が実行でき

$$T_{\mathrm{sp}}{}^{\mathrm{post}} = D_0\int d^3\boldsymbol{R}_{\mathrm{i}}\chi_{\boldsymbol{k}_{\mathrm{f}}}{}^{(-)*}\left(\frac{M_{\mathrm{A}}}{M_{\mathrm{B}}}\boldsymbol{R}_{\mathrm{i}}\right)\phi_{nljm}{}^*(\boldsymbol{R}_{\mathrm{i}})\chi_{\boldsymbol{k}_{\mathrm{i}}}{}^{(+)}(\boldsymbol{R}_{\mathrm{i}}) \tag{11.59}$$

を得る. この近似を**ゼロレンジ近似**(zero range approximation)という. この表式では反応の起こる領域が 1 粒子波動関数によって支配されている様子がよく分かる. この簡単な表式は終状態表示を採用することにより得られたもので, 始状態表示からは得られない. すなわち, 反応によりいずれの表示が実用上有利かの区別がある. しかし注意すべきは, ひとたび近似を導入するともはや始状態表示-終状態表示対称性は成立しないことである.

ゼロレンジ近似は定量的にも有力な近似であるが, より信頼できる解析として, (11.58)の近似に対する有限レンジの補正や, 光学ポテンシャルの非局所性による補正を取り入れた計算が行なわれている. 弾性散乱の解析では散乱波の漸近的振舞いが正しければよかったが, 反応計算では歪曲波の内部領域での

振舞いが重要で，非局所性の影響が現われてくる．これらの手法は技巧的なのでここでは触れない(巻末参考書[Ⅲ-10～12]参照).

図 11-3 に ^{208}Pb(d, p)^{209}Pb 反応の DWBA 解析の例を示す．移行準位の l によって特徴的な角分布を示すことに注意して欲しい．

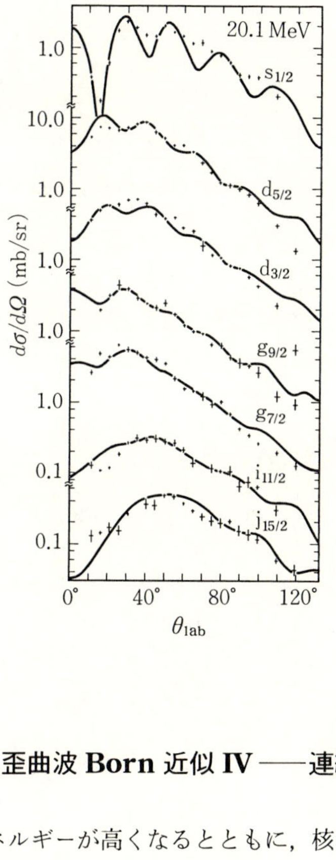

図 11-3 ^{208}Pb(d, p)^{209}Pb 反応のゼロレンジ DWBA 解析．形状因子の有限レンジ補正と光学ポテンシャルの非局所性補正を局所エネルギー近似で取り入れてある．(G. Muehllehner *et al.*: Phys. Rev. **159**(1967) 1039.)

11-4 歪曲波 Born 近似 IV——連続状態励起

入射エネルギーが高くなるとともに，核の高いエネルギー状態を励起することが可能となり，この領域の研究が進んだ．高励起状態は連続状態となり，個々の離散的状態が観測されるのでなく，測定条件で決まるあるエネルギー幅の一群の状態の励起を観測することとなる．したがって観測量はエネルギーと角度に関する 2 重微分量となる．例えば包括的非弾性散乱断面積は，重心系で

$$\frac{d^2\sigma}{d\Omega d\omega} = \frac{\mu^2}{(2\pi\hbar^2)^2}\frac{k_\mathrm{f}}{k_\mathrm{i}}\sum_{n\neq 0}|T_{n0}|^2\delta(\omega-(\mathcal{E}_n-\mathcal{E}_0)) \tag{11.60}$$

と表わされる．$\boldsymbol{k}_\mathrm{i}, \boldsymbol{k}_\mathrm{f}$ はそれぞれ入射および出射粒子の運動量であり，$\omega(=(k_\mathrm{i}^2-k_\mathrm{f}^2)/2\mu)$ は移行エネルギーである．

T 行列を DWBA で評価すると，式(11.25)から，

$$\begin{aligned} T_{n0}{}^{\mathrm{DWBA}}(\boldsymbol{k}_\mathrm{f}, \boldsymbol{k}_\mathrm{i}) &= \langle \chi_{\boldsymbol{k}_\mathrm{f}}{}^{(-)}(\boldsymbol{r})\boldsymbol{\Phi}_n(\xi)|H_\mathrm{I}(\boldsymbol{r},\xi)|\chi_{\boldsymbol{k}_\mathrm{i}}{}^{(+)}(\boldsymbol{r})\boldsymbol{\Phi}_0(\xi)\rangle \\ &= \langle \boldsymbol{\Phi}_n(\xi)|S(\xi\,;\boldsymbol{k}_\mathrm{f},\boldsymbol{k}_\mathrm{i})|\boldsymbol{\Phi}_0(\xi)\rangle \end{aligned} \tag{11.61}$$

$$S(\xi\,;\boldsymbol{k}_\mathrm{f},\boldsymbol{k}_\mathrm{i}) \equiv \langle \chi_{\boldsymbol{k}_\mathrm{f}}{}^{(-)}(\boldsymbol{r})|H_\mathrm{I}(\boldsymbol{r},\xi)|\chi_{\boldsymbol{k}_\mathrm{i}}{}^{(+)}(\boldsymbol{r})\rangle \tag{11.62}$$

と書ける．そこで(11.60)の無限和の処理であるが，これは形式的に

$$\begin{aligned} &\sum_{n\neq 0}|T_{n0}{}^{\mathrm{DWBA}}|^2\delta(\omega-(\mathcal{E}_n-\mathcal{E}_0)) \\ &\quad= \sum_{n\neq 0}\langle \boldsymbol{\Phi}_0|S(\xi)^\dagger|\boldsymbol{\Phi}_n\rangle\delta(\omega-(\mathcal{E}_n-\mathcal{E}_0))\langle \boldsymbol{\Phi}_n|S(\xi)|\boldsymbol{\Phi}_0\rangle \\ &\quad= -\frac{1}{\pi}\,\mathrm{Im}\langle \boldsymbol{\Phi}_0|\delta S^\dagger(\xi)\frac{1}{\omega-(H_\mathrm{A}(\xi)-\mathcal{E}_0)+i\epsilon}\delta S(\xi)|\boldsymbol{\Phi}_0\rangle \end{aligned} \tag{11.63}$$

と書き直せて，核の基底状態での期待値で表わされる．ここで

$$\delta S(\xi\,;\boldsymbol{k}_\mathrm{f},\boldsymbol{k}_\mathrm{i}) \equiv S(\xi\,;\boldsymbol{k}_\mathrm{f},\boldsymbol{k}_\mathrm{i})-\langle \boldsymbol{\Phi}_0|S(\xi\,;\boldsymbol{k}_\mathrm{f},\boldsymbol{k}_\mathrm{i})|\boldsymbol{\Phi}_0\rangle \tag{11.64}$$

である．この式を導くのに(10.17)と $\sum|\boldsymbol{\Phi}_n\rangle\langle\boldsymbol{\Phi}_n|=1$ を用いた*.

より具体的に，相互作用 $H_\mathrm{I}(\boldsymbol{r},\xi)$ が 2 体相互作用の和

$$H_\mathrm{I}(\boldsymbol{r},\xi) = \sum_i v(\boldsymbol{r},\boldsymbol{r}_i) = \int v(\boldsymbol{r},\boldsymbol{r}')\rho^\dagger(\boldsymbol{r}')d^3\boldsymbol{r}' \tag{11.65}$$

で書ける場合を考えよう．ここで $\rho(\boldsymbol{r})=\sum_i \delta(\boldsymbol{r}-\boldsymbol{r}_i)$ は密度演算子で，i は核内核子の番号を表わす．このとき $\delta S(\xi)$ は

$$\delta S(\xi) = \int F(\boldsymbol{r})\delta\rho^\dagger(\boldsymbol{r})d^3\boldsymbol{r} \tag{11.66}$$

---

* 正しくは $\sum|\boldsymbol{\Phi}_n\rangle\langle\boldsymbol{\Phi}_n|=\mathcal{A}$ であるが，$\boldsymbol{\Phi}_0$ は完全反対称な波動関数で δS は完全対称な演算子であるから，$\mathcal{A}$ を 1 と置き換えて差しつかえない．簡単のため以下の各節でもこの置き換えをしばしば用いる．

$$F(\boldsymbol{r}) = \langle \chi_{\boldsymbol{k}_\mathrm{f}}^{(-)}(\boldsymbol{r}')|v(\boldsymbol{r}',\boldsymbol{r})|\chi_{\boldsymbol{k}_\mathrm{i}}^{(+)}(\boldsymbol{r}')\rangle$$
$$\delta\rho(\boldsymbol{r}) = \rho(\boldsymbol{r}) - \langle \Phi_0|\rho(\boldsymbol{r})|\Phi_0\rangle \tag{11.67}$$

と書け，2 重微分断面積は

$$\frac{d^2\sigma}{d\Omega d\omega} = \frac{\mu^2}{(2\pi\hbar^2)^2}\frac{k_\mathrm{f}}{k_\mathrm{i}}\int F^*(\boldsymbol{r})R(\boldsymbol{r},\boldsymbol{r}';\omega)F(\boldsymbol{r}')d^3\boldsymbol{r}d^3\boldsymbol{r}' \tag{11.68}$$

$$R(\boldsymbol{r},\boldsymbol{r}';\omega) = -\frac{1}{\pi}\mathrm{Im}\langle\Phi_0|\delta\rho(\boldsymbol{r})\frac{1}{\omega-(H_\mathrm{A}(\xi)-\mathcal{E}_0)+i\epsilon}\delta\rho^\dagger(\boldsymbol{r}')|\Phi_0\rangle \tag{11.69}$$

となる．$R(\boldsymbol{r},\boldsymbol{r}')$ を密度のゆらぎに対する**応答関数**(response function)という．この表式では，入射粒子および，それと核との相互作用に関する情報はすべて $F(\boldsymbol{r})$ に押しこめられ，$R(\boldsymbol{r},\boldsymbol{r}')$ は核の性質のみによる．$F(\boldsymbol{r})$ が分かっていれば実験から応答関数を抽出でき，それから核の性質を知ることができる．

相互作用 $v(\boldsymbol{r},\boldsymbol{r}_i)$ がスピンやアイソスピンによる場合には，密度演算子を

$$\rho_{ab}(\boldsymbol{r}) = \sum_i \tau_a{}^i\sigma_b{}^i\delta(\boldsymbol{r}-\boldsymbol{r}_i) \qquad (a,b=1,2,3,4) \tag{11.70}$$

相互作用ハミルトニアンを

$$H_\mathrm{I}(\boldsymbol{r},\xi) = \sum_{a,b}\int v_{ab}(\boldsymbol{r},\boldsymbol{r}')\rho_{ab}{}^\dagger(\boldsymbol{r}')d^3\boldsymbol{r}' \tag{11.71}$$

と一般化すればよい．スピン空間の演算子 σ_a を $\sigma_1=\sigma_x$, $\sigma_2=\sigma_y$, $\sigma_3=\sigma_z$, $\sigma_4=1$ と定義した．アイソスピン空間の演算子 τ_a も同様に定義する．このようにして，スピンやアイソスピンに依存するモードに対する核の応答関数が

$$R_{ab,a'b'}(\boldsymbol{r},\boldsymbol{r}';\omega) = -\frac{1}{\pi}\mathrm{Im}\langle\Phi_0|\delta\rho_{ab}(\boldsymbol{r})(\omega-(H_\mathrm{A}(\xi)-\mathcal{E}_0)+i\epsilon)^{-1}\delta\rho_{a'b'}{}^\dagger(\boldsymbol{r}')|\Phi_0\rangle \tag{11.72}$$

と一般化される．対応する 2 重微分断面積も容易に書き下せる．適当な核反応を選ぶことにより選択的に特定のモードに対する核の応答 $R_{ab,a'b'}$ を抽出する努力がなされている．

電子準弾性散乱　例として，電子の準弾性散乱(9-3 節参照)を考えよう．核

による歪曲は小さく，入射および出射波に対しては平面波近似

$$\chi_{\boldsymbol{k}_{\mathrm{i}}}{}^{(+)}(\boldsymbol{r}') = e^{i\boldsymbol{k}_{\mathrm{i}}\cdot\boldsymbol{r}'}, \qquad \chi_{\boldsymbol{k}_{\mathrm{f}}}{}^{(-)}(\boldsymbol{r}') = e^{i\boldsymbol{k}_{\mathrm{f}}\cdot\boldsymbol{r}'} \tag{11.73}$$

が採用できる．相互作用として Coulomb 力の部分のみをとると

$$v(\boldsymbol{r}', \boldsymbol{r}) = -\frac{e^2}{|\boldsymbol{r}-\boldsymbol{r}'|} \tag{11.74}$$

$\rho(\boldsymbol{r})$ を電荷密度

$$\rho^{\mathrm{C}}(\boldsymbol{r}) = \frac{1}{e}\sum_i e_i\delta(\boldsymbol{r}-\boldsymbol{r}_i) \tag{11.75}$$

とすればよい．式(11.67)から，移行運動量 $\boldsymbol{q}=\boldsymbol{k}_{\mathrm{i}}-\boldsymbol{k}_{\mathrm{f}}$ を用いて

$$F(\boldsymbol{r}\,;\,\boldsymbol{k}_{\mathrm{i}}, \boldsymbol{k}_{\mathrm{f}}) = -\frac{4\pi e^2}{q^2}e^{i\boldsymbol{q}\cdot\boldsymbol{r}} \tag{11.76}$$

となる．これを(11.68)に代入して，2 重微分断面積

$$\frac{d^2\sigma}{d\Omega d\omega} = \frac{\mu^2}{(2\pi\hbar^2)^2}\frac{k_{\mathrm{f}}}{k_{\mathrm{i}}}\frac{(4\pi)^2e^4}{q^4}R_{\mathrm{C}}(\boldsymbol{q}, \omega) \tag{11.77}$$

を得る．ここで $R_{\mathrm{C}}(\boldsymbol{q}, \omega)$ は運動量表示の応答関数の対角成分で

$$\begin{aligned} R_{\mathrm{C}}(\boldsymbol{q}, \omega) &= \int d^3\boldsymbol{r}\int d^3\boldsymbol{r}'\, e^{-i\boldsymbol{q}\cdot\boldsymbol{r}}R_{\mathrm{C}}(\boldsymbol{r}, \boldsymbol{r}')e^{i\boldsymbol{q}\cdot\boldsymbol{r}'} \\ &= -\frac{1}{\pi}\,\mathrm{Im}\langle\Phi_0|\delta\tilde{\rho}^{\mathrm{C}}(\boldsymbol{q})\frac{1}{\omega-(H_{\mathrm{A}}-\mathcal{E}_0)+i\epsilon}\delta\tilde{\rho}^{\mathrm{C}\dagger}(\boldsymbol{q})|\Phi_0\rangle \end{aligned} \tag{11.78}$$

$$\tilde{\rho}^{\mathrm{C}}(\boldsymbol{q}) = \frac{1}{e}\sum_i e_i\exp(-i\boldsymbol{q}\cdot\boldsymbol{r}_i) \tag{11.79}$$

と与えられ，**Coulomb 応答関数**または**縦応答関数**(longitudinal response function)とよばれる*．断面積がこのように運動量移行について対角的な応答関数で表わされるのは，平面波 Born 近似の特徴である．ここでも核構造部分と核反応部分の明確な分離がみられる．しかし，歪曲効果が重要な場合には(11.68)に戻らなければならず，分離は完全ではない．

---

* 9-3 節(9.3)に導入した $R(q, \omega)$ は，$R_{\mathrm{C}}(\boldsymbol{q}, \omega)$ で電荷密度 $\tilde{\rho}^{\mathrm{C}}(\boldsymbol{q})$ の代わりに核子密度 $\tilde{\rho}(\boldsymbol{q})=\sum_i\exp(-i\boldsymbol{q}\cdot\boldsymbol{r}_i)$ を用い，Fermi ガス模型で Φ_0, H_{A} を記述したものである．

実際の電子散乱では，電流やスピンに依存する相互作用も寄与するが，qを固定して角分布の測定からCoulomb応答関数を抽出することができる．また，実際の解析には陽子の広がり等を考慮に入れなければならない．図11-4に実験結果とHartree-Fock近似で計算されたCoulomb応答関数を比較する．実験値は理論値をかなり下回る．これは「失われた電荷」として注目を浴び，その解決に向け多くの試みがなされているが未解決の問題である．

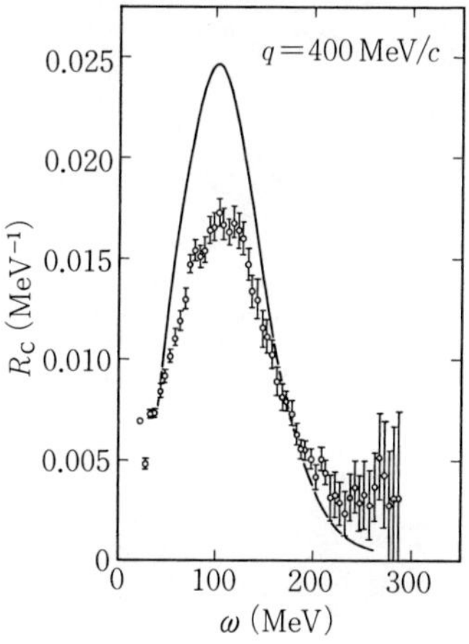

図11-4　Coulomb応答関数の実験値とHartree-Fock計算の比較．（M. Kohno: Nucl. Phys. **A410**(1983) 349.）

11-5　チャネル結合法

前節まで，始状態と終状態の結合が弱く，遷移がBorn近似で取り扱える場合を議論した．ここでは始状態，終状態およびその他いくつかの状態が強く結合している場合を考えよう．議論を非弾性散乱と組替反応に分けて考える．

a)　非弾性散乱

10-3節の議論を拡張して，あらわに取り扱うチャネルを弾性チャネルだけに限らず，強く結合する非弾性チャネルまで含め，(10.28)を

$$P = \sum_{n=0}^{N} |\Phi_n\rangle\langle\Phi_n|, \qquad Q = \mathcal{A}-P \tag{11.80}$$

とする．0～N が強く結合するチャネルである．式(10.33)，(10.34)を導いたのと同様にして，波動関数の P 空間部分 $P\Psi^{(+)}=\sum_{n=0}^{N}\psi_n{}^{(+)}(\boldsymbol{r})\boldsymbol{\Phi}_n$ は方程式

$$(\mathscr{H}_{\mathrm{P}}-E)P\Psi^{(+)}=(H_0+\mathcal{V}(E)-E)P\Psi^{(+)}=0 \qquad (11.81)$$

$$\mathcal{V}(E)=V_{\mathrm{PP}}+V_{\mathrm{PQ}}G_{\mathrm{Q}}(E^+)V_{\mathrm{QP}} \qquad (11.82)$$

に従う．

これは全反応を記述しているが，反応の初期段階である直接反応のみを取り出すには，10-3 節の議論に従い，エネルギー平均

$$\mathcal{V}(E)\to\mathcal{V}^{\mathrm{dir}}(E)=\mathcal{V}(E+iI/2) \qquad (11.83)$$

を行なえばよい．その結果，(10.40)に対応して

$$[\mathscr{H}^{\mathrm{dir}}-E]\Psi^{\mathrm{dir},(+)}=[H_0+\mathcal{V}^{\mathrm{dir}}(E)-E]\Psi^{\mathrm{dir},(+)}=0 \qquad (11.84)$$

$$\Psi^{\mathrm{dir},(+)}=\sum_{n=0}^{N}\psi_n{}^{\mathrm{dir},(+)}(\boldsymbol{r})\boldsymbol{\Phi}_n \qquad (11.85)$$

を得る．左から $\boldsymbol{\Phi}_n{}^*$ を掛け内部座標で積分すると，$\psi_n{}^{\mathrm{dir},(+)}(\boldsymbol{r})$ に対し

$$(K-E_n)\psi_n{}^{\mathrm{dir},(+)}(\boldsymbol{r})+\int d^3\boldsymbol{r}'U_{nn}{}^{\mathrm{CC}}(\boldsymbol{r},\boldsymbol{r}';E)\psi_n{}^{\mathrm{dir},(+)}(\boldsymbol{r}')$$

$$=-\sum_{n'\neq n}^{N}\int d^3\boldsymbol{r}'U_{nn'}{}^{\mathrm{CC}}(\boldsymbol{r},\boldsymbol{r}';E)\psi_{n'}{}^{\mathrm{dir},(+)}(\boldsymbol{r}') \qquad (11.86)$$

$$U_{nn'}{}^{\mathrm{CC}}(\boldsymbol{r},\boldsymbol{r}';E)=\langle\boldsymbol{r},\boldsymbol{\Phi}_n|\mathcal{V}^{\mathrm{dir}}(E)|\boldsymbol{r}',\boldsymbol{\Phi}_{n'}\rangle \qquad (11.87)$$

なる方程式を得る．多重散乱理論のような微視的理論や適当な核模型によって $U_{nn'}{}^{\mathrm{CC}}$ を求めて，(11.86)を解く手法を**チャネル結合法**といい，以下 CC 法と略す．$U_{nn'}{}^{\mathrm{CC}}(\boldsymbol{r},\boldsymbol{r}';E)$ は前章で考察した光学ポテンシャルの多チャネルへの拡張となっている．

回転状態励起　同一回転バンド内の結合は通常非常に強いので，CC 法での解析が必要である．例として，プロレート型 4 重極変形核の基底回転帯準位の励起を考えよう．回転状態は 3-2 節で議論した集団運動模型で記述できるとする．有効ハミルトニアンが，(11.27)，(11.28)にならって

$$\mathscr{H}^{\mathrm{dir}}=[K+U_0(r)+H_{\mathrm{coll}}(\beta,\gamma,\theta_i)]+[U(\boldsymbol{r},\beta,\gamma,\theta_i)-U_0(r)] \qquad (11.88)$$

で与えられるとする．ここで $H_{\mathrm{coll}}(\beta,\gamma,\theta_i)$，$U(\boldsymbol{r},\beta,\gamma,\theta_i)$ は(11.27)，(11.28)で

$\alpha_{\lambda\mu}$を$\lambda=2$に限り(3.21)~(3.23)の関係に従って変形パラメータβ, γ, Euler角θ_i $(i=1,2,3)$で表わしたものである．右辺の[ ]で囲まれた第1項をH_0とする．U_0は後に与える．

形を固定したプロレート型4重極変形核では，$\gamma=0$でβはある特定の値をとるので力学変数とは考えない．核の自由度は回転運動を表わすEuler角θ_1, θ_2, θ_3のみである．核表面は，変形核に固定した固有座標系で(2.9)から

$$R(\theta', \varphi') = R_0(1+a_{20}{}^* Y_{20}(\theta', \varphi')) = R_0(1+\beta Y_{20}(\theta', \varphi')) \tag{11.89}$$

標的核の波動関数は軸対称性からKがよい量子数で，(3.27)より

$$\Psi_{KIM} = \sqrt{\frac{2I+1}{8\pi^2}} D^I_{MK}(\theta_1, \theta_2, \theta_3) \tag{11.90}$$

と表わされる．β, γは力学変数でないので，β, γ部分g_{nIK}は落とした．

(11.29)の相互作用ハミルトニアンをとると

$$U(\boldsymbol{r}, \beta, \gamma, \theta_i) = U(r, R(\theta', \varphi')) = \sum_{\lambda} F_\lambda(r, \beta) Y_{\lambda 0}(\theta', \varphi')$$

$$= \sum_{\lambda, \mu} F_\lambda(r, \beta) Y_{\lambda\mu}(\theta, \varphi) D^{\lambda}_{\mu 0}{}^*(\theta_1, \theta_2, \theta_3) \tag{11.91}$$

$$F_\lambda(r, \beta) = \int Y_{\lambda 0}{}^*(\theta', \varphi') U(r, R(\theta', \varphi')) d\Omega' \tag{11.92}$$

と書ける．ここでθ', φ'は固有座標系，θ, φは実験室系での$\boldsymbol{r}$の角度である．上式を導くのに(3.20)とD関数のユニタリ性を用いた．$U_0(r)=F_0(r, \beta) Y_{00}$ $=F_0(r, \beta)/\sqrt{4\pi}$ととる．このとき結合ポテンシャルの回転状態に関する行列要素は公式(3.36)を用いると

$$U_{KIM, K'I'M'}{}^{\rm CC}(\boldsymbol{r}, \boldsymbol{r}')$$

$$= \delta(\boldsymbol{r}-\boldsymbol{r}') \sum_{\lambda(\neq 0), \mu} F_\lambda(r, \beta) Y_{\lambda\mu}(\theta, \varphi)(IK\lambda 0|I'K')(IM\lambda\mu|I'M')\sqrt{\frac{2I+1}{2I'+1}} \tag{11.93}$$

と表わされる．かくして，チャネル結合方程式の解が実験値を再現するよう現象論的にβを調節することにより，標的核の変形度が測定される．図11-5にその解析の1例を挙げる．

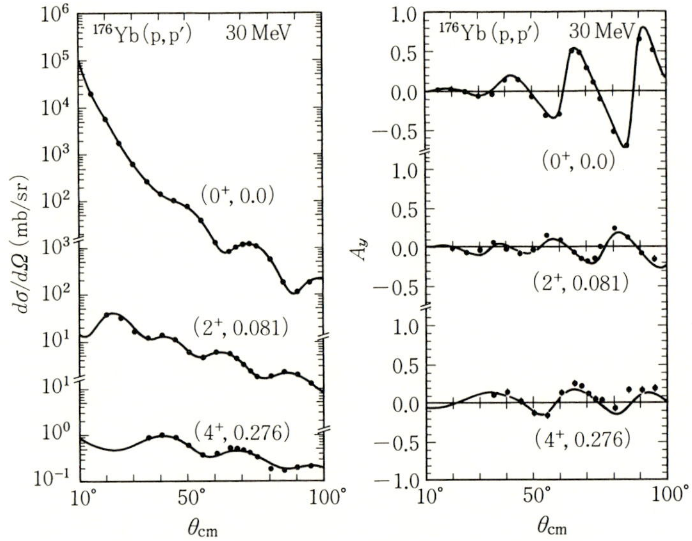

図 11-5 回転準位励起のチャネル結合法による解析. 軸対称回転模型で $0^+, 2^+, 4^+$ 準位を結合，変形は $\lambda \leqq 6$ まで取り入れ β_λ を実験に合うよう選んだ.（O. Kamigaito *et al*.: Phys. Rev. **C45**(1992)1533.）

b） 組替反応

強く結合しているチャネル相互で構成粒子の組替えが起こっている場合，(11.80)にあたる射影演算子は簡単には書き下せず，チャネル結合法の定式化に工夫がいる．具体例として 3 つのチャネル

$$
\begin{array}{lll}
\mathrm{a+A}: & \text{始チャネル} & (\mathrm{i}\ \text{チャネル}) \\
\mathrm{c+C}: & \text{中間チャネル} & (\mathrm{m}\ \text{チャネル}) \\
\mathrm{b+B}: & \text{終チャネル} & (\mathrm{f}\ \text{チャネル})
\end{array}
$$

が強く結合している場合を考えよう．例えば，2 核子移行反応で

$$
\mathrm{a = b+n+n}, \quad \mathrm{c = b+n}, \quad \mathrm{C = A+n}, \quad \mathrm{B = A+n+n} \tag{11.94}
$$

のような場合である．

各チャネルでの相対座標をそれぞれ $\boldsymbol{R}_{\mathrm{i}}(=\boldsymbol{r}_{\mathrm{aA}}), \boldsymbol{R}_{\mathrm{f}}(=\boldsymbol{r}_{\mathrm{bB}}), \boldsymbol{R}_{\mathrm{m}}(=\boldsymbol{r}_{\mathrm{cC}})$，粒子 x の内部波動関数を $\boldsymbol{\Phi}_{\mathrm{x}}$ と書く．**チャネル内部波動関数** $\boldsymbol{\Phi}_\alpha$ $(\alpha=\mathrm{i, m, f})$

$$\Phi_{\mathrm{i}} = \Phi_{\mathrm{a}}\Phi_{\mathrm{A}}, \quad \Phi_{\mathrm{m}} = \Phi_{\mathrm{c}}\Phi_{\mathrm{C}}, \quad \Phi_{\mathrm{f}} = \Phi_{\mathrm{b}}\Phi_{\mathrm{B}} \tag{11.95}$$

を導入し，関数 $\sum_{\alpha=\mathrm{i,m,f}} f_\alpha(\boldsymbol{R}_\alpha)\boldsymbol{\Phi}_\alpha$（$f_\alpha$ は任意の関数）の張る空間への射影演算子を P，その補空間への射影演算子を $Q=\mathcal{A}-P$ とする．

波動関数の P 空間成分 $P\Psi^{(+)}=\sum_{\alpha=\mathrm{i,m,f}} \psi_\alpha^{(+)}(\boldsymbol{R}_\alpha)\boldsymbol{\Phi}_\alpha$ に対する方程式は

$$(\mathcal{H}_{\mathrm{P}}-E)P\Psi^{(+)} = 0 \tag{11.96}$$

$$\mathcal{H}_{\mathrm{P}} = H_{\mathrm{PP}}+H_{\mathrm{PQ}}G_{\mathrm{Q}}(E^+)H_{\mathrm{QP}} \tag{11.97}$$

となる．エネルギー平均の議論は本節 a 項と同様で，$\mathcal{H}_{\mathrm{P}}\rightarrow\mathcal{H}^{\mathrm{dir}}$，$P\Psi^{(+)}\rightarrow\Psi^{\mathrm{dir},(+)}$ 等の置き換えをすればよい．その結果に左から $\boldsymbol{\Phi}_\alpha{}^*$ を掛けてその内部座標で積分すると，連立方程式

$$(K_\alpha+U_\alpha-E_\alpha)\psi_\alpha{}^{\mathrm{dir},(+)}(\boldsymbol{R}_\alpha) = -\sum_{\beta\neq\alpha}\langle\boldsymbol{\Phi}_\alpha|\mathcal{H}^{\mathrm{dir}}-E|\boldsymbol{\Phi}_\beta\rangle\psi_\beta{}^{\mathrm{dir},(+)}(\boldsymbol{R}_\beta) \tag{11.98}$$

$$U_\alpha = \langle\boldsymbol{\Phi}_\alpha|\mathcal{H}^{\mathrm{dir}}|\boldsymbol{\Phi}_\alpha\rangle-K_\alpha-\mathcal{E}_\alpha \tag{11.99}$$

を得る．K_α と E_α はそれぞれ α チャネルの相対運動の運動エネルギー演算子

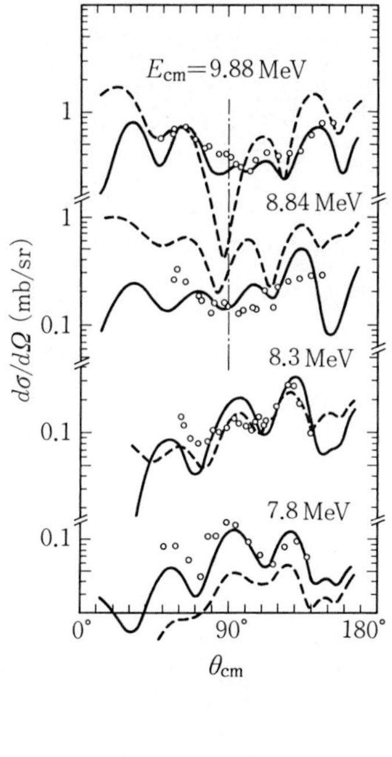

図 11-6　^{13}C(^{12}C, ^{12}C)^{13}C (1/2$^+$; 3.086 MeV)の CRC 解析．実線：中性子が ^{12}C 芯の間を行き来する組替過程を CRC 法で計算．（中性子の単一粒子励起も含む．）破線：DWBA 計算．（B. Imanishi *et al.*: Phys. Rev. **C35**(1987)359.）

とその漸近領域での運動エネルギー，$\mathcal{E}_\alpha = E - E_\alpha$ は $\boldsymbol{\Phi}_\alpha$ の内部エネルギーである．$\boldsymbol{\Phi}_\alpha$ と $\boldsymbol{\Phi}_\beta(\alpha \neq \beta)$ は直交しないので右辺は c 数 E の項さえ落せないのが，非弾性散乱の場合と本質的に異なる点である．この定式化による組替えチャネル間のチャネル結合法を **CRC 法**(coupled reaction channel method/coupled rearrangement channel method)とよぶ．

CRC の効果が顕著に見られる例として，^{13}C(^{12}C, ^{12}C)^{13}C(1/2$^+$) 反応の解析例を図 11-6 に示す．

11-6 戸口の状態

第 9 章で直接反応より 1 歩進んだ反応段階として，戸口の状態があることを述べた．次章で非常に複雑な反応を議論する．その前に戸口の状態が顕著に現われる反応をどのように記述するかを議論しておく．

相対運動も含む全 Hilbert 空間を，入射チャネルを含みそれと強く結合する状態全体のなす P 空間，そこから複雑な状態に進むとき反応の第 1 歩で必ず経由する状態全体のなす D 空間，そこを経由後のさらに複雑な状態全体のなす Q 空間の 3 つの部分空間に分ける．D 空間を**戸口の状態**とよぶ．

図 9-1 の例にならえば，P 空間は 1 粒子-0 空孔状態，D 空間は 2 粒子-1 空孔状態，Q 空間はそれ以上の複雑な状態のなす空間である．他にもいろいろな例が考えられる．例えば，入射粒子が γ 線の場合，P 空間が γ 線と標的核の基底状態，D 空間が γ 線を吸収して標的核が巨大共鳴状態に励起した状態，Q 空間がこの巨大共鳴状態が崩壊していく複雑な状態全体のなす空間とするのも，その 1 例である．以下これらの空間は互いに直交しているとする．

P, D, Q 各空間への射影演算子を同じ文字を使ってそれぞれ P, D, Q とする．$P+D+Q=1$，$PD=PQ=DQ=0$，$P^2=P$，$D^2=D$，$Q^2=Q$ である(234 ページ脚注参照)．反応が直接 P 空間から Q 空間に進まないという条件は $H_{\mathrm{PQ}} = H_{\mathrm{QP}} = 0$ と表わされる．

P 空間から出発していろいろなチャネルを経由後ふたたび P 空間に戻る反

応の T 行列を求めよう．チャネル a に運動量 $\boldsymbol{k}$ の入射波をもつ全系の波動関数 $\Psi_{a\boldsymbol{k}}$ は

$$(H_{\mathrm{PP}}-E)P\Psi_{a\boldsymbol{k}}+H_{\mathrm{PD}}D\Psi_{a\boldsymbol{k}}=0 \tag{11.100}$$

$$(H_{\mathrm{DD}}-E)D\Psi_{a\boldsymbol{k}}+H_{\mathrm{DP}}P\Psi_{a\boldsymbol{k}}+H_{\mathrm{DQ}}Q\Psi_{a\boldsymbol{k}}=0 \tag{11.101}$$

$$(H_{\mathrm{QQ}}-E)Q\Psi_{a\boldsymbol{k}}+H_{\mathrm{QD}}D\Psi_{a\boldsymbol{k}}=0 \tag{11.102}$$

を満たす．同じ入射波をもつ H_{PP} の解

$$(H_{\mathrm{PP}}-E)\Psi_{a\boldsymbol{k}}{}^{0,(\pm)}=0 \tag{11.103}$$

を用意すると，(11.100)，(11.102)から

$$P\Psi_{a\boldsymbol{k}}{}^{(+)}=\Psi_{a\boldsymbol{k}}{}^{0,(+)}+(E^{+}-H_{\mathrm{PP}})^{-1}H_{\mathrm{PD}}D\Psi_{a\boldsymbol{k}}{}^{(+)} \tag{11.104}$$

$$Q\Psi_{a\boldsymbol{k}}{}^{(+)}=(E^{+}-H_{\mathrm{QQ}})^{-1}H_{\mathrm{QD}}D\Psi_{a\boldsymbol{k}}{}^{(+)} \tag{11.105}$$

と書ける．これらを(11.101)に代入し，$D\Psi_{a\boldsymbol{k}}$ について解くと

$$D\Psi_{a\boldsymbol{k}}{}^{(+)}=(E^{+}-\mathscr{H}_{\mathrm{D}}(E))^{-1}H_{\mathrm{DP}}\Psi_{a\boldsymbol{k}}{}^{0,(+)} \tag{11.106}$$

$$\mathscr{H}_{\mathrm{D}}(E)=H_{\mathrm{DD}}+W^{\uparrow}(E)+W^{\downarrow}(E) \tag{11.107}$$

$$\begin{aligned} W^{\uparrow}(E)&=H_{\mathrm{DP}}(E^{+}-H_{\mathrm{PP}})^{-1}H_{\mathrm{PD}}\\ \mathrm{W}^{\downarrow}(E)&=H_{\mathrm{DQ}}(E^{+}-H_{\mathrm{QQ}})^{-1}H_{\mathrm{QD}} \end{aligned} \tag{11.108}$$

となる．これを(11.104)に代入すると

$$P\Psi_{a\boldsymbol{k}}{}^{(+)}=\Psi_{a\boldsymbol{k}}{}^{0,(+)}+(E^{+}-H_{\mathrm{PP}})^{-1}H_{\mathrm{PD}}(E^{+}-\mathscr{H}_{\mathrm{D}}(E))^{-1}H_{\mathrm{DP}}\Psi_{a\boldsymbol{k}}{}^{0,(+)} \tag{11.109}$$

その漸近形から T 行列が

$$\begin{aligned} &T_{ba}(\boldsymbol{k}',\boldsymbol{k}\,;E)\\ &\quad=T_{ba}{}^{0}(\boldsymbol{k}',\boldsymbol{k}\,;E)+\langle\Psi_{b\boldsymbol{k}'}{}^{0,(-)}|H_{\mathrm{PD}}(E^{+}-\mathscr{H}_{\mathrm{D}})^{-1}H_{\mathrm{DP}}|\Psi_{a\boldsymbol{k}}{}^{0,(+)}\rangle \end{aligned} \tag{11.110}$$

と書ける．$T_{ba}{}^{0}(\boldsymbol{k}',\boldsymbol{k}\,;E)$ は $\Psi_{a\boldsymbol{k}}{}^{0,(+)}$ の漸近形から決まる T 行列である．

さて，戸口の状態の特徴を取り出すには，10-3 節の議論にならって，より複雑な過程を塗りつぶすべく適当なエネルギー幅 I' で平均をとればよい．戸口の状態経由の反応の経過時間は，直接反応よりは長いので，直接反応を取り出すのに用いたエネルギー平均の幅 I とくらべて，$I'<I$ と選ぶべきである．したがって，以下 $W^{\uparrow(\downarrow)}(E)$ は $W^{\uparrow(\downarrow)}(E+iI'/2)$ と解釈する．

$W^{\uparrow}, W^{\downarrow}$ はそれぞれ戸口の状態が P 空間，Q 空間の状態との結合により生じた有効ポテンシャルで，$W^{\downarrow}$ は特に**分散ポテンシャル**(spreading potential)とよばれる．$W^{\uparrow}, W^{\downarrow}$ の虚数部は，戸口の状態がそれぞれ P および Q 空間に崩壊していく確率を表わす．

特に，D 空間が特定の1つの状態 $|D\rangle$(例えば巨大共鳴状態)からなる1次元空間である場合を考えよう．状態 $|D\rangle$ に対応する共鳴エネルギー $E_{\rm res}$ は方程式

$$E_{\rm res} = {\rm Re}\langle D|H+W^{\downarrow}(E_{\rm res})+W^{\uparrow}(E_{\rm res})|D\rangle \qquad (11.111)$$

から決まる．${\rm Re}\langle D|\mathscr{H}_{\rm D}(E)|D\rangle$ を $E_{\rm res}$ の周りで展開すると，T 行列の共鳴部分は

$$T_{\rm res} = \gamma\frac{\langle \Psi_{b\boldsymbol{k}'}{}^{0,(-)}|H|D\rangle\langle D|H|\Psi_{a\boldsymbol{k}}{}^{0,(+)}\rangle}{E-E_{\rm res}+i(\Gamma^{\uparrow}+\Gamma^{\downarrow})/2} \qquad (11.112)$$

$$\gamma = \left[1-\frac{d({\rm Re}\langle D|\mathscr{H}_{\rm D}(E_{\rm res})|D\rangle)}{dE}\right]^{-1}$$

と表わされる．$\Gamma^{\uparrow}, \Gamma^{\downarrow}$ は，それぞれ5-1節で議論した逃散幅と分散幅で

$$\Gamma^{\uparrow} = -2\gamma\,{\rm Im}(W^{\uparrow}), \qquad \Gamma^{\downarrow} = -2\gamma\,{\rm Im}(W^{\downarrow}) \qquad (11.113)$$

と与えられる．上の議論では ${\rm Im}\langle D|\mathscr{H}_{\rm D}(E)|D\rangle$ のエネルギー依存性は極めて弱いとした．

戸口の状態が典型的に現われている例の1つに，パイオンと核の散乱がある．運動エネルギーが100から300 MeV程度のパイオンが核子に衝突すると吸収され，核子の励起状態である Δ 粒子が圧倒的な確率で生成される．この Δ 粒子は幅100 MeV程度をもち，その幅に対応する寿命でふたたびパイオンを放出する．

このパイオンと核の散乱は，標的核が基底状態にある1パイオン状態を P 空間，パイオンが吸収され Δ 粒子と1空孔が生成された状態を D 空間，Δ 粒子が核内核子と相互作用して核子に変わって生じた2粒子-2空孔状態やさらに複雑な状態を Q 空間とする戸口の状態の定式により，本質的な部分は非常によく記述される．ここで現われる $\mathscr{H}_{\rm D}(E)$ を対角化して解く方法を **Δ-空孔**

模型(delta-hole model)という．図 11-7 に Δ-空孔模型によるパイオン-核散乱の解析の 1 例を示す．

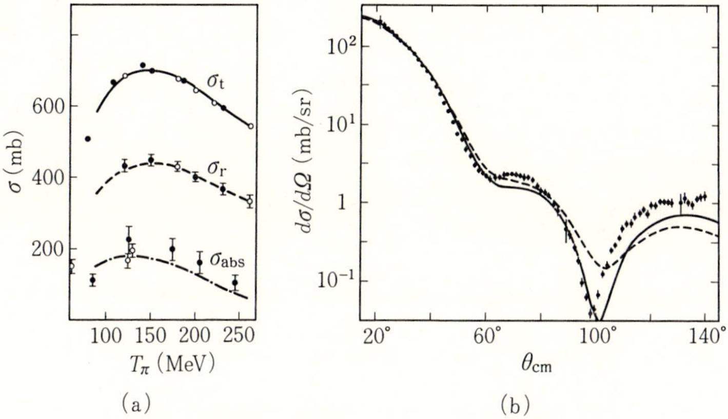

図 11-7 Δ-空孔模型によるパイオン-核散乱の解析．(a) $\pi^+ + {}^{12}C$ 反応の全断面積(σ_t)，反応断面積(σ_r)および吸収断面積(σ_{abs})(パイオンが吸収されて終状態に現われない反応の全断面積)．(F. Lenz: Prog. Theoret. Phys. Suppl. **91**(1987)27.) (b) $\pi^- + {}^{16}O$ ($T_\pi = 114$ MeV)の弾性散乱の角分布．Δ-核ポテンシャルにスピン-軌道力のある場合(実線)とない場合(破線)．(Y. Horikawa *et al.*: Nucl. Phys. **A345**(1980) 386.)

12
熱平衡および非平衡過程

これまで光学模型，直接反応，戸口の状態のように，量子力学的記述で追跡できる反応過程について論じてきた．一転して本章では，まず入射エネルギーが非常に多くの自由度に分配され熱平衡状態が実現される複合核過程の理論的記述を考える．この過程はきわめて複雑なので，その力学を量子論的記述で追うのは不可能かつ無意味であり，その解析には何らかの統計的仮定を導入しなければならない．その典型例として，低エネルギーの核子と原子核の衝突によって形成される複合核について論ずる．12-1節を準備にあて，12-2～12-5節で複合核過程の理論を提示する．つづいて平衡状態にいたる中間過程——非平衡過程——の記述例として12-6節で，軽イオンの前平衡過程に対する**励起子模型**と，重イオン反応の解析に有力な手段である**VUU方程式**について述べる．

12-1　角運動量表示とエネルギー規格化

準備として，まず関与する粒子がスピンをもつ一般の場合について，エネルギー規格化された角運動量表示で波動関数やT行列(S行列)を表わしておこう．T行列要素は式(10.24)に運動量表示で与えられている．しかし，実際に

Schrödinger 方程式を解くときには，角運動量表示が通常便利である．また $(E^+-H)^{-1}$ のような演算子をスペクトル展開して議論を進めるときには，ハミルトニアンの固有状態を $\langle\hat{\Phi}_{E'}|\hat{\Phi}_E\rangle=\delta(E-E')$ とエネルギー規格化するのが便利である．そこで運動量表示とエネルギー規格化された角運動量表示との関係を論じておく．複合核の議論では通常この表示が使われる．

まず，自由粒子を考える．$\langle\boldsymbol{k}'|\boldsymbol{k}\rangle=(2\pi)^3\delta(\boldsymbol{k}'-\boldsymbol{k})$ と規格化された運動量の固有状態 $|\boldsymbol{k}\rangle$ は，$\langle E'l'm'|Elm\rangle=\delta_{l'l}\delta_{m'm}\delta(E'-E)$ とエネルギー規格化された角運動量の固有状態 $|Elm\rangle$ によって

$$|\boldsymbol{k}\rangle=\sum_{l,m}|Elm\rangle Y_{lm}{}^*(\hat{\boldsymbol{k}})\sqrt{\frac{(2\pi)^3\hbar^2}{\mu k}} \tag{12.1}$$

と展開され，それらの $\boldsymbol{r}$ 表示の波動関数はそれぞれ $\langle\boldsymbol{r}|\boldsymbol{k}\rangle=\exp(i\boldsymbol{k}\cdot\boldsymbol{r})$ と

$$\phi_{Elm}(\boldsymbol{r})=\langle\boldsymbol{r}|Elm\rangle=\sqrt{\frac{2\mu k}{\pi\hbar^2}}j_l(kr)i^lY_{lm}(\hat{\boldsymbol{r}}) \tag{12.2}$$

である．((10.8)をみよ.)　ここで $E=\hbar^2k^2/2\mu$ であり，公式

$$\begin{aligned}\delta(\boldsymbol{k}-\boldsymbol{k}')&=\frac{\partial(k_x,k_y,k_z)}{\partial(E,\Omega_{\boldsymbol{k}})}\delta(E-E')\delta(\Omega_{\boldsymbol{k}}-\Omega_{\boldsymbol{k}'})\\&=\frac{\mu k}{\hbar^2}\delta(E-E')\sum_{l,m}Y_{lm}{}^*(\hat{\boldsymbol{k}})Y_{lm}(\hat{\boldsymbol{k}}')\end{aligned}$$

を用いた．

次に，1粒子の中心力ポテンシャルによる散乱を考える．散乱前の状態が $\phi_{Elm}(\boldsymbol{r})$ であり，外向波の境界条件をもつ波動関数は

$$\psi_{Elm}{}^{(+)}(\boldsymbol{r})=i^lY_{lm}(\hat{\boldsymbol{r}})\frac{u_l{}^{(+)}(E,r)}{r} \tag{12.3}$$

と書くことができ，その漸近形は(10.7),(10.9)と比べることにより

$$u_l{}^{(+)}(E,r)=\sqrt{\frac{2\mu k}{\pi\hbar^2}}u_l{}^{(+)}(k,r)\sim\frac{i}{\hbar}\sqrt{\frac{\mu}{2\pi k}}\left[e^{-i(kr-l\pi/2)}-S_le^{i(kr-l\pi/2)}\right] \tag{12.4}$$

であることが分かる．

オンエネルギーシェルの T 行列の 2 つの表示の間には(12.1)から

$$\langle \boldsymbol{k}'|T|\boldsymbol{k}\rangle = \frac{(2\pi)^3\hbar^2}{\mu k}\sum_{l,m} Y_{lm}(\hat{\boldsymbol{k}}')Y_{lm}^*(\hat{\boldsymbol{k}})\langle Elm|T|Elm\rangle \quad (12.5)$$

の関係がある．球対称性から T 行列要素は l について対角で m にはよらないから，$T_l = \langle Elm|T|Elm\rangle$ と書く．(10.10),(10.27)から，S 行列要素 S_l と

$$S_l = 1-2\pi i T_l \quad (12.6)$$

の関係にある．

さて，標的核(残留核)，入射粒子(出射粒子)が内部自由度をもつ場合を考えよう．標的核の状態をスピン I_{T} とその z 成分 M_{T} およびそれ以外の量子数 α_{T} で指定し，同様に入射粒子の状態を量子数 $\alpha_{\mathrm{P}}I_{\mathrm{P}}M_{\mathrm{P}}$ で指定する．そこで相対運動の角度部分も含め，全角運動量の固有関数

$$\begin{aligned}\boldsymbol{\Phi}_{cJM} &= \boldsymbol{\Phi}_{\alpha_{\mathrm{P}}\alpha_{\mathrm{T}}[[lI_{\mathrm{P}}](j_{\mathrm{P}})I_{\mathrm{T}}]JM}\\ &\equiv \sum_{m,M_{\mathrm{P}},M_{\mathrm{T}}}(lmI_{\mathrm{P}}M_{\mathrm{P}}|j_{\mathrm{P}}m_{\mathrm{P}})(j_{\mathrm{P}}m_{\mathrm{P}}I_{\mathrm{T}}M_{\mathrm{T}}|JM)i^l Y_{lm}(\hat{\boldsymbol{r}})\boldsymbol{\Phi}_{\alpha_{\mathrm{P}}I_{\mathrm{P}}M_{\mathrm{P}}}\boldsymbol{\Phi}_{\alpha_{\mathrm{T}}I_{\mathrm{T}}M_{\mathrm{T}}}\end{aligned} \quad (12.7)$$

を導入する．この量子数の組 (cJM) $(c=\alpha_{\mathrm{P}}\alpha_{\mathrm{T}}[[lI_{\mathrm{P}}](j_{\mathrm{P}})I_{\mathrm{T}}])$ でチャネルを指定し，この波動関数を**チャネル波動関数**とよぼう*．次に(12.2)を一般化して

$$\hat{\boldsymbol{\Phi}}_{cJM,E} \equiv \sqrt{\frac{2\mu k_c}{\pi\hbar^2}}j_l(k_c r)\boldsymbol{\Phi}_{cJM} \quad (12.8)$$

を定義すると，これは $\langle\hat{\boldsymbol{\Phi}}_{c'J'M',E'}|\hat{\boldsymbol{\Phi}}_{cJM,E}\rangle = \delta(E'-E)\delta_{c'c}\delta_{J'J}\delta_{M'M}$ と規格化されている．ここで $\hbar^2k_c{}^2/2\mu \equiv E_c = E-\mathcal{E}_{\alpha_{\mathrm{P}}I_{\mathrm{P}}}-\mathcal{E}_{\alpha_{\mathrm{T}}I_{\mathrm{T}}}$ で，$\mathcal{E}_{\alpha_{\mathrm{P}}I_{\mathrm{P}}}, \mathcal{E}_{\alpha_{\mathrm{T}}I_{\mathrm{T}}}$ はそれぞれ入射粒子の $(\alpha_{\mathrm{P}}I_{\mathrm{P}})$ 状態，標的核の $(\alpha_{\mathrm{T}}I_{\mathrm{T}})$ 状態の内部エネルギーである．

前章まで $\boldsymbol{\Phi}_n$ は標的核の状態のみを表わしたが，ここでは入射粒子と標的核の状態の組 $\boldsymbol{\Phi}_n = \boldsymbol{\Phi}_{\alpha_{\mathrm{P}}I_{\mathrm{P}}M_{\mathrm{P}}}\boldsymbol{\Phi}_{\alpha_{\mathrm{T}}I_{\mathrm{T}}M_{\mathrm{T}}}$ を表わすものとする．さて $\hat{\boldsymbol{\Phi}}_{n\boldsymbol{k}_n}$ を $\hat{\boldsymbol{\Phi}}_{cJM,E}$ で表

---

* 通常，チャネル波動関数は

$$\boldsymbol{\Phi}_{cJM} \equiv \sum_{m,M_{\mathrm{P}},M_{\mathrm{T}}}(lmIM_{\mathrm{I}}|JM)(I_{\mathrm{P}}M_{\mathrm{P}}I_{\mathrm{T}}M_{\mathrm{T}}|IM_{\mathrm{I}})i^l Y_{lm}(\hat{\boldsymbol{r}})\boldsymbol{\Phi}_{\alpha_{\mathrm{P}}I_{\mathrm{P}}M_{\mathrm{P}}}\boldsymbol{\Phi}_{\alpha_{\mathrm{T}}I_{\mathrm{T}}M_{\mathrm{T}}}$$

と定義される．ここでは j-j 結合殻模型の波動関数との対応のため，(12.7)のような定義を採用した．

わすと,

$$\hat{\Phi}_{n\boldsymbol{k}_n} = \exp[i\boldsymbol{k}_n\cdot\boldsymbol{r}]\Phi_{\alpha_\mathrm{P}I_\mathrm{P}M_\mathrm{P}}\Phi_{\alpha_\mathrm{T}I_\mathrm{T}M_\mathrm{T}}$$
$$= \sqrt{\frac{(2\pi)^3\hbar^2}{\mu k_n}}\sum_{l,m,j_\mathrm{P},m_\mathrm{P},J,M}(lmI_\mathrm{P}M_\mathrm{P}|j_\mathrm{P}m_\mathrm{P})(j_\mathrm{P}m_\mathrm{P}I_\mathrm{T}M_\mathrm{T}|JM)Y_{lm}{}^*(\hat{\boldsymbol{k}}_n)\hat{\Phi}_{cJM,E} \tag{12.9}$$

となる.

LS 方程式(10.21)で,非斉次項 $\hat{\Phi}_{0\boldsymbol{k}_0}$ の代わりに $\hat{\Phi}_{cJM,E}$ を用いた解を

$$\Psi_{cJM,E}{}^{(+)} = \sum_{c'}\frac{u_{c'c}{}^{J(+)}(E_{c'},r)}{r}\Phi_{c'JM,E} \tag{12.10}$$

と書く(式(10.18)参照).空間の回転不変性から $u_{c'c}{}^{J(+)}$ は M によらず,異なる J との結合はない.その漸近形は(12.4)にならい

$$u_{c'c}{}^{J(+)}(E_{c'},r) \sim \frac{i}{\hbar}\sqrt{\frac{\mu}{2\pi k_{c'}}}[e^{-i(k_{c'}r-l\pi/2)}\delta_{c'c}-S_{c'c}{}^{J}e^{i(k_{c'}r-l\pi/2)}] \tag{12.11}$$

と表わされる.(12.6)を導いたのと同様にして S 行列要素と T 行列要素の間には

$$S_{c'c}{}^{J} = \delta_{c'c}-2\pi i\,T_{c'c}{}^{J} = \delta_{c'c}-2\pi i\langle\hat{\Phi}_{c'JM,E}|T|\hat{\Phi}_{cJM,E}\rangle \tag{12.12}$$

の関係がある.

この角運動量表示の T 行列と,(10.24)で定義された運動量表示の T 行列との関係は,(12.9)から容易に求まる.特に,入射方向 $\hat{\boldsymbol{k}}_n$ を z 方向とすると $Y_{lm}(\hat{\boldsymbol{k}}_n)=\sqrt{(2l+1)/(4\pi)}\delta_{m0}$ であるから,

$$T_{n'n}(\boldsymbol{k}_{n'},\boldsymbol{k}_n) = \frac{(2\pi)\hbar^2}{i\mu}\sqrt{\frac{\pi}{k_{n'}k_n}}\sum_J\sum_{j_\mathrm{P},j'_\mathrm{P},l,l'}\sqrt{2l+1}$$
$$\times(l'm'I'_\mathrm{P}M'_\mathrm{P}|j'_\mathrm{P}m'_\mathrm{P})(j'_\mathrm{P}m'_\mathrm{P}I'_\mathrm{T}M'_\mathrm{T}|JM)$$
$$\times(l0I_\mathrm{P}M_\mathrm{P}|j_\mathrm{P}m_\mathrm{P})(j_\mathrm{P}m_\mathrm{P}I_\mathrm{T}M_\mathrm{T}|JM)(\delta_{c'c}-S_{c'c}{}^{J})Y_{l'm'}(\hat{\boldsymbol{k}}_{n'}) \tag{12.13}$$

となる.

入射粒子,出射粒子,標的核,残留核いずれのスピンも測定しない場合の微分断面積(非偏極微分断面積)は,始状態のスピンで平均して

$$\frac{d\sigma_{\bar{n}'\bar{n}}}{d\Omega} = \frac{1}{(2I_{\mathrm{P}}+1)(2I_{\mathrm{T}}+1)} \sum_{M_{\mathrm{P}}, M_{\mathrm{T}}, M'_{\mathrm{P}}, M'_{\mathrm{T}}} \frac{d\sigma_{n'n}}{d\Omega} \tag{12.14}$$

で与えられる．ここで $\bar{n}$ は n のうちスピンの z 成分を除いた量子数 $\alpha_{\mathrm{P}}I_{\mathrm{P}}\alpha_{\mathrm{T}}I_{\mathrm{T}}$ を表わす．この断面積は(12.13)を(10.27)に代入すれば(10.20)より計算できる．さらに全立体角で積分した断面積は簡単になって

$$\sigma_{\bar{n}'\bar{n}} = \int \frac{d\sigma_{\bar{n}'\bar{n}}}{d\Omega} d\Omega = \sum_{J} \frac{2J+1}{(2I_{\mathrm{P}}+1)(2I_{\mathrm{T}}+1)} \sum_{j'_{\mathrm{P}}, j_{\mathrm{P}}, l', l} \sigma_{c'c}{}^{J} \tag{12.15}$$

$$\sigma_{c'c}{}^{J} = \frac{\pi}{k_n{}^2} |S_{c'c}{}^{J} - \delta_{c'c}|^2 \tag{12.16}$$

と求まる．これが多チャネルの場合への式(10.12)の一般化に当たっている．

12-2 S 行列の分散公式

複合核状態の記述はいろいろな形式で試みられているが，ここでは第Ⅲ部で一貫して用いてきた射影演算子の方法で呈示しよう．問題を具体化するため，低エネルギー核子と核の反応を例にとり，標的核の基底状態は単純な殻模型で表わされるとする．まず，殻模型の1体平均場ハミルトニアン $h=T+U$ に準拠して P 空間と Q 空間を次のように定義する．すなわち，入射粒子も含めて少なくとも1粒子以上が連続状態にいる配位への射影演算子を P，すべての核子が束縛状態にある配位への射影演算子を Q とする．入射および出射チャネルの漸近形は P 空間に属する．

以下，前節で述べたエネルギーで規格化された角運動量表示でチャネルを指定する．11-6節の議論で D を Q で置き換え，そこでの Q を0として同様の式変形を行なう．(11.103)の $\Psi_{a\boldsymbol{k}}{}^{0,(\pm)}$ に代わって

$$(H_{\mathrm{PP}} - E)\Psi_{cJM,E}{}^{0,(\pm)} = 0 \tag{12.17}$$

を満足し，

$$\Psi_{cJM,E}{}^{0,(\pm)} = \sum_{c'} \frac{u_{c'c}{}^{J(\pm)}(E_{c'}, r)}{r} \Phi_{c'JM} \tag{12.18}$$

と表わされる $\Psi_{cJM,E}{}^{0,(\pm)}$ を導入する．以下，よい量子数である特定の JM について考え，添字 JM は省略する．(11.17)を導いたのと同様にして

$$u_{c'c}{}^{(-)*}(E_{c'},r) = u_{c'c}{}^{(+)}(E_{c'},r) \tag{12.19}$$

である．T 行列は(11.110)に代わって

$$T_{c'c}(E) = T_{c'c}{}^{0}(E)+\langle\Psi_{c',E}{}^{0,(-)}|H_{\rm PQ}(E^{+}-\mathcal{H}_{\rm Q}(E))^{-1}H_{\rm QP}|\Psi_{c,E}{}^{0,(+)}\rangle \tag{12.20}$$

$$\mathcal{H}_{\rm Q}(E) \equiv H_{\rm QQ}+H_{\rm QP}(E^{+}-H_{\rm PP})^{-1}H_{\rm PQ} \tag{12.21}$$

と表わされる．

さて，Q 空間の正規直交基底 $\{|\mu\rangle\}$ として，第6章で定義した殻模型波動関数をとろう．それは(6.1)で定義した束縛状態の1粒子波動関数で作られたSlater 行列(の実数係数(Clebsch-Gordan 係数など)の線形結合)で表わされている．$\mathcal{H}_{\rm Q}$ の行列要素は

$$\langle\mu|\mathcal{H}_{\rm Q}|\nu\rangle = H_{\mu\nu}+W_{\mu\nu} = H_{\mu\nu}+s_{\mu\nu}-iw_{\mu\nu} \tag{12.22}$$

$$s_{\mu\nu} = \langle\mu|H_{\rm QP}\frac{\mathcal{P}}{E-H_{\rm PP}}H_{\rm PQ}|\nu\rangle, \qquad w_{\mu\nu} = \pi\langle\mu|H_{\rm QP}\delta(E-H_{\rm PP})H_{\rm PQ}|\nu\rangle \tag{12.23}$$

と書ける．$\mathcal{P}$ は主値を表わす．時間反転と回転に対して不変な演算子の $|\mu\rangle$, $|\nu\rangle$ についての行列要素は6-1節の議論により実数であるから，$H_{\mu\nu}, s_{\mu\nu}, w_{\mu\nu}$ はそれぞれ実対称行列となり，$\langle\mu|\mathcal{H}_{\rm Q}|\nu\rangle$ は複素対称行列である．したがって $(\mathcal{H}_{\rm Q})_{\mu\nu}$ は複素直交行列 O により $(O\mathcal{H}_{\rm Q}O^{-1})_{st}=(E_s-i\Gamma_s/2)\delta_{st}$ と対角化される．いま

$$|s\rangle = \sum_{\mu} O_{s\mu}|\mu\rangle, \qquad |\tilde{s}\rangle = \sum_{\mu} O_{s\mu}{}^{*}|\mu\rangle \tag{12.24}$$

を定義すると，

$$\mathcal{H}_{\rm Q}|s\rangle = \left(E_s-\frac{i}{2}\Gamma_s\right)|s\rangle, \qquad \langle\tilde{s}|\mathcal{H}_{\rm Q} = \langle\tilde{s}|\left(E_s-\frac{i}{2}\Gamma_s\right) \tag{12.25}$$

である．両者は $\langle\tilde{t}|s\rangle=\delta_{ts}$ と双1次直交系をなし $Q=\sum_{s}|s\rangle\langle\tilde{s}|$ と Q 空間を張る．注意すべきは $\langle s|s\rangle\neq 1$ でなく

$$\langle s|s\rangle = \langle\tilde{s}|\tilde{s}\rangle = N_s = \sum_\mu |O_{s\mu}|^2 \geqq \sum_\mu O_{s\mu}{}^2 = 1 \tag{12.26}$$

であることである．

式(12.20)の第2項は(12.25)を用いると

$$\frac{1}{2\pi}\sum_s \frac{g_{c's}(E)g_{sc}(E)}{E-E_s+i\Gamma_s/2} \tag{12.27}$$

と展開できる．ここで

$$g_{sc}(E) \equiv \sqrt{2\pi}\langle\tilde{s}|H|\Psi_{c,E}{}^{0,(+)}\rangle, \qquad g_{cs}(E) \equiv \sqrt{2\pi}\langle\Psi_{c,E}{}^{0,(-)}|H|s\rangle \tag{12.28}$$

である．(12.18)，(12.19)から $\langle\mu|H|\Psi_{c,E}{}^{0,(+)}\rangle=\langle\Psi_{c,E}{}^{0,(-)}|H|\mu\rangle$，よって(12.24)から $g_{sc}=g_{cs}$ が導かれる．(12.12)，(12.20)から S 行列は

$$\begin{aligned} S_{c'c}(E) &= S_{c'c}{}^{(0)}(E)-2\pi i\langle\Psi_{c',E}{}^{0,(-)}|H_{\mathrm{PQ}}(E^+-\mathcal{H}_{\mathrm{Q}}(E))^{-1}H_{\mathrm{QP}}|\Psi_{c,E}{}^{0,(+)}\rangle \\ &= S_{c'c}{}^{(0)}(E)-i\sum_s \frac{g_{sc'}(E)g_{sc}(E)}{E-E_s+i\Gamma_s/2} \end{aligned} \tag{12.29}$$

と表わされる．ここで $S^{(0)}=1-2\pi iT^{(0)}$ である．これを S 行列の**分散公式**(dispersion formula)という*．第2項は**共鳴項**(resonance term)とよばれる．

12-3 Breit-Wigner の1準位公式

さて，図4-1のように，複合核状態が孤立した共鳴状態として現われる場合に，上の分散公式を応用しよう．共鳴項で1つの E_s とそれに隣接する準位との間隔 D_s (準位間隔(level spacing)という)に比べて Γ_s が十分小さいとき，状態 s を**孤立準位**(isolated level)といい，この近傍で S 行列は

$$S_{c'c}(E) = \tilde{S}_{c'c}(E)-i\frac{g_{sc'}g_{sc}}{E-E_s+i\Gamma_s/2} \tag{12.30}$$

と書ける．$\tilde{S}_{c'c}(E)$ は $S_{c'c}{}^{(0)}(E)$ と E_s から離れた共鳴項からの寄与の和で，E_s

* 他にも数多くの分散公式が提案されている．なかでも Kapur-Peierls の方法がよく知られているが，ここでは採用しなかった(巻末参考書[Ⅲ-5]に詳しい)．

近傍で一定とみなせる．

(12.25)の第 2 式の右から $|\tilde{s}\rangle$ を掛け虚数部をとると

$$N_s\Gamma_s = -2\,\mathrm{Im}\langle\tilde{s}|\mathscr{H}_{\mathrm{Q}}|\tilde{s}\rangle = 2\pi\langle\tilde{s}|H_{\mathrm{QP}}\delta(E-H_{\mathrm{PP}})H_{\mathrm{PQ}}|\tilde{s}\rangle$$
$$= \sum_c |g_{sc}(E)|^2 \qquad (12.31)$$

である．ここで $P=\sum_c\int dE\,|\Psi_{c,E}{}^{0,(+)}\rangle\langle\Psi_{c,E}{}^{0,(+)}|$ を用いた．準位 s のチャネル c への崩壊の部分幅を

$$\Gamma_{sc} \equiv |g_{sc}(E)|^2 \qquad (12.32)$$

で定義すると，準位 s の全幅 Γ_s と

$$\Gamma_s = \sum_c \Gamma_{sc}/N_s \leqq \sum_c \Gamma_{sc} \qquad (12.33)$$

の関係がある．ここで(12.26)を用いた．

反応の断面積は $c=c'$ のとき

$$\sigma_{cc} = \frac{\pi}{k_c{}^2}\left|1-\tilde{S}_{cc}+ie^{i\theta_{sc}}\frac{\Gamma_{sc}}{E-E_s+i\Gamma_s/2}\right|^2 \qquad (12.34)$$

と表わせる．ここで $g_{sc}{}^2=e^{i\theta_{sc}}\Gamma_{sc}$ と書いた．

$c'\neq c$ で $\tilde{S}$ の非対角成分が無視できるとき

$$\sigma_{c'c} = \frac{\pi}{k_c{}^2}\frac{\Gamma_{sc'}\Gamma_{sc}}{(E-E_s)^2+\Gamma_s{}^2/4} \qquad (12.35)$$

を得る．上 2 式を **Breit-Wigner の 1 準位公式**(one level formula)という．

図 4-1 に見られるような孤立準位の近傍における断面積 $\sigma_{c'c}$ の測定から，共鳴パラメータ $E_s, \Gamma_s, \Gamma_{sc}, \theta_{sc}$ およびバックグラウンド振幅 $\tilde{S}_{cc}$ を現象論的に求めることができる．

前節からの定式化では，E_s, Γ_s は E の関数であり，通常の共鳴公式を得るには，11-6 節(11.111)以降に述べたような処方が必要である．しかし，本節および次節ではこの E 依存性は弱く無視できるとして議論を進める．

12-4 揺動断面積

入射エネルギーが高くなって多くの準位が重なり合ってくると，個々の共鳴状態を実験で区別することはできなくなる．このとき議論の対象となるのは10-3節で論じた揺動部分である．揺動断面積を求めるには(10.46)のエネルギー平均を行なわなければならない．それには共鳴パラメータに対する何らかの統計的処理が必要となる．このような場合について考えてみよう．

まず，S 行列(12.29)をエネルギー平均部分(直接反応部分)と揺動部分

$$S_{c'c}(E)=\langle S_{c'c}(E)\rangle_I+S_{c'c}{}^{\mathrm{fl}}(E)=S_{c'c}{}^{\mathrm{dir}}(E)+S_{c'c}{}^{\mathrm{fl}}(E) \tag{12.36}$$

に分ける．平均部分は直接反応部分のみを取り出しているので，$S_{c'c}{}^{\mathrm{dir}}(E)$ と書こう．(12.29)から形式的に

$$S_{c'c}{}^{\mathrm{dir}}(E)$$
$$=S_{c'c}{}^{(0)}(E)-2\pi i\langle\Psi_{c',E}{}^{0,(-)}|H_{\mathrm{PQ}}\frac{1}{E+iI/2-\mathscr{H}_{\mathrm{Q}}(E+iI/2)}H_{\mathrm{QP}}|\Psi_{c,E}{}^{0,(+)}\rangle \tag{12.37}$$

$$=S_{c'c}{}^{(0)}(E)-\left\langle i\sum_s\frac{g_{sc'}(E)g_{sc}(E)}{E-E_s+i\Gamma_s/2}\right\rangle_I \tag{12.38}$$

と表わされる．$S_{c'c}{}^{(0)}(E)$ のエネルギー依存性は緩やかなので，$\langle S_{c'c}{}^{(0)}(E)\rangle_I=S_{c'c}{}^{(0)}(E)$ とした．

11-5節の議論で P と Q の意味を本章のように変更すれば，$S_{c'c}{}^{\mathrm{dir}}(E)$ は(11.84)に対応する方程式

$$(\mathscr{H}^{\mathrm{dir}}-E)\Psi_{c,E}{}^{\mathrm{dir},(+)}=(H_0+\mathscr{V}^{\mathrm{dir}}(E)-E)\Psi_{c,E}{}^{\mathrm{dir},(+)}=0 \tag{12.39}$$

の与える S 行列である．一方，$S_{c'c}(E)$ は，(11.81)に対応する

$$(\mathscr{H}_{\mathrm{P}}-E)P\Psi_{c,E}{}^{(+)}=(H_0+\mathscr{V}(E)-E)P\Psi_{c,E}{}^{(+)}=0 \tag{12.40}$$

の与える S 行列である．

式(12.38)の第2項はきわめて複雑な状態 $|s\rangle$ によって決まる共鳴パラメータで表わされているが，そのエネルギー平均は0でなく，直接反応への寄与をもっている．そこで(11.82)，(11.83)から

$$\mathcal{V}(E)-\mathcal{V}^{\mathrm{dir}}(E) = H_{\mathrm{PQ}}(G_{\mathrm{Q}}(E^+)-G_{\mathrm{Q}}(E+iI/2))H_{\mathrm{QP}}$$
$$= \tilde{\mathcal{V}}_{\mathrm{PQ}}\frac{1}{E^+-H_{\mathrm{QQ}}}\tilde{\mathcal{V}}_{\mathrm{QP}} \tag{12.41}$$

$$\tilde{\mathcal{V}}_{\mathrm{PQ}} = H_{\mathrm{PQ}}\sqrt{\frac{iI/2}{E+iI/2-H_{\mathrm{QQ}}}}, \qquad \tilde{\mathcal{V}}_{\mathrm{QP}} = \sqrt{\frac{iI/2}{E+iI/2-H_{\mathrm{QQ}}}}H_{\mathrm{QP}} \tag{12.42}$$

と書ける．(12.39),(12.40)から

$$P\Psi_{c,E}{}^{(+)} = \Psi_{c,E}{}^{\mathrm{dir},(+)}+(E-\mathcal{H}^{\mathrm{dir}})^{-1}(\mathcal{V}(E)-\mathcal{V}^{\mathrm{dir}}(E))P\Psi_{c,E}{}^{(+)}$$

(12.41)を代入し，逐次近似の後まとめ直すと

$$P\Psi_{c,E}{}^{(+)} = \Psi_{c,E}{}^{\mathrm{dir},(+)}+(E^+-\mathcal{H}^{\mathrm{dir}})^{-1}\mathcal{V}^{\mathrm{dir}}(E^+-h_{\mathrm{Q}})^{-1}\mathcal{V}^{\mathrm{dir}}\Psi_{c,E}{}^{\mathrm{dir},(+)} \tag{12.43}$$

$$h_{\mathrm{Q}} = H_{\mathrm{QQ}}+\tilde{\mathcal{V}}_{\mathrm{QP}}\frac{P}{E^+-\mathcal{H}^{\mathrm{dir}}}\tilde{\mathcal{V}}_{\mathrm{PQ}} \tag{12.44}$$

を得る．ここで

$$h_{\mathrm{Q}}|q\rangle = \left(E_q-\frac{i}{2}\Gamma_q\right)|q\rangle \tag{12.45}$$

を満たす h_{Q} の固有状態 $|q\rangle$ を導入すると，上の解に対応して S 行列は

$$S_{c'c}(E) = S_{c'c}{}^{\mathrm{dir}}(E)-2\pi i\langle\Psi_{c',E}{}^{\mathrm{dir},(-)}|\tilde{\mathcal{V}}_{\mathrm{PQ}}\frac{Q}{E^+-h_{\mathrm{Q}}}\tilde{\mathcal{V}}_{\mathrm{QP}}|\Psi_{c,E}{}^{\mathrm{dir},(+)}\rangle$$
$$= S_{c'c}{}^{\mathrm{dir}}(E)-i\sum_q\frac{\tilde{g}_{qc'}(E)\tilde{g}_{qc}(E)}{E-E_q+i\Gamma_q/2} \tag{12.46}$$

と書ける．ここで $\Psi_{c,E}{}^{\mathrm{dir},(-)}$ は $\mathcal{H}^{\mathrm{dir}}$ の時間反転ハミルトニアンの解であり，

$$\tilde{g}_{qc}(E) \equiv \sqrt{2\pi}\langle\tilde{q}|\tilde{\mathcal{V}}_{\mathrm{QP}}|\Psi_{c,E}{}^{\mathrm{dir},(+)}\rangle = \sqrt{2\pi}\langle\Psi_{c,E}{}^{\mathrm{dir},(-)}|\tilde{\mathcal{V}}_{\mathrm{PQ}}|q\rangle \tag{12.47}$$

である．上の等号は12-2節で $g_{sc}=g_{cs}$ を導いたのと同様にして得られる．式(12.46)の第2項のエネルギー平均が0となって，直接反応部分と揺動部分が分離されているのが，この式の特徴である．当然

$$S_{c'c}{}^{\mathrm{fl}}(E) = -i\sum_q\frac{\tilde{g}_{qc'}(E)\tilde{g}_{qc}(E)}{E-E_q+i\Gamma_q/2} \tag{12.48}$$

である．表式(12.46)は**河合-Kerman-McVoy の分散公式**とよばれ，平均

操作を諸過程に導入するにあたって，極めて有用である(巻末文献[Ⅲ-26]).

さて，揺動断面積

$$\sigma_{c'c}{}^{\mathrm{fl}} = \frac{\pi}{k_c{}^2}\langle |S_{c'c}{}^{\mathrm{fl}}(E)|^2\rangle_I = \frac{\pi}{k_c{}^2}\left\langle \sum_{q,q'} \frac{\tilde{g}_{qc}(E)\tilde{g}_{qc'}(E)\tilde{g}_{q'c'}{}^*(E)\tilde{g}_{q'c}{}^*(E)}{(E-E_q+i\Gamma_q/2)(E-E_{q'}-i\Gamma_{q'}/2)}\right\rangle_I \tag{12.49}$$

を評価しよう．その準備として**透過行列**(transmission matrix)

$$P_{cc'} = \delta_{cc'} - (S^{\mathrm{dir}}S^{\mathrm{dir}\dagger})_{cc'} \tag{12.50}$$

を導入する．これは量子力学的に計算できる直接反応の情報だけで求められることを強調しておく．S 行列のユニタリ性と(12.36)から

$$\begin{aligned} P_{cc'} &= \sum_{c''} \langle S_{cc''}{}^{\mathrm{fl}}(E) S_{c''c'}{}^{\mathrm{fl}\dagger}(E)\rangle_I \\ &= \sum_{c''} \left\langle \sum_{q,q'} \frac{\tilde{g}_{qc}(E)\tilde{g}_{qc''}(E)\tilde{g}_{q'c''}{}^*(E)\tilde{g}_{q'c'}{}^*(E)}{(E-E_q+i\Gamma_q/2)(E-E_{q'}-i\Gamma_{q'}/2)}\right\rangle_I \end{aligned} \tag{12.51}$$

である．特に

$$\sum_{c'} \sigma_{c'c}{}^{\mathrm{fl}} = \frac{\pi}{k_c{}^2}P_{cc} \tag{12.52}$$

を得る．

式(12.49)で共鳴振幅 $\tilde{g}_{qc}$ が q についてランダムと仮定すると，和で $q=q'$ の項の寄与のみが残る．エネルギー平均を

$$\langle |S_{c'c}{}^{\mathrm{fl}}(E)|^2\rangle_I = \frac{1}{I}\int_{E-I/2}^{E+I/2} |S_{c'c}{}^{\mathrm{fl}}(E')|^2 dE' \tag{12.53}$$

で定義し，積分を図 12-1 のような複素積分路で行なうと

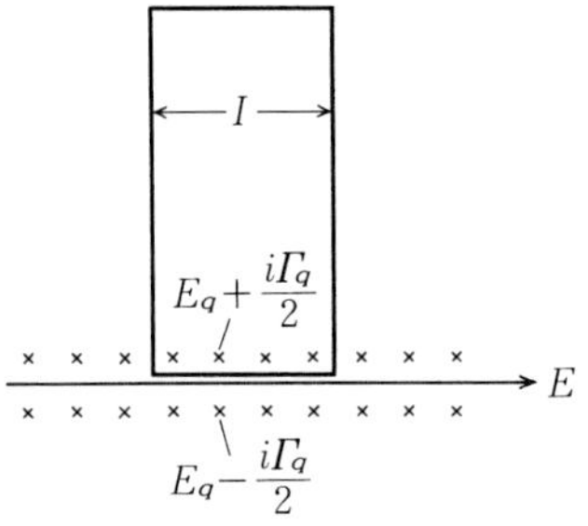

図 12-1 エネルギー平均操作における積分路.

$$\langle|S_{c'c}{}^{\mathrm{fl}}(E)|^2\rangle_I = \frac{2\pi}{I}\sum_q \frac{|\tilde{g}_{qc}|^2|\tilde{g}_{qc'}|^2}{\Gamma_q} \tag{12.54}$$

を得る．q の和は $E-I/2<E_q<E+I/2$ の準位についてとる．

さらに，Γ_q のゆらぎは小さく平均操作からくくり出せるとすると

$$\langle|S_{c'c}{}^{\mathrm{fl}}(E)|^2\rangle_I = \frac{2\pi}{\langle\Gamma_q\rangle}\rho(E)\langle|\tilde{g}_{qc}|^2|\tilde{g}_{qc'}|^2\rangle \tag{12.55}$$

を得る．ここで〈 〉は1準位当りの平均値，$\rho(E)$ は準位密度である．

特に，$\tilde{g}_{qc}$ と $\tilde{g}_{qc'}$ の間に相関がないとすると

$$\langle|S_{c'c}{}^{\mathrm{fl}}(E)|^2\rangle_I = \frac{2\pi}{\langle\Gamma_q\rangle}\rho(E)\langle|\tilde{g}_{qc}|^2\rangle\langle|\tilde{g}_{qc'}|^2\rangle \tag{12.56}$$

と書ける．このとき，(12.52)，(12.49)から

$$P_{cc} = \frac{2\pi}{\langle\Gamma_q\rangle}\rho(E)\langle|\tilde{g}_{qc}|^2\rangle\sum_{c'}\langle|\tilde{g}_{qc'}|^2\rangle \tag{12.57}$$

よって，揺動断面積が透過行列で

$$\sigma_{c'c}{}^{\mathrm{fl}} = \frac{\pi}{k_c{}^2}\frac{P_{cc}P_{c'c'}}{\mathrm{tr}\,P} \tag{12.58}$$

と表わせる．これを **Hauser-Feshbach** の公式という．

12-5 ランダム行列仮説

上の導出にはアンダーラインを引いた3つの仮説に基づいている．近年の研究ではこのような仮説を天下りに置くのでなく，エネルギー平均をハミルトニアンの行列要素に特定の統計性を仮定したアンサンブル平均で置き換えられる(エルゴード仮説)として，より精密な議論が展開されている．

ハミルトニアン H_{QQ} の行列要素は非常に複雑で，われわれの知見の及ぶところではない．そこで H_{QQ} はランダム行列で，その分布関数が $P(H_{QQ})$ で与えられているとし，S 行列要素やその積のエネルギー平均 $\langle\ \rangle_I$ を

$$\langle S_{cc'}(E)\rangle_I \to \overline{S_{cc'}(E)} \equiv \int dH_{QQ}P(H_{QQ})S_{cc'}(E) \tag{12.59}$$

$$\langle S_{cc'}(E)S_{c''c'''}{}^{\dagger}(E')\rangle_I \to \overline{S_{cc'}(E)S_{c''c'''}{}^{\dagger}(E)} \equiv \int dH_{QQ}P(H_{QQ})S_{cc'}(E)S_{c''c'''}{}^{\dagger}(E') \tag{12.60}$$

と H_{QQ} のアンサンブル平均($\overline{\quad}$ で示す)に置き換えるのである．

S 行列の表式としては，(12.46)よりも，H_{QQ} が単純な形で現われている(12.29)の第2辺の方が便利である．そこでは H_{QQ} の行列要素 $H_{\mu\nu}$ が

$$D_{\mu\nu}(E) \equiv E^{+}\delta_{\mu\nu} - H_{\mu\nu} - W_{\mu\nu} \tag{12.61}$$

の逆行列 $D^{-1}(E)$ の形で現われている((12.22)参照)．ここでランダムな変数は $H_{\mu\nu}$ だけで，$W_{\mu\nu}=s_{\mu\nu}-iw_{\mu\nu}$ はランダム変数ではない．したがって $\overline{S_{cc'}(E)}$ を求めるには $\overline{D^{-1}(E)}$ を，$\overline{S_{cc'}(E)S_{c''c'''}{}^{\dagger}(E')}$ を求めるには $\overline{D^{-1}(E)D^{-1}(E')}$ を計算すればよい．

分布関数 $P(H_{QQ})$ として(4.9)の Gauss 型直交アンサンブル(GOE)

$$P(H_{QQ}) = C\exp\left(-\frac{N}{4\lambda^2}\,\mathrm{tr}\,H_{QQ}{}^2\right) \tag{12.62}$$

をとった場合について，くわしい解析がなされている．N は Q 空間の次元で十分大きいとする．(式(4.9)で $v=\lambda/\sqrt{N}$ とおいた．)

計算方法として Grassmann 積分を用いた母関数の方法が開発されている．その手法は複雑なので説明は巻末文献[Ⅲ-27, 28]に譲る．この方法では，まず $\overline{D^{-1}(E)}$ を求め，それを用いて(12.29)第2辺の表式から $\bar{S}(=S^{\mathrm{dir}})$ を求める．それを(12.50)に代入し透過行列 P を $S^{(0)}$，$W=(W_{\mu\nu})$，$g=(g_{sc})$ で表わす．一方，$\overline{D^{-1}(E)D^{-1}(E')}$ を求め，それから $\overline{S_{cc'}S_{c''c'''}{}^{\dagger}}$ を求める．これらから

$$\overline{S_{cc'}{}^{\mathrm{fl}}S_{c''c'''}{}^{\mathrm{fl}\dagger}} = \overline{S_{cc'}S_{c''c'''}{}^{\dagger}} - \overline{S_{cc'}}\;\overline{S_{c''c'''}{}^{\dagger}} \tag{12.63}$$

を用いると，$\overline{S_{cc'}{}^{\mathrm{fl}}S_{c''c'''}{}^{\mathrm{fl}\dagger}}$ も W, g で表わされる($S^{(0)}$ は消える)．W, g 依存性は巧みにまとめられて，$\overline{S_{cc'}{}^{\mathrm{fl}}S_{c''c'''}{}^{\mathrm{fl}}}$ は結局 $\bar{S}, P$ で表わされる．その結果は $N\gg 1$, $\mathrm{tr}\,P\gg 1$ のとき

$$\overline{S_{cc'}{}^{\mathrm{fl}} S_{cc'}{}^{\mathrm{fl}\dagger}} = \frac{P_{cc}P_{c'c'} + P_{cc'}P_{c'c}}{\mathrm{tr}\,P} \tag{12.64}$$

となることが知られている．

弾性散乱 $c=c'$ の場合，前節の(12.58)と比べると $\sigma_{cc}{}^{\mathrm{fl}}$ が 2 倍になっていることが分かる．また $\mathrm{tr}\,P \ll 1$ のときは 3 倍になることが示されている．図 12-2 に実験値と Hauser-Feshbach の公式から得られた理論値との比較を示す．実験値は Hauser-Feshbach の値のほぼ 2 倍になっていることが見られる．

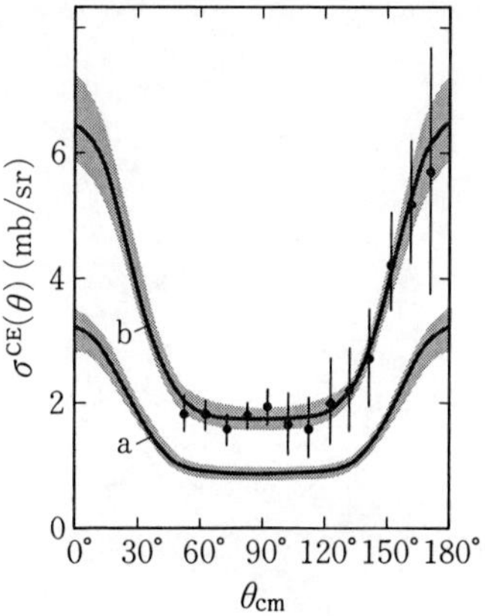

図 12-2　複合核弾性散乱(揺動)断面積 σ^{CE} の実験値と理論値の比較($^{30}\mathrm{Si}+\mathrm{p}$，平均エネルギー 9.84 MeV)．a: Hauser-Feshbach 理論，b: a×(2.09±0.14)．直接反応部分と揺動部分の分離は微分断面積と偏極分解能を組み合わせて行なった．(W. Kretschmer and M. Wangler: Phys. Rev. Lett. **41**(1978)1224.)

12-6　非平衡過程

前節までは平衡状態に達した複合核過程を論じた．本節ではそれにいたる非平衡過程を考えよう．軽イオン反応と重イオン反応でその記述はかなり異なるので，典型例として，9-2 節で述べた核子-核反応の前平衡過程に対する**励起子模型**と，重イオン反応の理解に大きな役割を果たしている **VUU 方程式**による解析について簡単に述べる．

a）核子-核反応での非平衡過程——励起子模型

前節に引きつづき核子-核反応を考える．そこでは $H_{\mu\nu}$ に GOE を仮定したが，H_{QQ} の残留相互作用は主に 2 体力であることを考えると，この仮定は問題である．9-2節で触れた**励起子数**（＝粒子数＋空孔数）n の概念を用いると，2体力による励起子数の変化は $\Delta n=0, \pm 2, \pm 4$ である．統計的処理においては通常エネルギーの保存する過程のみを考えるので，$\Delta n=\pm 4$ は排除される．この条件を考慮しながら複合核にいたる前平衡過程を追ってみよう．考え方の本質のみを捉えるため，以下いくつかの簡単な仮定を入れながら議論を進める．

まず，核子＋核系は励起子数が n_0 になった段階で，前節まで用いてきた Q 空間に入るとする．Q 空間の状態 $\{|\mu\rangle\}$ を励起子数 n により細分して $\{|n\mu\rangle\}$ と書き，Q 空間を $Q=\sum Q_n$，$Q_n=\sum_\mu |n\mu\rangle\langle n\mu|$ と分解する．系は以後 Q_n 空間を渡り歩き，いちど P 空間に戻ると粒子を放出してしまうとする．（この過程は**多段階複合核過程**(multistep compound process)とよばれている.）

次に，励起子数の等しい状態間の結合は強く，励起子数の変化が起こる前に部分的平衡状態になるとする．ここで統計的仮定として，H_{QQ} の行列要素を

$$H_{m\mu, n\nu} = \delta_{mn}\delta_{\mu\nu}h_n + \delta H_{m\mu, n\nu} \tag{12.65}$$

と書き，$\delta H_{m\mu, n\nu}$ が mn を固定した範囲で GOE をなすとする．その分布の幅は2次モーメント $M_{mn}=\sum_{\mu\nu}|\delta H_{m\mu, n\nu}|^2/(N_m N_n)$ で表わされる．ここで N_m は励起子数 m の空間の次元である．$|n-m|=0, 2$ 以外で $H_{m\mu, n\nu}=0$ とすれば，2体力の条件が部分的に入る．（$|n-m|=0, 2$ でも2体力はすべての μ, ν を結ぶものではない.）

そこで，励起子数変化の過程が，μ についてのアンサンブル平均により，確率過程として記述できるとする．すなわち，状態 $\{|n\mu\rangle\}$ にいる確率の μ についての平均値 $P_n(t)$ の時間発展がマスター方程式

$$\frac{d}{dt}P_n(t) = \sum_m W_{m\to n}P_m(t) - \left(\sum_m W_{n\to m} + W_n\right)P_n(t) \tag{12.66}$$

で表わされるとする．初期条件は $P_n(t=0)=\delta_{nn_0}/N_n$ である．W_n は励起子数 n の1つの状態から単位時間当たりの P 空間への流出（粒子放出）確率である．異なる励起子数状態間の転移確率は $W_{m\to n}=2\pi\hbar\rho_n(E)M_{nm}$ で与えられる．ここで ρ_n は励起子数 n 状態の状態密度（**部分準位密度**）である．

このような取扱いを**励起子模型**という．前節の議論と異なり，解析に必要な

転移確率や放出確率などは，現象論的に得られる物理量(前節の場合，透過行列)だけでは表わされず，何らかの模型の導入が必要となる．測定される断面積は $P_n(t)$ の時間積分と放出確率 W_n から計算される．上述の議論のもっと基本的な理論からの導出や精密化が試みられている(巻末文献[Ⅲ-31～34]参照)．

b) 重イオン反応での非平衡過程——VUU 方程式

つぎに，重イオン A_1 と A_2 の衝突を考えよう．両イオンを構成する各核子は他の核子の作る平均場を運動し，ときには平均場に繰りこまれていない力によって，核子-核子衝突を起こす．この過程を時間的に追っていこう．

まず古典論で考える．1核子の位置を $\boldsymbol{r}$，運動量を $\boldsymbol{p}$ とし，時刻 t に位相空間の点 $(\boldsymbol{r},\boldsymbol{p})$ の近傍 $d^3\boldsymbol{r}d^3\boldsymbol{p}$ にいる核子の個数を $f(\boldsymbol{r},\boldsymbol{p},t)d^3\boldsymbol{r}d^3\boldsymbol{p}$ とする．$f(\boldsymbol{r},\boldsymbol{p},t)$ の時間的発展は

$$f(\boldsymbol{r}+\boldsymbol{v}dt,\boldsymbol{p}+\dot{\boldsymbol{p}}dt,t+dt)-f(\boldsymbol{r},\boldsymbol{p},t) = \text{衝突項} \tag{12.67}$$

と表わされる．U を平均場としてその運動量依存も許すと

$$\boldsymbol{v} = \frac{\boldsymbol{p}}{m}+\frac{\partial U}{\partial \boldsymbol{p}}, \qquad \dot{\boldsymbol{p}} = -\frac{\partial U}{\partial \boldsymbol{r}} \tag{12.68}$$

である．核子-核子散乱 $(\boldsymbol{r},\boldsymbol{p})+(\boldsymbol{r}_2,\boldsymbol{p}_2)\leftrightarrow(\boldsymbol{r},\boldsymbol{p}_1{}')+(\boldsymbol{r}_2,\boldsymbol{p}_2{}')$ による**衝突項**(collision term)をあらわに書くと，$d\sigma/d\Omega$ を核内での核子-核子散乱断面積として

$$\begin{aligned}\frac{\partial f}{\partial t}+\boldsymbol{v}\cdot\frac{\partial f}{\partial \boldsymbol{r}}-\frac{\partial U}{\partial \boldsymbol{r}}\cdot\frac{\partial f}{\partial \boldsymbol{p}} = &-\frac{1}{(2\pi)^3}\int d^3\boldsymbol{p}_2 d^3\boldsymbol{p}_2{}'\,d\Omega\frac{d\sigma}{d\Omega}v_{12}\\ &\times[ff_2(1-f_{1'})(1-f_{2'})-f_{1'}f_{2'}(1-f)(1-f_2)]\\ &\times\delta^3(\boldsymbol{p}+\boldsymbol{p}_2-\boldsymbol{p}_1{}'-\boldsymbol{p}_2{}')\end{aligned} \tag{12.69}$$

を得る．v_{12} は衝突核子間の相対速度，f_i は $f(\boldsymbol{r}_i,\boldsymbol{p}_i,t)$ を表わす．因子 $1-f_i$ は Pauli 原理のため占有されている状態への散乱が禁止されること(**Pauli ブロッキング**(Pauli blocking))を表わす．このように平均場 U を含むよう拡張された Boltzmann の輸送方程式を **VUU**(Vlasov-Uehling-Uhlenbeck)**方程式**，または **BUU**(Boltzmann-Uehling-Uhlenbeck)**方程式**という．

平均場 U は核子の分布 $f(\boldsymbol{r},\boldsymbol{p},t)$ が分かって初めて求まるものであるから，

この方程式は自己無撞着的に解かなければならない．それは大変であるから，重イオン反応に限らず高エネルギー核反応一般において，$U=0$（したがって $\boldsymbol{v}=\boldsymbol{p}/m$）とする近似での解析が従来からしばしば用いられている．これを**カスケード**（cascade）計算という．さらに Pauli ブロッキング因子 $1-f$ を 1 と近似したのが，もとの Boltzmann 方程式である．一方，逆に平均場は考慮するが衝突項を無視して得られる方程式は **Vlasov 方程式**とよばれる．

VUU 方程式の応用を論ずる前に，この方程式が量子論からどのような近似で導けるかを簡単に考察しておこう．まず Vlasov 方程式は 6-4 節で論じた TDHF の近似になっていることを示す．以下簡単のため $\hbar=1$ とする．

式(6.24)で導入した 1 体密度行列を座標表示

$$\rho(\boldsymbol{r},\boldsymbol{r}')=\langle\Psi|a^\dagger(\boldsymbol{r}')a(\boldsymbol{r})|\Psi\rangle \tag{12.70}$$

で考える．Ψ は全系の状態を表わす．運動量表示の生成演算子 $\tilde{a}^\dagger(\boldsymbol{p})$，密度行列 $\tilde{\rho}(\boldsymbol{p},\boldsymbol{p}')$ とは

$$a^\dagger(\boldsymbol{r})=\frac{1}{(2\pi)^{3/2}}\int d^3\boldsymbol{p}\tilde{a}^\dagger(\boldsymbol{p})e^{-i\boldsymbol{p}\cdot\boldsymbol{r}} \tag{12.71}$$

$$\rho(\boldsymbol{r},\boldsymbol{r}')=\frac{1}{(2\pi)^3}\int d^3\boldsymbol{p}d^3\boldsymbol{p}'\tilde{\rho}(\boldsymbol{p},\boldsymbol{p}')e^{i(\boldsymbol{p}\cdot\boldsymbol{r}-\boldsymbol{p}'\cdot\boldsymbol{r}')} \tag{12.72}$$

の関係にある．

密度行列は，方程式

$$\frac{\partial\rho(\boldsymbol{r},\boldsymbol{r}')}{\partial t}=\frac{1}{i}\langle\Psi|[a^\dagger(\boldsymbol{r}')a(\boldsymbol{r}),K+V]|\Psi\rangle \tag{12.73}$$

を満たす．V は 2 体力

$$V=\frac{1}{2}\int v(\boldsymbol{r},\boldsymbol{r}')a^\dagger(\boldsymbol{r})a^\dagger(\boldsymbol{r}')a(\boldsymbol{r}')a(\boldsymbol{r})d^3\boldsymbol{r}d^3\boldsymbol{r}' \tag{12.74}$$

であるとする．Ψ を単一 Slater 行列で近似する TDHF においては，この方程式は ρ について閉じて，(6.114)の TDHF 方程式

$$\frac{\partial\rho(\boldsymbol{r},\boldsymbol{r}')}{\partial t}=\frac{1}{i}\int d^3\boldsymbol{r}''[\langle\boldsymbol{r}|K+U|\boldsymbol{r}''\rangle\rho(\boldsymbol{r}'',\boldsymbol{r}')-\rho(\boldsymbol{r},\boldsymbol{r}'')\langle\boldsymbol{r}''|K+U|\boldsymbol{r}'\rangle] \tag{12.75}$$

を得る．ここで

$$\langle \boldsymbol{r}|U|\boldsymbol{r}'\rangle = U(\boldsymbol{r},\boldsymbol{r}') = \delta(\boldsymbol{r}-\boldsymbol{r}')\int v(\boldsymbol{r},\boldsymbol{r}'')\rho(\boldsymbol{r}'',\boldsymbol{r}'')d^3\boldsymbol{r}''-v(\boldsymbol{r},\boldsymbol{r}')\rho(\boldsymbol{r},\boldsymbol{r}') \tag{12.76}$$

である．

次に，密度行列の **Wigner 変換**(Wigner transformation)

$$f(\boldsymbol{r},\boldsymbol{p}) \equiv \frac{1}{(2\pi)^3}\int e^{-i\boldsymbol{p}\cdot\boldsymbol{s}}\rho(\boldsymbol{r}+\boldsymbol{s}/2,\boldsymbol{r}-\boldsymbol{s}/2)d^3\boldsymbol{s} \tag{12.77}$$

を導入しよう．運動量表示の密度行列を用いると

$$f(\boldsymbol{r},\boldsymbol{p}) = \frac{1}{(2\pi)^3}\int e^{i\boldsymbol{q}\cdot\boldsymbol{r}}\tilde{\rho}(\boldsymbol{p}+\boldsymbol{q}/2,\boldsymbol{p}-\boldsymbol{q}/2)d^3\boldsymbol{q} \tag{12.78}$$

である．また平均場 $U(\boldsymbol{r},\boldsymbol{r}')$ の Wigner 変換($\times(2\pi)^3$)

$$U(\boldsymbol{r},\boldsymbol{p}) \equiv \int e^{-i\boldsymbol{p}\cdot\boldsymbol{s}}U(\boldsymbol{r}+\boldsymbol{s}/2,\boldsymbol{r}-\boldsymbol{s}/2)d^3\boldsymbol{s} \tag{12.79}$$

で運動量依存平均場を定義する．逆に，

$$\rho(\boldsymbol{r},\boldsymbol{r}') = \int e^{i\boldsymbol{p}\cdot(\boldsymbol{r}-\boldsymbol{r}')}f(\boldsymbol{r},\boldsymbol{p})d^3\boldsymbol{p} \tag{12.80}$$

$$U(\boldsymbol{r},\boldsymbol{r}') = \frac{1}{(2\pi)^3}\int e^{i\boldsymbol{p}\cdot(\boldsymbol{r}-\boldsymbol{r}')}U(\boldsymbol{r},\boldsymbol{p})d^3\boldsymbol{p} \tag{12.81}$$

である．

そこで方程式(12.75)の Wigner 変換

$$\begin{aligned}\frac{\partial f(\boldsymbol{r},\boldsymbol{p})}{\partial t} &= \frac{1}{(2\pi)^3 i}\int d^3\boldsymbol{s}\,e^{-i\boldsymbol{p}\cdot\boldsymbol{s}}\int d^3\boldsymbol{r}''\\ &\quad\times\{[\langle\boldsymbol{r}+\boldsymbol{s}/2|K|\boldsymbol{r}''\rangle\rho(\boldsymbol{r}'',\boldsymbol{r}-\boldsymbol{s}/2)-\rho(\boldsymbol{r}+\boldsymbol{s}/2,\boldsymbol{r}'')\langle\boldsymbol{r}''|K|\boldsymbol{r}-\boldsymbol{s}/2\rangle]\\ &\quad+[\langle\boldsymbol{r}+\boldsymbol{s}/2|U|\boldsymbol{r}''\rangle\rho(\boldsymbol{r}'',\boldsymbol{r}-\boldsymbol{s}/2)-\rho(\boldsymbol{r}+\boldsymbol{s}/2,\boldsymbol{r}'')\langle\boldsymbol{r}''|U|\boldsymbol{r}-\boldsymbol{s}/2\rangle]\}\end{aligned} \tag{12.82}$$

を計算する．右辺の運動エネルギー部分は，運動量表示を用いると

$$\frac{1}{(2\pi)^3}\frac{1}{i}\int d^3\boldsymbol{q}e^{i\boldsymbol{q}\cdot\boldsymbol{r}}\left[\frac{(\boldsymbol{p}+\boldsymbol{q}/2)^2}{2m}-\frac{(\boldsymbol{p}-\boldsymbol{q}/2)^2}{2m}\right]\tilde{\rho}(\boldsymbol{p}+\boldsymbol{q}/2,\boldsymbol{p}-\boldsymbol{q}/2)$$

$$=\frac{1}{(2\pi)^3 i}\int d^3\boldsymbol{q}e^{i\boldsymbol{q}\cdot\boldsymbol{r}}\frac{\boldsymbol{p}\cdot\boldsymbol{q}}{m}\tilde{\rho}(\boldsymbol{p}+\boldsymbol{q}/2,\boldsymbol{p}-\boldsymbol{q}/2)=-\frac{\boldsymbol{p}}{m}\frac{\partial f(\boldsymbol{r},\boldsymbol{p})}{\partial\boldsymbol{r}} \qquad (12.83)$$

となる．一方，平均場部分は(12.80)，(12.81)を代入し，第1項目では $\boldsymbol{r}''=\boldsymbol{r}+\boldsymbol{s}/2-\boldsymbol{t}$，第2項目では $\boldsymbol{r}''=\boldsymbol{r}-\boldsymbol{s}/2+\boldsymbol{t}$ と変数を換えると

$$\frac{1}{(2\pi)^6 i}\int d^3\boldsymbol{s}d^3\boldsymbol{t}d^3\boldsymbol{q}d^3\boldsymbol{q}'\,e^{-i\boldsymbol{p}\cdot\boldsymbol{s}}e^{i\boldsymbol{q}\cdot\boldsymbol{t}}e^{i\boldsymbol{q}'\cdot(\boldsymbol{s}-\boldsymbol{t})}$$
$$\times\left[U\left(\boldsymbol{r}+\frac{\boldsymbol{s}-\boldsymbol{t}}{2},\boldsymbol{q}\right)f\left(\boldsymbol{r}-\frac{\boldsymbol{t}}{2},\boldsymbol{q}'\right)-U\left(\boldsymbol{r}-\frac{\boldsymbol{s}-\boldsymbol{t}}{2},\boldsymbol{q}\right)f\left(\boldsymbol{r}+\frac{\boldsymbol{t}}{2},\boldsymbol{q}'\right)\right]$$

となる．これを $\boldsymbol{s},\boldsymbol{t}$ について1次まで展開すると

$$\frac{1}{(2\pi)^6 i}\int d^3\boldsymbol{s}d^3\boldsymbol{q}d^3\boldsymbol{q}'$$
$$\times\left[\int d^3(\boldsymbol{s}-\boldsymbol{t})\frac{\partial U(\boldsymbol{r},\boldsymbol{q})}{\partial\boldsymbol{r}}\cdot(\boldsymbol{s}-\boldsymbol{t})f(\boldsymbol{r},\boldsymbol{q}')e^{i(\boldsymbol{q}-\boldsymbol{p})\cdot\boldsymbol{s}}e^{i(\boldsymbol{q}'-\boldsymbol{q})\cdot(\boldsymbol{s}-\boldsymbol{t})}\right.$$
$$\left.-\int d^3\boldsymbol{t}U(\boldsymbol{r},\boldsymbol{q})\frac{\partial f(\boldsymbol{r},\boldsymbol{q}')}{\partial\boldsymbol{r}}\cdot\boldsymbol{t}e^{i(\boldsymbol{q}-\boldsymbol{q}')\cdot\boldsymbol{t}}e^{i(\boldsymbol{q}'-\boldsymbol{p})\cdot\boldsymbol{s}}\right]$$
$$=\frac{\partial U(\boldsymbol{r},\boldsymbol{p})}{\partial\boldsymbol{r}}\cdot\frac{\partial f(\boldsymbol{r},\boldsymbol{p})}{\partial\boldsymbol{p}}-\frac{\partial U(\boldsymbol{r},\boldsymbol{p})}{\partial\boldsymbol{p}}\cdot\frac{\partial f(\boldsymbol{r},\boldsymbol{p})}{\partial\boldsymbol{r}} \qquad (12.84)$$

と書ける．かくして，

$$\frac{\partial f}{\partial t}+\left(\frac{\boldsymbol{p}}{m}+\frac{\partial U}{\partial\boldsymbol{p}}\right)\cdot\frac{\partial f}{\partial\boldsymbol{r}}-\frac{\partial U}{\partial\boldsymbol{r}}\cdot\frac{\partial f}{\partial\boldsymbol{p}}=0 \qquad (12.85)$$

を得る．ここで密度行列の Wigner 変換 $f(\boldsymbol{r},\boldsymbol{p})$ を，古典論の粒子数密度 $f(\boldsymbol{r},\boldsymbol{p})$ に対応させれば*，上式はとりもなおさず，Vlasov 方程式である．すなわち，Vlasov 方程式は TDHF の近似式とも解釈できるのである．

衝突項を導くには TDHF より進んだ近似を採用しなければならない．状態

＊ 密度行列の Wigner 変換は正にも負にもなり得て，必ずしも古典的密度に対応するものではない．古典論との対応をより密接にするには Wigner 変換をさらに平均する伏見表示等の工夫があるが，ここでは触れない．

をSlater行列としないとき，方程式(12.73)はもはや1体密度行列では閉じず，2体相関関数が現われる．2体相関関数の時間発展の方程式には3体相関関数が現われる．この連鎖を2体相関関数までで止め，さらにいくつかの近似を導入してVUU方程式が導かれているが，長くなるのでここでは触れないこととする(巻末文献[Ⅲ-37]参照)．ここに現われる核子-核子散乱断面積$d\sigma/d\Omega$は生の核力でなく，核内有効核力による散乱の断面積であることを注意しておく．

VUU方程式の適用例として，図9-15の実験結果に対する理論解析の結果を図12-3に示す．上段は衝突項のみで平均場のないカスケード計算，中段は平均場のみで衝突項のないVlasov方程式による計算，下段は平均場と衝突項を含むVUU方程式による計算結果である．図9-15と比較すると，多重度の大きい中心衝突では明らかに平均場と衝突項の両者がともに重要であることが分かる．平均場と衝突項の協力により集団的流れが発現しているのである．

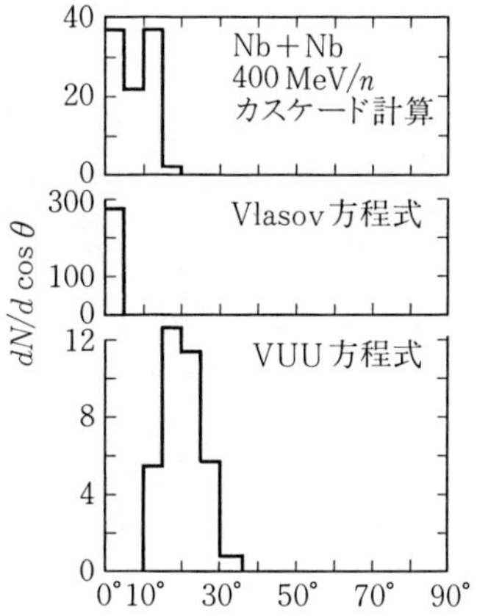

図12-3 流れ角頻度分布の理論計算．Nb＋Nbの中心衝突(b＝2.65 fm)．(G. F. Bertsch and S. Das Gupta: Phys. Report 160 (1988) 189.)

VUU方程式の計算において，平均場を核力から出発して自己無撞着的に生成するのは難しい．用いるべき核力自身，有効核力で密度の関数である．密度依存項をもつデルタ関数型でパラメータ化された有効ポテンシャル(Skyrme力)またはそれに有限レンジの簡単な力を加えたものが用いられる．

さらに簡単化して，平均場に対しては現象論的表現

$$U(\rho) = A(\rho/\rho_0) + B(\rho/\rho_0)^\sigma \qquad (\sigma > 1) \tag{12.86}$$

を用い，核密度 ρ は自己無撞着に取り扱うという近似もしばしば用いられる．ここで ρ_0 は通常の核物質の密度である．パラメータ A, B, σ は通常の核物質における核子当たりの束縛エネルギーと密度を与えるように決められる．それは一意的には決まらず，セットによって核の圧縮率が大きく異なる．かくして重イオンの中心衝突の解析から，どのパラメータセットが実験をよく再現するかを見ることにより，核の圧縮率についての情報が得られることとなる．当初，重イオンの実験は，従来巨大単極共鳴の位置などから知られていた圧縮率にくらべ，きわめて小さな圧縮率(大きな非圧縮率といわれることが多い)を必要とした．しかし，平均場の非局所性(運動量依存性)を正当に取り扱えば，従来の値と同程度の値でよいことが分かってきた．

VUU 方程式の解法には**テスト粒子法**(test particle method)といわれる方法がよく用いられる．これは分布関数 $f(\boldsymbol{r}, \boldsymbol{p}, t)$ の時間発展を，関与する核子数よりはるかに多い仮想的なテスト粒子の運動によってシミュレートし，その集合によって分布関数を再構成する．各テスト粒子は運動方程式

$$\dot{\boldsymbol{p}}_i = -\frac{\partial U}{\partial \boldsymbol{r}_i}, \qquad \dot{\boldsymbol{r}}_i = \frac{\boldsymbol{p}_i}{\sqrt{m^2 + p_i{}^2}} \tag{12.87}$$

に従って運動し，特定の条件を満たしたときにのみ散乱する．Pauli 原理は位相空間における適当な条件で代用する．この方法にもいくつかの問題点があり，またいろいろな工夫もなされている．

1 粒子分布関数のみを考える手法の大きな欠点は，衝突で生じたクラスター(分裂片)をあらわには取り扱えないことである．そこでテスト粒子でなく，核子そのものの波束の中心が運動方程式(12.87)に従って運動し，衝突を起こすとして，重イオン衝突における各核子の運動をシミュレートする方法も開発され，**量子分子動力学**(quantum molecular dynamics)とよばれている．この方法では分裂片の質量分布，多重度等も計算できる．しかしこの方法は，TDHF から Vlasov 方程式を導いたような，量子力学からの導出はまだ行なわれていない．

補章

不安定核の構造

9-5節で触れたように，中高エネルギー重イオン反応を用いて β 安定線から遠く離れた不安定核*を生成し，これを2次ビームとして種々の核反応を起こさせる実験が近年盛んに行なわれるようになってきた．それとともに，われわれの原子核に対する視野は，これまでの β 安定線という1次元の曲線近傍から，N と Z からなる2次元平面に広がった．N と Z の組合せを自由に変化させ，それにつれて核構造が変化する有様を調べることによって，中性子と陽子という2種類のフェルミオンからなるユニークな有限量子系としての原子核の特質をより深く理解できると期待される．

この章では，まずA-1節で，最近の実験で発見され，軽い不安定核の研究を急速に発展させる契機となった中性子ハローと中性子スキンについて述べ，A-2節で，これらの発見に導いた重イオン反応のGlauber理論による解析の手法を簡単に解説する．続いて，A-3, A-4節で，不安定核の構造を理解するための基本的事項を平均場近似の範囲内で簡潔にまとめる．ここでは，6-1節

* 弱い相互作用による β 崩壊に対して不安定な短寿命(例えば，半減期が1 ms程度)の原子核といえども，原子核の世界の時間スケール(例えば，核子が原子核内を1周する時間 10^{-22} s程度)から見れば極めて長時間存在していることになり，近似的な定常状態と見なしてよいことに注意しよう．

で解説した Hartree-Fock 理論の具体的な適用例も紹介する．最後に，A-5 節で最近のいくつかの話題に触れる．

A-1 中性子ハローと中性子スキン

本節では，不安定核にユニークな現象として注目され，現在，精力的に研究が行なわれている中性子ハローと中性子スキンについて述べる．

a）中性子ハロー

2 次ビームとして発生した軽い核のアイソトープをいろいろなターゲットに衝突させ，その反応断面積 σ_r または相互作用断面積 σ_I を測定したところ，${}^{11}_{3}Li_8$, ${}^{11}_{4}Be_7$, ${}^{14}_{4}Be_{10}$, ${}^{17}_{5}B_{12}$ 等の中性子過剰核でその断面積が異常に大きいことが見いだされた．**相互作用断面積**(interaction cross section)とは入射核が基底状態以外の状態に遷移した過程の全断面積である．この結果は，(9.12)から示唆されるように，これらの核の半径が異常に大きいことを意味する．式(9.12)を導いたのと同様の議論によって相互作用断面積を

$$\sigma_I = \pi[R_I(P)+R_I(T)]^2 \tag{A.1}$$

とおき，データを**相互作用半径**(interaction radius)R_I の形で整理した．ここ

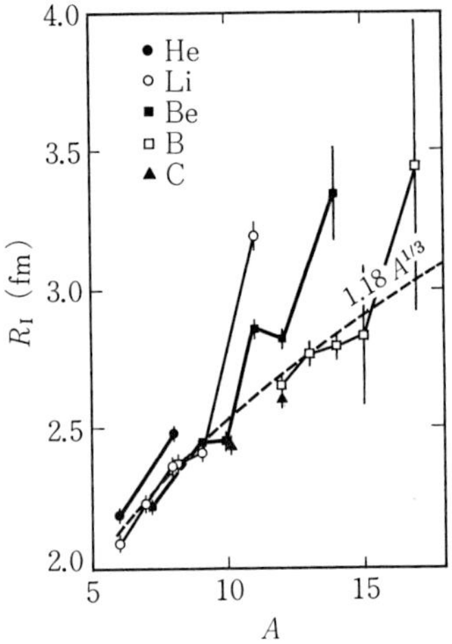

図 A-1 軽い核の相互作用半径．中性子ドリップ線近傍の ${}^{11}Li$, ${}^{14}Be$, ${}^{17}B$ の半径が異常に大きい．(I. Tanihata: Nucl. Phys. **A488**(1988) 113c.)

で P, T はそれぞれ入射核と標的核を表わす．得られた R_I を図 A-1 に示す．

このような異常を示す核に共通の特徴は，1 中性子分離エネルギーが非常に小さいか，または 1 中性子を取ると束縛状態が存在せず，2 中性子分離エネルギーが非常に小さい，したがって，中性子密度分布が異常に広がっていることである．かくして，芯の核の周りを 1 ないし 2 中性子の広くひろがった雲が覆っているという**中性子ハロー**(neutron halo)という描像が導入された．

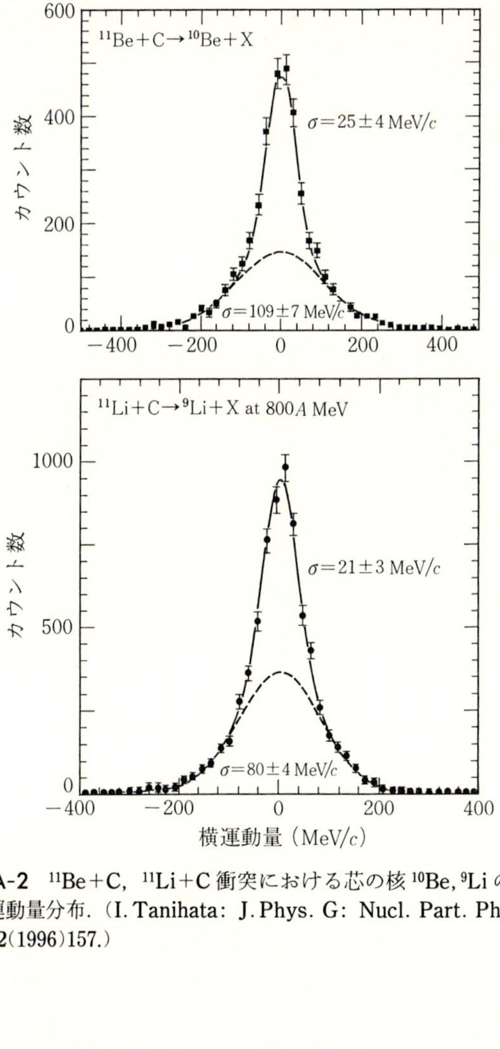

図 A-2 ^{11}Be+C，^{11}Li+C 衝突における芯の核 ^{10}Be, ^{9}Li の横運動量分布．(I. Tanihata: J. Phys. G: Nucl. Part. Phys. **22**(1996)157.)

この描像のより確実な証拠は，入射核破砕片である芯の核の運動量分布の測定によって得られた．これは芯の核とハローをなす1ないし2中性子との相対運動の運動量分布を反映している．図A-2に^{11}Be+C，^{11}Li+C衝突における芯の核^{10}Be, ^{9}Liの横運動量(入射方向に垂直な運動量成分)分布を示す．実験値を2つのGauss関数の和で合わせた．その広がりパラメータσを図に示してある．主要成分である幅の狭い運動量分布は空間分布がハローのごとく広くひろがっていることを表わしている．

b）中性子スキン

${}^{6}_{2}\mathrm{He}_4$, ${}^{8}_{2}\mathrm{He}_6$等の中性子過剰核においては，中性子ハローのように薄くひろく広がった中性子の雲でなく，核表面に通常の密度をもつ中性子の層が形成されていることが最近の実験で示された．これを**中性子スキン**(neutron skin)という．中性子ハローと中性子スキンの違いを図A-3に定性的に示す．

極めて例外的な場合を除いて，β不安定核で陽子と中性子の分布が独立に測定されたことはない．中性子スキン存在の証拠は，Glauber理論から近似的に導かれる相互作用断面積と**中性子分離断面積**(neutron removal cross section)の間に成り立つ関係が根拠となっている．

例を^{6}Heにとると，もし^{6}He中の^{4}Heが自由な^{4}Heと同じであれば，^{6}Heから2つの中性子がはぎとられる反応の断面積(分離断面積)をσ_{-2n}として

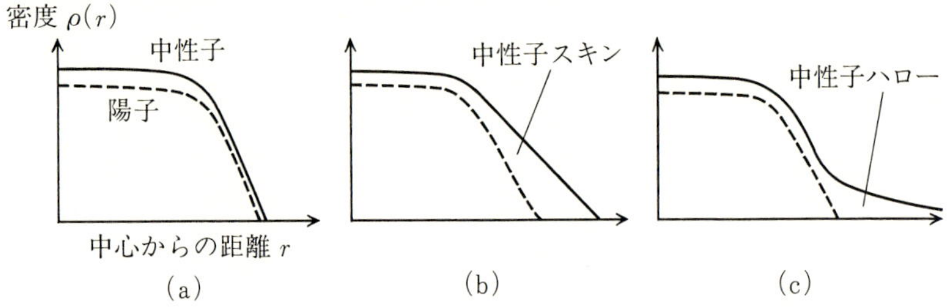

図A-3　中性子ハローと中性子スキン(概念図)．実線は中性子の密度分布，破線は陽子の密度分布を示す．(a)通常の安定核の場合，(b)中性子過剰核における中性子スキン，(c)中性子ドリップ線近傍核における中性子ハロー．縦軸はlogスケールで描かれている．

$$\sigma_{-2n}(^6\mathrm{He}) = \sigma_\mathrm{I}(^6\mathrm{He}) - \sigma_\mathrm{I}(^4\mathrm{He}) \tag{A.2}$$

という近似式が Glauber 理論から導かれる．実験結果は

$$\sigma_{-2n}(^6\mathrm{He}) = 189 \pm 14 \quad (\mathrm{mb})$$

$$\sigma_\mathrm{I}(^6\mathrm{He}) - \sigma_\mathrm{I}(^4\mathrm{He}) = (722 \pm 5) - (503 \pm 5) = 219 \pm 8 \quad (\mathrm{mb})$$

で，この近似式がある程度成り立っている．

^{8}He の場合には

$$\sigma_{-2n}(^8\mathrm{He}) + \sigma_{-4n}(^8\mathrm{He}) = \sigma_\mathrm{I}(^8\mathrm{He}) - \sigma_\mathrm{I}(^4\mathrm{He}) \tag{A.3}$$

が期待されるが，実験結果は

$$\sigma_{-2n}(^8\mathrm{He}) + \sigma_{-4n}(^8\mathrm{He}) = (202 \pm 17) + (95 \pm 9) = 297 \pm 19 \quad (\mathrm{mb})$$

$$\sigma_\mathrm{I}(^8\mathrm{He}) - \sigma_\mathrm{I}(^4\mathrm{He}) = (817 \pm 6) - (503 \pm 5) = 314 \pm 8 \quad (\mathrm{mb})$$

であって，上の関係式がかなりよく成り立っている．したがって，^{6}He や ^{8}He の中の ^{4}He が自由な ^{4}He とあまり変わらず，^{6}He や ^{8}He における陽子分布半径は ^{4}He のものとほぼ同じと見なせる．そこで $\sigma_\mathrm{I}(^8\mathrm{He})$, $\sigma_\mathrm{I}(^6\mathrm{He})$ から得られる核子分布半径との差をとることにより，中性子スキンの厚さが約 0.9 fm と推定された．

β 安定核では N/Z 比が大きくても(例えば，^{208}Pb では $N/Z = 126/82$)，中性子と陽子の密度分布の半径はほぼ等しく，中性子スキンは形成されない．中性子スキンは，単に N が Z より大きいから生じるのではなく，β 崩壊に対して非常に不安定な中性子ドリップ線近傍に特有な現象であり，今後，より重い不安定核の研究が可能になるにつれて広範に見いだされるものと期待される．中性子スキン出現のメカニズムについては，A-3, A-4 節で Hartree-Fock 理論に基づいて考察する．

A-2 Glauber 理論による重イオン反応の解析

中性子ハローや中性子スキンを示す実験結果の定量的解析には，主に Glauber 理論が用いられている．本節ではこの理論を簡単に解説しておく．

a) アイコナール近似

質量 m の粒子のポテンシャル V による散乱を考える．入射エネルギー E が十分大きく幾何光学が成り立ち，かつ粒子の軌道が直線で近似できるとする．そのためには V による運動量変化(力×時間$\approx(V/a)(a/v)\approx V/v$)が運動量の不確定性 $\hbar/a$ より十分大きく，入射運動量 $\hbar k$ より十分小さくなければならない．ここで a は力の働く領域の長さを，v は粒子の速度を表わす．これより

$$\frac{Va}{\hbar v}=\frac{V}{2E}(ka)\gg 1, \qquad \frac{V}{v\hbar k}=\frac{V}{2E}\ll 1 \tag{A.4}$$

なる条件を必要とする．

直線近似の軌道の方向を z 軸方向とすると，V を通過する平面波の位相の変化は

$$\Delta\phi=\int_{-\infty}^{z}(\sqrt{k^2-U}-k)dz=\int_{-\infty}^{z}\Phi dz \tag{A.5}$$

となる．ここで

$$E=\frac{\hbar^2k^2}{2m}, \qquad U=\frac{2mV}{\hbar^2} \tag{A.6}$$

と置いた．

移行運動量を $\boldsymbol{q}=\boldsymbol{k}_{\rm i}-\boldsymbol{k}_{\rm f}$ と書くと，散乱の T 行列は

$$T=\frac{\hbar^2}{2m}\int d^3re^{i\boldsymbol{q}\cdot\boldsymbol{r}}Ue^{i\Delta\phi} \tag{A.7}$$

と表わされる．$\boldsymbol{r}=(\boldsymbol{b},z)$ と書き，移行運動量 $\boldsymbol{q}$ が入射方向にほぼ垂直として

$$\boldsymbol{q}\cdot\boldsymbol{r}\approx\boldsymbol{q}\cdot\boldsymbol{b} \tag{A.8}$$

と近似する．条件 $V/2E\ll1$ より

$$\Phi=\sqrt{k^2-U}-k\approx-\frac{U}{2k}=-\frac{V}{\hbar v} \tag{A.9}$$

と近似できるので

$$T=-\frac{\hbar^2k}{m}\int d^2be^{i\boldsymbol{q}\cdot\boldsymbol{b}}\int_{-\infty}^{\infty}dz\Phi\exp\left(i\int_{-\infty}^{z}\Phi dz'\right) \tag{A.10}$$

となる．ここで z に関する積分が実行できて

$$T = \frac{i\hbar^2 k}{m}\int d^2 b e^{i\boldsymbol{q}\cdot\boldsymbol{b}}(e^{i\chi(\boldsymbol{b})}-1) \tag{A.11}$$

$$\chi(\boldsymbol{b}) = \int_{-\infty}^{\infty}\Phi dz = -\frac{1}{\hbar v}\int_{-\infty}^{\infty} V dz \tag{A.12}$$

が得られる．$\chi(\boldsymbol{b})$ は**位相差関数**(phase shift function)と呼ばれる．

式(10.27)より散乱振幅は

$$f(\boldsymbol{q}) = \frac{ik}{2\pi}\int d^2 b e^{i\boldsymbol{q}\cdot\boldsymbol{b}}(1-e^{i\chi(\boldsymbol{b})}) \tag{A.13}$$

となる．この表式を**アイコナール近似**(eikonal approximation)という．

b) Glauber 理論

アイコナール近似を多体系に拡張しよう．簡単のため，入射粒子は構造のない1粒子とし，その座標を $\boldsymbol{r}=(\boldsymbol{b}, z)$ で表わす．一方，標的核は A 個の核子からなり，各核子の座標を $\boldsymbol{r}_i=(\boldsymbol{b}_i, z_i)$ で表わす．相互作用は2体力の和

$$V = \sum_i V_i(\boldsymbol{r}-\boldsymbol{r}_i) \tag{A.14}$$

で書けるとする．このとき，位相差関数は

$$\chi(\boldsymbol{b}) = \int_{-\infty}^{\infty}\left(\sqrt{k^2-\sum_i U_i(\boldsymbol{r}-\boldsymbol{r}_i)}-k\right)dz \tag{A.15}$$

で与えられ，近似(A.9)を用いると

$$\chi(\boldsymbol{b}) = \sum_i \chi_i(\boldsymbol{b}-\boldsymbol{b}_i) \tag{A.16}$$

$$\chi_i(\boldsymbol{b}-\boldsymbol{b}_i) = -\frac{1}{\hbar v}\int_{-\infty}^{\infty} V_i(\boldsymbol{r}-\boldsymbol{r}_i)dz \tag{A.17}$$

を得る．そこで散乱振幅は

$$\hat{f}(\boldsymbol{q}) = \frac{ik}{2\pi}\int d^2 b e^{i\boldsymbol{q}\cdot\boldsymbol{b}}(1-e^{i\chi(\boldsymbol{b})}) = \frac{ik}{2\pi}\int d^2 b e^{i\boldsymbol{q}\cdot\boldsymbol{b}}\left(1-\prod_i(1-\Gamma_i)\right) \tag{A.18}$$

と書ける．ここで Γ_i は $\boldsymbol{b}-\boldsymbol{b}_i$ の関数で

$$\Gamma_i = 1-e^{i\chi_i(\boldsymbol{b}-\boldsymbol{b}_i)} \tag{A.19}$$

であり，**プロファイル関数**(profile function)と呼ばれる．

$\hat{f}$ は $\boldsymbol{b}_i$ の関数であって，標的核に対する演算子である．散乱振幅は $\hat{f}$ の始状態 $\boldsymbol{\Phi}_0$ と終状態 $\boldsymbol{\Phi}_n$ の行列要素

$$F_{n0}(\boldsymbol{q}) = \langle \boldsymbol{\Phi}_n | \hat{f}(\boldsymbol{q}) | \boldsymbol{\Phi}_0 \rangle = \frac{ik}{2\pi} \int d^2 b e^{i\boldsymbol{q}\cdot\boldsymbol{b}} \langle \boldsymbol{\Phi}_n | 1 - \prod_i (1-\Gamma_i) | \boldsymbol{\Phi}_0 \rangle \quad (\mathrm{A.20})$$

によって与えられる．ここで $1-\prod_i(1-\Gamma_i)$ を Γ_i について展開すると

$$1-\prod_i(1-\Gamma_i) = \sum_i \Gamma_i - \sum_{i \neq j} \Gamma_i \Gamma_j + \cdots - (-1)^A \prod_i \Gamma_i \quad (\mathrm{A.21})$$

となる．第1項が1回散乱，第2項が2回散乱，最後の項が A 回散乱のように，多重散乱過程が有限の和で書かれるのがGlauber 理論の1つの特徴である．

c) Glauber 理論による重イオン反応の解析*

中性子ハローないしスキンをもつ入射イオンPと標的核Tの反応をGlauber 理論によって解析しよう．P, T の重心座標をそれぞれ $\boldsymbol{R}_\mathrm{P}, \boldsymbol{R}_\mathrm{T}$，相対座標を $\boldsymbol{R}_\mathrm{P}-\boldsymbol{R}_\mathrm{T}=(\boldsymbol{b}, z)$ と書き，P, T の内部座標をそれぞれ

$$\boldsymbol{s}_i = (\boldsymbol{s}_i{}^\perp, s_{zi}) = \boldsymbol{r}_i - \boldsymbol{R}_\mathrm{P}, \qquad \boldsymbol{t}_j = (\boldsymbol{t}_j{}^\perp, t_{zj}) = \boldsymbol{r}_j - \boldsymbol{R}_\mathrm{T}$$

と書く．また，P, T の質量をそれぞれ $M_\mathrm{P}, M_\mathrm{T}$ とし，入射運動量を $\boldsymbol{K}$，その大きさを K，移行運動量を $\boldsymbol{q}$ とする．

Glauber 近似においては，P の内部状態が Ψ_0 から Ψ_α に，T の内部状態が Θ_0 から Θ_β に遷移する反応の散乱振幅は

$$F_{\alpha\beta}(\boldsymbol{q}) = \frac{iK}{2\pi} \int d^2 b e^{i\boldsymbol{q}\cdot\boldsymbol{b}} \langle \Psi_\alpha \Theta_\beta | 1 - \prod_{i\in \mathrm{P}} \prod_{j \in \mathrm{T}} (1-\Gamma_{ij}) | \Psi_0 \Theta_0 \rangle \quad (\mathrm{A.22})$$

と表わされる．ここで

$$\Gamma_{ij} = 1 - \exp(i\chi_{ij}) \quad (\mathrm{A.23})$$

$$\chi_{ij} = \chi_{ij}(\boldsymbol{s}_i{}^\perp - \boldsymbol{t}_i{}^\perp + \boldsymbol{b}) = -\frac{M_\mathrm{P}}{\hbar^2 K} \int_{-\infty}^{\infty} V_{ij}(\boldsymbol{r}_i - \boldsymbol{r}_j) dz \quad (\mathrm{A.24})$$

---

* Y. Ogawa, K. Yabana and Y. Suzuki: Nucl. Phys. **A543**(1992)722.

である．Ψ は $\{\boldsymbol{s}_i\}$，Θ は $\{\boldsymbol{t}_j\}$ の関数であり，$\boldsymbol{r}_i-\boldsymbol{r}_j=\boldsymbol{s}_i-\boldsymbol{t}_j+\boldsymbol{b}$ を用いた．

したがって，全反応断面積は

$$\begin{aligned}\sigma_{\mathrm{r}} &= \sum_{(\alpha,\beta)\neq(0,0)} \sigma_{\alpha\beta} \\ &= \sum_{(\alpha,\beta)\neq(0,0)} \int \frac{d^2 q d\omega}{K^2} |F_{\alpha\beta}(\boldsymbol{q})|^2 \delta(\epsilon_{\mathrm{P}\alpha}+\epsilon_{\mathrm{T}\beta}-\epsilon_{\mathrm{P}0}-\epsilon_{\mathrm{T}0}-\omega) \end{aligned} \tag{A.25}$$

と表わされる．ここで $\epsilon_{\mathrm{P}\alpha}, \epsilon_{\mathrm{T}\beta}$ はそれぞれ P, T の内部エネルギーを表わし

$$\omega = \frac{\hbar^2 \boldsymbol{K}^2}{2M_{\mathrm{P}}} - \left(\frac{\hbar^2(\boldsymbol{K}+\boldsymbol{q})^2}{2M_{\mathrm{P}}} + \frac{\hbar^2 q^2}{2M_{\mathrm{T}}}\right)$$

である．散乱角が非常に小さいことから，立体角に対し

$$d\Omega \approx \frac{d^2 q}{K^2} \tag{A.26}$$

なる近似を用いた．

入射および出射エネルギーが十分大きいので，内部エネルギー変化を無視すると，上の和をとるにあたってエネルギー保存を表わす

$$\int d\omega \delta(\epsilon_{\mathrm{P}\alpha}+\epsilon_{\mathrm{T}\beta}-(\epsilon_{\mathrm{P}0}+\epsilon_{\mathrm{T}0})-\omega)$$

を 1 と置き換えられる．式(A. 22)を代入し d^2q の積分を実行すると，

$$\begin{aligned}\sigma_{\mathrm{r}} &= \sum_{(\alpha,\beta)\neq(0,0)} \int d^2 b \langle \Psi_0 \Theta_0 | 1 - \prod_{i\in\mathrm{P}} \prod_{j\in\mathrm{T}} (1-\Gamma_{ij}{}^*) | \Psi_\alpha \Theta_\beta \rangle \\ &\quad \times \langle \Psi_\alpha \Theta_\beta | 1 - \prod_{i\in\mathrm{P}} \prod_{j\in\mathrm{T}} (1-\Gamma_{ij}) | \Psi_0 \Theta_0 \rangle \\ &= \int d^2 b \left[\langle \Psi_0 \Theta_0 | \prod_{i\in\mathrm{P}} \prod_{j\in\mathrm{T}} |1-\Gamma_{ij}|^2 | \Psi_0 \Theta_0 \rangle - |\langle \Psi_0 \Theta_0 | \prod_{i\in\mathrm{P}} \prod_{j\in\mathrm{T}} (1-\Gamma_{ij}) | \Psi_0 \Theta_0 \rangle|^2 \right] \end{aligned} \tag{A.27}$$

を得る．NN 散乱に対するユニタリ性より $|1-\Gamma_{ij}|^2=1$ を用いると，全反応断面積は

$$\sigma_{\mathrm{r}} = \int d^2 b (1 - |\exp(i\chi_{\mathrm{PT}})|^2) \tag{A.28}$$

$$\exp(i\chi_{\mathrm{PT}}) = \langle \Psi_0 \Theta_0 | \prod_{i\in\mathrm{P}} \prod_{j\in\mathrm{T}} (1-\Gamma_{ij}) | \Psi_0 \Theta_0 \rangle \tag{A.29}$$

とまとめられる．ここで $\chi_{\rm PT}$ は弾性散乱に対する位相差関数である．

同様の議論を展開して，相互作用断面積は

$$\sigma_{\rm I} = \sum_{\alpha\neq 0,\beta} \sigma_{\alpha\beta}$$
$$= \int d^2 b\left[1-\langle\Psi_0\Theta_0|\prod_{i\in{\rm P}}\prod_{j\in{\rm T}}(1-\Gamma_{ij}{}^*)|\Psi_0\rangle\langle\Psi_0|\prod_{i\in{\rm P}}\prod_{j\in{\rm T}}(1-\Gamma_{ij})|\Psi_0\Theta_0\rangle\right] \tag{A.30}$$

と与えられる．

次に，中性子スキン存在の証拠に用いた相互作用断面積と中性子分離断面積の関係を導く．問題を具体化するため，^{11}Li にならって，入射核 P が芯の核 F と 2 中性子からなり束縛状態はただ 1 つしかなく，(F+1 中性子)系の束縛状態はないものとする．このとき P の波動関数が

$$\Psi_0 = \phi_0\boldsymbol{\Phi}_0, \qquad \Psi_{\alpha\neq 0} = \phi_{\boldsymbol{k}_1\boldsymbol{k}_2}\boldsymbol{\Phi}_\gamma \tag{A.31}$$

と積の形に書けるとする．ここで $\boldsymbol{\Phi}_\gamma$ は芯核 F の状態を表わし，ϕ_0 は P の基底状態での 2 中性子の状態を，$\phi_{\boldsymbol{k}_1\boldsymbol{k}_2}$ は励起状態での 2 中性子の状態を表わす．$\boldsymbol{k}_1, \boldsymbol{k}_2$ は芯 F に対する各中性子の運動量である．直交性 $\langle\phi_{\boldsymbol{k}_1\boldsymbol{k}_2}|\phi_0\rangle=0$ と完全性

$$\int d^3k_1 d^3k_2 |\phi_{\boldsymbol{k}_1\boldsymbol{k}_2}(\boldsymbol{u}_1\boldsymbol{u}_2)\rangle\langle\phi_{\boldsymbol{k}_1\boldsymbol{k}_2}(\boldsymbol{u}_1{}'\boldsymbol{u}_2{}')|$$
$$= \delta(\boldsymbol{u}_1-\boldsymbol{u}_1{}')\delta(\boldsymbol{u}_2-\boldsymbol{u}_2{}')-|\phi_0(\boldsymbol{u}_1\boldsymbol{u}_2)\rangle\langle\phi_0(\boldsymbol{u}_1{}'\boldsymbol{u}_2{}')| \tag{A.32}$$

が成り立つ．

芯 F が励起しない場合の 2 中性子分離断面積は

$$\sigma_{-2n}({\rm P+T}) = \sum_\beta \int d^3k_1 d^3k_2 \sigma_{\alpha=(\boldsymbol{k}_1\boldsymbol{k}_2,\gamma=0),\beta} \tag{A.33}$$

である．完全性(A.32)を用いると

$$\sigma_{-2n}({\rm P+T}) = \int d^2b\Big[\langle\Psi_0\Theta_0|\prod_{i\in{\rm P}}\prod_{j\in{\rm T}}(1-\Gamma_{ij}{}^*)|\boldsymbol{\Phi}_0\rangle\langle\boldsymbol{\Phi}_0|\prod_{i\in{\rm P}}\prod_{j\in{\rm T}}(1-\Gamma_{ij})|\Psi_0\Theta_0\rangle$$
$$-\langle\Psi_0\Theta_0|\prod_{i\in{\rm P}}\prod_{j\in{\rm T}}(1-\Gamma_{ij}{}^*)|\Psi_0\rangle\langle\Psi_0|\prod_{i\in{\rm P}}\prod_{j\in{\rm T}}(1-\Gamma_{ij})|\Psi_0\Theta_0\rangle\Big] \tag{A.34}$$

が得られる．一方，右辺第2項は(A.30)により $\sigma_{\mathrm{I}}(\mathrm{P}+\mathrm{T})$ と関係している．右辺第1項を芯Fと2中性子の部分にわけると

$$\langle\Theta_0|\langle\Phi_0|\prod_{i\in\mathrm{F}}\prod_{j\in\mathrm{T}}(1-\Gamma_{ij}{}^*)|\Phi_0\rangle\langle\Phi_0|\prod_{i\in\mathrm{F}}\prod_{j\in\mathrm{T}}(1-\Gamma_{ij})|\Phi_0\rangle$$
$$\times\langle\phi_0|\prod_{i\in 2n}\prod_{j\in\mathrm{T}}|1-\Gamma_{ij}|^2|\phi_0\rangle|\Theta_0\rangle$$
$$=\langle\Phi_0\Theta_0|\prod_{i\in\mathrm{F}}\prod_{j\in\mathrm{T}}(1-\Gamma_{ij}{}^*)|\Phi_0\rangle\langle\Phi_0|\prod_{i\in\mathrm{F}}\prod_{j\in\mathrm{T}}(1-\Gamma_{ij})|\Phi_0\Theta_0\rangle \qquad (\mathrm{A}.35)$$

となり，$\sigma_{\mathrm{I}}(\mathrm{F}+\mathrm{T})$ と関係している．ここでユニタリ性 $|1-\Gamma_{ij}|^2=1$ を使った．かくして中性子スキンの実証に用いられた関係式

$$\sigma_{-2n}(\mathrm{P}+\mathrm{T})=\sigma_{\mathrm{I}}(\mathrm{P}+\mathrm{T})-\sigma_{\mathrm{I}}(\mathrm{F}+\mathrm{T}) \qquad (\mathrm{A}.36)$$

が得られた．

A-3 不安定核の平均場の特徴

不安定核の平均ポテンシャルは，以下で述べるように，安定核のものと著しく異なった性質をもつと考えられる．不安定核の構造を論じるには，まず，この点を理解しておく必要がある．

a） 陽子と中性子の Fermi エネルギーの違い

図 A-4 に中性子過剰核，および，陽子過剰核の平均ポテンシャルを通常の安定核の場合と比較した．安定核では陽子と中性子の Fermi エネルギーがほぼ等しい(これが，β 崩壊に対して安定な理由である)が，不安定核では両者が著しく異なる．このことが β 不安定核の最も基本的な特徴である．例えば，陽子ドリップ線上にある最も重い $N=Z$ 核と考えられる $^{100}\mathrm{Sn}$ では，両者は約 15 MeV 異なると見積もられている．さらに中性子(陽子)ドリップ線近傍では，中性子(陽子)Fermi 面が連続エネルギー状態に近いため，占有されていない束縛準位がほとんど無い．つまり，非占有準位はほとんど連続状態から成る．これまで学んできたように，基底状態や低励起モードの性質は主に Fermi 面近傍の粒子-粒子相関や粒子-空孔励起によって決まっていたから，この違いは大きな影響を及ぼす．

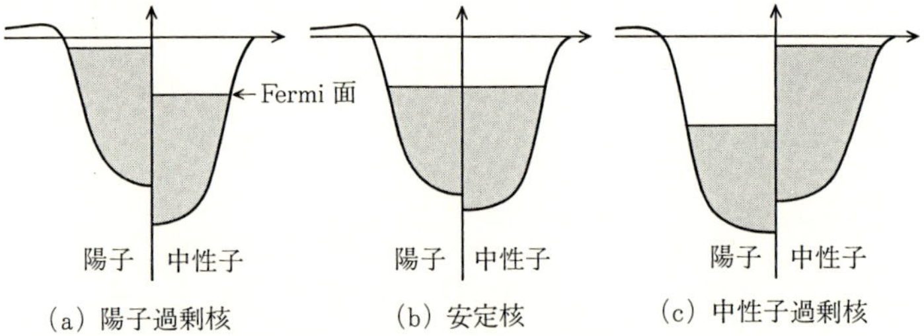

図 A-4 平均ポテンシャルと Fermi 面(概念図). 各図の左側に陽子, 右側に中性子に対する平均ポテンシャルが示されている. 安定核の場合(b), 陽子と中性子の Fermi エネルギーがほぼ等しいが, 陽子過剰核(a), 中性子過剰核(c)では両者が著しく異なることに注意しよう.

b) 連続状態近傍での対相関

実験によると, $N=7$ の ^{10}Li には束縛状態がないが, 中性子数が偶数($N=8$)の ^{11}Li は束縛する. このことは, 2 個の中性子がペアを組むことによってはじめて ^{9}Li に束縛されることを示している. 一般にドリップ線近傍での対相関は極めて重要と考えられるが, 束縛状態に対する通常の BCS 近似をそのままで使うことはできず, 連続状態近傍での対相関を記述する新しい方法の開発が求められる. このように, 不安定核の構造を考えるときは, 弱く束縛された 1 粒子準位と 1 粒子共鳴準位や連続状態との結合を正しく取り扱うことが本質的となる. 弱く束縛された有限量子系に特有の新しい理論的課題といえる.

A-4 密度依存力を用いた Hartree-Fock 計算

β 安定線から中性子(陽子)ドリップ線に至る広範な領域にわたって, 原子核の平均場が N と Z の組合せにより変化する様子を調べる目的に適した有用な理論的手法として, ここでは, 密度に依存する有効相互作用を用いた Hartree-Fock 計算について紹介する.

a) Skyrme 力

1970 年頃までの有効相互作用に関する微視的研究の結果, 原子核内部での媒質効果(相互作用する2核子にまわりの核子が及ぼす影響)の主要部分を密度依存性として表現できることが明らかになった*．こうして，この密度依存性を現象論的に取り入れ，結合エネルギーや密度分布の飽和性を再現する有効相互作用が核構造のHartree-Fock計算に広く用いられるようになった．なかでも，相対距離への依存性がδ関数で与えられる(これを**ゼロレンジ力**という) Skyrme型の有効相互作用は特に簡便である**．この有効力は

$$
\begin{aligned}
V_{12} = & \; t_0(1+x_0P_\sigma)\delta(\boldsymbol{r}_1-\boldsymbol{r}_2)+\frac{1}{2}t_1(1+x_1P_\sigma)\{\delta(\boldsymbol{r}_1-\boldsymbol{r}_2)\boldsymbol{k}^2+\boldsymbol{k}^2\delta(\boldsymbol{r}_1-\boldsymbol{r}_2)\} \\
& +t_2(1+x_2P_\sigma)\boldsymbol{k}\cdot\delta(\boldsymbol{r}_1-\boldsymbol{r}_2)\boldsymbol{k}+\frac{1}{6}t_3(1+x_3P_\sigma)\rho^\alpha\left(\frac{1}{2}(\boldsymbol{r}_1+\boldsymbol{r}_2)\right)\delta(\boldsymbol{r}_1-\boldsymbol{r}_2) \\
& +iW_0(\boldsymbol{\sigma}_1+\boldsymbol{\sigma}_2)\cdot(\boldsymbol{k}\times\delta(\boldsymbol{r}_1-\boldsymbol{r}_2)\boldsymbol{k})
\end{aligned}
\tag{A.37}
$$

と一般的に書ける．ここで，$\boldsymbol{k}=\frac{1}{2i}(\nabla_1-\nabla_2)$であり，$P_\sigma=\frac{1}{2}(1+\boldsymbol{\sigma}_1\cdot\boldsymbol{\sigma}_2)$はスピン交換演算子である．10個のパラメータ($t_0, t_1, t_2, t_3, x_0, x_1, x_2, x_3, \alpha, W_0$)は，$\beta$安定線付近の原子核の半径，体積エネルギー，圧縮率，表面エネルギー，対称エネルギーなどの巨視的性質を再現するという条件のもとで決めるので，任意性はそれほどない．(この際，$x_1=x_2=x_3=0$としてパラメータの数を減らしてもかなり満足できる結果が得られる)．t_1, t_2を含む項は有限レンジ(相互作用の到達距離が有限である)などの効果を運動量依存性として表現したものである．一方，t_3を含む項が密度依存性を表わし，そのベキ乗パラメータαとしては1より小さい$\frac{1}{3}, \frac{1}{6}$等がよく使われる．W_0を含む最後の項はスピン軌道力である．

ゼロレンジ力であるSkyrme力V_{ij}の利点は，1粒子モードの真空$|\phi_0\rangle$に関する有効ハミルトニアン$H=\sum_i \boldsymbol{p}_i{}^2/2m+\frac{1}{2}\sum_{ij}V_{ij}$の期待値$E=\langle\phi_0|H|\phi_0\rangle$が局所ハミルトニアン密度$H(\boldsymbol{r})$の空間積分として表現できる点にある．つまり，

$$
E = \int H(\boldsymbol{r})d\boldsymbol{r} \tag{A.38}
$$

---

* J. W. Negele and D. Vautherin: Phys. Rev. **C5**(1972)1472.

** D. Vautherin and D. M. Brink: Phys. Rev. **C5**(1972)626; J. Dobaczewski, H. Flocard and J. Treiner: Nucl. Phys. **A422**(1984)103; P. Bonche, H. Flocard and P.-H. Heenen: Nucl. Phys. **A467**(1987)115.

$|\phi_0\rangle$ が Slater 行列式で表わせ，かつ，時間反転対称性を満たしているとき，$H(\boldsymbol{r})$ は密度 $\rho(\boldsymbol{r})=\sum_i|\psi_i(\boldsymbol{r})|^2$，運動エネルギー密度 $\tau(\boldsymbol{r})=\sum_i|\nabla\psi_i(\boldsymbol{r})|^2$，スピン軌道流密度 $\boldsymbol{J}(\boldsymbol{r})=i\sum_i\psi_i{}^*(\boldsymbol{r})(\boldsymbol{\sigma}\times\nabla\psi_i(\boldsymbol{r}))$ および，それらの微分の簡単な関数となる．つまり，

$$H(\boldsymbol{r}) = H(\rho(\boldsymbol{r}),\tau(\boldsymbol{r}),\boldsymbol{J}(\boldsymbol{r}),\nabla\rho(\boldsymbol{r}),\nabla\cdot\boldsymbol{J}(\boldsymbol{r})) \tag{A.39}$$

ここで，$\psi_i(\boldsymbol{r})$ は1粒子波動関数であり，$\sum_i$ は占有された1粒子状態 i に関する和を表わす．簡単のため陽には書いていないが $\psi_i(\boldsymbol{r})$ はスピン波動関数も含んでいることに注意．また，実際には陽子と中性子の区別をし，さらに，陽子間の Coulomb 相互作用も付け加える必要がある．

一方，$|\phi_0\rangle$ が時間反転対称性を破っているとき(例えば，2-4節で議論した回転座標系で定義された状態の場合)，$H(\boldsymbol{r})$ には運動量密度

$$\boldsymbol{j}(\boldsymbol{r}) = \frac{1}{2i}\sum_i(\psi_i{}^*(\boldsymbol{r})\nabla\psi_i(\boldsymbol{r})-\psi_i(\boldsymbol{r})\nabla\psi_i{}^*(\boldsymbol{r}))$$

等に依存するいくつかの項が付け加わる．

エネルギー期待値 E を1粒子波動関数 $\psi_i(\boldsymbol{r})$ に関して(規格化 $\int|\psi_i|^2d\tau=1$ の拘束条件つきで)変分すると，その停留条件より Hartree-Fock 方程式を得る．$|\phi_0\rangle$ が時間反転対称性を満たしているとき，それは

$$\left(-\nabla\cdot\frac{\hbar^2}{2m^*(\boldsymbol{r})}\nabla+U(\boldsymbol{r})+i\boldsymbol{W}(\boldsymbol{r})\cdot(\boldsymbol{\sigma}\times\nabla)\right)\psi_i(\boldsymbol{r}) = e_i\psi_i(\boldsymbol{r}) \tag{A.40}$$

と書ける．ここで，e_i は1粒子エネルギーであり，有効質量 $m^*(\boldsymbol{r})$，ポテンシャル $U(\boldsymbol{r})$，スピン軌道ポテンシャル $\boldsymbol{W}(\boldsymbol{r})$ はさきに定義した3種類の密度 $\rho(\boldsymbol{r}),\tau(\boldsymbol{r}),\boldsymbol{J}(\boldsymbol{r})$ の関数として決まる．ここに現われる有効質量は(3.64)で定義した k-質量に対応し，密度 $\rho(\boldsymbol{r})$ と運動量依存項のパラメータ t_1,t_2,x_1,x_2 に依存する．一方，スピン軌道項は $\rho(\boldsymbol{r})$ が球対称の場合には2-1節で述べた $\boldsymbol{l}\cdot\boldsymbol{s}$ に比例する形に帰着することに注意しよう．このように，Hartree-Fock 方程式を局所ポテンシャルのみを用いて表現できることが Skyrme 力を用いる利点である(有限レンジの有効相互作用を用いると一般に非局所ポテンシャルとなる．Skyrme 力ではこの非局所性は有効質量としてのみ取り入れられて

いる). 殻模型の平均ポテンシャルは局所ポテンシャルとして与えられるから, 殻模型との対応も見やすい.

b) 中性子スキンの計算例

図A-5にSkyrme力を用いたHartree-Fock計算の一例を示す. この図には中性子ドリップ線近傍の$^{68}_{20}Ca_{48}$に対する平均ポテンシャルと1粒子エネルギー準位が描かれている. 陽子が深く束縛されているのと対照的に中性子の束縛エネルギーは小さく, Fermi面近くの準位は連続エネルギー領域にこぼれ出す寸前である. また, 連続エネルギー領域に描かれている2本の共鳴準位は中性子の対相関に重要な役割を果たす. 次に, この計算で得られた中性子と陽子の密度分布を図A-6に示す. 中性子ドリップ線近傍核$^{68}_{20}Ca_{48}$で中性子スキンが形成されていることがわかる*.

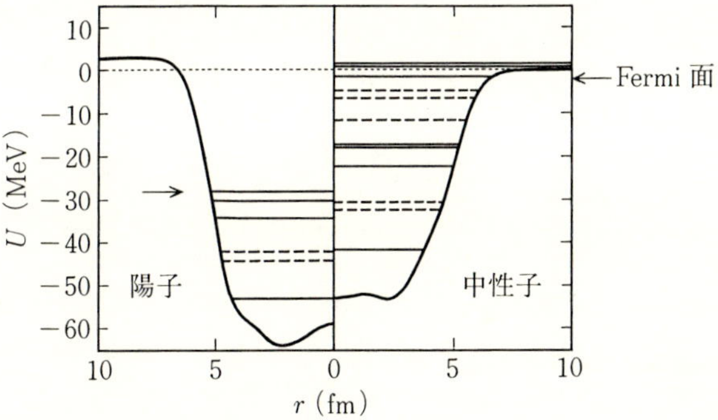

図A-5 Skyrme力を用いたHartree-Fock計算による$^{68}_{20}Ca_{48}$の陽子と中性子に対する平均ポテンシャルと1粒子エネルギー準位. 左側に陽子, 右側に中性子に対する平均ポテンシャルが示されている. 実線は正パリティの, 破線は負パリティの準位を表わす. 2つの矢印は, それぞれ, 陽子と中性子のFermi面を示す. 正エネルギー領域に描かれた2本の実線は中性子の$s_{1/2}$および$d_{5/2}$共鳴準位を表わす. (寺崎順氏の計算による.)

* $^{68}_{20}Ca_{48}$を実験で生成するのは困難であるが, ここでは理論計算の都合で, この例を紹介した. 説明を省略したが, この図は, 波動関数を3次元座標空間の格子点での値で表わし(正方メッシュ表現という. D. Baye and P.-H. Heenen: J. Phys. **A19**(1986)2041参照), 連続エネルギー領域での対相関も考慮したHartree-Fock-Bogoliubov計算に基づくものである. また, Hartree-Fock方程式の解法として虚時間法(K. T. R. Davis, H. Flocard, S. Krieger and M. S. Weiss: Nucl. Phys. **A342**(1980)111参照)が用いられている.

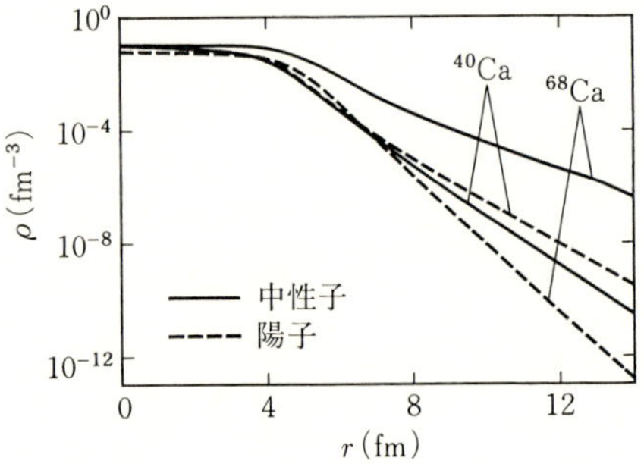

図 A-6 図 A-5 と同じ Hartree-Fock 計算による $^{68}_{20}\mathrm{Ca}_{48}$ の陽子密度分布(破線)と中性子密度分布(実線).比較のため,安定核 $^{40}_{20}\mathrm{Ca}_{20}$ に対する計算結果も示されている.

この種の計算が現在いろいろな不安定核に対して活発に行なわれており,中性子ドリップ線や中性子ハロー,中性子スキンが出現する核領域の理論的予言が試みられている.

また,類似した現象として,陽子ハロー,陽子スキンの可能性も検討されている.陽子過剰核の場合には,Coulomb ポテンシャル障壁の内側に局在した連続エネルギー領域の共鳴準位の役割が興味深い.

A-5 いくつかの話題

最後に,最近の話題にすこし触れておく.

a) 殻構造の変化

不安定核では,過剰な核子による表面の滲み出し(diffuseness)が増大し,また,中性子と陽子の密度分布が異なるので,1粒子エネルギースペクトルは安定核と異なる特徴をもつと予想される.例えば,先にみたように,スピン軌道ポテンシャルは密度分布の勾配に比例するから,陽子と中性子で異なる可能性がある.将来,不安定核に対する実験データが蓄積されれば,いろいろな物理量の $(N-Z)/A$ 依存性(アイソスピン依存性)が分かり,また,1粒子共鳴準位も含めて殻構造の特徴が明らかになると期待される.

最近の実験で $^{100}_{50}Sn_{50}$ が発見された*．この原子核はもっとも重い $N=Z$ の2重閉殻核と考えられ，このような不安定核でも j-j 結合殻モデルの魔法数が持続しているか等，面白い話題を提供しつつある．一方，軽い中性子過剰核 $^{31}_{11}Na_{20}$ や $^{32}_{12}Mg_{20}$ に対する実験データでは，$N=20$ の魔法数の消滅が示唆されている．

b）新しい変形殻構造

不安定核では安定核では見られなかった変形が起こるかもしれない．2-5節で述べたように，原子核の変形は変形殻構造の形成によって起こるが，N も Z も変形魔法数となる原子核は多くの場合不安定核となるため，これまでよく調べられなかったのである．$N=Z$ の重い陽子過剰核では，中性子と陽子の変形殻効果がコヒーレントに作用するかどうか興味深い．一方，変形した中性子過剰核では，陽子と中性子の変形が異なる等，新しい様相が現われる可能性がある．

c）陽子と中性子の対相関

これまで議論してきたのは同種粒子（中性子-中性子，陽子-陽子）間の対相関であった．陽子-中性子相互作用，特に，アイソスピン $T=0$ の強い引力のため $N\cong Z$ の重い陽子過剰核では，新しい型の対相関が生じる可能性がある．（重い安定核では Coulomb 力のため $N>Z$ となり，Fermi 面での1粒子準位が陽子と中性子で異なるので，陽子-中性子対相関が効かなくなっていた.）

d）巨大 Gamow-Teller（GT）共鳴状態への β 崩壊

不安定核では中性子と陽子の Fermi エネルギーが著しく異なるため，β 崩壊で隣りの原子核の非常に高い励起状態を生成する．このため，$^{56}_{28}Ni_{28}$ より重い $N=Z$ の陽子過剰核では娘核の巨大 GT 共鳴状態への β 崩壊という，安定核ではおよそ考えられなかったことも起こりうるであろう**.

---

* R. Schneider *et al.*: Z. Phys. **A348**(1994)241; M. Lewitowicz *et al.*: Phys. Lett. **B332**(1994)20.

** 例えば，$^{100}_{50}Sn_{50}$ は $^{100}_{49}In_{51}$ の巨大 GT 状態に β 崩壊するという理論計算がある：I. Hamamoto and H. Sagawa: Phys. Rev. **C48**(1993)R960.

e) 新しい励起モード

不安定核では，1粒子運動の性質やFermi面近傍の環境の変化を反映して，集団励起モードの性質も変化すると考えられる．第3章でみたように，陽子と中性子が逆位相で振動するアイソベクトル型電気双極振動は高励起状態に巨大双極共鳴として現われ，これが和則値をほとんど尽くすため，低励起領域ではこの振動の強度は極めて弱い．しかし，中性子過剰核では，中性子スキンと残りの核子集団の相対運動の自由度が生じ，この振動による双極モードが低励起状態に現われる可能性がある*．これは**ソフト双極モード**(soft dipole mode)と呼ばれ，実験的探索が始まっている．安定核の低い励起エネルギー領域では，陽子の励起と中性子の励起のコヒーレントな(位相の揃った)1次結合からなるアイソスカラー型の集団運動が主要な励起モードであった．一方，不安定核では陽子と中性子のFermi面がアンバランスになるため，集団運動に対する陽子と中性子の寄与もアンバランスになると考えられる．この極端な例としては，中性子スキンの励起モードも予想される．

また，中性子ドリップ線近傍では，表面の滲み出しのため，単極型励起モードの性質が安定核とかなり異なる可能性がある**．3-1節で触れたように，単極振動モードは核物質の圧縮率と関係しているから，不安定核の実験により中性子-陽子非対称な核物質の圧縮率について情報が得られるかどうか興味深い．

いずれにせよ，不安定核の励起状態に対する今後の実験が期待される．将来，不安定核の高スピン状態が励起できるようになれば，新しい集団モード探索の可能性はさらに飛躍的に増大するであろう．

---

* K. Ikeda: Nucl. Phys. **A538**(1992)355c.

** 各種の励起演算子に対する強度関数(式(3.2))は連続状態への励起の始まる，しきいエネルギーを越えると(式(5.7)のようなエネルギー粗視化をしないでも)連続関数となる．ドリップ線近傍では，Fermi面近傍の核子が容易に連続エネルギー状態に励起されるため，しきいエネルギーが小さく，強度関数はここから著しい立ち上がりを示す．これを**しきい効果**(threshold effect)という．このような強度関数の理論計算には，上で述べたSkyrme力を用いたHartree-Fock法で得られた平均場に基づき，連続状態との結合を自己無撞着に取り入れたRPA計算がよく用いられている．(I. Hamamoto, H. Sagawa and X. Z. Zhang: Phys. Rev. **C53**(1996)765参照．関連する文献として，T. Otsuka *et al.*: Nucl. Phys. **A588**(1995)113c.)

参考書・文献

I 原子核の構造

参考書

現代的な核構造論の本格的な教科書

［1］ A. Bohr and B. R. Mottelson: *Nuclear Structure, Vol. 1, Single-Particle Motion* (Benjamin, 1969)［中村誠太郎監修，有馬朗人，市村宗武，久保寺国晴訳：原子核構造第1巻，単一粒子運動(講談社，1979)］；*Vol. 2, Nuclear Deformations* (Benjamin, 1975)［中村誠太郎監修，有馬朗人，寺沢徳雄，市村宗武，矢崎紘一，大西直毅訳：第2巻，原子核の変形(講談社，1980)］

本書第I部はこの教科書に多くを負っている．

大学院修士課程1年生向きの一般的な教科書

［2］ A. de Shalit and H. Feshbach: *Theoretical Nuclear Physics, Vol. 1, Nuclear Structure* (Wiley, 1974)

［3］ M. A. Preston and R. K. Bhaduri: *Structure of the Nucleus* (Addison-Wesley, 1975)

［4］ P. Ring and P. Schuck: *Nuclear Many-Body Problem* (Springer-Verlag, 1980)

［5］ P. J. Siemens and A. S. Jensen: *Elements of Nuclei—Many-Body Physics with the Strong Interaction* (Addison-Wesley, 1987)

［6］ J. M. Eisenberg and W. Greiner: *Nuclear Theory, Vol. 1, 2, 3* (North-Holland, 1970)［3rd revised edition (1988)］

[7]　M. K. Pal: *Theory of Nuclear Structure*(Affiliated East-West Press, 1983)

[8]　G. E. Brown: *Unified Theory of Nuclear Models and Forces*(North-Holland, 1967)[香村俊武訳：原子核モデルと核力の統一理論(講談社, 1971)]

[4]は多体問題に詳しい.

原子核に限らず，量子多体系に対する方法論を一般的に述べた教科書

[9]　J. Blaizot and G. Ripka: *Quantum Theory of Finite Systems*(MIT Press, 1991)

[10]　J. W. Negele and H. Orland: *Quantum Many-Particle Systems*(Addison-Wesley, 1988)

[11]　A. L. Fetter and J. D. Walecka: *Quantum Theory of Many Particle Systems*(McGraw-Hill, 1971)

[12]　G. E. Brown: *Many-Body Problem*(North-Holland, 1972)

核構造の研究に欠かせないガンマ線分光学について解説した教科書

[13]　H. Ejiri and M. J. A. de Voigt: *Gamma-Ray and Electron Spectroscopy in Nuclear Physics*(Clarendon Press, 1989)

[14]　H. Morinaga and T. Yamazaki: *In-Beam Gamma-Ray Spectroscopy*(North-Holland, 1976)

すこし古くなるが，現在でも一読の価値がある教科書

[15]　J. M. Blatt and V. F. Weisskopf: *Theoretical Nuclear Physics*(Wiley, 1952)

日本語で書かれた一般的な教科書

[16]　高木修二，丸森寿夫，河合光路：原子核論，第2版(岩波講座「現代物理学の基礎」第10巻)(岩波書店，1978)

[17]　杉本健三，村岡光男：原子核物理学(共立出版，1988)

[18]　野上茂吉郎：原子核(基礎物理学選書13)(裳華房，1973)

[17],[18]は学部学生向きである.

角運動量に関する基本的事項はどの量子力学の教科書にも書かれている．専門書としては

[19]　L. C. Biedenharn and J. D. Louck: *Angular Momentum in Quantum Physics, Encyclopedia of Mathematics and its Applications Vol. 8*(Addison-Wesley, 1981)

核構造論における数値計算について

[20]　K. Langanke, J. A. Maruhn and S. E. Koonin(eds.): *Computational Nuclear Physics I, Nuclear Structure*(Springer-Verlag, 1991)

下記の本には核構造論のいろいろな分野の簡潔なレビューが収められている.

[21]　A. Bohr and R. Broglia(eds.): *Elementary Modes of Excitation in Nuclei, Proc. S. I. F., Course LXIX*(North-Holland, 1977)

[22]　R. Broglia, G. Hagemann and B. Herskind(eds.): *Nuclear Structure 1985*(*Niels Bohr Centennial Conferences 1985*)(North-Holland, 1985)

［23］ Y. Abe, H. Horiuchi and K. Matsuyanagi(eds.): *New Trends in Nuclear Collective Dynamics*(*Springer Proceedings in Physics 58*)(Springer-Verlag, 1992)

［24］ 「1990年代にむけての核物理の展望」研究会報告(素粒子論研究 **77**(1988)F1), 「原子核物理の将来」(核理論懇談会20人委員会, 素粒子論研究 **80**(1990)253)

文献

第I部で参考にした文献を以下に記す.

第1章

核力・核物質・有効相互作用

［25］ Prog. Theor. Phys. Suppl. No. 3(1956), No. 39(1967), No. 42(1968)

［26］ G. E. Brown and A. D. Jackson: *The Nucleon-Nucleon Interaction*(North-Holland, 1976)

［27］ H. A. Bethe: Ann. Rev. Nucl. Sci. **21**(1971)93

［28］ A. D. Jackson: Ann. Rev. Nucl. Sci. **33**(1983)105

［29］ D. W. L. Sprung: *Advances in Nuclear Physics Vol. 5*(Plenum Press, 1972) p. 225

［30］ Prog. Theor. Phys. Suppl. No. 65(1979)

［31］ S.-O. Backman, G. E. Brown and J. A. Niskanen: Phys. Rep. **124**(1985)1

［32］ 鈴木賢二, 岡本良治：日本物理学会誌 **42**(1987)263

質量公式・中性子過剰核・ベータ崩壊

［33］ 佐藤竑, 宇野正宏：日本物理学会誌 **39**(1984)892

［34］ M. Uno and M. Yamada: Prog. Theor. Phys. **53**(1975)985, **65**(1981)1322

［35］ 谷畑勇夫, 小林俊雄：日本物理学会誌 **45**(1990)790

［36］ 山田勝美, 森田正人, 藤井昭彦：ベータ崩壊と弱い相互作用(新物理学シリーズ15)(培風館, 1974)

全般

［37］ A. Bohr and B. R. Mottelson: Ann. Rev. Nucl. Sci. **23**(1973)363

第2章

j-j 結合殻モデル

［38］ M. G. Mayer and J. H. D. Jensen: *Elementary Theory of Nuclear Shell Structure*(Wiley, 1955)［寺沢徳雄訳：原子核の殻模型入門(三省堂, 1973)］

［39］ A. de Shalit and I. Talmi: *Nuclear Shell Theory*(Academic Press, 1963)

［40］ B. A. Brown and B. H. Wildenthal: Ann. Rev. Nucl. Part. Sci. **38**(1988)29

Strutinsky の方法

［41］ M. Brack, J. Damgaard, A. S. Jensen, H. C. Pauli, V. M. Strutinsky and C. Y.

Wong: Rev. Mod. Phys. **44**(1972)320
[42] I. Ragnarsson, S. G. Nilsson and R. K. Sheline: Phys. Rep. **45**(1978)1

殻構造の半古典論

[43] R. Balian and C. Bloch: Ann. Phys. **69**(1971)76
[44] V. M. Strutinsky and A. G. Magner: Sov. J. Part. Nucl. **7**(1976)138
[45] V. M. Strutinsky, A. G. Magner, S. R. Ofengenden and T. Døssing : Z. Phys. **A283**(1977)269
[46] M. Berry : in *Chaotic Behaviour of Deterministic Systems*(Les Houches, Session XXXVI, 1981), eds. G. Iooss, R. H. G. Helleman and R. Stora(North-Holland, 1983)p. 172

第3章

巨大共鳴と和則

[47] H. Sagawa and G. Holzwarth: Prog. Theor. Phys. **59**(1978)1213
[48] O. Bohigas, A. M. Lane and J. Martorell: Phys. Rep. **51**(1979)267
[49] T. Suzuki: Prog. Theor. Phys. **64**(1980)1627
[50] J. P. Blaizot: Phys. Rep. **64**(1980)171
[51] E. Baron, J. Cooperstein and S. Kahana : Nucl. Phys. **A440**(1985)744
[52] E. Lipparini and S. Stringari: Phys. Rep. **175**(1989)103
[53] 鈴木敏男，池田清美：日本物理学会誌 **37**(1982)664
[54] G. Bertsch: in *Frontiers and Borderlines in Many-Particle Physics*, ed. R. A. Broglia and J. R. Schrieffer, *Proc. I. N. F., Course CIV*(North-Holland, 1987)p. 41
[55] J. Speth(ed.): *Electric and Magnetic Giant Resonances in Nuclei*(*International Review of Nuclear Physics, Vol. 7*)(World Scientific, 1991)

原子核の形

[56] S. Åberg, H. Flocard and W. Nazarewicz: Ann. Rev. Nucl. Part. Sci. **40**(1990)439

低エネルギー4重極集団運動

[57] G. Scharf-Goldhaber, C. B. Dover and A. L. Goodman: Ann. Rev. Nucl. Sci. **26**(1976)239
[58] K. Kumar and M. Baranger: Nucl. Phys. **A92**(1967)608
[59] D. R. Bes and R. A. Sorensen: *Advances in Nuclear Physics, Vol. 2*(Plenum Press, 1969)p. 129
[60] H. Sakamoto and T. Kishimoto: Nucl. Phys. **A501**(1989)205, 242
[61] D. Cline: Ann. Rev. Nucl. Part. Sci. **36**(1986)683
[62] F. Iachello and A. Arima: *The Interacting Boson Model*(Cambridge Univ.

Press, 1987)
粒子-振動結合，粒子-回転結合
［63］ A. Bohr: Rev. Mod. Phys. **48**(1976)365, B. Mottelson: ibid, **48**(1976)375, J. Rainwater: ibid, **48**(1976)385
［64］ A. Bohr and B. Mottelson : Physica Scripta **22**(1980)461
［65］ I. Hamamoto: Phys. Rep. **10**(1974)63
［66］ A. Kuriyama, T. Marumori and K. Matsuyanagi: Prog. Theor. Phys. Suppl. No. 58(1975)53
有効結合定数
［67］ J. I. Fujita and K. Ikeda: Nucl. Phys. **67**(1965)145
［68］ H. Ejiri and J. I. Fujita: Phys. Rep. **38**(1978)85
［69］ A. Arima, K. Shimizu, W. Bentz and H. Hyuga: *Advances in Nuclear Physics, Vol. 18*(Plenum Press, 1987)p. 1
有効質量
［70］ C. Mahaux and H. Ngo: Phys. Lett. **100B**(1981)285
［71］ C. Mahaux, P. F. Bortignon, R. A. Broglia and C. H. Dasso: Phys. Rep. **120** (1985)1
［72］ C. Mahaux and R. Sartor: *Advances in Nuclear Physics, Vol. 20*(Plenum Press, 1991)p. 1
Nuclear Field Theory
［73］ D. R. Bes: Prog. Theor. Phys. Suppl. Nos. 74 and 75(1983)1
クラスター・モデル
［74］ Prog. Theor. Phys. Suppl. No. 52(1972), No. 68(1980)
［75］ 堀内昶，池田清美：日本物理学会誌 **38**(1983)836
［76］ H. Horiuchi and K. Ikeda: in *International Review of Nuclear Physics, Vol. 4* (World Scientific, 1986)p. 2
高スピン状態
［77］ I. Hamamoto: in *Treatise on Heavy-Ion Science, Vol. 3*, ed. D. A. Bromley (Plenum Press, 1985)p. 313
［78］ Z. Szymansky: *Fast Nuclear Rotation*(Clarendon Press, 1983)
［79］ Y. R. Shimizu, J. D. Garrett, R. A. Broglia, M. Gallardo and E. Vigezzi: Rev. Mod. Phys. **61**(1989)131

第4章

準位の統計およびランダム行列理論
［80］ F. J. Dyson: J. Math. Phys. **3**(1962)140, 157, 166, 1191, 1199

［81］ R. Balian: Nuov. Cim. **57**(1968)183

［82］ C. E. Porter: *Statistical Theories of Spectra—Fluctuations*(Academic Press, 1965)

［83］ T. A. Brody, J. Flores, J. B. French, P. A. Mello, A. Pandey and S. S. M. Wong: Rev. Mod. Phys. **53**(1981)385

［84］ S. S. M. Wong: *Nuclear Statistical Spectroscopy*(Oxford Univ. Press, 1986)

［85］ M. L. Metha: *Random Matrix—Revised and Enlarged, 2nd Edition*(Academic Press, 1991)

［86］ P. G. Hansen, B. Johnson and R. Richter: Nucl. Phys. **A518**(1990)13

［87］ O. Bohigas and M.-J. Giannoni: in *Mathematical and Computational Methods in Nuclear Physics*(*Lecture Notes in Physics 209*)(Springer-Verlag, 1984)p. 1

［88］ O. Bohigas: in *Chaos and Quantum Physics*(*Les Houches, Session LII, 1989*), eds. M.-J. Giannoni, A. Voros and J. Zinn-Justin(North-Holland, 1991)p. 89

［89］ 湯川哲之：日本物理学会誌 **42**(1987)130

準位密度

［90］ J. R. Huizenga and L. G. Moretto: Ann. Rev. Nucl. Sci. **22**(1972)427

［91］ R. G. Stokstad: in *Treatise on Heavy-Ion Science, Vol. 3*, ed. D. A. Bromley (Plenum Press, 1985)p. 83

原子核におけるカオス

［92］ O. Bohigas and H. A. Weidenmuller: Ann. Rev. Nucl. Part. Sci. **38**(1988)421

［93］ W. J. Swiatecki: Nucl. Phys. **A488**(1988)375c

有限量子系のカオス

［94］ M. C. Gutzwiller: *Chaos in Classical and Quantum Mechanics*(Springer-Verlag, 1990)

［95］ A. M. Ozorio de Almeida: *Hamiltonian Systems: Chaos and Quantization* (Cambridge Univ. Press, 1988)

第5章

巨大共鳴の減衰幅

［96］ G. F. Bertsch, P. F. Bortignon and R. A. Broglia: Rev. Mod. Phys. **55**(1983) 287

核分裂

［97］ N. Bohr and J. A. Wheeler: Phys. Rev. **56**(1939)426

［98］ H. A. Kramers: Physica **7**(1940)284

［99］ D. L. Hill and J. A. Wheeler: Phys. Rev. **89**(1953)1102

［100］ J. A. Wheeler: in *Fast Neutron Physics, Part II*, ed. J. B. Marion and J. L.

Fowler(Interscience, 1963)p. 2051
[101] L. Willet: *Theories of Nuclear Fission*(Clarendon Press, 1964)
[102] R. Vandenbosh and J. R. Huizenga: *Nuclear Fission*(Academic Press, 1973)
[103] D. Hilscher, H. J. Krappe and W. von Oertzen(eds.): *Proceedings of the International Conference on Fifty Years Research in Nuclear Fission*(Nucl. Phys. **A 502**(1989))
[104] Y. T. Oganessian and Y. A. Lazarev: in *Treatise on Heavy-Ion Science, Vol. 4*, ed. D. A. Bromley(Plenum Press, 1985)p. 1
[105] S. Bjørnholm and J. E. Lynn: Rev. Mod. Phys. **52**(1980)725
[106] T. Kindo and A. Iwamoto: Phys. Lett. **225B**(1989)203
超変形状態
[107] P. J. Nolan and P. J. Twin: Ann. Rev. Nucl. Part. Sci. **38**(1988)533
[108] R. V. F. Janssens and T. L. Khoo: Ann. Rev. Nucl. Part. Sci. **41**(1991)321
高温状態での集団運動
[109] K. A. Snover: Ann. Rev. Nucl. Part. Sci. **36**(1986)545
[110] R. A. Broglia: in *Frontiers and Borderlines in Many-Particle Physics*, ed. R. A. Broglia and J. R. Schrieffer, *Proc. I. N. F., Course CIV*(North-Holland, 1987) p. 204

II　集団運動の微視的理論

原子核の集団運動の微視的理論を系統的に扱った教科書としては第 I 部文献[4]がよい．この中には多くの参考文献が引用されているので，原論文を知りたい人には参考になる．また原子核の集団運動を取り扱った日本語の教科書としては，第 I 部文献[16]の第 II 部が挙げられる．

第 II 部では多体系の量子論の基礎知識を前提としたが，これには第 I 部文献[9]，[10]，[11]が参考になる．

原子核における多体問題の 1970 年以前の重要な原論文を集めたものとして

[1] 新編物理学選集 **58**(日本物理学会，1974)

また核構造のいろいろな分野の理論に関するレビューと問題点を議論したものとしては，第 I 部文献[23]のほか

[2] Y. Abe and T. Suzuki(eds.): Microscopic Theories of Nuclear Collective Motions, Prog. Theor. Phys. Suppl. **74, 75**(1983)
[3] R. Bengtsson, J. Draayer and W. Nazarewicz(eds.): *Nuclear Structure Models* (World Scientific, 1993)

また第 II 部では，古典力学系の非線形力学の多少の知識を前提としたが，これらの教科

書として
［4］ V. I. Arnold: *Mathematical Method of Classical Mechanics*（Springer, 1989）
［5］ A. J. Lichtenberg and M. A. Lieberman: *Applied Mathematical Science 38*（Springer, 1983）
これ以外に，第Ⅱ部で取り扱った課題のレビューとしていくつかあげれば，時間依存 Hartree-Fock 理論のまとめとして
［6］ J. W. Negele: Rev. Mod. Phys. **54**（1982）913
［7］ P. Kramer and M. Saraceno: *Lecture Notes in Phys. No. 140*（Springer, 1981）
［8］ M. Yamamura and A. Kuriyama: Prog. Theor. Phys. Suppl. **93**（1987）
ボソン展開の一般的なまとめとして
［9］ A. Klein and E. R. Marshalek: Rev. Mod. Phys. **63**（1991）375

Ⅲ 核反応論

参考書

散乱の量子論一般

［1］ 砂川重信：散乱の量子論（岩波全書，1977）
［2］ 笹川辰也：散乱理論（裳華房，1991）
［3］ L. S. Rodberg and R. M. Thaler: *Introduction to the Quantum Theory of Scattering*（Academic Press, 1967）
［4］ G. Goldberger and K. M. Watson: *Collision Theory*（John Wiley & Sons, 1964）

核反応論一般

［5］ 岩波講座現代物理学の基礎第10巻「原子核論」（岩波書店，1978），第3部
［6］ H. Feshbach: *Theoretical Nuclear Physics—Nuclear Reactions*（John Wiley & Sons, 1992）
［7］ G. R. Satchler: *Introduction to Nuclear Reaction, 2nd ed.*（Macmillan Education Ltd., 1990）
［8］ P. E. Hodgson: *Nuclear Reactions and Nuclear Structure*（Clarendon Press, 1971）
［9］ C. Mahaux and H. A. Weidenmüller: *Shell Model Approach to Nuclear Reactions*（North-Holland, 1969）

光学模型・直接反応一般

［10］ G. R. Satchler: *Direct Nuclear Reactions*（Clarendon Press, 1983）

［11］ N. K. Glendenning: *Direct Nuclear Reactions*（Academic Press, 1983）

［12］ N. Austern: *Direct Nuclear Reaction Theory*（John Wiley & Sons, 1970）

文献

第9章

基本的な事柄については文献［5］～［9］が参考となる．最近のテーマを知るには諸会議の proceedings 等が役に立つ．本文と関係の深いものをいくつか挙げておく．

全般

［13］ *Proc. International Conference on Nuclear Reaction Mechanisms*（ed. S. Mukherjee, World Scientific, 1989）

［14］ *Proc. Sixth International Symp. on Polarization Phenomena in Nuclear Physics*（ed. M. Kondo *et al*., Suppl. Journ. Phys. Soc. Japan, **55**（1989））

軽イオン反応

［15］ *Proc. 1983 RCNP International Symp. on Light Ion Reaction Mechanism*（ed. H. Ogata *et al*., RCNP, Osaka Univ. 1983）

［16］ *Spin Observables of Nuclear Probes*（ed. C. J. Horowitz *et al*., Plenum Press, 1988）

重イオン反応

［17］ *Treatise on Heavy-Ion Science, vol. 1-7*（ed. D. A. Bromley, Plenum Press, 1984）

［18］ *Nucleus-Nucleus Collision III*（ed. C. Detraz *et al*., Nucl. Phys. **A488**（1988））; *Nucleus-Nucleus Collisions IV*（ed. H. Toki *et al*., Nucl. Phys. **A538**（1992））

［19］ *Proc. 7th International Conf. on Ultra-Relativistic Nucleus-Nucleus Collisions*（ed. G. Baym *et al*., Nucl. Phys. **A498**（1989））

第10章

本質的な点については文献［5］～［12］に詳しい．

多重散乱理論については［4］が詳しいが，原著論文として

［20］ L. L. Foldy: Phys. Rev. **67**（1945）107; K. M. Watson: Phys. Rev. **89**（1953）575

［21］ A. K. Kerman, H. McManus and R. M. Thaler: Ann. Phys.（NY）**8**（1959）551

最近の発展について

［22］ Ch. Elster, T. Chen, F. Redish and P. C. Tandy: Phys. Rev. **C41**（1990）814; H. F. Arellano, F. A. Brieva and W. G. Love: Phys. Rev. **C41**（1990）2188

［23］ R. Crespo, R. C. Johnson and J. A. Tostevin: Phys. Rev. **C46**（1992）279

［24］ L. Ray, G. W. Hoffmann and W. R. Cooker: Phys. Rep. **212**（1992）223

を挙げておく．

第11章

参考書[10]～[12]が極めて詳しい．最近の話題は[13]～[16]が参考となる．

第12章

統計模型

複合核反応の記述と問題点について，文献[5]，[9]に加えて

[25]　C. Mahaux and H. A. Weidenmüller: Ann. Rev. Nucl. Part. Sci. **29**(1979)1

[26]　M. Kawai, A. K. Kerman and K. McVoy: Ann. Phys. (NY)**75**(1973)156

ランダム行列仮説による研究として

[27]　J. J. M. Verbaarshot, H. A. Weidenmüller and M. R. Zirnbauer: Phys. Rep. **129**(1985)367

[28]　H. Nishioka, H. A. Weidenmüller and S. Yoshida: Ann. Phys. (NY)**193**(1989)195

を挙げておく．

非平衡過程

軽イオン反応の前平衡過程については，励起子模型の拡張，発展が

[29]　J. J. Griffin: Phys. Rev. Lett. **17**(1966)478

[30]　G. Mantozouranis, H. A. Weidenmüller and D. Agassi: Z. Phys. **A276**(1976)145

[31]　A. Iwamoto and K. Harada: Nucl. Phys. **A419**(1984)472

で追える．この考え方の現代版である多段階直接反応，多段階複合核反応について

[32]　H. Feshbach, A. Kermann and S. Koonin: Ann. Phys. (NY)**125**(1980)429

[33]　T. Tamura, T. Udagawa and H. Lenske: Phys. Rev. **C26**(1982)379

[34]　H. Nishioka, H. A. Weidenmüller and S. Yoshida: Ann. Phys. (NY)**183**(1988)166

[35]　M. Herman, G. Reffo and H. A. Weidenmüller: Nucl. Phys. **A536**(1992)124

を挙げておく．最新の論文から遡って欲しい．

重イオン反応の VUU 法については

[36]　G. F. Bertsch and S. Das Gupta: Phys. Rep. **160**(1988)189

[37]　W. Cassing, V. Mitag, U. Mosel and K. Niita: Phys. Rep. **188**(1990)363

量子分子動力学については

[38]　T. Maruyama, A. Onishi and H. Horiuchi: Phys. Rev. **C42**(1990)386

を挙げておく．

第2次刊行に際して

第2次刊行にあたり，初版にあったいくつかのミスプリントを訂正した他，補章として不安定核の構造と反応に関する基本的事項を簡潔にまとめた．

「まえがき」でおことわりしたように，原子核物理学は多方面に研究のフロンティアが広がっている広大な分野であるので，本書ではそれらを総花的に紹介することを目的とせず，思い切って題材を絞り，核子多体系としての原子核のダイナミックスをできるだけ現代的な観点から，概念的に一貫した筋書きで提示することを試みた．第1次刊行以来，原子核物理学の各分野で重要な進展があったが，第2次刊行に際しても同じ主旨から，補章のテーマを不安定核に絞ったうえ，その中でも，本文の内容を補強するとの観点から題材を選んだ．

近年，中高エネルギー重イオン反応を用いて不安定核を生成し，これを2次ビームとして種々の核反応を起こさせる実験が可能になり，β安定線から遠く離れた不安定核の研究が盛んに行なわれるようになった．それとともに，われわれの原子核に対する視野は，これまでのβ安定線という1次元の曲線近傍から，NとZからなる2次元平面に広がった．NとZの組合せを自由に変化させ，それにつれて核構造が変化する有様を調べることによって，中性子と陽子という2種類のフェルミオンからなるユニークな有限量子系としての原子核の特質をより深く理解できるだろう．

本書で強調したように，原子核の性質は励起エネルギー，温度，角運動量等の変化につれて，本質的に変化する．したがって，これらのパラメータからなる多次元空間のなかで，個々の原子核現象を位置付け，これらのパラメータの変化に伴って，原子核の構造と反応の諸性質が変化する有様を系統的に調べることによって，原子核に対する知識が広がるだけでなく，原子核という量子多体系の本質について，より深い理解に到達することができると期待される．

この観点からいえば，不安定核の研究はアイソスピン量子数という新たな座標軸を持ち込むものといえる．こうして，アイソスピンの変化に伴う核子多体系のダイナミックスの変化を調べることができる．核子多体系のアイソスピン，角運動量，温度，励起エネルギーなどの物理量を自由にコントロールすることは，核構造・核反応物理学の夢である．不安定核の研究はこの夢に向かって，新たな次元を開くものといえよう．最近，理化学研究所でRI（Radioactive Isotope）ビームファクトリーの建設が決まり，また，新たに発足する素粒子原子核研究所でもJHP（Japan Hadron Project）の一環として不安定核の物理が推進されようとしている．今年は，このような世界をリードするプロジェクトが日本で大きな一歩を踏み出す記念すべき年である．以上が，補章で不安定核の物理を取り上げた理由である．

第2次刊行に際しても多くの方々のお世話になった．清水良文氏には九州大学大学院修士課程1年のテキストとして本書を使用された経験に基づいて初版のミスプリントを指摘して頂いた．寺崎順氏には補章の図A-5, A-6に採用したオリジナルなHartree-Fock計算を遂行して頂いた．松尾正之氏，田嶋直樹氏には補章の草稿に眼を通して頂いた．これらの方々に心から感謝したい．

1997年4月

著　者

索引

L, M

N

O

P

R

S

T

U, V, W

Y

Z

■岩波オンデマンドブックス■

現代物理学叢書
原子核の理論

2001 年 5 月 15 日　第 1 刷発行
2017 年 4 月 11 日　オンデマンド版発行

著　者　市村宗武(いちむらむねたけ)　坂田文彦(さかたふみひこ)　松柳研一(まつやなぎけんいち)

発行者　岡 本 厚

発行所　株式会社 岩波書店
〒101-8002 東京都千代田区一ツ橋 2-5-5
電話案内 03-5210-4000
http://www.iwanami.co.jp/

印刷／製本・法令印刷

ISBN 978-4-00-730597-9　　Printed in Japan